U0309054

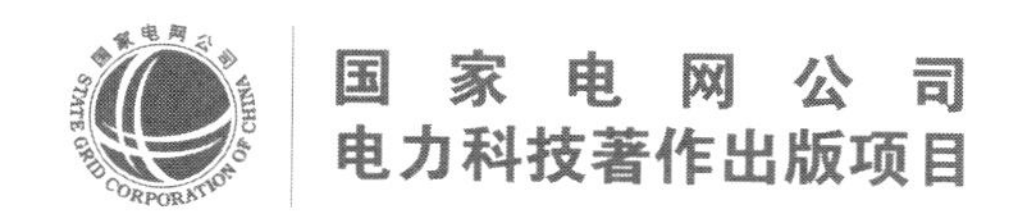

现代电力系统继电保护运行理论与实践

陈德树◎著

中国电力出版社
CHINA ELECTRIC POWER PRESS

内 容 提 要

本专著聚焦于电力系统继电保护核心领域，针对当前面临的复杂难题与挑战，进行了深入而系统的分析与解答，旨在为读者提供全新的思考视角，推动继电保护专业领域发展。

本专著内容可概括为三部分：第一部分（第 1、2 章）详细阐述了与继电保护动作特性息息相关的电气量获取、传变、变换和传送等基础问题，为后续的保护原理探讨奠定了坚实基础；第二部分（第 3～8 章）全面剖析了电流、距离、纵联方向、差动等保护原理，并对自适应保护原理、相继速动、同杆并架线路保护等方面进行了特性分析，提出了针对性的保护策略方案；第三部分（第 9～11 章）针对母线、发电机、变压器等关键设备的保护原理进行了深入探讨，并详细分析了这些设备在运维过程中可能遇到的励磁涌流、合应涌流、发电机匝间、失磁等特殊问题，提出了相应的解决方案。

本专著理论推导详尽深入，同时结合试验分析，全面覆盖电力系统各种电气设备故障的分析及保护对策，内容丰富、理论与实践并重，既适合电力系统领域的研究人员和工程师作为专业参考，也适合高校师生及相关工作人员作为学习材料。通过阅读本专著，读者将能够全面掌握电力系统继电保护的最新技术和应用，为电力系统的安全稳定运行提供有力支持。

图书在版编目（CIP）数据

现代电力系统继电保护运行理论与实践 / 陈德树著. —北京：中国电力出版社，2024.5
ISBN 978-7-5198-6999-1

Ⅰ. ①现… Ⅱ. ①陈… Ⅲ. ①电力系统–继电保护 Ⅳ. ①TM77

中国版本图书馆 CIP 数据核字（2022）第 144291 号

出版发行：中国电力出版社
地　　址：北京市东城区北京站西街 19 号（邮政编码 100005）
网　　址：http://www.cepp.sgcc.com.cn
责任编辑：陈　倩（010-63412512）　陈　丽
责任校对：黄　蓓　常燕昆
装帧设计：张俊霞
责任印制：石　雷

印　　刷：三河市万龙印装有限公司
版　　次：2024 年 5 月第一版
印　　次：2024 年 5 月北京第一次印刷
开　　本：787 毫米×1092 毫米　16 开本
印　　张：16.25
字　　数：376 千字
定　　价：108.00 元

版 权 专 有　侵 权 必 究

本书如有印装质量问题，我社营销中心负责退换

序 1

电力系统是一个非常重要、非常庞大而又非常复杂的系统，在电力系统的稳定运行中，继电保护设备相当于电力系统的安全卫士，是电力系统安全可靠运行的重要保障。继电保护是一门理论性和工程实践性都很强的学科，继电保护技术牵涉面很广，除了要掌握电力系统知识外，还要熟悉通信技术、半导体技术、计算机硬件和软件技术，以及电磁兼容、可靠性理论等，科研难度极大。

《现代电力系统继电保护运行理论与实践》以其全面的理论阐述和丰富的实践案例，为我们提供了一个深入了解和掌握继电保护技术的契机。作者凭借几十年的研究和实践经验，对复杂的电力系统运行状态信息传变过程进行细致的解析，特别是在电磁式电流互感器和电容式电压互感器的暂态传变过程分析中，展现了深厚的理论功底和对工程实践的深刻理解。

专著中对继电保护装置内部互感器的传变过程分析，不仅涵盖了全线性化的理想情况，还深入探讨了衰减时间常数等对暂态过程的影响，以及饱和时非线性特性的基本分析，这些内容对于实际工程应用具有极高的指导价值。作者通过对电流互感器剩磁对暂态过程的影响、差动回路暂态过程的有关问题等进行深入研究，为提高电力系统的可靠性和安全性提供了重要的理论支持。同时还对继电保护装置的模—数变换对信息的影响进行了探讨，这对于理解和应用现代数字化保护装置至关重要。

在电力系统继电保护基础理论方面，作者做了大量基础理论和实验研究，为本专著提供了详尽的分析和清晰的解释，使得读者能够系统地理解电流互感器和电压互感器在电力系统中的作用及其工作原理。通过对这些关键组件的深入剖析，揭示了它们在电力系统保护中的重要性，以及如何通过精确的测量和分析来确保电力系统的稳定运行。

专著中对于继电保护装置的设计与应用的讨论，不仅包括了传统的电流、电压保护，还涵盖了距离保护、方向/距离纵联保护等先进技术，对自适应保护原理、相继速动、同杆并架线路保护等方面进行了特性分析，并提出了有针对性的保护策略方案。丰富的内容对于电力系统工程师来说，是理解和设计高效保护方案的关键。作者通过对这些保护技术的深入分析，展示了如何将理论应用于实际的电力系统保护中，以及如何通过创新的设计来提高保护系统的可靠性和响应速度。

总的来说，这是一部集理论与实践于一体的专著，理论推导详尽深入，试验分析透彻，全面覆盖电力系统各种电气设备故障的分析及保护对策。作者的这些研究成果，不仅为电力系统继电保护领域的研究者和工程师提供了宝贵的参考，也为电力系统专业的学生和教师提供了系统的学习材料。书中的内容不仅涵盖了理论知识，还包括了丰富的实践案例，使得理论与实践得以完美结合，为读者提供了一个全面、深入的学习体验。相信本专著的出版将对电力系统继电保护技术的发展产生深远的影响，并为未来的研究和实践提供坚实的基础。

贺家李

2024 年 3 月

序2

随着电力系统的不断发展和新技术的不断涌现，继电保护技术面临着前所未有的挑战。《现代电力系统继电保护运行理论与实践》的出版，为我们提供了一个深入理解这些挑战并探索未来发展方向的机会。作者以其丰富的专业知识和实践经验，对输电线路保护辅助判别环节的运行，电流、电压保护的运行等关键技术进行了系统的分析和阐述。

专著中对于自适应式电流、电压保护的运行机制进行了详细的介绍，这些内容不仅体现了继电保护技术的创新，也为电力系统的稳定运行提供了新的解决方案。特别是在讨论距离保护运行时，作者对阻抗元件的构成机理、极化量进行了深入分析，这对于理解和应用现代距离保护技术具有重要的指导意义。专著中还对同杆并架线路保护、母线保护运行等复杂电力系统问题的解决方案进行了探讨，这些内容不仅展示了作者在解决实际工程问题上的创新思维，也为电力系统继电保护领域的研究提供了新的视角。

此外，本专著还对大型同步发电机和电力变压器保护运行中的一些特殊问题进行了深入研究，如剩磁、励磁涌流等，这些问题的研究成果对于提高电力系统的可靠性和安全性具有重要意义。作者的这些研究成果，不仅为工程实践提供了指导，也为后续的研究工作奠定了基础。专著中的内容丰富、见解独到，对于推动电力系统继电保护技术的创新与发展具有重要的意义。

在电力系统继电保护的创新方面，本专著提供了许多新颖的观点和方法。作者通过对现代电力系统中出现的新问题和挑战的分析，提出了一系列创新的解决方案。这些方案不仅包括了传统的保护技术，还涵盖了基于现代通信技术和计算机技术的智能保护方案。这些内容对于电力系统继电保护领域的研究者和工程师来说，是理解和掌握未来技术趋势的关键。

总之，本专著是一部集创新与挑战于一体的重要著作，它不仅为电力系统继电保护领域的专业人士提供了宝贵的参考资料，也可为从事电力系统继电保护专业的研究生和教师的深入研究提供帮助和指导。

2024 年 3 月

序 3

《现代电力系统继电保护运行理论与实践》以其全面的内容和系统的结构，为电力系统专业的研究生和教师提供了一部富有新意的优秀参考资料。

陈德树教授从 20 世纪 50 年代至今，一直从事继电保护技术研究工作，在电力系统继电保护的原理和技术特别是实践方面有着很深的造诣。他将几十年的科研成果系统性地写入本专著，不仅对电力系统运行状态信息的传变过程进行了详细的分析，还对继电保护装置的设计与应用进行了深入的探讨。

专著中对电流差动保护、方向/距离纵联保护等基本原理的阐述，提供了扎实的理论基础。同时还对电力系统继电保护中的一些特殊问题进行了深入研究，如大型同步发电机保护运行的一些问题、大型电力变压器保护运行的一些特殊问题等，提供了解决实际问题的方法和案例。

本专著对电力系统继电保护的未来发展进行了展望，这对于读者了解行业发展趋势和拓展研究视野具有重要的意义。应用于实际的研究成果，为电力系统继电保护领域的教育和培训提供了宝贵的教学资源与实践指导。通过对电力系统继电保护技术的全面介绍，读者能够系统地理解电力系统的保护原理和应用方法。专著中的实践案例和问题分析，不仅能够帮助读者将理论知识应用于实际问题的解决中，还能够激发读者的学习兴趣和创新思维，为电力行业的人才培养和技术创新奠定了坚实的基础。

本专著以其深入的理论推导和试验分析，全面覆盖了电力系统常见一次设备的故障类型和保护策略。不仅注重理论的深度，还强调了实践的应用性。我坚信这本专著一定会给电力系统领域的专业研究人员、工程师、高校师生，以及相关工作人员带来很大裨益和帮助。相信读者在阅读这本专著的过程中，会对其中的内容产生浓厚的兴趣，并从中获得宝贵的知识和启示。

葛耀中

2024 年 3 月

前　言

电力系统是现代文明的支柱，其稳定与安全的运行至关重要。尽管广大电气领域科研及从业人员为维护系统运行倾注了无数心血与智慧，但受运维及制造水平、自然条件以及新型电力系统发展等多方面因素影响，各种故障的发生仍难以避免。在这样的技术背景下，继电保护的重要性愈发凸显，它如同电网的忠诚卫士，时刻守护着电力系统的安全稳定运行。

电力系统继电保护的文献著作不胜枚举，这些经典之作从各种维度对继电保护的理论与技术进行了详尽而深入的阐述。本书力求避免与前人著作内容的重叠，将焦点集中于一些新颖且尚未明确解答的问题之上，围绕这些问题展开论述，并结合笔者及其研究团队的科研实践，力求为读者提供清晰、准确的解答，以期为读者提供全新的思考维度与探索空间。

本专著共分为 11 章，内容可概括为三个部分：第一部分（第 1、2 章）聚焦于信息获取、传变、变换及传送等与继电保护决策息息相关的基本问题；第二部分（第 3～8 章）深入探讨保护原理，揭示其内在逻辑与运行机制；第三部分（第 9～11 章）针对被保护对象的特殊性进行深入分析和探讨。

在本专著的撰写过程中，得到了多方的大力支持与协助。首先，要衷心感谢电力系统运行部门及继电保护设备制造领域的专家们，他们提出的宝贵问题与提供的丰富信息，为本专著的编写提供了源源不断的动力与坚实的基础。其次，华中科技大学电力系统动态模拟实验室的支持与协助亦不可或缺，许多故障工况的复现、新原理与新理论的分析和验证等关键问题均得益于该实验室的鼎力相助，因此特别感谢华中科技大学电力系统动态模拟实验室的李国久、杨德先、吴彤、张凤鸽等同志。没有他们的支持，本专著是不可能完成的。还要感谢研究团队的尹项根、张哲、文明浩、陈卫等几位老师以及他们的研究生，很多问题的探索和试验研究离不开他们的参与，宝贵意见对本书的完善至关重要。特别是陈浩天同学在文字与制图方面做了很多工作。同时也要感谢山东大学刘世明老师在距离继电器支接电阻动作特性分析上的贡献。再次感谢杨德先老师为本专著的编辑出版做了大量认真、细致的工作。出版社责任编辑提出很多非常宝贵的意见和建议，作者表示衷心的感谢。最后，特别感谢我的爱人车得贞，她的理解与支持是我完成书稿撰写及科研工作的重要动力。

由于作者个人知识和经验的局限性及继电保护问题本身的复杂性，书中难免存在不足之处。因此，恳请广大读者不吝赐教，提出宝贵的意见和建议，共同为电力系统的安全运行贡献智慧与力量。

陈德树

2023 年 4 月 17 日于华中科技大学

目　录

第1章 电力系统运行状态信息传变过程分析

电力系统继电保护是一种特殊的控制系统，其任务是快速识别出被保护对象发生了故障，并控制相关开关设备，使故障设备与电力系统其余健全部分脱离，令其余健全部分能继续安全运行。因此，需要将设备是否安全的有关状态信息及时传送至继电保护装置，以便及时做出判断，实施控制。

反映电力系统运行状态的信息主要是相关电流、电压，其余一些非电量，如距离、转速、开/闭状态等，一般转换成电量后再传送。

由于保护设备都是弱电设备，而被保护对象基本都是高电压、大电流设备，其运行状态信息必须经过传变，变成弱电信号，再传送给继电保护设备使用。负责传变的设备主要是电压互感器和电流互感器。传统的互感器是电磁式的，新型互感器有光电式、电子式等，但在技术上尚不够成熟。

为保证继电保护装置能够正确识别电力系统的运行状态，要求状态信息传变的过程不失真，但由于磁路的存在，电磁式电流互感器不可能实现绝对的不失真传变。因此，要求在实际可能的工况范围内，信息传变的失真程度不会使保护装置产生误判，这就需要清楚了解其传变过程的机理，包括误差的变化过程、影响因素等。本章 1.1 节将对电磁式电流互感器的暂态传变过程进行详细分析。

除电容分压式电压互感器比较特殊外，一般电磁式电压互感器因故障时电压下降，很少引起铁芯饱和，因此失真很小。文献［3，4］对电容分压式电压互感器做了比较深入的研究，可供参考。本章 1.2 节对电容分压式电压互感器的传变问题进行了概述，不拟详细讨论。此外，本章 1.3 节和 1.4 节分别对继电保护装置内部互感器的传变问题和模—数变换问题进行说明。

1.1 电磁式电流互感器的暂态传变过程分析

用于继电保护的电磁式电流互感器属于利用高导磁介质，通过互感关系实现大电流测量的一种变换设备。相对于其他利用互感的设备，其具有一些明显的特点。

（1）理想的电流信息变换应该是电网一次侧电流信息与二次侧电流信息是简单而严格的比例关系。但电磁式电流互感器的电流变换不是“理想”的，其一次侧电流、二次侧电流和励磁电流的关系为：

$$i_2 = i_1' - i_\mu' = (i_1 - i_\mu) / n_{TA} \tag{1-1}$$

式中 i_1、i_2、i_μ——分别为一次电流、二次电流、励磁电流；

i_1'——一次电流折算到二次侧的电流值；

n_{TA}——一、二次电流的变换比；

i_μ'——励磁电流折算到二次侧的电流值，其励磁阻抗具有非线性特性。

（2）由于要求在最大短路电流情况下不饱和，保护用电流互感器在额定电流时的磁通密度很低。

（3）电流互感器是在电流源情况下工作，其负载阻抗一经确定，在运行中保持不变。

（4）运行中的磁通密度与二次负载阻抗相关联，减小二次负载阻抗可降低磁通密度。

（5）剩磁大小对暂态饱和有严重影响。

（6）电流互感器的任务不同，例如，用于计量、用于一般保护或用于差动保护，对其结构和特性的要求有很大差别。

这里将着重讨论继电保护用的电流互感器的暂态特性有关问题。

鉴于电磁式电流互感器暂态过程对继电保护的动作性能，特别是快速保护的动作性能有重大的影响，对其暂态过程的研究很早就得到重视，取得了很多研究成果，积累了不少实践经验，围绕这方面的问题也建立了相应的标准。

由于电磁式电流互感器铁芯的磁化具有很强、很复杂的非线性特性，对其工作特性很难做一个完整的统一描述。为了了解其最基本的特性，通常先进行全线性化分析，然后再进一步研究其非线性特性对暂态过程的影响。

保护用的电磁式电流互感器在正常工作时，其磁通密度 B_n 远低于其饱和磁通密度 B_s。因此，当故障时的短路电流不是很大时，其磁通密度未超出饱和磁通密度，电磁式电流互感器工作在线性区。即使短路电流很大，从额定工作磁通密度过渡到饱和磁通密度也有一个过程。因此，有必要研究电磁式电流互感器在线性区工作时的特性，以及由线性区到非线性区的过渡过程。

下面将先从线性分析入手，再对非线性问题进行研究。

1.1.1 理想电流互感器暂态过程分析

全线性化分析的前提是假设铁芯不会饱和，即假设其导磁率 μ 值为恒定值，不随磁通密度的大小而变化。其励磁阻抗为常数：

$$Z_\mu = U / I = 2\pi f L = \text{const} \tag{1-2}$$

即其励磁回路的电感值 L 为常数。

在此假定的前提下，对电磁式电流互感器暂态过程的分析变为对图 1-1 或图 1-2 的等值电路做线性常微分方程求解。这方面已有了很多工作。各种文献对此的分析大同小异，殊途同归。相关文献对其分析仅在处理方法上有差别，如对一次电流有的用电流源，有的用电压源；对电压的描述有的用正弦函数，有的用余弦函数；有的是先做详细分析然后根据参数情况进行化简，有的是一开始就从简化入手分析；有的是从短路电流初相角为任意值进行分析，有的是一开始就从非周期分量初始值为最大的全偏移情况直接入手分析。尽管处理方法有些差别，但为了研究其主要特征，忽略次要因素影响，各种方法的最后简化结果却是基本一致的。

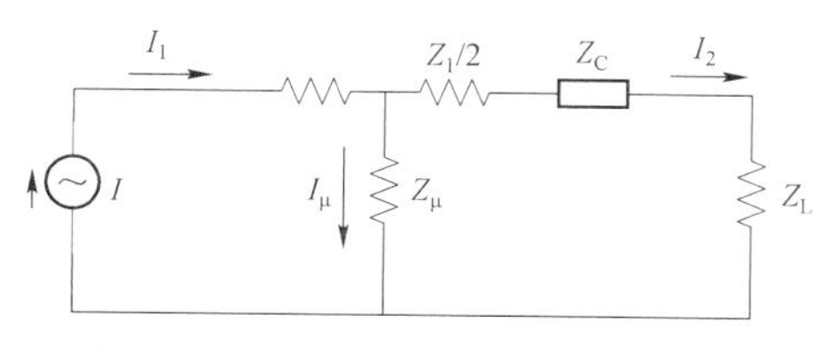

图 1－1　电流源电流互感器等值电路

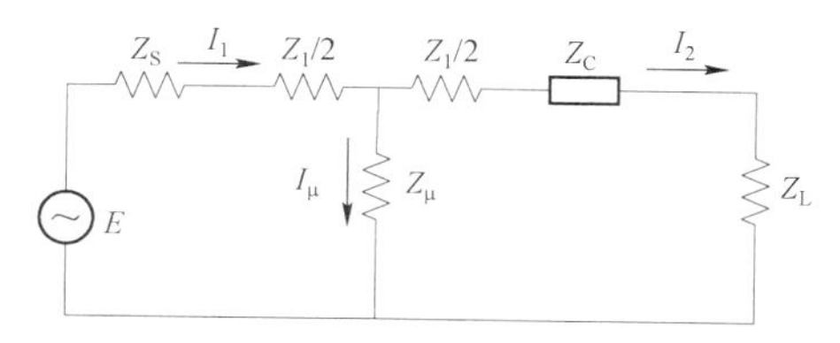

图 1－2　电压源电流互感器等值电路

下面仅对分析较为详细、具有代表性的一种分析方法结果进行介绍，并以此为出发点进行进一步分析讨论。

有些文献[8,9]是以如图 1－2 所示的等值电路进行分析的，其出发点是考虑电源突变初相角，用正弦函数表述。此时，一次电流可以表示为：

$$i_1 = I_{1.\max}\left[\sin(\omega t+\alpha-\varphi)-\sin(\alpha-\varphi)\mathrm{e}^{-\frac{t}{T_1}}\right] \tag{1-3}$$

式中　α——电源突变初相角；

φ——电源阻抗角（因 $Z_S \gg Z_1 + Z_L$，可近似忽略负载）；

$\alpha-\varphi$——电流初相角；

T_1——一次侧时间常数；

$I_{1.\max}$——一次电流的模的最大值。

此外，较多文献采用 $\alpha-\varphi+90°=\theta$ 的关系式。此时式（1－3）变为：

$$i_1 = \sqrt{2}I_{1sc}\left[\mathrm{e}^{-\frac{t}{T_1}}\cos\theta-\cos(\omega t+\theta)\right] \tag{1-4}$$

式中　I_{1sc}——电流交变分量的有效值。

在部分文献中，式（1－4）中的 $\cos\theta$ 也被称为直流分量偏移度。

做进一步分析时，仅分析全偏移情况，令电流初相角 $\alpha-\varphi=-90°$，即 $\theta=0°$（假设之一）。此时，式（1－4）简化为[10]：

$$i_1 = \sqrt{2}I_{1sc}\left(\mathrm{e}^{-\frac{t}{T_1}}-\cos\omega t\right) \tag{1-5}$$

进一步假定电磁式电流互感器二次侧为纯电阻负载（假设之二），在此简化基础上得出磁通密度为：

$$B(t) = \sqrt{2}I_{1sc}\frac{RN_1}{AN_2^2}\left[\frac{T_1T_2}{T_1-T_2}\left(\mathrm{e}^{-\frac{t}{T_1}}-\mathrm{e}^{-\frac{t}{T_2}}\right)+\frac{T_2}{\omega^2T_2^2+1}\left(\mathrm{e}^{-\frac{t}{T_2}}+\cos\omega t\right)-\frac{\omega T_2^2}{\omega^2T_2^2+1}\sin\omega t\right] \tag{1-6}$$

式中　R——负载电阻；

A——铁芯截面积；

N_1——一次侧绕组匝数；

N_2——二次侧绕组匝数；

T_2——二次侧时间常数。

考虑到$\omega \gg \frac{1}{T_2}$（假设之三），式（1－6）进一步简化为：

$$B(t)=\sqrt{2}I_{1sc}\frac{RN_1}{\omega AN_2^2}\left[\omega\frac{T_1T_2}{T_1-T_2}\left(e^{-\frac{t}{T_1}}-e^{-\frac{t}{T_2}}\right)-\sin\omega t\right] \tag{1-7}$$

令
$$X(t)=e^{-\frac{t}{T_1}}-e^{-\frac{t}{T_2}} \tag{1-8}$$

进入稳态后，相当于$t\to\infty$，$X(t)=0$。此时：

$$B(t)=-\sqrt{2}I_{1sc}\frac{RN_1}{\omega AN_2^2}\sin\omega t=-B_{ac.m}\sin\omega t \tag{1-9}$$

$$B_{ac.m}=\sqrt{2}I_{1sc}\frac{RN_1}{\omega AN_2^2} \tag{1-10}$$

式中　$B_{ac.m}$——稳态短路时磁通密度交变分量的峰值。

令
$$D=\frac{T_1T_2}{T_1-T_2} \tag{1-11}$$

并令
$$K_{dc}(t)=\omega DX(t) \tag{1-12}$$

磁通密度的时变函数可写为：

$$\begin{aligned}B(t)&=B_{ac.m}[\omega DX(t)-\sin\omega t]\\&=B_{ac.m}[K_{dc}(t)-\sin\omega t]\\&=B_{dc}(t)-B_{ac.m}\sin\omega t\end{aligned} \tag{1-13}$$

式中　$B_{dc}(t)=K_{dc}(t)B_{ac.m}$，为直流分量。

由于主要关心磁通密度的各个峰值是否饱和，即考虑总磁通密度中交流分量的峰值，故此时可令$\sin\omega t=-1$，可得总磁通密度：

$$\begin{aligned}B_m(t)&=B_{ac.m}[\omega DX(t)+1]\\&=B_{ac.m}[K_{dc}(t)+1]\\&=B_{ac.m}K_{td}(t)\end{aligned} \tag{1-14}$$

其中
$$\begin{aligned}K_{td}(t)&=K_{dc}(t)+1\\&=\omega DX(t)+1\end{aligned} \tag{1-15}$$

式中，$K_{td}(t)$为与T_1及T_2有关的一个时变函数。一些中文文献将$K_{td}(t)$称为暂态面积系数（transient dimensioning factor）。$K_{td}(t)$本是与短路电流相应的总磁通密度与其中的交流分量磁通密度的峰值之比，无面积含义，其意为暂态最大磁通密度对其最大交流分量峰值的倍数。因其为要求铁芯面积满足暂态不饱和时的一个重要参数，可以称之为暂态面积系数，是根据短路电流可能状态选择电流互感器的一个重要依据。

$K_{td}(t)$是短路过程中，以总磁通密度中包含的最大交流分量磁通密度的峰值$B_{ac.m}$为基数，交变磁通密度$K_{td}(t)B_{ac.m}$的峰值构成的包络线的时变函数，即暂态磁通峰值对稳态交变分量磁通密度峰值的倍数，即$K_{td}(t)=B_m(t)/B_{ac.m}$。

用铁芯总磁通表示时，交变磁通的峰值包络线见式（1－16）。

因总磁通 $\Phi(t)=\Phi_{dc}+\Phi_{ac}$，故：

$$\begin{aligned}\Phi_m(t)&=\Phi_{dc}+\Phi_{ac.max}\\&=[K_{dc}(t)+1]\Phi_{ac.max}\end{aligned}\tag{1-16}$$

式中　$\Phi_m(t)$ ——磁通的峰值包络线；

Φ_{dc} ——磁通的均值；

Φ_{ac} ——磁通的交变分量；

$\Phi_{ac.max}$ ——磁通的交变量峰值。

与式（1－16）对应，图 1－3 反映的是系统短路时，电流互感器一次侧电流突增，磁通增加过程的时变特性。

从式（1－16）及图 1－3 可见，电磁式电流互感器在短路电流的冲击下，其铁芯内的磁通暂态响应过程可从 $\Phi(t)$、Φ_{dc}、Φ_{ac} 以及 $\Phi_m(t)$ 4 个量值的时变情况得到。最被关注的是 $\Phi_m(t)$ 的最大值 Φ_{max} 是否大于饱和磁通。

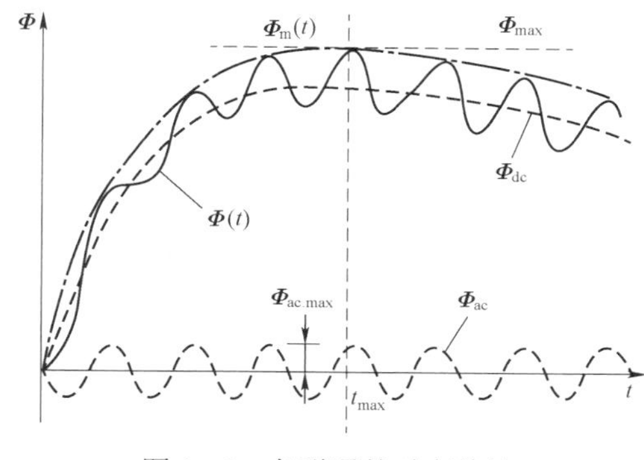

图 1－3　各磁通的时变特性

在全线性化及几个假设的前提下，得到了如式（1－15）、式（1－16）所示的基本规律。与最大短路电流相关的磁通 $\Phi_{ac.max}$ 是暂态过程的基础。在此基础上，影响暂态过程的是 D 、$X(t)$ 及 $K_{td}(t)$ 。

由式（1－11）可见，D 值仅与 T_1 、T_2 有关。T_1 、T_2 确定时，D 为恒定值。$X(t)$ 为仅与 T_1 、T_2 有关的时变函数。所以 $K_{td}(t)$ 也是仅与 T_1 、T_2 有关的时变函数。归根结底，影响暂态过程的除 $\Phi_{ac.max}$ 外，就是两个时间常数 T_1 、T_2 。

当 T_1、T_2 确定后，由式（1－8）可得 $X(t)$ 的时间变化特性，并得到一个最大值及最大值出现的时间。

$B_{ac.m}$ 是一个与短路电流及电磁式电流互感器铁芯额定工况有关的确定值。$B(t)$ 也同样存在一个最大值及其出现时间。

对式（1－8）的 $X(t)$ 求极值，可得：

$$t_{max}=\frac{T_1T_2}{T_1-T_2}\ln\left(\frac{T_1}{T_2}\right)\tag{1-17}$$

由式（1－17）可知，暂态磁通最大值出现的时间 t_{max} 仅与一、二次侧时间常数有关。同样，D 值也是仅与时间常数有关的系数。由式（1－18）可知，最大暂态面积系数 $K_{td.max}$ 也是仅与时间常数有关：

$$\begin{aligned}K_{td.max}&=\omega D\left(e^{-\frac{t_{max}}{T_1}}-e^{-\frac{t_{max}}{T_2}}\right)+1\\&=\omega D\left[e^{-\frac{T_2}{T_1-T_2}\ln\left(\frac{T_1}{T_2}\right)}-e^{-\frac{T_1}{T_1-T_2}\ln\left(\frac{T_1}{T_2}\right)}\right]+1\end{aligned}\tag{1-18}$$

图 1－4 以两个不同的 T_1 值为例，观察 T_1、T_2 对暂态参数的影响。从图 1－4 可以看出，T_1、T_2 对暂态特性影响很明显。T_1 为定值时，T_2 增大，t_{max} 和 $K_{td.max}$ 也随之增大。图 1－4 中的图（a）、图（c）对比，同一 T_2 值，图（c）的 t_{max} 值大于图（a）的 t_{max}。T_1、T_2 任一值增大，都会使 $K_{td.max}$ 增大、t_{max} 延后。这意味着随着 T_1、T_2 的增大，要求铁芯面积也增大。

最后应该注意的是，上述计算没有计及剩磁 B_r。当剩磁不为零时，上述结果应加入 B_r。

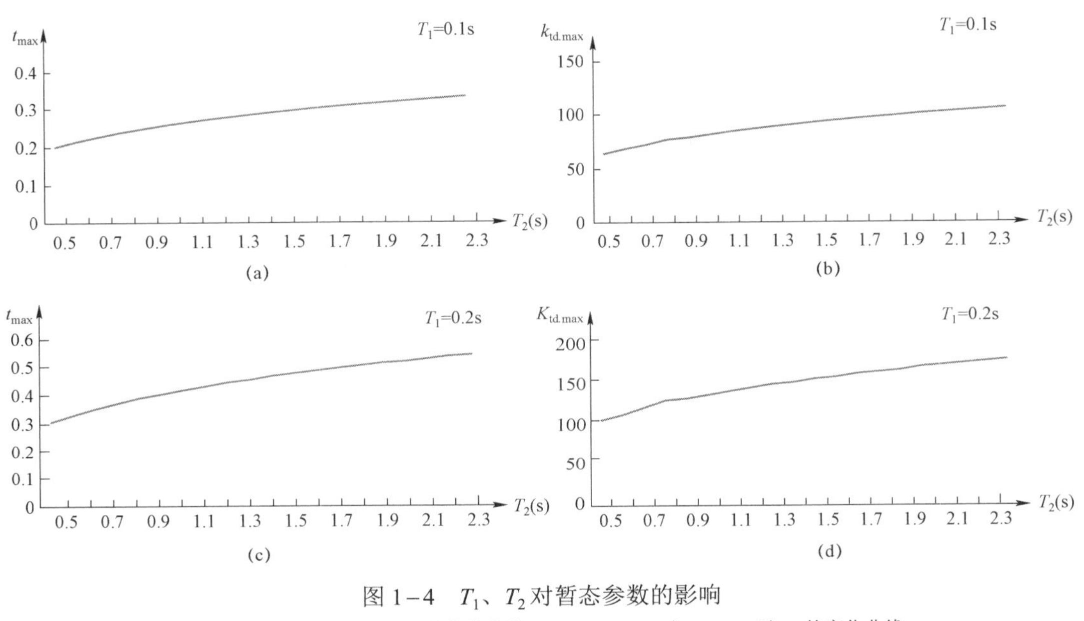

图 1－4　T_1、T_2 对暂态参数的影响

（a）T_1＝0.1s 时，t_{max} 随 T_2 的变化曲线；（b）T_1＝0.1s 时，$K_{td.max}$ 随 T_2 的变化曲线

（c）T_1＝0.2s 时，t_{max} 随 T_2 的变化曲线；（d）T_1＝0.2s 时，$K_{td.max}$ 随 T_2 的变化曲线

1.1.2 衰减时间常数等对电流互感器暂态过程的影响

本章 1.1.1 节在完全线性化的条件下讨论了电流互感器暂态过程的数学解，得到一个简单的结论，即影响电流互感器暂态过程的因素是 T_1、T_2 和 B_{max}。B_{max} 决定暂态过程的范围，T_1、T_2 则决定其暂态过程的变化。但得出的仅是数学上的一般性结论，还需要了解在电力系统实际工程环境下，T_1、T_2 的实际可能范围内电磁变化的暂态过程。

为便于讨论，先定义一些电磁式电流互感器工作状态的参数，如图 1－5 所示。

图 1－5 中，B_s 表示饱和磁通密度，$B_{ac.m}$ 表示最大短路电流时的交流分量峰值磁通密度，$B_{n.n}$ 表示电磁式电流互感器在额定二次负载、额定电流时的峰值磁通密度，$B_{n.m}$ 表示电磁式电流互感器在实际运行二次负载下的额定电流时的峰值磁通密度，B_{max} 表示在线性、不饱和的假设时，设定最大短路电流下计算得的暂态最大虚拟磁通密度。

根据前面得到的结果，各关键变量归结如下：

令

$$m_B = \frac{B_{ac.m}}{B_{n.n}} = \frac{I_{ac.max}}{I_n} \tag{1-19}$$

式中　m_B ——最大短路电流周期分量对额定电流的倍数；

$I_{ac.max}$ ——最大短路电流周期分量；

I_n ——额定电流。

由于：

$$K_{td.max} = \frac{B_{max}}{B_{ac.m}} = \frac{B_{max}}{m_B B_{n.n}} \tag{1-20}$$

得出：

$$K_{n.n} = \frac{B_{max}}{B_{n.n}} = m_B K_{td.max} \tag{1-21}$$

式中　$K_{n.n}$ ——最大虚拟磁通密度对额定磁通密度的倍数。

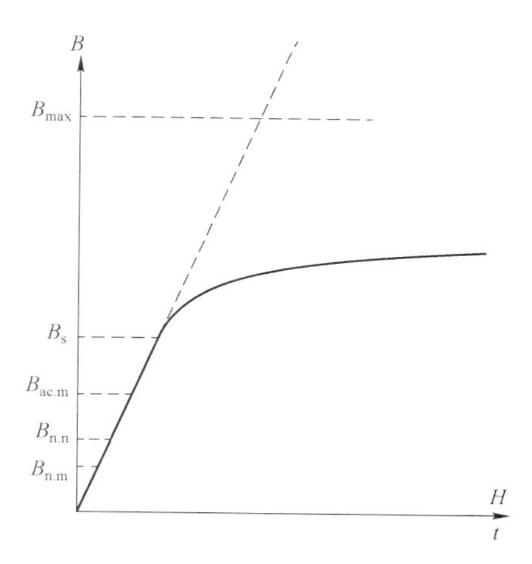

图 1－5　电磁式电流互感器的若干磁通密度示意图

此外定义：

$$K_{n.m} = \frac{B_{max}}{B_{n.m}} \tag{1-22}$$

$$K_r = \frac{B_{max}}{B_s} \tag{1-23}$$

$$K_s = \frac{B_s}{B_{ac.m}} \tag{1-24}$$

$$K_1 \approx \frac{B_{n.m}}{B_{n.n}} \tag{1-25}$$

式中　$K_{n.m}$ ——最大虚拟磁通密度对实际负载时正常磁通密度的倍数；

K_r ——最大虚拟磁通密度 B_{max} 对饱和磁通密度的倍数；

K_s ——饱和磁通密度对最大短路时交流分量磁通密度幅值的倍数；

K_1 ——电磁式电流互感器的负载率，即运行负载阻抗与额定负载阻抗之比。

下面通过实例，观察各种有关参数的情况。

例：对表 1－1 中的各种状态进行计算分析。

表 1－1　　基本参数对暂态影响的实例对比

状态	已知参数						计算参数							
	T_1	T_2	m_B	$B_{n.n}$	$B_{n.m}$	B_s	t_{max}	$K_{td.max}$	B_{max}	$K_{n.m}$	K_r	K_s	$X(t_{sat})$	t_{sat}
1	0.4	2.0	8	0.03	0.03	1.5	805	85.037	20.409	680.293	13.61	6.25	－0.033	16.92
2	0.25	2.0	8	0.03	0.03	1.5	594	59.355	14.245	474.84	9.497	6.25	－0.058	17.2
3	0.1	2.0	8	0.03	0.03	1.5	315	27.833	6.68	222.667	4.453	6.25	－0.159	18.3
4	0.25	2.0	8	0.01	0.01	1.5	594	59.355	4.748	474.84	3.166	18.75	－0.198	65.3
5	0.1	2.0	8	0.01	0.01	1.5	315	27.833	2.227	222.667	1.484	18.75	－0.537	86.6
6	0.1	1.0	8	0.03	0.03	1.5	256	25.324	6.078	202.6	4.052	6.25	－0.15	18.45
7	0.04	2.0	8	0.01	0.01	1.5	160	12.602	1.008	100.817	0.672	18.75	－1.384	—
8	0.1	2.0	8	0.03	0.01	1.5	315	27.833	6.68	668.001	4.453	6.25	－0.159	18.4
9	0.1	2.0	8	0.01	0.005	1.5	315	27.833	2.227	445.334	1.484	18.75	－0.537	86.6
10	0.4	2.0	20	0.03	0.03	1.5	805	85.037	51.022	1701	34.015	2.5	－0.00955	4.81
11	0.07	2.0	8	0.01	0.01	1.5	243	20.473	1.638	163.788	1.092	18.75	－0.779	—
12	0.07	2.0	8	0.03	0.03	1.5	243	20.473	4.914	163.788	3.276	6.25	－0.23	135

注　磁通 B 单位为 T，时间 t 单位为 ms，时间 T 单位为 s。

由表 1－1 可知，状态 1 中 $T_1=0.4\text{s}$，$T_2=2.0\text{s}$，$B_{\text{n.n}}=0.03\text{T}$，$B_{\text{s}}=1.5\text{T}$；设剩磁为零；电磁式电流互感器工作在额定负载，即 $K_1=1$，或 $B_{\text{n.m}}=B_{\text{n.n}}$，并设 $m_{\text{B}}=8$，即最大短路电流为电流互感器额定电流的 8 倍。下面，观察时间常数对几种参数的影响。

1. 与时间常数有关的参数

由式（1－11）及式（1－17）得：

$$D=\frac{T_1T_2}{T_1-T_2}=\frac{0.4\times2.0}{0.4-2.0}=-0.5\text{（s）}$$

$$t_{\max}=\frac{T_1T_2}{T_1-T_2}\ln\left(\frac{T_1}{T_2}\right)=D\ln\left(\frac{T_1}{T_2}\right)=-0.5\times\ln\left(\frac{0.4}{2.0}\right)=-0.5\times(-1.609)=0.8045\text{（s）}\approx805\text{（ms）}$$

代入状态 6 的数据，当 $T_1=0.1\text{s}$，$T_2=1.0\text{s}$，则：

$$D=\frac{T_1T_2}{T_1-T_2}=\frac{0.1\times1.0}{0.1-1.0}=-0.1111\text{（s）}$$

$$t_{\max}=D\ln\left(\frac{T_1}{T_2}\right)=-0.1111\times(-2.3)=0.2555\text{（s）}\approx256\text{（ms）}$$

由式（1－18）得：

$$\begin{aligned}K_{\text{td.max}}&=\omega D\left(\text{e}^{-\frac{t_{\max}}{T_1}}-\text{e}^{-\frac{t_{\max}}{T_2}}\right)+1\\&=314.2\times(-0.1111)\times(\text{e}^{-2}-\text{e}^{-0.4})+1\\&=314.2\times(-0.1111)\times(0.077-0.774)+1\\&=25.324\end{aligned}$$

由表 1－1 可见，从 $K_{\text{td.max}}$ 的变化可以看出，$K_{\text{td.max}}$ 从 85.037 变为 25.324。时间常数对电流互感器暂态过程有重要影响。

2. 与磁通有关的参数

由式（1－20）及式（1－25）得：$K_{\text{td.max}}=\dfrac{B_{\max}}{m_{\text{B}}B_{\text{n.m}}/K_1}=\dfrac{K_1B_{\max}}{m_{\text{B}}B_{\text{n.m}}}$

代入状态 6 的数据得：$B_{\max}=m_{\text{B}}B_{\text{n.n}}K_{\text{td.max}}=8\times0.03\times25.324=6.078\text{（T）}$

$$K_{\text{n.m}}=\frac{B_{\max}}{B_{\text{n.m}}}=\frac{B_{\max}}{K_1B_{\text{n.n}}}=6.078/0.03=202.6$$

$$K_{\text{r}}=\frac{B_{\max}}{B_{\text{s}}}=6.078/1.5=4.052$$

$$K_{\text{s}}=\frac{B_{\text{s}}}{B_{\text{ac.m}}}=B_{\text{s}}\frac{K_{\text{td.max}}}{B_{\max}}=1.5\times25.324/6.078=6.25$$

3. 饱和对有关参数的影响

由式（1－18），当 $t = t_{sat}$，即磁通达到饱和的时刻，有：

$$X(t_s) = \frac{K_s - 1}{\omega D} = (6.25 - 1) / [314.2 \times (-0.1111)]$$
$$= -5.25 / 34.91 = -0.15$$

由式（1－8）得 $X(t)$ 的曲线，即：

$$X(t) = e^{-\frac{t}{T_1}} - e^{-\frac{t}{T_2}}$$

表 1－1 中 $T_1 = 0.4s$、$T_2 = 2.0s$，对应的 $X(t)$ 曲线见图 1－6（a）。从其放大图 1－6（b）可得出，由状态 1 参数下的 $X(t_{sat})$ 值，即 -0.033，可查得 $t_{sat} = 0.01692s$。

状态 6 参数下的 $X(t_{sat})$ 值，即 -0.15，可查得，$t_{sat} = 0.018\,45s$。

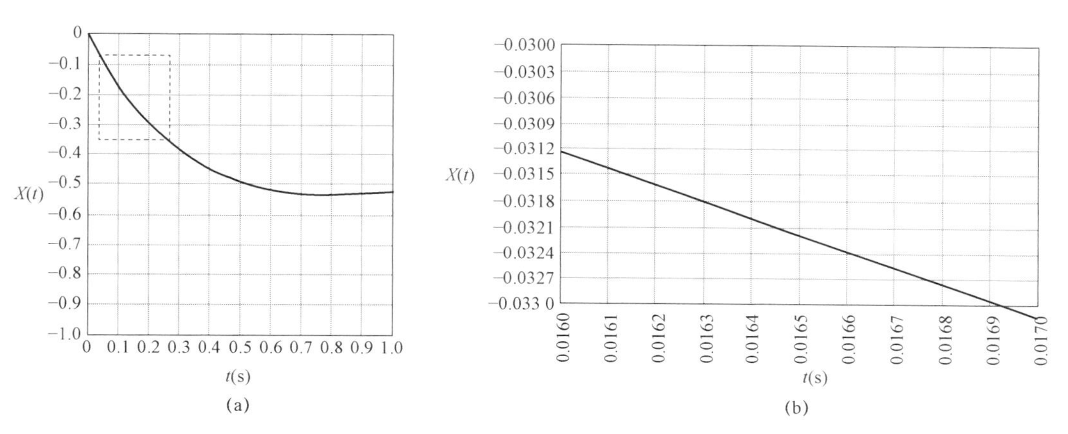

图 1－6　$X(t)$ 曲线图

（a）状态 1 的 $X(t)$曲线图；（b）状态 1 的 $X(t)$曲线局部放大图

与饱和有关的参数有多个，对暂态过程将有不同的影响。为了初步了解其影响的趋向，下面根据实例选取不同参数，得到 12 种不同的状态进行计算，状态 1～12 的参数及其计算所得结果见表 1－1。

表 1－1 中，状态 1 的 T_1 是大型发电机的可能值，此处将其作为比较的基础。状态 2 的 T_1 近似中等容量发电机参数，状态 3 的 T_1 近似超高压线路的参数。

对比状态 1 和状态 2，T_1 由 0.4s 改至 0.25s。

对比状态 1 和状态 3，T_1 由 0.4s 改至 0.1s，T_2 不变，接近超高压线路参数。

对比状态 1 和状态 12，T_1 由 0.4s 改至 0.07s，T_2 不变，考查 T_1 特短参数。

对比状态 2 和状态 4，$B_{n.n}$ 由 0.03T 改至 0.01T。例如将二次负载阻抗减少至原负载阻抗的 1/3。

对比状态 4 和状态 5，在状态 5 下将 T_1 减少较大，由 0.25s 降至 0.1s，到达饱和时间 t_{sat} 较状态 4 更往后移。

对比状态 3 和状态 6，T_2 减少较大，主要考虑 TPY 型电磁式电流互感器的励磁电感较小。

状态 7，在低磁通密度状态下，T_1 减少较大。此时无解，即达不到饱和值。

对比状态 7 和状态 8，T_1 从 0.04 改为 0.1。

对比状态 8 和状态 9，$B_{n.n}$ 从 0.03 改为 0.01。

状态 10 考虑最大短路电流倍数很高时，会很快进入饱和。

对比状态 5 和状态 11，T_1 进一步减少时，达不到饱和值。

对比状态 11 和状态 12，$B_{n.n}$ 从 0.01 改为 0.03。

表 1－1 中的各种状态未考虑剩磁，即短路前的剩磁为零。同时，表 1－1 中假定电磁式电流互感器在额定二次负载，额定电流时磁通密度为 0.03T。

为观察二次额定负载时磁通密度大小的影响，有些状态改为二次额定负载下，额定电流时磁通密度为 0.01T。

由上面分析及实例计算，得出的最大暂态面积系数 $K_{td.max}$、出现的时间 t_{max}、B_{max} 和 t_{sat} [见式（1－18）] 等可以看出：

（1）对比状态 1、2、3、12，或对比状态 4 和状态 5，衰减时间常数 T_1 影响虚拟的最大暂态面积系数 $K_{td.max}$ 的大小及最大值出现的时间 t_{max} 和 B_{max}，表 1－1 中反映出正相关关系。但 T_1 越短，t_{sat} 越往后移。

（2）对比状态 3 与状态 6，状态 6 比状态 3 的 T_2 缩短，t_{sat} 变化不大。这意味着同样条件下，有小气隙的电流互感器的时间常数 T_2 短一些，但对饱和出现时间影响不大，小气隙的主要作用还是减小剩磁。

（3）对比状态 3 与状态 8，说明仅是运行负荷电流不同，其他状态不变，对短路暂态过程没有影响。

（4）对比状态 3 与状态 5，说明改变电流互感器的二次负载，如通过减少二次负载阻抗，可使 B_{max} 和额定运行时的 $B_{n.n}$ 减少，并使 t_{sat} 延后。

（5）对比状态 10 与状态 1，短路电流倍数 m_B 值增大时，使 B_{max} 增大，饱和时间提前。

（6）减小二次负载，会使 $B_{n.n}$ 降低，同时可以有效地降低其暂态饱和程度，这主要反映在过饱和系数 K_r 的降低。

（7）对比状态 7 与状态 11，当 $K_r \leq 1$ 时，不会出现饱和（不考虑剩磁时）。这两种情况与时间常数 T_1 的减小密切相关。

（8）二次额定电流为 1A 时，电流互感器相对负载比为 5A 时小很多，其暂态性能要好很多。

1.1.3 电流互感器饱和时非线性特性的基本分析

电流互感器饱和时的“强非线性”特性包含两重含义：① 磁化曲线（$B—H$ 曲线）的非线性；② 硅钢片的磁滞回线的非线性。

1.1.3.1　仅考虑 *B*—*H* 曲线的非线性特性

图 1－7 是针对 *B*—*H* 曲线的非线性的一种近似描述。其中，图 1－7（a）是用双折线近似逼近 *B*—*H* 曲线，这是一种最简单的逼近方法；图 1－7（b）用三折线逼近。在仿真变压器的励磁涌流时曾采用过十折线方法逼近，折线数越多，拟合效果越好，但也越复杂。

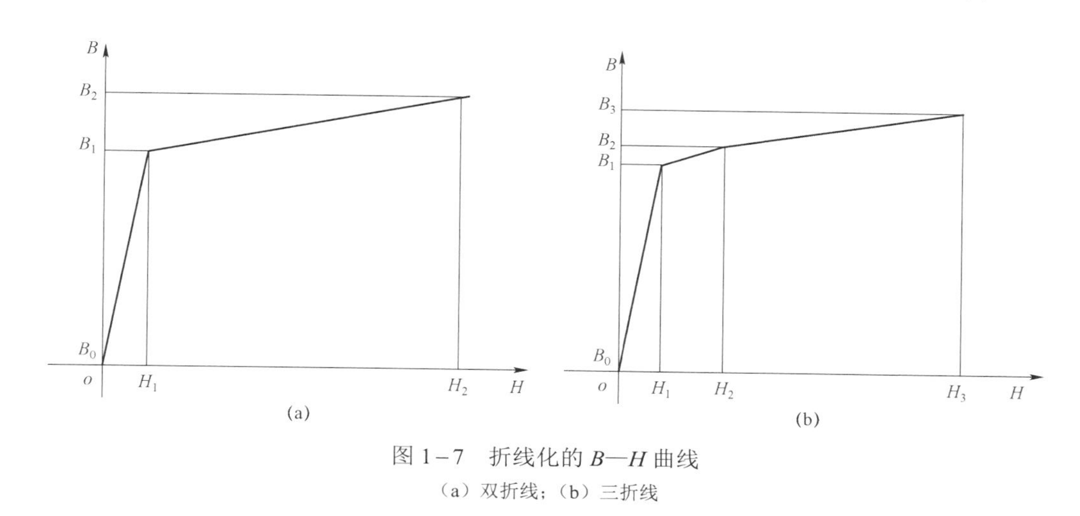

图 1－7　折线化的 *B*—*H* 曲线

（a）双折线；（b）三折线

用折线方法拟合非线性曲线时，实际就是分段线性化。此时，仍可参考前面完全线性的方法。因：

$$B(t)=B_{\mathrm{ac.m}}[\omega DX(t)-\sin\omega t]+B_0 \tag{1-26}$$

当 $B(t)=B_1$ 时，可得：

$$\frac{B_1-B_0}{B_{\mathrm{ac.m}}}=\omega D_1X(t_1)-\sin\omega t \tag{1-27}$$

解式（1－27），在 T_1、T_2 已知时，可得满足此式的时间 t_1，即 t_1 为磁通到达 B_1 的时刻。此时，B_1、H_1与t_1为已知数，可进入下一折线。

折线与单一直线的差别主要是直线分段。第二段的 $\Delta B_2/\Delta I_2$ 比第一段的 $\Delta B_1/\Delta I_1$ 减小，其余类推。这意味着励磁阻抗减小。相应的是时间常数 T_2 减小。这将引起 $DX(t)$ 的改变。

第二段的计算，变为：

$$B_2(t)=B_{\mathrm{ac.m}}[\omega D_2X(t_2)-\sin\omega t]+B_1 \tag{1-28}$$

当 $B(t)=B_2$ 时，可得：

$$\frac{B_2-B_1}{B_{\mathrm{ac.m}}}=\omega D_2X(t_2)-\sin\omega t \tag{1-29}$$

有第三段折线时，以此类推。

1.1.3.2　考虑磁滞回线的非线性特性

上面的分析是仅考虑 *B*—*H* 曲线的非线性特性，未考虑磁滞回线的非线性特性，事实上后者是存在影响的。特别是需要研究励磁电流中的高次谐波时，其影响更不容忽略。

1949 年，苏联的阿塔别柯夫（Г.И.Атабеков）教授在专著中发表了对电流互感器的研究成果。其中用一章的篇幅专门介绍了其对电流互感器暂态非线性特性的研究。书中计及大磁滞回线和局部磁滞回线。由于非线性关系过于复杂，文中采用的是作图法，经过若干次影射，求出输入电流 $i_1(t)$ 产生的励磁电流 $i_\mu(t)$。为了印证所用方法的正确性，阿塔别柯夫教授在试验室条件下，做了试验对比印证。试验方法如图 1－8 所示。试验时，i_1 大小、合闸角、衰减时间常数都可以改变，由于分析方法中已计及局部磁滞回线的影响，分析的结果与试验的结果相当一致。当然在分析时所用的磁滞回线，特别是局部磁滞回线是近似的，因而很难得到更准确的结果。尽管有少量的差别，但两种方法的结果相当接近。

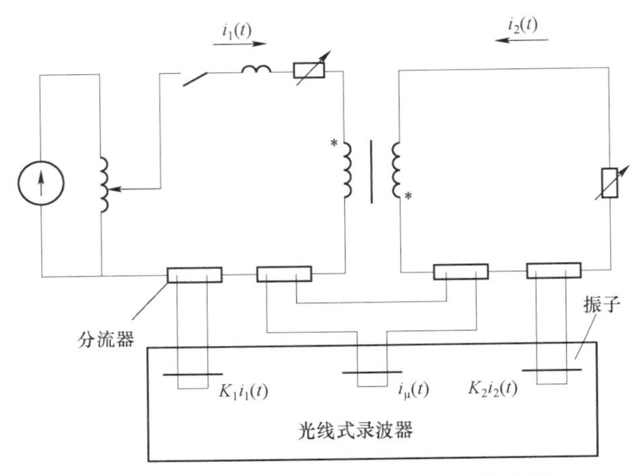

图 1－8　电流互感器暂态特性试验接线图

20 世纪 80 年代末，贺家李教授研究团队用数值分析的方法研究过磁滞回线对电流互感器暂态特性的影响，用的方法是将每一段局部磁滞回线都用曲线近似拟合，结果与阿塔别柯夫教授的结果相近，用数字方法拟合较作图方法更容易得到结果。

1.1.3.3　电流互感器非线性特性研究的数学、物理方法

国内外对电流互感器非线性特性的数学模型进行过大量的研究，提出了多种模型，基础都是对磁体物理特性的深入研究。其中，比较贴近电流互感器的，当属“J—A 模型”。

在研究和考核电流互感器对继电保护的影响时，更多的是借助电力系统的模拟试验方法。试验时，对照现场的数据记录或故障录波装置数据，用带饱和特性的电流互感器的二次电流直接考核保护装置。但实际试验时，常常是用人为制造电流互感器饱和的方法对保护进行考核，缺少定量的试验方法。

前面提到的分析、计算、仿真、试验等，都是为了加深人们对电流互感器非线性性质的认识，目的是寻找出有效的保护对策，一方面设法减少非线性状态的出现，另一方面在继电保护本身寻求有效的措施，避免进入非线性状态时出现误动作。

1.1.4　电流互感器暂态特性试验研究

差动保护是区分区内、区外短路的一种理想的保护，是主保护的首选，现在普遍地用于保护重要的电气设备，但是仍然会有差动保护原理性误动作的发生。除励磁涌流导致的误动作外，很多此类误动作找不出原因，最后只能归结为“电磁式电流互感器饱和”甚至“原因不明”。

例如，2006 年某地一座 220kV 变电站的差动保护在区外短路故障切除后约 1min 再次短路，如此重复至第三次外部短路时，母差保护误动跳闸。

一些 110/35kV 变电站馈线出口短路，经小延时跳闸，其主变压器差动保护误动。这些误动作多归于“原因不明”，探究其原因，也有不同的分析，或归于“励磁涌流”，或归于“高低压侧电流互感器不同型”。

凡此种种，说明有必要对电磁式电流互感器的暂态过程做更深入的研究。

20 世纪中叶以来，对电磁式电流互感器暂态特性的研究，研究方法由线性分析、物理模拟试验逐渐转向数字仿真。

1949 年阿塔别柯夫教授进行的物理试验，为对电流互感器暂态过程的认识打下了很好的基础，但限于测量及分析手段，对一些深入的工况影响不易做出分析。

后来许多人采用数字仿真技术对电流互感器的暂态过程进行了大量研究，也取得了一些成果。但由于铁芯的强非线性和复杂的随机性，很难做出比较严格的数学模型，难以做出更切合实际的分析。因此，利用新的技术手段，对电流互感器的暂态特性做出新的物理模拟试验研究应该是有益的。

1.1.4.1　研究方法

由于电磁式电流互感器的磁路具有强非线性特性，最合适的研究方法是通过典型样品进行物理试验，观测其在各种代表性工况下的动态行为。

作者借助一个比较完善的物理模拟实验室——华中科技大学电力系统动态模拟实验室进行有关试验研究，得到了一些有益的结果。

试验研究方法是选择一个能得到全部技术参数的试验样品，然后设计一个能实现各种运行工况的试验线路。试验运行工况尽可能全面、周密，可单独改变一种参数或综合参数。

1.1.4.2　试验步骤

1. 样品选择

选择一个符合上述要求的样品，其基本参数如下：

$$n_{\mathrm{T}}=5,\ S_{\mathrm{n}}=10\mathrm{VA}$$

“带绕式”的圆形铁芯尺寸：内直径 126mm，厚 45mm，宽 92mm。

铁芯磁路平均周长　　$\overline{l}=\pi(126+45)=537.2$（mm）

铁芯截面积　　$A=4.5\times9.2=41.4$（cm^2）

绕组参数：

$$w_1 = 120 \text{ 匝}$$

$$w_2 = 600 \text{ 匝}$$

额定安—匝数：$Iw = 600 \text{ 安·匝}$

2. 基本参数测量

（1）变比测量。测得变比为 $n_T = 5$。

（2）U—I 空载特性测量。因实验样品一次侧匝数较多，可令电流互感器二次侧开路，一次侧加交流电压，测不同电压下的 U—I 值，得空载 U—I 特性［图 1－9（a）］及变换而得到的 Z—I 曲线［图 1－9（b）］、L—I 曲线［图 1－9（c）］、B—I 曲线［图 1－9（d）］、du/di—I 曲线［图 1－9（e）］。可明显看出，励磁支路参数与其电流值密切相关，而且变化较大。

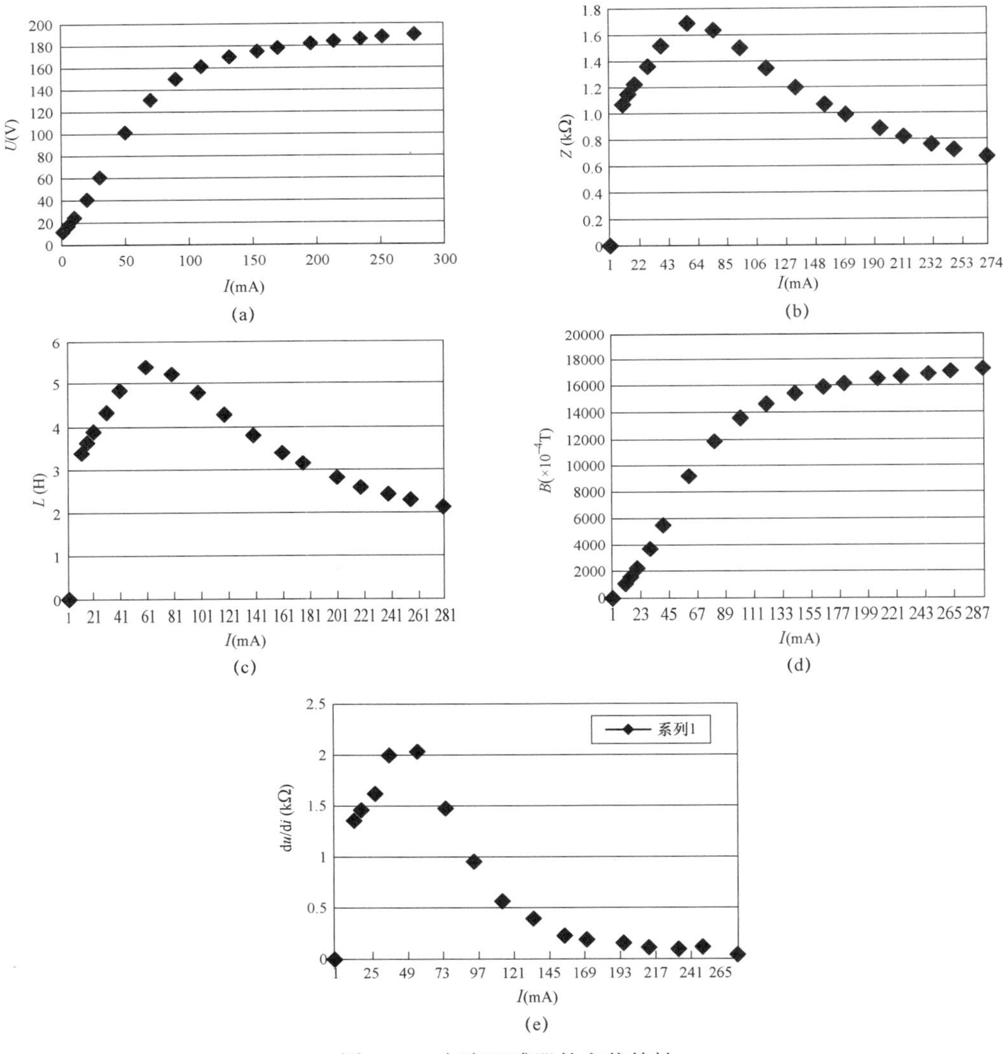

图 1－9　电流互感器的空载特性

（a）U—I 特性；（b）Z—I 特性；（c）L—I 特性；（d）B—I 特性；（e）du/di—I 特性

（3）短路阻抗测量。在二次端口直接短路，一次侧加入额定电流，得短路阻抗 Z_{sc}，即 $Z_{sc1}=\dfrac{U}{I}=0.126$（Ω）（一次侧），$Z_{sc2}=Z_{sc1}n_T^2=0.126\times5^2=3.15$（Ω）（归算至二次侧）。

3. 暂态工况试验

（1）试验接线。暂态工况试验接线如图 1－10 所示，接线的设计考虑了下列几种需要：① 可以在试验前进行消磁；② 可以在试验前进行充磁，以形成剩磁；③ 可以形成正极性剩磁，或形成反极性剩磁；④ 可以进行阶跃式非周期分量试验；⑤ 可以进行指数上升式非周期分量试验；⑥ 可以进行带衰减非周期分量的交流大电流冲击试验。

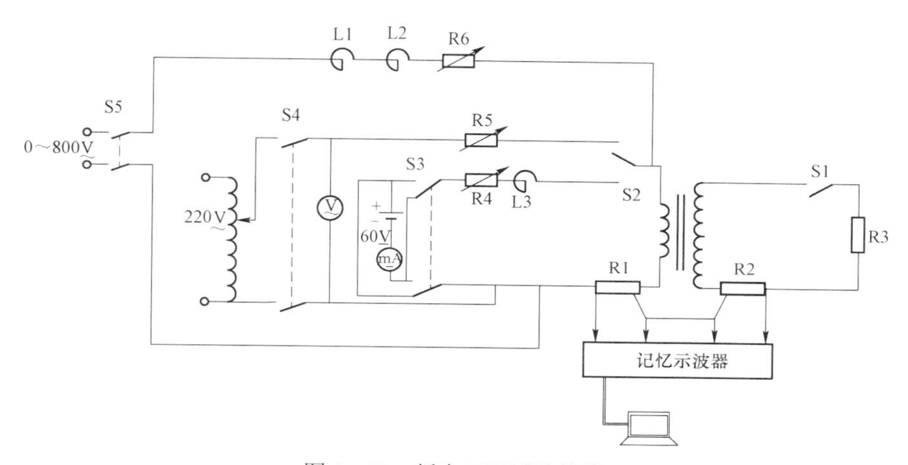

图 1－10　暂态工况试验接线

根据图 1－10，可进行正极性剩磁试验、反极性剩磁试验、直流阶跃暂态响应试验、指数上升式非周期分量试验、交流暂态响应试验。

图 1－10 中各开关的作用如下：

S1——断开/投入二次负载；

S2——切换交、直流励磁；

S3——切换直流励磁极性及投、切直流励磁电源（充磁）；

S4——投、切交流励磁电源（消磁）；

S5——模拟短路电流的交流暂态冲击试验。

（2）试验结果及分析。按图 1－10 进行了数十次试验，初步得到一些结果。I_{m1} 为直流毫安表 mA 读数，U 为 R2 上电压值，由记忆示波器读出。曲线数据由记忆示波器记录，如图 1－11～图 1－13 所示。结果如下：

1）二次非周期分量不按指数函数衰减。从试验 1、试验 2 和试验 3 的结果可看出，在一次侧突加阶跃式纯直流电流时，电流互感器二次自由衰减分量不是按指数函数衰减的，二次衰减时间常数不是恒定值，是时变的。其过程的开始阶段衰减较快，而后面部分明显先慢后又增快，反映其电感的变化。

a. 试验 1：先消磁，令 $I_{m1}=55.5\times2.5mA$，$R_2=10.15\Omega$，试验结果见图 1－11。

b. 试验 2：是无剩磁和强剩磁两种工况下的试验对比。$I_{m1}=95.5\times2.5mA$，$R_2=10.15\Omega$。试验结果见图 1－12。图 1－12 中曲线 1 是在试验 1 基础上不消磁即高剩磁时进行的结果，曲线 2 是消磁后的试验结果。

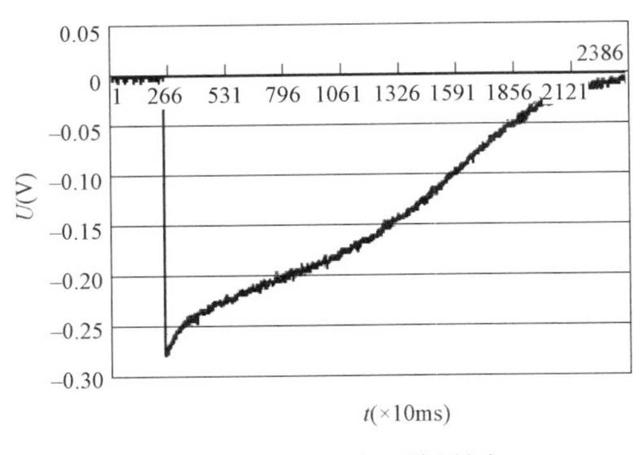

图 1－11　试验 1 结果图

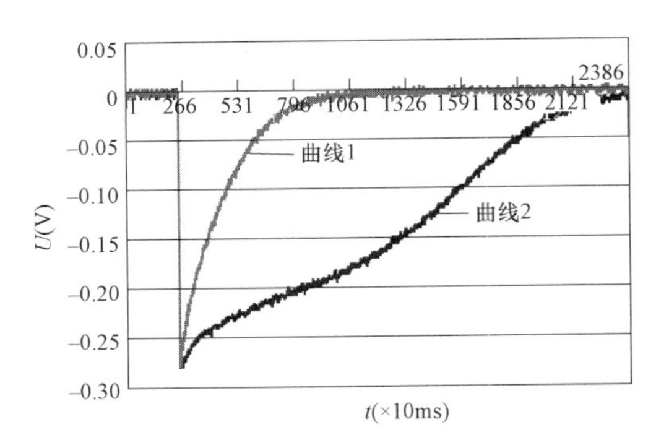

图 1－12　试验 2 结果图

c. 试验 3：在试验 1 的基础上改变直流电流，令 $I_{m1}=95.5\times2.5mA$，即加大阶跃电流的情况。除幅值改变外，过程相似。试验结果见图 1－13。

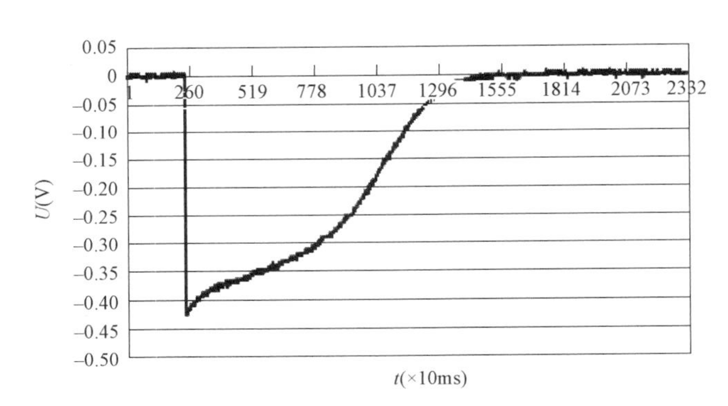

图 1－13　试验 3 结果图

2）关于动态电感与动态时间常数。如二次电流按指数函数衰减时：

$$i(t)=i_0 e^{-\frac{t}{T}} \tag{1-30}$$

$$T=\frac{L}{R} \tag{1-31}$$

式中，L、R 为恒定值，即时间常数 T 为常数。

当 $i(t)$ 不按指数函数衰减，意味着 T、L（励磁电感）不是恒定值。此时，电感是一个很复杂的、非线性的因变量，可称之为动态电感 $\tilde{L}$：

$$\tilde{L}=F\left[B(t),i(t),\frac{\Delta B(t)}{\Delta i(t)}\right] \tag{1-32}$$

在时刻 t_k：

$$\tilde{L}(t_k)=F\left[B(t_k),i(t_k),\frac{dB(t_k)}{di(t_k)}\right] \tag{1-33}$$

$\frac{dB(t_k)}{di(t_k)}$的值决定于导磁介质，对硅钢片来说不是唯一的，磁通为增值与减值时，因磁滞回线不同，此值也就不一样。

由此，可以定义一个可称之为“动态时间常数”的量：

$$\tilde{T}=\frac{\tilde{L}}{R} \tag{1-34}$$

3）$\tilde{L}$ 受剩磁影响很大，包括剩磁的大小和极性。图 1－14 和图 1－15 对比了不同极性强剩磁对交流短路时的影响。图 1－14 是负极性充磁 200mA 后交流试验的暂态过程；而图 1－15 是正极性充磁 200mA 后交流试验的暂态过程。前者约 26ms 后饱和，后者约 2ms 后就达到饱和。

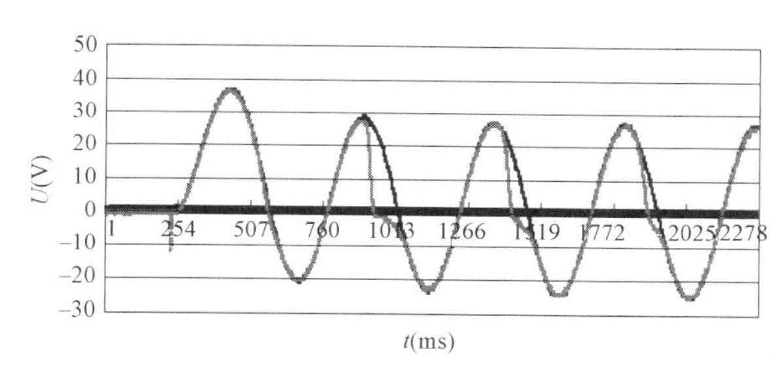

图 1－14　负极性充磁 200mA 后交流试验的暂态过程

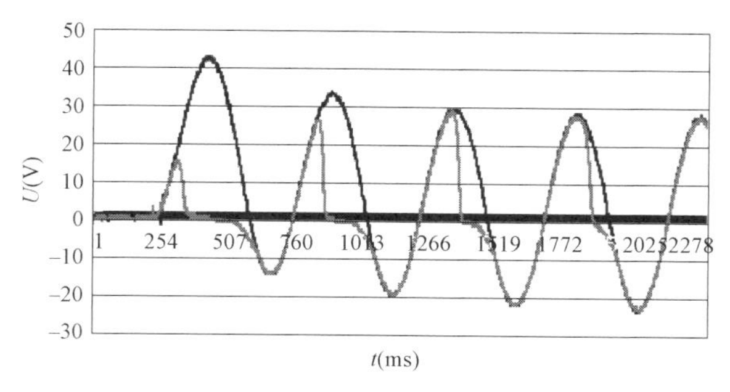

图 1－15　正极性充磁 200mA 后交流试验的暂态过程

4）有剩磁的铁芯，当不施加交变磁化力时，其剩磁接近不变，即长期保持，不易衰减。

5）当施加交变磁化力时，剩磁（表现为偏磁）会逐渐趋于零，其衰减速度与施加的交变磁化力的强度有关，强度越大，衰减越快。

6）当切断交变磁化力时，仍会产生相应的剩磁，只有交变磁化力的幅值逐渐减小至接近零值时切除，此时的剩磁才变为零。电流互感器二次负载不同或流过的电流不同，使磁化力不一致，导致剩磁不一致。

1.1.5 差动回路暂态过程的有关问题

前面研究了单个电磁式电流互感器的暂态特性。电流差动保护则是由两个及以上的电流互感器构成。用两个同型的电磁式电流互感器通过物理连接构成差动回路，采用前述同样方法，进行暂态特性试验研究，可以得出如下结果：

（1）两个电磁式电流互感器即使一次电流相同，如二次侧的动态时间系数 $\tilde{T}$ 的动态特性不一致，可使两者的二次电流在暂态过程中不一致，构成差动保护时会出现时变特性的差流。

（2）有些运行工况会造成差动两侧电磁式电流互感器剩磁不一致，严重时可能造成差动保护误动。

1）内部短路故障切除后重合成功，短时间后发生外部短路。因内部短路切除时各电流互感器的磁通状态可能不一致，导致两侧剩磁大小和方向不一致，加上消磁时间不长，致使动态时间系数 $\tilde{T}$ 差别较大。此时，如发生外部短路故障，差动保护可能因二次回路暂态过程差别过大而误动。

2）外部连续性故障，即使电流互感器型号相同，且在先前的短路故障切除时，两侧电流互感器剩磁极性和大小一致，消磁速度也可能因电磁式电流互感器二次负载不一致，使后来流过负荷电流时产生的消磁磁化力不一样，导致剩（偏）磁不一样。动态时间常数 $\tilde{T}$ 特性不一致，使得在后一个或几个短路故障发生时二次暂态过程不同，从而产生暂态不平衡电流，严重时可能引起差动保护误动。运行中曾经发生过在输电线路外部连续发生故障，最后却导致本线路的差动保护误动。

3）两侧电磁式电流互感器型号不同，即使穿越短路电流不是非常大，未使电磁式电流互感器严重饱和，在外部短路故障发生前也没有剩（偏）磁，但由于电磁式电流互感器型号不一致，严重时，两侧的 $\tilde{L}$ 差别较大。此时发生上述故障，也会由于两侧的 $\tilde{L}$ 差别较大导致 $\tilde{T}$ 的不一致，引起暂态不平衡电流过大而使保护误动。

（3）为克服非周期分量的影响，继电保护常用“消去”非周期分量的算法。在很多情况下，是有较好的效果的。但很多算法基于电流是由按指数衰减的直流分量和正弦交流分量两大部分叠加而成这一前提，这在电流互感器没有饱和的情况下是合适的，如果出现电流互感器饱和，即电流互感器励磁电流较大，二次电流失真较严重，此时计算结果的误差就会增大，滤掉直流分量效果变差。

1.1.6 电流互感器剩磁对暂态过程的影响

在穿越电流互感器的短路电流被突然切除后，由于 $i_{\mu} \to 0$，使得磁通密度 $B(t)$ 也回落，但由于铁芯的磁滞作用，$B(t)$ 沿着当时的磁滞回线下降，致使 i_{μ} 降至零值时，$B(t)$ 不回复至零值而形成剩磁。

剩磁的大小取决于 i_{μ} 在降至零值之前下降过程中的最大值 $i_{\mu.max}$。与 $i_{\mu.max}$ 相对应的磁通密度为 $B(t_{max})$。这说明，剩磁的大小受铁芯磁滞特性的影响。电流互感器的磁滞特性受硅钢片磁滞特性及铁芯制作工艺的影响。

要定量确定运行状态下电磁式电流互感器的剩磁是困难的。继电保护工作者转而考虑最极端情况，即希望能确定电流互感器的最大剩磁。当电流互感器制造厂能提供饱和磁通密度的数值时，可以用试验方法测出最大剩磁的近似值，方法是在一次侧开路时，对二次侧加电压至饱和，用阴极示波器测量励磁电流波形，并通过电压积分器变换后得出磁通波形，由此得出 $B—H$ 坐标上的磁滞回线。B 轴上的磁滞回线交点，即可近似作为剩磁 B_r。实际剩磁会随着时间的推移而有一定程度的下降，但下降的程度很难确定，也不易测量，一般只能做一些近似的假定。

在计及剩磁时，前面做线性分析时的 $B(t)$ 值应改为：

$$B(t)=B_0(t)+B_r \tag{1-35}$$

式中　$B_0(t)$ ——不考虑电磁式电流互感器饱和时的计算（包括虚拟部分）值；

　　　B_r ——电磁式电流互感器的剩磁。

前面做线性分析时考虑的 $X(t)$ 是假定为无剩磁状态下的值，但 B_{max} 等参数是与剩磁有关的。因此，在具体短路情况下，电磁式电流互感器是否会进入饱和、饱和深度和进入饱和的时间等，都将受到剩磁的影响。

剩磁可用饱和磁通的大小作为参考基准，即采用剩磁系数 K_{re} 表示：

$$K_{re}=\frac{B_r}{B_s} \tag{1-36}$$

一般带小气隙的 TPY 型电流互感器，$K_{re} \leqslant 0.1$；无气隙的 P 型电流互感器，K_{re} 可达到 0.5～0.7。

毫无疑问，剩磁的存在必然大大地加重饱和程度，使电流互感器易于饱和。因此对一些重要设备，其差动保护特别希望采用 TPY 型电流互感器，但需要增加费用和较大的安装空间。

前面讨论了剩磁的产生及其量值的可能大小。下面就剩磁对暂态过程影响的一些具体情况做一些探讨。

1.1.6.1　无剩磁但一次电流有衰减直流分量时的饱和状态

首先研究无剩磁但有衰减的直流分量时的电流互感器饱和特性，然后再考虑剩磁的影响。

根据前面的分析，在理想的线性情况下，磁通密度 B 将根据 $i_1(t)$ 及其 T_1、T_2 的情况，沿着 $X(t)$ 的时变特性变化，有一个上升过程、一个达到虚拟最大磁通密度 B_{max} 的过程和其后的一个衰减过程。在开始的上升过程中又分为两个阶段，一个是到达饱和磁通密度 B_s 以前的阶段，另一个是越过饱和磁通密度以后的阶段。

在到达 B_s 以前的阶段，由于铁芯未饱和，其 μ 值很高，其磁化电流 i_{μ} 很小，通常可以忽略。在越过 B_s 以后，铁芯进入饱和，此时磁通已不会按理想线性的特性变化，而是按饱和后的磁滞回线变化。此时的 $B—i_\mu$ 关系是按动态 μ_d，即按已大大下降了的 $\mu_d = dB/di_\mu$ 的非线性关系变化。与此同时，磁滞损耗也大大增加，使得理想状态时的 T_2、L_μ 等参数全部改变。此时实际的最大磁通密度不会达到理想的 B_{max} 那么高，而 i_μ 却大幅度增加。图 1－16 所示为上述变化的典型特性。

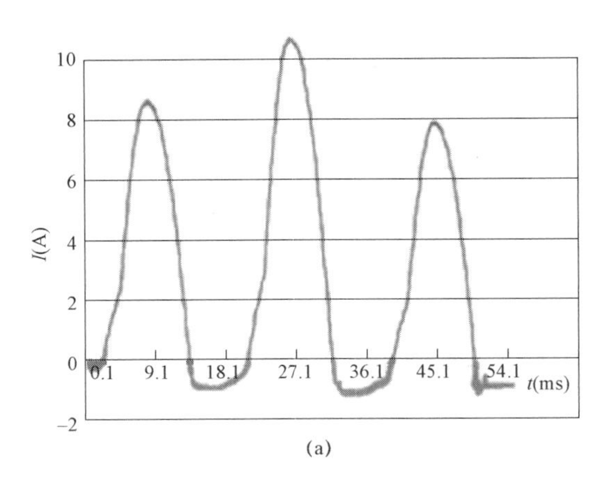

(a)

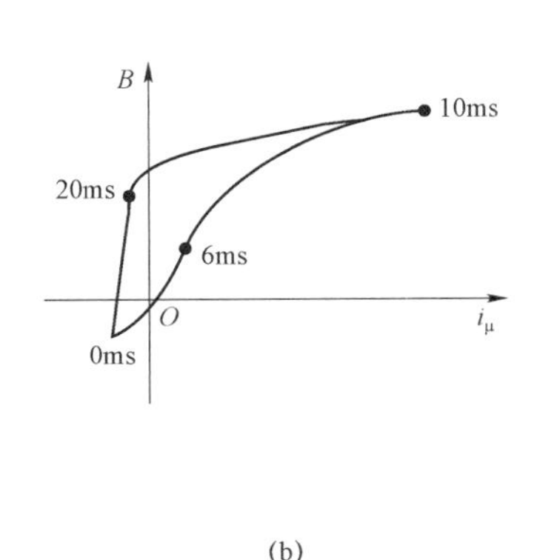

(b)

图 1－16 磁通密度的暂态时变示意图

（a）$I = f(t)$；（b）$B = f(i_\mu)$

当与 B_{max} 对应的 i_{max} 出现的时刻 t_{max}［图 1－16（a）中为第 13ms，当自此前电流的负最大值开始计算，则为 10ms］之前有若干毫秒以上的延续时间，磁通密度 B 沿着局部磁滞回线上升，i_μ 的瞬时最大值也跟着增大。越过 t_{max} 以后，B 沿磁滞回线下降，其后面各周期的 i_μ 最大值也逐渐下降。

1.1.6.2 剩磁及衰减直流分量对电流互感器饱和的影响

作为磁通暂态过程的起点，偏磁的大小将影响铁芯的饱和状态。暂态过程初始的偏磁即为剩磁。为了便于分析，这里将偏磁程度分为弱偏磁、一般偏磁、强偏磁和严重偏磁 4 种状态。

令暂态过程总磁通密度中的周期分量磁通密度为 $B_{ac.m}$，非周期分量磁通密度为 B_{dc}。B_{dc} 由两种因素构成：① 剩磁；② 主要由初相角引起的非周期分量。

当 $B_{dc} + B_{ac.m} \leqslant B_s$ 时，称为弱偏磁。此时互感器基本上处于线性工作区，磁化电流 i_μ 变化很小。

当 $B_{dc} \approx B_s$ 时，称为强偏磁。此时交变分量中有半工频周期处于饱和区，半工频周期处于不饱和的线性区。其磁化电流的典型形状如图 1－16（a）所示，其特征是半个周期有大的磁化电流 i_μ，而另半个周期则 i_μ 很小，几乎可以忽略。

一般偏磁介乎弱偏磁和强偏磁之间，即 $B_{dc} < B_s$。视 B_{dc} 小于 B_s 的程度，其磁化电流 i_μ 的情况也相应地发生变化。只有在 $B = B_{dc} + B_{ac} > B_s$ 的时段，i_μ 出现较大值；反之很小。可见 i_μ 出现的脉宽与 B_{dc} 小于 B_s 的程度有关。

严重偏磁时，磁通大多时间处于过饱和后的近似线性区，而 $\frac{du}{di}$ 很小。因此磁化电流很大，而且仅在磁通返回至饱和磁通密度 B_s 以后，i_μ 才接近于零。此时的 i_μ 脉冲宽度就可超过 180°。

剩磁的大小与此前的电流（特别是短路电流）被切除的情况有关。若此前切除时的电流不大，距电流互感器饱和程度较远，则剩磁不大，对饱和影响较小。若此前切除时电流很大，且切除与后来合闸的时间间隔不长，其剩磁将很大。负荷电流将此剩磁消除，也要有一段时间。此时若发生新的故障（特别是外部故障），此前的剩磁将与此后的非周期分量叠加，可能引起电流互感器的严重饱和，需特别注意。

图 1－17 给出了可能发生重合闸情况的两个例子。如图 1－17（a）中 K 点短路，断路器 QF 切除故障后重合于永久故障再切除，电流互感器 TA 的工作状态便如上述。若 TA 在 QF 第一次切除故障时，TA 处于进入饱和状态，则剩磁将会处于相当高的水平。若此时 QF 重合于故障，而又恰巧此时的非周期分量磁通与剩磁同方向，则 TA 将会严重饱和。这是线路保护考虑电流互感器饱和影响时，通常会考虑的一种情况。

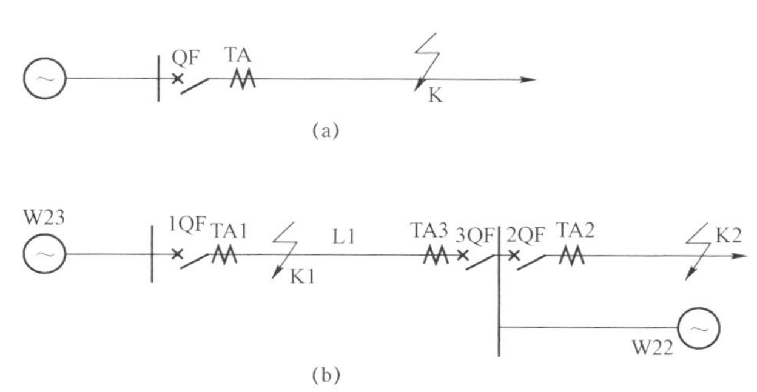

图 1－17　电磁式电流互感器高剩磁时短路情况举例

（a）单电源系统；（b）多电源系统

另一种可能的情况如图 1－17（b）所示。在 K1 点短路，而在 TA1 及 TA3 接近饱和的情况下切除 1QF 及 3QF。若是瞬时故障，1QF 及 3QF 重合成功。如果在 K2 点接着发生短路，由于 TA1 及 TA3 存在剩磁，若 K2 点故障时在 TA3 引起的非周期分量磁通与剩磁同方向时，TA3 将严重饱和，而 TA1 因非周期分量磁通与剩磁方向反向，不会饱和。线路 L1 的差动保护如无特殊措施，可能因 TA3 严重饱和而误动。若 K2 点故障时在 TA1 引起的非周期分量磁通与剩磁同方向时，TA1 将严重饱和，线路 L1 的差动保护如无特殊措施，则可能因 TA1 严重饱和而误动。

图 1－17（b）中的开关 1QF 对应图 1－18 中的 62QF 开关，3QF 对应图 1－18 中的 61QF，1QF 侧电源对应三号无穷大电源 W23，右侧电源对应二号无穷大电源 W22。用 P 级电流互感器，试验时按要求的角度精密控制短路开关的投切。按剩磁最大原则切除内部短路，然后按剩磁与非周期分量磁通同极性原则发生外部短路。

图 1－18 是内部 K1 点 A 相短路，两侧切除故障时保留有很大的剩磁，经过约 0.5s 后重合，出现短时间负荷电流后外部 K2 点又发生 A 相短路时的录波图。图 1－18 中通道 29 为 61QF，即 D3 电流，因短路暂态磁通与剩磁方向相同，导致 A 相电流互感器严重饱和，电流

畸变。通道 49 为 62QF，即 D1 电流，因短路暂态磁通与剩磁方向相反，A 相电流互感器不饱和，电流无畸变。两者构成的差流将出现暂态脉冲。

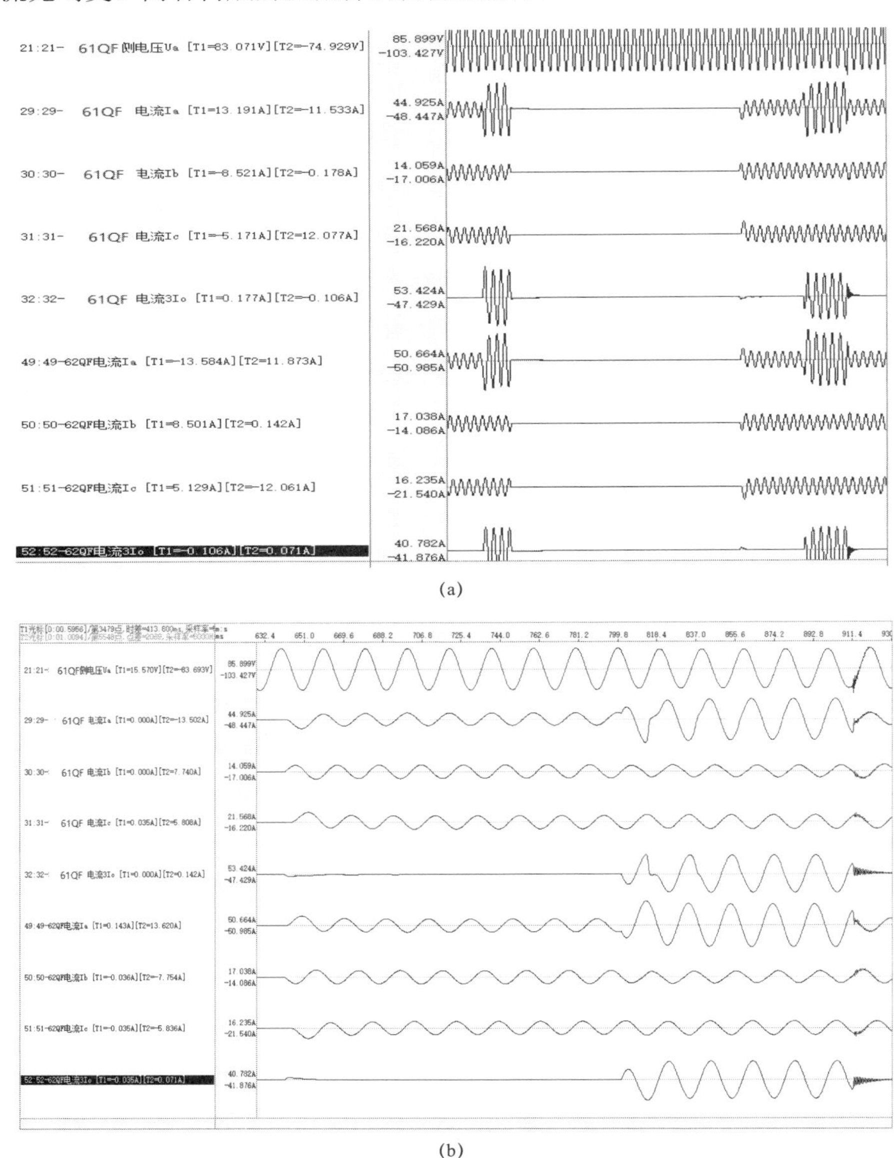

(a)

(b)

图 1－18 故障发展的动态模拟试验录波及其局部放大图

（a）故障发展的动模试验录波图；（b）故障录波图（a）的细节展开

1.1.6.3 关于剩磁的主要问题

闭合铁芯磁路的稳态剩磁不便直接测量。但当磁通变化时，线圈有感应电动势，可以利用电压积分测量磁通。当电流被切除时，由磁滞回线及二次侧电压的切除角可以近似得到初始剩磁。但磁通不会就此停止不变作为稳态剩磁，而是会继续变化，最后才稳定形成剩磁。

而实际的剩磁又不能直接测量，只能由下一次合闸时的励磁涌流反推估算。

本书第 11 章对电力变压器的剩磁问题做了进一步讨论。

1.1.7　关于带小气隙的电流互感器的一些特殊现象

作为 TP 类电流互感器的一种，TPY 级电流互感器的磁路中带有小气隙（约 0.4mm）。由于气隙的存在，当一次侧电流为零，仅靠此时磁畴的磁化力，在高磁阻的情况下，只能保有较小的剩磁。这就大大降低最大剩磁的强度，一般可降至饱和磁通密度的 0.1 倍以下，也就大大降低剩磁对暂态过程的影响。

除磁路中带有小气隙外，TP 类电流互感器的另一个特殊现象是在一次电流切断以后，二次电流拖尾巴时间比较长。当一次侧流过大电流时，相应的工作磁通密度比较高。若在高磁通密度的状态下切除一次侧电流，此瞬间的磁通密度远高于带小气隙磁路的平衡态剩磁的磁通密度。从初态到平衡态，磁通将有一个衰减变化过程，如图 1－19 所示。磁通的衰减产生感应电动势，在二次回路中产生电流。其衰减时间常数由包括励磁电感在内的二次回路参数决定，一般比较长。由于有气隙，电感较为恒定，与无小气隙的电流互感器相比，衰减时间常数比较稳定。

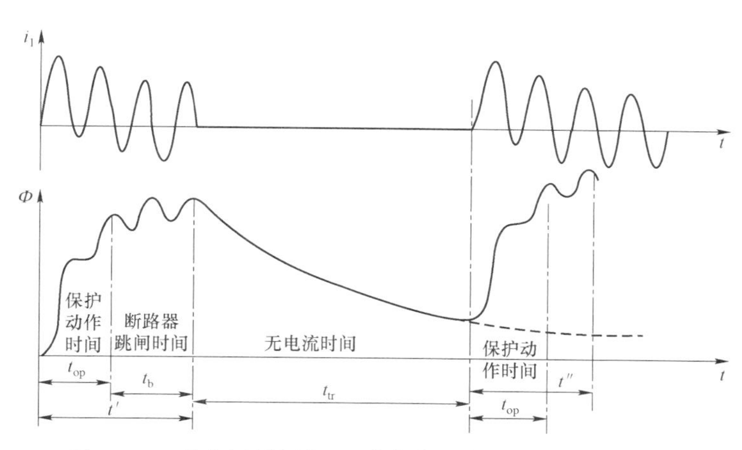

图 1－19　重合闸循环中 TP 类电流互感器磁通的暂态过程

1.1.8　电磁式电流互感器暂态传变过程问题的处理

从继电保护的角度看，希望电流互感器在任何情况下都能完全传变一次侧电流的全部信息。常用的电磁型电流互感器只能在一定范围内有近似的线性特性。为此，在设计配置电流互感器及其二次回路时，要求在其可能出现的最大、最小电流范围内，相应的最大磁通密度不超出其饱和点。为此，只能将额定状态下的磁通密度压得非常低。为了在低磁通密度的情况下达到要求的总磁通量，不得不大大地增加铁芯截面积。

运行中的电流互感器可能会出现一些在设计配置时未计及的工况，包括剩磁。此时可能会出现饱和现象，进而危及继电保护能否正确动作。处理的办法重新设计更换电流互感器，或者降低电流互感器的二次负担，或者更换比较能耐受电流互感器饱和而又能满足要求的保护设备。

1.2 电容分压式电压互感器的暂态传变过程分析

继电保护很少单独用电压量构成判据，常与电流量共同构成阻抗测量、功率方向判别等复合量，供复合判据使用。此时主要利用其工频量的模值和相位，其瞬时值的短时畸变对保护影响较小。加上短路时电压下降，铁芯不会饱和，非故障相电压即使升高，一般也不会越限太多。因此，相比电流互感器，对电压互感器暂态传变的关注远远不够。

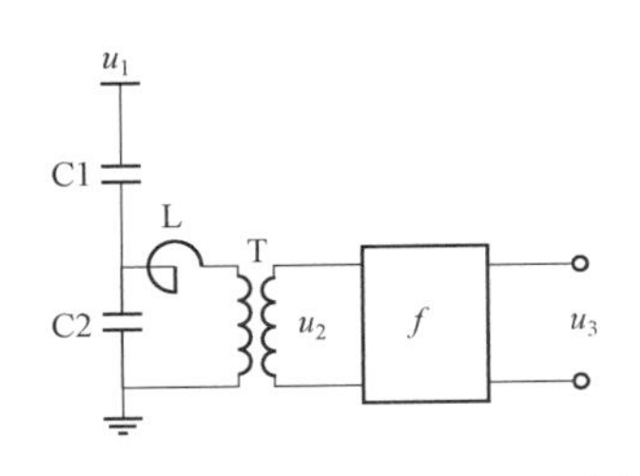

图 1－20 电容式电压互感器基本结构

在超、特高压系统，主要出于经济上的考虑，都采用电容式电压互感器，其基本结构如图 1－20 所示。经过一个比较复杂的电磁网络，实现稳态下电压的精确传变。但在暂态情况下必将存在一定的自由分量。此电磁网络中只有一个主要起隔离作用的小电压互感器，励磁阻抗很高。非线性特性在整个电路中起的作用很有限，可以忽略。由此，整个网络可以按线性电路进行分析。

令
$$n_{12}=\frac{u_1}{u_2},\ n_{23}=\frac{u_2}{u_3} \tag{1-37}$$

则
$$n_{\mathrm{T}}=\frac{u_1}{u_3}=n_{12}n_{23} \tag{1-38}$$

传递函数为
$$H_{\mathrm{T}}(s)=H_{12}(s)H_{23}(s) \tag{1-39}$$

具体性能由其结构及参数决定。基本要求是稳态时相移为零，暂态时滤波特性好、衰减快。由于各制造厂产品的结构及参数不尽相同，导致其特性也不尽相同。快速保护对暂态特性有特殊要求时，可根据具体结构及参数计算或仿真得出。

1.3 继电保护装置内部互感器的传变过程分析

微机继电保护装置的电流、电压信号一般经过小的电流、电压变换器接入，其主要作用是量值的匹配、变换，阻止危险过电压和其他干扰电压的入侵。

一般的电流、电压变换器的基本构造及特性与普通的电流、电压互感器是相似的，其最大的差别在于其容量及电压、电流限值有巨大差别。

由于相似性，前面关于电流、电压互感器的分析方法和主要结果在这里同样适用。但由于容量通常小于 1VA，远小于一般电流互感器，因而具有一些特点。

由于铁芯体积很小、成本比较低，这就可能要求内部互感器的性能比一般的电流互感器好。简单地说，就是尽可能地忠实传变其一次电流的各种分量，包括直流分量、基波分量、谐波分量等。

实现上述要求的主要途径在于铁芯的设计、材料和工艺。由于体积小，用材不多，所以可选余地多一些。满足上述要求的理想介质应该做到高导磁率、高饱和点、低（无）损耗，甚至是低剩磁。

常用的硅钢片导磁率高，饱和点比较高。减小硅钢片的厚度可以降低损耗，但仅仅是减小矫顽磁力，对剩磁情况改进不大。为了降低剩磁，主要的办法是加进小气隙，但也同时降低其励磁回路电感值以及相应的二次回路时间常数。这将使其暂态面积系数下降。

为改进上述情况，常常寻找磁性能较好的稀有金属构成复合的磁芯，如硅钢片钴基复合磁芯、纳米晶磁芯等。

理想的电流变换器是其在最大可能的暂态磁通密度 B_{max} 时，工作不越过其饱和点 B_s，即：

$$B_{max} \leqslant B_s \tag{1-40}$$

因

$$B(t) = \sqrt{2} I_{1sc} \frac{RN_1}{\omega A N_2^2} \left[\omega \frac{T_1 T_2}{T_1 - T_2} \left(e^{-\frac{t}{T_1}} - e^{-\frac{t}{T_2}} \right) - \sin \omega t \right] \tag{1-41}$$

$$= B_{ac.m} \left[\omega \frac{T_1 T_2}{T_1 - T_2} \left(e^{-\frac{t}{T_1}} - e^{-\frac{t}{T_2}} \right) - \sin \omega t \right]$$

故

$$B_{max} = B_{ac.m} \left\{ \omega \frac{T_1 T_2}{T_1 - T_2} \left[e^{-\frac{T_2}{T_1 - T_2} \ln\left(\frac{T_1}{T_2}\right)} - e^{-\frac{T_1}{T_1 - T_2} \ln\left(\frac{T_1}{T_2}\right)} \right] + 1 \right\} \tag{1-42}$$

考虑

$$k_f = I_{f.max} / I_{1.max} = I_{f.max} / (k_{1.TA} I_{n.TA}) \tag{1-43}$$

短路时磁通的交流分量峰值：

$$B_{ac.m} = k_f B_{1.max} = k_f k_{1.TA} B_{n.TA} \tag{1-44}$$

故

$$B_{max} = k_f k_{1.TA} B_{n.TA} \left\{ \omega \frac{T_1 T_2}{T_1 - T_2} \left[e^{-\frac{T_2}{T_1 - T_2} \ln\left(\frac{T_1}{T_2}\right)} - e^{-\frac{T_1}{T_1 - T_2} \ln\left(\frac{T_1}{T_2}\right)} \right] + 1 \right\} \tag{1-45}$$

工作磁通密度是针对具体某一磁芯结构，并计及相关工作条件而定的。在设计具体磁芯结构时，要求给出的相关工作条件是 T_1、T_2、k_f、$k_{1.TA}$、B_{nTA}。因为希望 $B_s \geqslant B_{max}$，故有：

$$B_s \geqslant k_f k_{1.TA} B_{n.TA} \left\{ \omega \frac{T_1 T_2}{T_1 - T_2} \left[e^{-\frac{T_2}{T_1 - T_2} \ln\left(\frac{T_1}{T_2}\right)} - e^{-\frac{T_1}{T_1 - T_2} \ln\left(\frac{T_1}{T_2}\right)} \right] + 1 \right\} \tag{1-46}$$

式（1-46）中的 $k_f k_{1.TA}$ 实际上就是最大稳态短路电流与电流变换器额定电流之比，由设计要求决定。T_1由该电流变换器适用范围决定。因此，能影响此处关系的主要是$B_{n.TA}$和T_2。$B_{n.TA}$与二次负载电阻有关，即与输出信号大小的要求有关。

举例说明：设$k_f k_{l.TA}=8$，$T_1=0.04\sim0.08s$，$T_2=2\sim8s$，$m=8$，材料的饱和磁通密度$B_s=1.6T$，当$T_1=0.04s$、$T_2=2s$时，得$t_{max}=0.16s$、$k_{td.max}=11.602$。因要求$B_s=B_{max}$，而$K_{td.max}=\dfrac{B_{max}}{mB_{n.TA}}$，故：

$$m_{s-n}=B_s/B_{n.TA}=m\,k_{td.max}=92.817$$

或
$$B_{n.TA}\leqslant 1.6/92.817=0.01724T$$

当$T_1=0.08s$，$T_2=2s$时，得：
$$t_{max}=0.268s$$
$$k_{td.max}=21.98$$
$$m_{s-n}=B_s/B_{n.TA}=175.8$$

或
$$B_{n.TA}\leqslant 1.6/175.8=0.0091T$$

如令$T_2=8s$，则$t_{max}=0.372s$、$k_{td.max}=23.9$，故：
$$m_{s-n}=B_s/B_{n.TA}=191.9$$

即要求
$$B_{n.TA}\leqslant 1.6/191.9=0.00834T$$

本章参考文献

［1］刘海峰，赵志伟，赵永生，等. 电容式电压互感器动模模型设计及测试［J］. 水电能源科学，2015，33（1）：183－185，199.

［2］文明浩. 基于虚拟电容式电压互感器的能量平衡保护［J］. 中国电机工程学报，2007，（24）：11－16.

［3］АТАБЕКОВ Г И. Релейная защита высокольтных сетй［M］. Ленинград：Госэнергоиздата, 1949.

［4］ФЕДОСЕЕВ А М. Релейная защита электрических систем［M］. Москва：Энергия Москва, 1976.

［5］王梅义，蒙定中，郑奎璋，等. 高压电网继电保护运行技术［M］. 北京：电力工业出版社，1981.

［6］朱声石. 高压电网继电保护原理与技术［M］. 2 版. 北京：中国电力出版社，1995.

［7］谢文琪. 电流互感器暂态过程对继电保护影响的计算和分析［J］. 电力系统自动化，1983，（5）：31－43.

［8］戚宣威，尹项根，李甘，等. 一种电流互感器仿真分析平台构建方法［J］. 电力系统保护与控制，2015，43（22）：69－76.

［9］何新民，宋继成. 500kV 变电所电气部分设计及运行［M］. 北京：水利电力出版社，1987.

［10］LUCAS J R，MCLAREN P G，KEERTHIPALA W W L，et al. Improved simulation models for current and voltage transformers in relay study［J］. IEEE Trans.

［11］阮树骅，周步祥. 电流互感器暂态仿真研究［J］. 继电器，1997，（3）：2，7－9.

［12］袁季修，盛和乐. 电流互感器的暂态饱和及应用计算［J］. 继电器，2002，（2）：1－5.

［13］李艳鹏，侯启方，刘承志. 非周期分量对电流互感器暂态饱和的影响［J］. 电力自动化设备，2006，（8）：15－18.

［14］袁季修，卓乐友，盛和乐，等. 保护用电流互感器应用的若干问题——《电流互感器和电压互感器选择和计算导则》简介［J］. 电力自动化设备，2003，（8）：69－72.

［15］戚卫国. 电流互感器的电磁动态过程及其模拟计算［J］. 电力系统自动化，1985，（4）：25－32，40.

第2章 运行状态信息变换——模分量法

电力系统继电保护已完全进入微机保护时代，也就是数字化时代。而数字化必须先离散化，包括采样离散化和数字离散化。在传变过程中，信息必将产生一定程度的失真。自然，采样率越高，模—数变换的位数越高，失真度就越低，但对计算机的要求也就越高。对于继电保护，仅需要用到原始信号中的某些信息。因此，在继电保护装置选定的采样率和 AD 变换精度下，在模—数变换后得到的信号，经过一定的数字信号处理和功能算法处理后，尽可能不失真地得到需要用到的其中包含的某些信息。对一些无用的信息，在模—数变换过程中可以舍弃。

变换（Transform）是一种数学方法。变换的目的是将复杂的数学问题变成易于解决的形式，以求得解答；或是在复杂的甚至是杂乱的信息中析出有用的信息。

变换有多种类别，常见的有积分变换、坐标系统变换和模变换。积分变换是电工技术领域最常用的，如拉氏变换、富氏变换、小波变换等。坐标系统变换是从一种坐标系统变换到另一种坐标系统的过程，其中 ABC 三相系统与 dq0 三相系统的变换在电机瞬变过程分析中经常用到。模变换最常用的一种是三相系统与其对称分量（序分量）之间的变换。

继电保护的基本任务是要区分故障状态与非故障状态，以及故障发生在保护区内还是在保护区外。虽然仅靠原始的电流、电压信息很难满足上述要求，但原始的电流、电压信息中往往蕴含着一些能满足上述要求的成分，如用其零序、负序分量作为判据，就可以提高保护的灵敏度。零序、负序分量就是对原始的电流、电压信息进行变换的结果，励磁涌流中二次谐波分量就是对原始的电流信息进行变换后取得的。

通过物理的、数学的方法，或者硬件、软件的方法，可以将原始信号中包含的有用信息析出，供继电保护作为判据使用。

作者在《计算机继电保护原理与技术》一书中，对继电保护常用的模—数变换与积分变换等有关的问题有较多的介绍，这里仅对模变换有关的问题做一些介绍和讨论。

2.1 三相参数对称系统的模变换

模是指相空间的一种模式。对原始相空间，按一定的规则进行变换后得到新的相空间。这一变换就称为模变换。以矩阵关系表示为：

$$\begin{bmatrix} M_1 \\ M_2 \\ M_3 \end{bmatrix} = \begin{bmatrix} m_{11} & m_{12} & m_{13} \\ m_{21} & m_{22} & m_{23} \\ m_{31} & m_{32} & m_{33} \end{bmatrix} \cdot \begin{bmatrix} X_1 \\ X_2 \\ X_3 \end{bmatrix} \tag{2-1}$$

式中 $\begin{bmatrix} X_1 \\ X_2 \\ X_3 \end{bmatrix}$——原始三相信号的相空间，即原始的模；

$\begin{bmatrix} M_1 \\ M_2 \\ M_3 \end{bmatrix}$——变换后的相空间，即变换后的模；

$\begin{bmatrix} m_{11} & m_{12} & m_{13} \\ m_{21} & m_{22} & m_{23} \\ m_{31} & m_{32} & m_{33} \end{bmatrix}$——模变换矩阵。

选择不同的模变换矩阵，就会得到不同的模。

原始的相空间本身的三相系统中包含的参数往往是不对称的，但当将模变换方法用于网络分析时，网络空间是否对称的问题将影响到所得的模的属性。

这里之所以强调三相参数对称，是因为只有满足三相参数对称，才能使模变换后得到的各模分量网络之间相互独立。否则，各模分量网络之间存在互感，相互不能独立，这样的方程的解决方法仍然相当复杂。

至于三相参数不对称系统，在本书第 8 章进行讨论。

2.1.1　传输线路波动方程

不同的变换有不同的特点。积分变换的特点是能将复杂的微分方程变换为易于求解的代数方程，得到解以后又易于还原成简明的微分方程表达形式。坐标系统变换的特点是易于将不同坐标空间的数量关系联系在一起加以求解，如同步电机的定子回路与转子回路的联系。而模变换的特点是将一个系统内有复杂相互关联的参数的模，解耦为参数不相关的模，使得易于分别求解，其后又可以将所得的解还原为原来的模，其实质是将有相互关联的联立方程组解耦变为无相互关联的方程组。

下面的电力系统多相线路波动过程的微分方程组或通信线路的波动过程的微分方程组是这种实用情况的一个很好的例子，其结果对集中参数方程同样有效。为了更具一般性，下面先从分布参数线路入手分析讨论，再推广至集中参数系统。

图 2－1 是 n 相导线系统中导线 1 与导线 m 的一个微分段。其中的 R_1、L_1（M_{11}）、C_1（C_{11}）、G_1 是导线 1 单位长度的电阻、电感、对地电容、电导。M_{1m}、C_{1m} 是导线 1 与导线 m 之间的互感与耦合电容。这里为易于表述，自感 L_1 可用 M_{11} 代替，本身的对地电容 C_1 可用 C_{11} 代替，其余类推。

对导线 1 的一个微分段，可写出：

$$\begin{cases} \dfrac{\partial u_1}{\partial x} = -\sum\limits_{m=1}^{n} M_{1m} \dfrac{\partial i_m}{\partial t} - R_1 i_1 \\ \dfrac{\partial i_1}{\partial x} = -\sum\limits_{m=1}^{n} C_{1m} \dfrac{\partial (u_1 - u_m)}{\partial t} - C_{11} \dfrac{\partial u_1}{\partial t} - G_1 u_1 \end{cases} \tag{2-2}$$

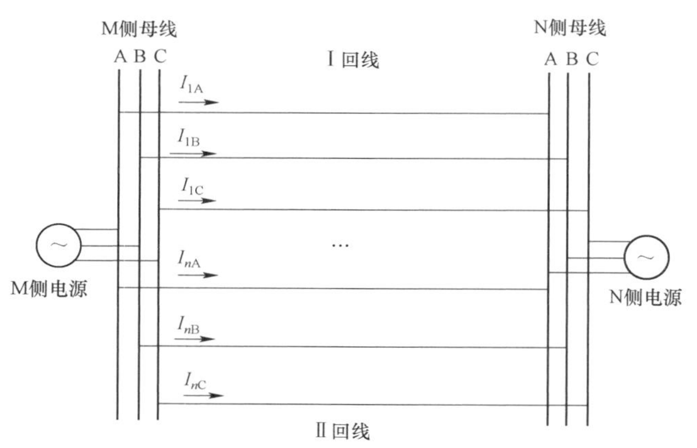

图 2－1　输电线微分段参数示意图

推广至多导线情况，可写成下面矩阵形式

$$\begin{bmatrix} \dfrac{\partial u_1}{\partial x} \\ \dfrac{\partial u_2}{\partial x} \\ \vdots \\ \dfrac{\partial u_n}{\partial x} \end{bmatrix} = -\begin{bmatrix} M_{11}\dfrac{\partial}{\partial t}+R_1 & M_{12}\dfrac{\partial}{\partial t} & \cdots & M_{1n}\dfrac{\partial}{\partial t} \\ M_{21}\dfrac{\partial}{\partial t} & M_{22}\dfrac{\partial}{\partial t}+R_2 & \cdots & M_{2n}\dfrac{\partial}{\partial t} \\ \vdots & & \cdots & \\ M_{n1}\dfrac{\partial}{\partial t} & M_{n2}\dfrac{\partial}{\partial t} & \cdots & M_{nn}\dfrac{\partial}{\partial t}+R_n \end{bmatrix} \cdot \begin{bmatrix} i_1 \\ i_2 \\ \vdots \\ i_n \end{bmatrix} \tag{2-3}$$

$$\begin{bmatrix} \dfrac{\partial i_1}{\partial x} \\ \dfrac{\partial i_2}{\partial x} \\ \vdots \\ \dfrac{\partial i_n}{\partial x} \end{bmatrix} = -\begin{bmatrix} \sum\limits_{m=1}^{m} C_{1m}\dfrac{\partial}{\partial t}+G_1 & -C_{12}\dfrac{\partial}{\partial t} & \cdots & -C_{1n}\dfrac{\partial}{\partial t} \\ -C_{21}\dfrac{\partial}{\partial t} & \sum\limits_{m=1}^{m} C_{2m}\dfrac{\partial}{\partial t}+G_2 & \cdots & -C_{2n}\dfrac{\partial}{\partial t} \\ \vdots & & \cdots & \\ -C_{n1}\dfrac{\partial}{\partial t} & -C_{n2}\dfrac{\partial}{\partial t} & \cdots & \sum\limits_{m=1}^{m} C_{nm}\dfrac{\partial}{\partial t}+G \end{bmatrix} \cdot \begin{bmatrix} u_1 \\ u_2 \\ \vdots \\ u_n \end{bmatrix} \tag{2-4}$$

由于互感 M、导线间电容 C 的存在，非对角线元素不为零，使各 $\boldsymbol{u}$ 、$\boldsymbol{i}$ 之间都相关，互不独立，由此直接求解各 $\boldsymbol{u}$ 、$\boldsymbol{i}$ 值很复杂，需要化简。

上面的矩阵可写成简化形式，即：

$$\frac{\partial \boldsymbol{u}}{\partial x} = -\boldsymbol{Zi}\ ,\quad \frac{\partial \boldsymbol{i}}{\partial x} = -\boldsymbol{Yu} \tag{2-5}$$

式中　$\boldsymbol{u}$ 、$\boldsymbol{i}$ ——n 根导线的电压、电流列矩阵；

$\boldsymbol{Z}$ 、$\boldsymbol{Y}$ ——参数的 n 阶方阵。

对式（2－5）再微分时，有：

$$\frac{\partial^2 \boldsymbol{u}}{\partial x^2} = -\boldsymbol{Z}\frac{\partial \boldsymbol{i}}{\partial x} = \boldsymbol{ZYu} = \boldsymbol{Wu} \tag{2-6}$$

$$\frac{\partial^2 \boldsymbol{i}}{\partial x^2} = -\boldsymbol{Y}\frac{\partial \boldsymbol{u}}{\partial x} = \boldsymbol{YZi} = \boldsymbol{W}^{\mathrm{T}}\boldsymbol{i} \tag{2-7}$$

这里，$\boldsymbol{W}=\boldsymbol{ZY}$，是系统参数构成的参数阵。

根据线性代数理论，对称阵的矩转阵等于该对称矩阵。因 $\boldsymbol{Z}$ 和 $\boldsymbol{Y}$ 都是对称矩阵，故 $\boldsymbol{Y}^{\mathrm{T}}=\boldsymbol{Y}$，$\boldsymbol{Z}^{\mathrm{T}}=\boldsymbol{Z}$，所以：

$$\boldsymbol{W}^{\mathrm{T}}=(\boldsymbol{ZY})^{\mathrm{T}}=\boldsymbol{Y}^{\mathrm{T}}\boldsymbol{Z}^{\mathrm{T}}=\boldsymbol{YZ} \tag{2-8}$$

上面是以微分形式表示的情况，因 $\boldsymbol{Z}$、$\boldsymbol{Y}$ 都包括对时间的微分算子，常用拉氏变换进行处理，在初始条件为零时，可用 p 代 $\partial/\partial t$。进行拉氏变换后，$\bar{\boldsymbol{u}}$ 代 $\boldsymbol{u}$，$\bar{\boldsymbol{i}}$ 代 $\boldsymbol{i}$，$\bar{\boldsymbol{Z}}$ 代 $\boldsymbol{Z}$，$\bar{\boldsymbol{Y}}$ 代 $\boldsymbol{Y}$，$\bar{\boldsymbol{W}}$ 代 $\boldsymbol{W}$，则得拉氏变换后的常微分方程表达式如下：

$$\frac{\mathrm{d}^2\bar{\boldsymbol{u}}}{\mathrm{d}x^2}=\bar{\boldsymbol{W}}\bar{\boldsymbol{u}} \tag{2-9}$$

此处，$\bar{\boldsymbol{u}}$ 是拉氏变换后的 $\boldsymbol{u}$，余类推。

对于对称性三相电路，由式（2－7）可得：

$$\frac{\mathrm{d}^2\bar{\boldsymbol{i}}}{\mathrm{d}x^2}=\bar{\boldsymbol{W}}^{\mathrm{T}}\bar{\boldsymbol{i}}$$

$$\bar{\boldsymbol{Z}}=\begin{bmatrix} pl+R & pm & pm \\ pm & pl+R & pm \\ pm & pm & pl+R \end{bmatrix}$$

$$\bar{\boldsymbol{Y}}=\begin{bmatrix} pc'+G & -pc & -pc \\ -pc & pc'+G & -pc \\ -pc & -pc & pc'+G \end{bmatrix} \tag{2-10}$$

得：

$$\bar{\boldsymbol{W}}=\bar{\boldsymbol{Z}}\bullet\bar{\boldsymbol{Y}}=\begin{bmatrix} a & b & b \\ b & a & b \\ b & b & a \end{bmatrix}=\bar{\boldsymbol{W}}^{\mathrm{T}} \tag{2-11}$$

其中

$$a=(pl+R)(pc'+G)-2p^2mc \tag{2-12}$$

$$b=-p^2(lc+mc-mc')+p(-cR+mG) \tag{2-13}$$

式中　l——自感；

m——互感；

c'——导线对地电容；

c——导线之间电容；

R——导线电阻；

G——对地电导（都是单位长度线路参数）。

2.1.2　模变换的基本原理与方法

不失一般性，由式

$$\frac{\mathrm{d}^2\boldsymbol{u}}{\mathrm{d}x^2}=\boldsymbol{Wu}\quad（此处\ \boldsymbol{u}\ 为“相空间”） \tag{2-14}$$

可以解出 $\boldsymbol{u}$ 中的各个 u 值。但由于 $\boldsymbol{W}$ 是一个满阵，使式（2－14）中任一个 $\dfrac{\mathrm{d}^2u_i}{\mathrm{d}x^2}$ 都与其他 $u_{j\neq i}$ 值相关。所以必须要解联立方程组才能求解，工作难度大。

可以采用变换方法，将原来的相空间 $\boldsymbol{u}$ 变换为另一模分量空间 $\boldsymbol{u}_{\mathrm{m}}$，要求此模分量空间中各模量之间相互独立无关，降低求解难度。方法是在使相量 $\boldsymbol{u}$（或 $\boldsymbol{i}$）变为模分量 $\boldsymbol{u}_{\mathrm{m}}$ 的同时，使满阵 $\boldsymbol{W}$ 变为对角阵。

令
$$\boldsymbol{u}=\boldsymbol{S}\boldsymbol{u}_{\mathrm{m}} \text{ 或 } \boldsymbol{u}_{\mathrm{m}}=\boldsymbol{S}^{-1}\boldsymbol{u} \tag{2-15}$$

式中 $\boldsymbol{S}$ ——模变换矩阵（n 阶方阵，非奇）；

$\boldsymbol{u}$ ——相电压，$n\times1$ 阶列向量；

$\boldsymbol{u}_{\mathrm{m}}$ ——模电压，$n\times1$ 阶列向量。

例如，对称分量的变换就是最常用的一种模变换，其矩阵形式为：

$$\begin{bmatrix}u_{\mathrm{a}}\\u_{\mathrm{b}}\\u_{\mathrm{c}}\end{bmatrix}=\begin{bmatrix}1&1&1\\\alpha^2&\alpha&1\\\alpha&\alpha^2&1\end{bmatrix}\begin{bmatrix}u_{1\mathrm{a}}\\u_{2\mathrm{a}}\\u_{0\mathrm{a}}\end{bmatrix} \tag{2-16}$$

$$\boldsymbol{u}=\begin{bmatrix}u_{\mathrm{a}}\\u_{\mathrm{b}}\\u_{\mathrm{c}}\end{bmatrix},\quad \boldsymbol{u}_{\mathrm{m}}=\begin{bmatrix}u_{1\mathrm{a}}\\u_{2\mathrm{a}}\\u_{0\mathrm{a}}\end{bmatrix},\quad \boldsymbol{S}=\begin{bmatrix}1&1&1\\\alpha^2&\alpha&1\\\alpha&\alpha^2&1\end{bmatrix}$$

式中 $\boldsymbol{u}$ ——原始的模；

$\boldsymbol{u}_{\mathrm{m}}$ ——变换后的模；

$\boldsymbol{S}$ ——这一模变换的模变换矩阵。

下面讨论模变换的一般方法。此处，将式（2－15）代入式（2－14），得到模量表示的电压方程：

$$\frac{\mathrm{d}^2\boldsymbol{u}_{\mathrm{m}}}{\mathrm{d}x^2}=\boldsymbol{S}^{-1}\boldsymbol{W}\boldsymbol{S}\boldsymbol{u}_{\mathrm{m}} \tag{2-17}$$

在式（2－11）的 $\boldsymbol{W}$ 已定的前提下，选择适当的 $\boldsymbol{S}$，使得 $\boldsymbol{S}^{-1}\boldsymbol{W}\boldsymbol{S}$ 变为对角阵 $\boldsymbol{D}$，即：

$$\boldsymbol{S}^{-1}\boldsymbol{W}\boldsymbol{S}=\boldsymbol{D} \tag{2-18}$$

使式（2－17）的参数阵变为对角阵，其各模之间就不存在关联，即各模独立。

这一问题在线性代数中是一个对称矩阵的二次型的标准化问题。二次型的化简有几种方法，这里采用的是其中的相似变换法。

根据线性代数的定理，n 阶矩阵 $\boldsymbol{W}$ 与对角形矩阵 $\boldsymbol{D}$ 相似的主要条件是 $\boldsymbol{W}$ 有 n 个线性无关的特征向量，即：

（1）$\boldsymbol{X}_1$、$\boldsymbol{X}_2$、…、$\boldsymbol{X}_i$、…、$\boldsymbol{X}_n$ 是 $\boldsymbol{W}$ 的 n 个线性无关的特征列向量，其中：

$$\boldsymbol{X}_1=(X_{12},X_{13},\cdots,X_{1n})^{\mathrm{T}} \text{（余类推）} \tag{2-19}$$

（2）λ_i 是 $\boldsymbol{W}$ 的与 $\boldsymbol{X}_i$ 对应的特征根，即：

$$(\boldsymbol{W}-\lambda_i\boldsymbol{I})\boldsymbol{X}_i=0 \text{（}\boldsymbol{I}\text{ 为幺阵）} \tag{2-20}$$

（3）$\boldsymbol{S}=(\boldsymbol{X}_1,\boldsymbol{X}_2,\cdots,\boldsymbol{X}_i,\cdots,\boldsymbol{X}_n)$ (2－21)

满足上述条件，则：
$$S^{-1}WS=\begin{bmatrix}\lambda_1 & & & 0\\ & \lambda_2 & & \\ & & \ddots & \\ 0 & & & \lambda_n\end{bmatrix}=D \tag{2-22}$$

由此可见，前述 $\boldsymbol{u}$ 的二阶导数方程求解，变为找满足条件（2）的 $\boldsymbol{W}$ 的特征根 λ_i 和与 i 相对应的特征向量系 $\boldsymbol{X}_i$。

2.1.3　三相输电系统对称阵基本描述

在电力系统中，当输电线为三相参数对称时，其自感相等、互感可逆，故 $\boldsymbol{W}$ 为对称阵，其形式为：

$$W=\begin{bmatrix}a & b & b\\ b & a & b\\ b & b & a\end{bmatrix} \tag{2-23}$$

考虑式（2-21）模变换阵 $\boldsymbol{S}$ 中每一列 X_i 有式（2-19）的关系，即：

$$(W-\lambda_i I)X_i=0 \qquad I\text{ 为幺阵，即 } I=\begin{bmatrix}1 & 0 & 0\\ 0 & 1 & 0\\ 0 & 0 & 1\end{bmatrix}$$

得
$$\begin{bmatrix}a-\lambda_i & b & b\\ b & a-\lambda_i & b\\ b & b & a-\lambda_i\end{bmatrix}\cdot\begin{bmatrix}x_{i1}\\ x_{i2}\\ x_{i3}\end{bmatrix}=0 \tag{2-24}$$

写成齐次线性方程组为：

$$\left.\begin{aligned}(a-\lambda_i)x_{i1}+bx_{i2}+bx_{i3}=0\\ bx_{i1}+(a-\lambda_i)x_{i2}+bx_{i3}=0\\ bx_{i1}+bx_{i2}+(a-\lambda_i)x_{i3}=0\end{aligned}\right\} \tag{2-25}$$

用行列式可解上述方程组，其关系为：

$$\varDelta\cdot x_{ij}=\varDelta_j \tag{2-26}$$

式中　$\varDelta$ ——系数行列式；

$\varDelta_j$ ——以方程组等式右侧系数代替 $\varDelta$ 中第 j 列系数后的行列式，此方程组等式右侧系数为零，即 $\varDelta_j=0$。

因 x_{ij} 中至少有一个不为零，故只能是：

$$\varDelta=0$$

即
$$\varDelta=\begin{bmatrix}a-\lambda_i & b & b\\ b & a-\lambda_i & b\\ b & b & a-\lambda_i\end{bmatrix}=0 \tag{2-27}$$

式（2-26）称为上述 $\boldsymbol{W}$ 的特征值方程，展开为：

$$(a-\lambda_i)^3+2b^3-3b^2(a-\lambda_i)=0 \tag{2-28}$$

式（2－27）的 λ_i 有 3 个根，即：

$$\lambda_1 = a - b, \quad \lambda_2 = a - b, \quad \lambda_3 = a + 2b \tag{2-29}$$

λ_i 必须满足上述根的要求，才能使上述方程组成立，将此处的各 λ_i 值代入式（2－24）即可求得相对应的特征向量 $\boldsymbol{X}_i = (x_{i1}, x_{i2}, x_{i3})$。

当 $i=1$ 时，将 $\lambda_1 = a - b$ 代入式（2－25）得条件 $b \cdot (x_{11} + x_{12} + x_{13}) = 0$

即：

$$x_{11} + x_{12} + x_{13} = 0 \tag{2-30}$$

这就是特征向量 $\boldsymbol{X}_1$ 的元素 x_{11}、x_{12}、x_{13} 需满足的条件。

当 $i=2$ 时，因 $\lambda_2 = a - b$，与上同。所以，结果同上，即特征向量 $\boldsymbol{X}_2$ 的元素 x_{21}、x_{22}、x_{23} 需满足的条件为：

$$x_{21} + x_{22} + x_{23} = 0 \tag{2-31}$$

当 $i=3$ 时，将 $\lambda_3 = a + 2b$ 代入式（2－25），得其条件：

$$x_{31} = x_{32} = x_{33} \tag{2-32}$$

由此，可由满足式（2－30）～式（2－32）关系的 x_{ij} 组成模变换系数阵 $\boldsymbol{S}$：

$$\boldsymbol{S} = (\boldsymbol{X}_1, \boldsymbol{X}_2, \boldsymbol{X}_3) = \begin{bmatrix} \boldsymbol{x}_{11} & \boldsymbol{x}_{21} & \boldsymbol{x}_{31} \\ \boldsymbol{x}_{12} & \boldsymbol{x}_{22} & \boldsymbol{x}_{32} \\ \boldsymbol{x}_{13} & \boldsymbol{x}_{23} & \boldsymbol{x}_{33} \end{bmatrix} \tag{2-33}$$

当选定具体的满足上述条件的各 $\boldsymbol{x}$ 值后，就可得出相应的 $\boldsymbol{S}$。对 $\boldsymbol{S}$ 求逆，即可产生模分量：

$$\boldsymbol{u}_{\mathrm{m}} = \boldsymbol{S}^{-1}\boldsymbol{u} \tag{2-34}$$

式中包含的各模之间就相互独立。

以上的关系适合于波动方程，也同样适合于相量方程。

对波动方程式（2－5），因：

$$\Delta\dot{U} = \dot{Z}\dot{I}$$

$$\Delta\dot{U} = S\Delta\dot{U}_{\mathrm{m}}$$

$$\dot{I} = S\dot{I}_{\mathrm{m}}$$

可得：

$$\Delta\dot{U}_{\mathrm{m}} = S^{-1}ZS\dot{I}_{\mathrm{m}} = D\dot{I}_{\mathrm{m}} \tag{2-35}$$

此处的 $D = S^{-1}ZS$，形式与（2－18）相同。这样就得到符合模变换要求的基本条件。简单说就是，按式（2－30）～式（2－32），模变换矩阵第一列之和为零，第二列之和为零，第三列各元素相同。其反变换则为第一行之和为零，第二行之和为零，第三行各元素相同。

2.1.4　三相参数对称系统的各种模变换

上面讨论的仅是进行模变换所必须具备的条件，即式（2－30）～式（2－32）。但满足这 3 个关系式的条件不是唯一的，而是有无限多的可能组合。

下面介绍几种常用的、有实用意义的三相参数对称系统模变换方法。

1. Clarke（又称 α、β、O 分量）变换

此种矩阵及其逆变换矩阵如下：

$$S_c=\begin{bmatrix}1 & 0 & 1\\ -\frac{1}{2} & \frac{\sqrt{3}}{2} & 1\\ -\frac{1}{2} & -\frac{\sqrt{3}}{2} & 1\end{bmatrix}$$

$$S_c^{-1}=\frac{1}{3}\begin{bmatrix}2 & -1 & -1\\ 0 & \sqrt{3} & -\sqrt{3}\\ 1 & 1 & 1\end{bmatrix}$$

因 $\boldsymbol{u}=\boldsymbol{S}\boldsymbol{u}_{\mathrm{m}}$，代入得：

$$\boldsymbol{u}=\begin{bmatrix}1 & 0 & 1\\ -\frac{1}{2} & \frac{\sqrt{3}}{2} & 1\\ \frac{-1}{2} & \frac{-\sqrt{3}}{2} & 1\end{bmatrix}\boldsymbol{u}_{\mathrm{m.c}}$$

$$\begin{bmatrix}u_\alpha\\ u_\beta\\ u_O\end{bmatrix}=\boldsymbol{u}_{\mathrm{m.c}}=\boldsymbol{S}^{-1}\boldsymbol{u}=\begin{bmatrix}\frac{2}{3} & \frac{-1}{3} & \frac{-1}{3}\\ 0 & \frac{\sqrt{3}}{3} & \frac{-\sqrt{3}}{3}\\ \frac{1}{3} & \frac{1}{3} & \frac{1}{3}\end{bmatrix}\boldsymbol{u}$$

或

$$\begin{bmatrix}u_\alpha\\ u_\beta\\ u_O\end{bmatrix}=\frac{1}{3}\begin{bmatrix}2 & -1 & -1\\ 0 & \sqrt{3} & -\sqrt{3}\\ 1 & 1 & 1\end{bmatrix}\cdot\begin{bmatrix}u_A\\ u_B\\ u_C\end{bmatrix} \tag{2-36}$$

α 分量：　$u_\alpha=\frac{1}{3}(2u_A-u_B-u_C)=u_A-u_O$

β 分量：　$u_\beta=\frac{\sqrt{3}}{3}(u_B-u_C)$

O 分量：　$u_O=\frac{1}{3}(u_A+u_B+u_C)$

$$\left.\begin{aligned}u_A&=u_\alpha+u_O\\ u_B&=-\frac{1}{2}u_\alpha+\frac{1}{2}\sqrt{3}u_\beta+u_O\\ u_C&=-\frac{1}{2}u_\alpha-\frac{1}{2}\sqrt{3}u_\beta+u_O\end{aligned}\right\} \tag{2-37}$$

2. Karrenbauer 变换

此种矩阵及其逆变换矩阵如下：

$$\boldsymbol{S}_{\mathrm{k}}=\begin{bmatrix}1&1&1\\-2&1&1\\1&-2&1\end{bmatrix},\quad \boldsymbol{S}_{\mathrm{k}}^{-1}=\begin{bmatrix}\frac{1}{3}&\frac{-1}{3}&0\\\frac{1}{3}&0&\frac{-1}{3}\\\frac{1}{3}&\frac{1}{3}&\frac{1}{3}\end{bmatrix}=\frac{1}{3}\begin{bmatrix}1&-1&0\\1&0&-1\\1&1&1\end{bmatrix}$$

$$\boldsymbol{u}=\boldsymbol{S}_{\mathrm{k}}\cdot\boldsymbol{u}_{\mathrm{m\cdot k}}$$

$$\begin{bmatrix}u_{\mathrm{k}}\\u_{\mathrm{l}}\\u_{\mathrm{O}}\end{bmatrix}=\boldsymbol{u}_{\mathrm{m.k}}=\boldsymbol{S}_{\mathrm{k}}^{-1}\cdot\boldsymbol{u}$$

$$\begin{bmatrix}u_{\mathrm{k}}\\u_{\mathrm{l}}\\u_{\mathrm{O}}\end{bmatrix}=\frac{1}{3}\begin{bmatrix}1&-1&0\\1&0&-1\\1&1&1\end{bmatrix}\cdot\begin{bmatrix}u_{\mathrm{A}}\\u_{\mathrm{B}}\\u_{\mathrm{C}}\end{bmatrix}$$

k 分量： $u_{\mathrm{k}}=\frac{1}{3}(u_{\mathrm{A}}-u_{\mathrm{B}})$

l 分量： $u_{\mathrm{l}}=\frac{1}{3}(u_{\mathrm{A}}-u_{\mathrm{O}})$

O 分量： $u_{\mathrm{O}}=\frac{1}{3}(u_{\mathrm{A}}+u_{\mathrm{B}}+u_{\mathrm{C}})$

$$\left.\begin{aligned}u_{\mathrm{A}}&=u_{\mathrm{k}}+u_{\mathrm{l}}+u_{\mathrm{O}}\\u_{\mathrm{B}}&=-2u_{\mathrm{k}}+u_{\mathrm{l}}+u_{\mathrm{O}}\\u_{\mathrm{C}}&=u_{\mathrm{k}}-2u_{\mathrm{l}}+u_{\mathrm{O}}\end{aligned}\right\}\tag{2-38}$$

3. 序模（相序分量）

此种矩阵及其逆变换矩阵如下：

$$\alpha=1\mathrm{e}^{\mathrm{j}120^{0}}$$

$$\boldsymbol{S}_{\mathrm{x}}=\begin{bmatrix}1&1&1\\\alpha^{2}&\alpha&1\\\alpha&\alpha^{2}&1\end{bmatrix},\quad \boldsymbol{S}_{\mathrm{x}}^{-1}=\frac{1}{3}\begin{bmatrix}1&a&a^{2}\\1&a^{2}&a\\1&1&1\end{bmatrix}$$

$$\boldsymbol{u}=\boldsymbol{S}_{\mathrm{x}}\cdot\boldsymbol{u}_{\mathrm{m.x}}$$

$$\begin{bmatrix}u_{1}\\u_{2}\\u_{0}\end{bmatrix}=\boldsymbol{u}_{\mathrm{m\cdot x}}=\boldsymbol{S}_{\mathrm{x}}^{-1}\cdot\boldsymbol{u}$$

$$\begin{bmatrix} u_1 \\ u_2 \\ u_0 \end{bmatrix} = \frac{1}{3}\begin{bmatrix} 1 & a & a^2 \\ 1 & a^2 & a \\ 1 & 1 & 1 \end{bmatrix} \cdot \begin{bmatrix} u_A \\ u_B \\ u_C \end{bmatrix}$$

正序分量：　$u_1 = \frac{1}{3}(u_A + \alpha u_B + \alpha^2 u_C)$

负序分量：　$u_2 = \frac{1}{3}(u_A + \alpha^2 u_B + \alpha u_C)$

零序分量：　$u_0 = \frac{1}{3}(u_A + u_B + u_C)$

$$\left.\begin{aligned} u_A &= u_1 + u_2 + u_0 \\ u_B &= \alpha^2 u_1 + \alpha u_2 + u_0 \\ u_C &= \alpha u_1 + \alpha^2 u_2 + u_0 \end{aligned}\right\} \tag{2-39}$$

4. x、y、O 模

此种矩阵及其逆变换矩阵如下：

$$\boldsymbol{S}_{x.y} = \begin{bmatrix} \sqrt{2} & 0 & 1 \\ \frac{-1}{\sqrt{2}} & \frac{\sqrt{3}}{\sqrt{2}} & 1 \\ \frac{-1}{\sqrt{2}} & \frac{-\sqrt{3}}{\sqrt{2}} & 1 \end{bmatrix}, \quad \boldsymbol{S}_{x\cdot y}^{-1} = \frac{1}{3}\begin{bmatrix} \sqrt{2} & \frac{-1}{\sqrt{2}} & \frac{-1}{\sqrt{2}} \\ 0 & \frac{\sqrt{3}}{\sqrt{2}} & \frac{-\sqrt{3}}{\sqrt{2}} \\ 1 & 1 & 1 \end{bmatrix}$$

$$\boldsymbol{u} = \boldsymbol{S}_{x\cdot y} \cdot \boldsymbol{u}_{m\cdot xy}$$

$$\begin{bmatrix} u_A \\ u_B \\ u_C \end{bmatrix} = \begin{bmatrix} \sqrt{2} & 0 & 1 \\ \frac{-1}{\sqrt{2}} & \frac{\sqrt{3}}{\sqrt{2}} & 1 \\ \frac{-1}{\sqrt{2}} & \frac{-\sqrt{3}}{\sqrt{2}} & 1 \end{bmatrix}\begin{bmatrix} u_x \\ u_y \\ u_O \end{bmatrix}$$

$$\begin{bmatrix} u_x \\ u_y \\ u_O \end{bmatrix} = \boldsymbol{u}_{m\cdot x\cdot y} = \boldsymbol{S}_{x\cdot y}^{-1} \cdot \boldsymbol{u}$$

$$\begin{bmatrix} u_x \\ u_y \\ u_O \end{bmatrix} = \frac{1}{3}\begin{bmatrix} \sqrt{2} & \frac{-1}{\sqrt{2}} & \frac{-1}{\sqrt{2}} \\ 0 & \frac{\sqrt{3}}{\sqrt{2}} & \frac{-\sqrt{3}}{\sqrt{2}} \\ 1 & 1 & 1 \end{bmatrix}\begin{bmatrix} u_A \\ u_B \\ u_C \end{bmatrix}$$

5. r、s、O 模

此种矩阵及其逆变换矩阵如下：

$$\boldsymbol{S}_{rs} = \frac{1}{6}\begin{bmatrix} 2 & 0 & 1 \\ -1 & 1 & 1 \\ -1 & -1 & 1 \end{bmatrix},\quad \boldsymbol{S}_{rs}^{-1} = \frac{1}{6}\begin{bmatrix} 2 & -1 & -1 \\ 0 & 3 & -3 \\ 2 & 2 & 2 \end{bmatrix} = \frac{1}{3}\begin{bmatrix} 1 & -\frac{1}{2} & -\frac{1}{2} \\ 0 & \frac{3}{2} & \frac{-3}{2} \\ 1 & 1 & 1 \end{bmatrix}$$

$$\boldsymbol{u} = \boldsymbol{S}_{rs} \cdot \boldsymbol{u}_{m \cdot rs}$$

$$\begin{bmatrix} u_A \\ u_B \\ u_C \end{bmatrix} = \frac{1}{6}\begin{bmatrix} 2 & 0 & 1 \\ -1 & 1 & 1 \\ -1 & -1 & 1 \end{bmatrix}\begin{bmatrix} u_r \\ u_s \\ u_O \end{bmatrix}$$

$$\begin{bmatrix} u_r \\ u_s \\ u_O \end{bmatrix} = \boldsymbol{u}_{m \cdot rs} = \boldsymbol{S}_{rs}^{-1}\boldsymbol{u} = \frac{1}{6}\begin{bmatrix} 2 & -1 & -1 \\ 0 & 3 & -3 \\ 2 & 2 & 2 \end{bmatrix}\begin{bmatrix} u_A \\ u_B \\ u_C \end{bmatrix}$$

$$\left.\begin{aligned} &r\text{分量：} && u_r = \frac{1}{6}(2u_A - u_B - u_C) \\ &s\text{分量：} && u_s = \frac{1}{2}(u_B - u_C) \\ &O\text{分量：} && u_O = \frac{1}{3}(u_A + u_B + u_C) \end{aligned}\right\} \tag{2-40}$$

$$\left.\begin{aligned} u_A &= \frac{1}{6}(2u_r + u_O) \\ u_B &= \frac{1}{6}(-u_r + u_s + u_O) \\ u_C &= \frac{1}{6}(-u_r - u_s + u_O) \end{aligned}\right\}$$

6. d、q、O 模

此种矩阵及其逆变换矩阵如下：

$$S_{dq}=\begin{bmatrix}2 & 0 & 1\\ -1 & \sqrt{3} & 1\\ -1 & -\sqrt{3} & 1\end{bmatrix},\quad S_{dq}^{-1}=\frac{1}{3}\begin{bmatrix}2 & -1 & -1\\ 0 & \sqrt{3} & -\sqrt{3}\\ 1 & 1 & 1\end{bmatrix}$$

$$\begin{bmatrix}u_A\\ u_B\\ u_C\end{bmatrix}=\begin{bmatrix}2 & 0 & 1\\ -1 & \sqrt{3} & 1\\ -1 & -\sqrt{3} & 1\end{bmatrix}\begin{bmatrix}u_d\\ u_q\\ u_O\end{bmatrix}$$

$$\begin{bmatrix}u_d\\ u_q\\ u_O\end{bmatrix}=\frac{1}{3}\begin{bmatrix}2 & -1 & -1\\ 0 & \sqrt{3} & -\sqrt{3}\\ 1 & 1 & 1\end{bmatrix}\begin{bmatrix}u_A\\ u_B\\ u_C\end{bmatrix}$$

d 分量：　$u_d=\frac{1}{3}(2u_A-u_B-u_C)$

q 分量：　$u_q=\frac{\sqrt{3}}{3}(u_B-u_C)$

O 分量：　$u_O=\frac{1}{3}(u_A+u_B+u_C)$

上述的几种模分量，都满足模变换的基本要求。在三相阻抗参数对称时，其各模之间独立，否则其各模之间不独立。

2.2　两导线参数对称系统的模变换

对一个由双导线（还有大地）构成的传输系统的分析，模分量方法同样适用，下面介绍两相输电系统的 $\boldsymbol{W}$ 的特征根（λ_i）、特征向量（$\boldsymbol{X}_i$）和模分量变换矩阵（$\boldsymbol{S}$）。

在电力系统中，当输电线为两相对称时，其自感相等、互感可逆，故 $\boldsymbol{W}$ 为对称矩阵，其形式为：

$$\boldsymbol{W}=\begin{bmatrix}a & b\\ b & a\end{bmatrix} \tag{2-41}$$

此时，式（2-24）改为：

$$\begin{bmatrix}a-\lambda_i & b\\ b & a-\lambda_i\end{bmatrix}\cdot\begin{bmatrix}X_{i1}\\ X_{i2}\end{bmatrix}=0 \tag{2-42}$$

写成齐次线性方程组为：

$$\left.\begin{aligned}(a-\lambda_i)x_{i1}+bx_{i2}=0\\ bx_{i1}+(a-\lambda_i)x_{i2}=0\end{aligned}\right\} \tag{2-43}$$

用行列式解上述方程组，其关系为：

$$\Delta \bullet x_{ij} = \Delta_j \tag{2-44}$$

式中 Δ——系数行列式；

Δ_j——以方程组等式右侧系数代替 Δ 中第 j 列系数后的行列式，此方程组等式右侧系数为零，即 $\Delta_j = 0$。

因 x_{ij} 中至少有一个不为零，故只能是：

$$\Delta = 0$$

即

$$\Delta = \begin{bmatrix} \alpha-\lambda_i & b \\ b & \alpha-\lambda_i \end{bmatrix} = 0 \tag{2-45}$$

此式称为上述 $\boldsymbol{W}$ 的特征值方程，展开为：

$$(a-\lambda_i)^2 - b^2 = 0 \tag{2-46}$$

此式的 λ_i 有两个根，即：

$$\lambda_1 = a+b,\quad \lambda_2 = a-b \tag{2-47}$$

λ_i 必须满足上述根的要求，才能使上述方程组成立。将此处的各 λ_i 值代入式（2－43）即可求得相对应的特征向量 $x_i = (x_{i1}, x_{i2})$。

当 $i=1$ 时，将 $\lambda_1 = a+b$ 代入式（2－43）得条件：

$$x_{11} = x_{12} \tag{2-48}$$

这就是特征向量 $\boldsymbol{X_1}$ 的元素 x_{11}、x_{12} 需满足的条件。

当 $i=2$ 时，将 $\lambda_1 = a-b$ 代入式（2－43）得条件：

$$x_{21} + x_{22} = 0 \tag{2-49}$$

这就是特征向量 $\boldsymbol{X_2}$ 的元素 x_{21}、x_{22} 需满足的条件。

由满足式（2－48）及式（2－49）关系的 x_{ij} 组成模变换系数阵 $\boldsymbol{S}$。

$$\boldsymbol{S} = (\boldsymbol{X}_1, \boldsymbol{X}_2) = \begin{bmatrix} x_{11} & x_{21} \\ x_{12} & x_{22} \end{bmatrix} \tag{2-50}$$

$$\boldsymbol{S}^{-1} = (\boldsymbol{X}_1, \boldsymbol{X}_2)^{-1} = \begin{bmatrix} x_{11} & x_{21} \\ x_{12} & x_{22} \end{bmatrix}^{-1} = \frac{1}{x_{11}x_{22} - x_{12}x_{21}} \begin{bmatrix} x_{22} & -x_{21} \\ -x_{12} & x_{11} \end{bmatrix}$$

当选定 $x_{11} = x_{12} = x_{21} = 1, x_{22} = -1$，即：

$$\boldsymbol{S} = \begin{bmatrix} 1 & 1 \\ 1 & -1 \end{bmatrix}$$

上述条件满足。

此时

$$\boldsymbol{S}^{-1} = \frac{1}{-2}\begin{bmatrix} -1 & -1 \\ -1 & 1 \end{bmatrix} = \frac{1}{2}\begin{bmatrix} 1 & 1 \\ 1 & -1 \end{bmatrix} = \frac{1}{2}\boldsymbol{S}$$

由此产生的模分量：

$$\boldsymbol{u}_{\mathrm{m}}=\boldsymbol{S}^{-1}\boldsymbol{u}$$

所包含的各模之间相互独立。

这样设计的一个模分量，满足式（2－48）及式（2－49）。即令：

$$\boldsymbol{S}=(\boldsymbol{X}_1,\boldsymbol{X}_2)=\begin{bmatrix}1 & 1\\1 & -1\end{bmatrix} \tag{2-51}$$

$$\boldsymbol{S}^{-1}=\frac{1}{2}\begin{bmatrix}1 & 1\\1 & -1\end{bmatrix} \tag{2-52}$$

这就是两线系统的同序、反序的变换矩阵，即：

$$\begin{aligned}\Delta U_{\mathrm{TF}}&=\begin{bmatrix}\Delta U_{\mathrm{T}}\\\Delta U_{\mathrm{F}}\end{bmatrix}=S^{-1}\Delta U=S^{-1}\begin{bmatrix}\Delta U_{\mathrm{I}}\\\Delta U_{\mathrm{II}}\end{bmatrix}\\&=S^{-1}\begin{bmatrix}Z_{\mathrm{L}} & Z_{\mathrm{m}}\\Z_{\mathrm{m}} & Z_{\mathrm{L}}\end{bmatrix}\cdot\begin{bmatrix}I_{\mathrm{I}}\\I_{\mathrm{II}}\end{bmatrix}=\frac{1}{2}\begin{bmatrix}1 & 1\\1 & -1\end{bmatrix}\begin{bmatrix}Z_{\mathrm{L}} & Z_{\mathrm{m}}\\Z_{\mathrm{m}} & Z_{\mathrm{L}}\end{bmatrix}\cdot\begin{bmatrix}1 & 1\\1 & -1\end{bmatrix}\begin{bmatrix}I_{\mathrm{T}}\\I_{\mathrm{F}}\end{bmatrix}\\&=\begin{bmatrix}Z_{\mathrm{L}}+Z_{\mathrm{m}} & 0\\0 & Z_{\mathrm{L}}-Z_{\mathrm{m}}\end{bmatrix}\begin{bmatrix}I_{\mathrm{T}}\\I_{\mathrm{F}}\end{bmatrix}=\begin{bmatrix}Z_{\mathrm{T}} & 0\\0 & Z_{\mathrm{F}}\end{bmatrix}\begin{bmatrix}I_{\mathrm{T}}\\I_{\mathrm{F}}\end{bmatrix}\end{aligned} \tag{2-53}$$

即可得：

$$\begin{gathered}\begin{bmatrix}\Delta U_{\mathrm{T}}\\\Delta U_{\mathrm{F}}\end{bmatrix}=\begin{bmatrix}Z_{\mathrm{T}} & 0\\0 & Z_{\mathrm{F}}\end{bmatrix}\begin{bmatrix}I_{\mathrm{T}}\\I_{\mathrm{F}}\end{bmatrix}\\Z_{\mathrm{T}}=Z_{\mathrm{L}}+Z_{\mathrm{m}}\\Z_{\mathrm{F}}=Z_{\mathrm{L}}-Z_{\mathrm{m}}\end{gathered} \tag{2-54}$$

两线系统的同序、反序相互独立。这里，Z_{L}、Z_{m} 为两回线的自感、互感。

两线系统的同序、反序模量分析方法可以用于直流输电线路，也可以用于载波通信系统。

2.3 平行双回线的六序分量

20 世纪 80～90 年代，索南加乐和葛耀中教授为了平行双回线的跨线故障计算，提出用六序分量法简化故障分析。

平行双回线有 6 根相导线，架空地线可归并到地回路。其简化电路见图 2－1。每根导线上的电压降除由本导线电流在其自感抗上产生外，其他 5 根导线上的电流通过各自相应的互感也将产生相应的感应电势。其关系式如下：

$$\begin{bmatrix}\Delta U_{\mathrm{IA}}\\ \Delta U_{\mathrm{IB}}\\ \Delta U_{\mathrm{IC}}\\ \Delta U_{\mathrm{IIA}}\\ \Delta U_{\mathrm{IIB}}\\ \Delta U_{\mathrm{IIC}}\end{bmatrix}=\begin{bmatrix}Z_{\mathrm{LIA}} & Z_{\mathrm{MIAB}} & Z_{\mathrm{MIAC}} & Z_{\mathrm{MIAIIA}} & Z_{\mathrm{MIAIIB}} & Z_{\mathrm{MIAIIC}}\\ Z_{\mathrm{MIBA}} & Z_{\mathrm{LIB}} & Z_{\mathrm{MIBC}} & Z_{\mathrm{MIBIIA}} & Z_{\mathrm{MIBIIB}} & Z_{\mathrm{MIBIIC}}\\ Z_{\mathrm{MICA}} & Z_{\mathrm{MICB}} & Z_{\mathrm{LIC}} & Z_{\mathrm{MICIIA}} & Z_{\mathrm{MICIIB}} & Z_{\mathrm{MICIIC}}\\ Z_{\mathrm{MIIAIA}} & Z_{\mathrm{MIIAIB}} & Z_{\mathrm{MIIAIC}} & Z_{\mathrm{LIIA}} & Z_{\mathrm{MIIAIIB}} & Z_{\mathrm{MIIAIIC}}\\ Z_{\mathrm{MIIBIA}} & Z_{\mathrm{MIIBIB}} & Z_{\mathrm{MIIBIC}} & Z_{\mathrm{MIIBIIA}} & Z_{\mathrm{LIIB}} & Z_{\mathrm{MIIBIIC}}\\ Z_{\mathrm{MIICIA}} & Z_{\mathrm{MIICIB}} & Z_{\mathrm{MIICIC}} & Z_{\mathrm{MIICIIA}} & Z_{\mathrm{MIICIIB}} & Z_{\mathrm{LIIC}}\end{bmatrix}\times\begin{bmatrix}I_{\mathrm{IA}}\\ I_{\mathrm{IB}}\\ I_{\mathrm{IC}}\\ I_{\mathrm{IIA}}\\ I_{\mathrm{IIB}}\\ I_{\mathrm{IIC}}\end{bmatrix} \tag{2-55}$$

即使是单回线，如果各相间的互感各不相同，做分析计算会很复杂。通常对稍长的线路在区间内做若干次换位，使得整条线三相总参数对称，各相间互感相等。这就符合前述模分量分析的假设前提要求，可以采用序分量等常用分析方法。

对一般的平行双回线，两回线间距离较远，两回线间的导线对导线的互感差别很小，近似相等。这导致两回线间通过正、负序电流时，其两回线间正、负序的序互感很小，可以忽略。但其间的零序互感较强，可以单独考虑。用序分量方法分析，不会产生大的误差。

这里要特别强调的是，对同杆并架双回线，两回线间距离很近，各导线间的互感差别比就大。此外，除可能发生同一回线的相间故障外，还可能发生跨线故障。此时如用序分量法计算，将出现错误。例如ⅠA－ⅡB 不接地短路，但每一回线都有零序电流，会误判成Ⅰ回线 A 相接地，和Ⅱ回线 B 相接地。所以，对同杆并架双回线，最好是专门处理。这里不做讨论。

六序分量法的前提是假设每回线三相参数对称，两回线间的导线间互感相同。将两回线的 3 个同相电流之和组成 3 个同序，两回线的 3 个同相电流之差组成 3 个反序，二者构成六序。

六序分量法实质上是由两步骤构成。先将两回线作为两个独立系统。两系统之间有互感 Z'_{m}。两系统在分析时用上述两线系统的同、反序模分量处理。在各系统内设为全对称，互感为 Z_{m}，故可用正、负、零序的序模处理。这样，式（2－55）的矩阵可化成：

$$\begin{bmatrix}\Delta U_{\mathrm{IA}}\\ \Delta U_{\mathrm{IB}}\\ \Delta U_{\mathrm{IC}}\\ \cdots\\ \Delta U_{\mathrm{IIA}}\\ \Delta U_{\mathrm{IIB}}\\ \Delta U_{\mathrm{IIC}}\end{bmatrix}=\begin{bmatrix}Z_{\mathrm{LI}} & Z_{\mathrm{MI}} & Z_{\mathrm{MI}} & \vdots & Z'_{\mathrm{M}} & Z'_{\mathrm{M}} & Z'_{\mathrm{M}}\\ Z_{\mathrm{MI}} & Z_{\mathrm{LI}} & Z_{\mathrm{MI}} & \vdots & Z'_{\mathrm{M}} & Z'_{\mathrm{M}} & Z'_{\mathrm{M}}\\ Z_{\mathrm{MI}} & Z_{\mathrm{MI}} & Z_{\mathrm{LI}} & \vdots & Z'_{\mathrm{M}} & Z'_{\mathrm{M}} & Z'_{\mathrm{M}}\\ \cdots & \cdots & \cdots & \vdots & \cdots & \cdots & \cdots\\ Z'_{\mathrm{M}} & Z'_{\mathrm{M}} & Z'_{\mathrm{M}} & \vdots & Z_{\mathrm{LII}} & Z_{\mathrm{MII}} & Z_{\mathrm{MII}}\\ Z'_{\mathrm{M}} & Z'_{\mathrm{M}} & Z'_{\mathrm{M}} & \vdots & Z_{\mathrm{MII}} & Z_{\mathrm{LII}} & Z_{\mathrm{MII}}\\ Z'_{\mathrm{M}} & Z'_{\mathrm{M}} & Z'_{\mathrm{M}} & \vdots & Z_{\mathrm{MII}} & Z_{\mathrm{MII}} & Z_{\mathrm{LII}}\end{bmatrix}\times\begin{bmatrix}I_{\mathrm{IA}}\\ I_{\mathrm{IB}}\\ I_{\mathrm{IC}}\\ \cdots\\ I_{\mathrm{IIA}}\\ I_{\mathrm{IIB}}\\ I_{\mathrm{IIC}}\end{bmatrix} \tag{2-56}$$

当将其作为两系统之间的问题处理时，可进一步简化为二维矩阵：

$$\begin{bmatrix}\Delta U_{\mathrm{I}}\\ \Delta U_{\mathrm{II}}\end{bmatrix}=\begin{bmatrix}Z_{\mathrm{I}} & Z'_{\mathrm{M}}\\ Z'_{\mathrm{M}} & Z_{\mathrm{II}}\end{bmatrix}\times\begin{bmatrix}I_{\mathrm{I}}\\ I_{\mathrm{II}}\end{bmatrix}\tag{2-57}$$

当令两回线相似时，其自感相同。按前述两回线模变换方法，作同、反序模变换，有：

$$\begin{bmatrix}\Delta U_{\mathrm{T}}\\ \Delta U_{\mathrm{F}}\end{bmatrix}=\begin{bmatrix}Z_{\mathrm{I}}+Z'_{\mathrm{M}} & 0\\ 0 & Z_{\mathrm{I}}-Z'_{\mathrm{M}}\end{bmatrix}\times\begin{bmatrix}I_{\mathrm{T}}\\ I_{\mathrm{F}}\end{bmatrix}\tag{2-58}$$

展开为：

$$\begin{bmatrix}\Delta U_{\mathrm{TA}}\\ \Delta U_{\mathrm{TB}}\\ \Delta U_{\mathrm{TC}}\\ \Delta U_{\mathrm{FA}}\\ \Delta U_{\mathrm{FB}}\\ \Delta U_{\mathrm{FC}}\end{bmatrix}=\begin{bmatrix}Z_{\mathrm{LI}}+Z'_{\mathrm{m}} & Z_{\mathrm{MI}}+Z'_{\mathrm{m}} & Z_{\mathrm{MI}}+Z'_{\mathrm{m}} & & & \\ Z_{\mathrm{MI}}+Z'_{\mathrm{m}} & Z_{\mathrm{LI}}+Z'_{\mathrm{m}} & Z_{\mathrm{MI}}+Z'_{\mathrm{m}} & & 0 & \\ Z_{\mathrm{MI}}+Z'_{\mathrm{m}} & Z_{\mathrm{MI}}+Z'_{\mathrm{m}} & Z_{\mathrm{LI}}+Z'_{\mathrm{m}} & & & \\ & & & Z_{\mathrm{LII}}-Z'_{\mathrm{m}} & Z_{\mathrm{MII}}-Z'_{\mathrm{m}} & Z_{\mathrm{MII}}-Z'_{\mathrm{m}}\\ & 0 & & Z_{\mathrm{MII}}-Z'_{\mathrm{m}} & Z_{\mathrm{LII}}-Z'_{\mathrm{m}} & Z_{\mathrm{MII}}-Z'_{\mathrm{m}}\\ & & & Z_{\mathrm{MII}}-Z'_{\mathrm{m}} & Z_{\mathrm{MII}}-Z'_{\mathrm{m}} & Z_{\mathrm{LII}}-Z'_{\mathrm{m}}\end{bmatrix}\times\begin{bmatrix}I_{\mathrm{TA}}\\ I_{\mathrm{TB}}\\ I_{\mathrm{TC}}\\ I_{\mathrm{FA}}\\ I_{\mathrm{FB}}\\ I_{\mathrm{FC}}\end{bmatrix}\tag{2-59}$$

对每一系统内，因是三相系统，可在此基础上进一步做模变换。当考虑采用 1、2、0 序分量时，可进一步变换如下。将式（2-59）展开，得：

$$\begin{bmatrix}\Delta U_{\mathrm{TA}}\\ \Delta U_{\mathrm{TB}}\\ \Delta U_{\mathrm{TC}}\end{bmatrix}=\begin{bmatrix}Z_{\mathrm{LI}}+Z'_{\mathrm{m}} & Z_{\mathrm{MI}}+Z'_{\mathrm{m}} & Z_{\mathrm{MI}}+Z'_{\mathrm{m}}\\ Z_{\mathrm{MI}}+Z'_{\mathrm{m}} & Z_{\mathrm{LI}}+Z'_{\mathrm{m}} & Z_{\mathrm{MI}}+Z'_{\mathrm{m}}\\ Z_{\mathrm{MI}}+Z'_{\mathrm{m}} & Z_{\mathrm{MI}}+Z'_{\mathrm{m}} & Z_{\mathrm{LI}}+Z'_{\mathrm{m}}\end{bmatrix}\times\begin{bmatrix}I_{\mathrm{TA}}\\ I_{\mathrm{TB}}\\ I_{\mathrm{TC}}\end{bmatrix}\tag{2-60}$$

或

$$\Delta U_{\mathrm{TABC}}=Z_{\mathrm{TABC}}I_{\mathrm{TABC}}$$

$$\begin{bmatrix}\Delta U_{\mathrm{FA}}\\ \Delta U_{\mathrm{FB}}\\ \Delta U_{\mathrm{FC}}\end{bmatrix}=\begin{bmatrix}Z_{\mathrm{LII}}-Z'_{\mathrm{m}} & Z_{\mathrm{MII}}-Z'_{\mathrm{m}} & Z_{\mathrm{MII}}-Z'_{\mathrm{m}}\\ Z_{\mathrm{MII}}-Z'_{\mathrm{m}} & Z_{\mathrm{LII}}-Z'_{\mathrm{m}} & Z_{\mathrm{MII}}-Z'_{\mathrm{m}}\\ Z_{\mathrm{MII}}-Z'_{\mathrm{m}} & Z_{\mathrm{MII}}-Z'_{\mathrm{m}} & Z_{\mathrm{LII}}-Z'_{\mathrm{m}}\end{bmatrix}\times\begin{bmatrix}I_{\mathrm{FA}}\\ I_{\mathrm{FB}}\\ I_{\mathrm{FC}}\end{bmatrix}\tag{2-61}$$

或

$$\Delta U_{\mathrm{FABC}}=Z_{\mathrm{FABC}}I_{\mathrm{FABC}}$$

再对同序分量作 1、2、0 序分量时，由（2-60）得到：

$$\begin{bmatrix}\Delta U_{\mathrm{T1}}\\ \Delta U_{\mathrm{T2}}\\ \Delta U_{\mathrm{T0}}\end{bmatrix}=S_{\mathrm{x}}^{-1}\cdot\begin{bmatrix}Z_{\mathrm{LI}}+Z'_{\mathrm{m}} & Z_{\mathrm{MI}}+Z'_{\mathrm{m}} & Z_{\mathrm{MI}}+Z'_{\mathrm{m}}\\ Z_{\mathrm{MI}}+Z'_{\mathrm{m}} & Z_{\mathrm{LI}}+Z'_{\mathrm{m}} & Z_{\mathrm{MI}}+Z'_{\mathrm{m}}\\ Z_{\mathrm{MI}}+Z'_{\mathrm{m}} & Z_{\mathrm{MI}}+Z'_{\mathrm{m}} & Z_{\mathrm{LI}}+Z'_{\mathrm{m}}\end{bmatrix}\cdot S_{\mathrm{x}}\cdot\begin{bmatrix}I_{\mathrm{T1}}\\ I_{\mathrm{T2}}\\ I_{\mathrm{T0}}\end{bmatrix}\tag{2-62}$$

将对称分量的

$$\boldsymbol{S}_{\mathrm{x}}^{-1}=\frac{1}{3}\begin{bmatrix}1 & a & a^2\\ 1 & a^2 & a\\ 1 & 1 & 1\end{bmatrix}\quad \boldsymbol{S}_{\mathrm{x}}=\begin{bmatrix}1 & 1 & 1\\ a^2 & a & 1\\ a & a^2 & 1\end{bmatrix}$$

代入可得：

$$\begin{bmatrix}\Delta U_{T1}\\ \Delta U_{T2}\\ \Delta U_{T0}\end{bmatrix}=\frac{1}{3}\begin{bmatrix}1 & a & a^2\\ 1 & a^2 & a\\ 1 & 1 & 1\end{bmatrix}\begin{bmatrix}Z_{LI}+Z'_m & Z_{MI}+Z'_m & Z_{MI}+Z'_m\\ Z_{MI}+Z'_m & Z_{LI}+Z'_m & Z_{MI}+Z'_m\\ Z_{MI}+Z'_m & Z_{MI}+Z'_m & Z_{LI}+Z'_m\end{bmatrix}\begin{bmatrix}1 & 1 & 1\\ a^2 & a & 1\\ a & a^2 & 1\end{bmatrix}\begin{bmatrix}I_{T1}\\ I_{T2}\\ I_{T0}\end{bmatrix}\tag{2-63}$$

或
$$\Delta U_{T120}=Z_{T120}\cdot I_{T120}\tag{2-64}$$

将式（2－63）化简，得：

$$\begin{bmatrix}\Delta U_{T1}\\ \Delta U_{T2}\\ \Delta U_{T0}\end{bmatrix}=\begin{bmatrix}Z_1 & 0 & 0\\ 0 & Z_2 & 0\\ 0 & 0 & Z_0\end{bmatrix}\begin{bmatrix}I_{T1}\\ I_{T2}\\ I_{T0}\end{bmatrix}\tag{2-65}$$

$$Z_{T1}=Z_1=Z_{T2}=Z_2=Z_L-Z_M$$

$$Z_{T0}=Z_0=Z_L+2Z_M$$

同理：

$$\begin{bmatrix}\Delta U_{F1}\\ \Delta U_{F2}\\ \Delta U_{F0}\end{bmatrix}=\frac{1}{3}\begin{bmatrix}1 & a & a^2\\ 1 & a^2 & a\\ 1 & 1 & 1\end{bmatrix}\begin{bmatrix}Z_{LII}-Z'_m & Z_{MII}-Z'_m & Z_{MII}-Z'_m\\ Z_{MII}-Z'_m & Z_{LII}-Z'_m & Z_{MII}-Z'_m\\ Z_{MII}-Z'_m & Z_{MII}-Z'_m & Z_{LII}-Z'_m\end{bmatrix}\begin{bmatrix}1 & 1 & 1\\ a^2 & a & 1\\ a & a^2 & 1\end{bmatrix}\begin{bmatrix}I_{F1}\\ I_{F2}\\ I_{F0}\end{bmatrix}\tag{2-66}$$

或
$$\Delta U_{F120}=Z_{F120}\cdot I_{F120}\tag{2-67}$$

与同序相似。

二者共组成 6 个序量，合称为六序分量。合成得：

$$\begin{bmatrix}\Delta U_{T1}\\ \Delta U_{T2}\\ \Delta U_{T0}\\ \Delta U_{F1}\\ \Delta U_{F2}\\ \Delta U_{F0}\end{bmatrix}=\begin{bmatrix}Z_{T1} &&&&&\\ & Z_{T2} &&&&\\ && Z_{T0} &&&\\ &&& Z_{F1} &&\\ &&&& Z_{F2} &\\ &&&&& Z_{F0}\end{bmatrix}\cdot\begin{bmatrix}I_{T1}\\ I_{T2}\\ I_{T0}\\ I_{F1}\\ I_{F2}\\ I_{F0}\end{bmatrix}\tag{2-68}$$

或
$$\Delta U_{TF6}=Z_{TF6}I_{TF6}=S_{TF6}^{-1}Z_{I-II}S_{TF6}I_{TF6}\tag{2-69}$$

$$S_{\mathrm{TF6}}^{-1}=S_{\mathrm{x}}^{-1}S_{\mathrm{TF}}^{-1}=\frac{1}{6}\begin{bmatrix}1 & a & a^2 & 1 & a & a^2\\ 1 & a^2 & a & 1 & a^2 & a\\ 1 & 1 & 1 & 1 & 1 & 1\\ 1 & a & a^2 & -1 & -a & -a^2\\ 1 & a^2 & a & -1 & -a^2 & -a\\ 1 & 1 & 1 & -1 & -1 & -1\end{bmatrix} \tag{2-70}$$

$$S_{\mathrm{TF6}}=S_{\mathrm{TF}}S_{\mathrm{x}}=\begin{bmatrix}1 & 1 & 1 & 1 & 1 & 1\\ a^2 & a & 1 & a^2 & a & 1\\ a & a^2 & 1 & a & a^2 & 1\\ 1 & 1 & 1 & -1 & -1 & -1\\ a^2 & a & 1 & -a^2 & -a & -1\\ a & a^2 & 1 & -a & -a^2 & -1\end{bmatrix} \tag{2-71}$$

这里是按下面方法排序的：

$$I_{\mathrm{TF6}}=\left(I_{\mathrm{T1}}I_{\mathrm{T2}}I_{\mathrm{T0}}I_{\mathrm{F1}}I_{\mathrm{F2}}I_{\mathrm{F0}}\right)^{\mathrm{T}} \tag{2-72}$$

即：

$$I'_{\mathrm{TF6}}=\left(I_{\mathrm{T0}}I_{\mathrm{F0}}I_{\mathrm{T1}}I_{\mathrm{F1}}I_{\mathrm{T2}}I_{\mathrm{F2}}\right)^{\mathrm{T}} \tag{2-73}$$

则得：

$$S'_{\mathrm{TF6}}=\begin{bmatrix}1 & 1 & 1 & 1 & 1 & 1\\ 1 & 1 & a^2 & a^2 & a & a\\ 1 & 1 & a & a & a^2 & a^2\\ 1 & -1 & 1 & -1 & 1 & -1\\ 1 & -1 & a^2 & -a^2 & a & -a\\ 1 & -1 & a & -a & a^2 & -a^2\end{bmatrix}=M \tag{2-74}$$

$$S'^{-1}_{\mathrm{TF6}}=\frac{1}{6}\begin{bmatrix}a^2 & a^2 & 1 & 1 & a & a\\ a & a & 1 & 1 & a^2 & a^2\\ 1 & 1 & 1 & 1 & 1 & 1\\ a^2 & -a^2 & 1 & -1 & a & -a\\ a & -a & 1 & -1 & a^2 & -a^2\\ 1 & -1 & 1 & -1 & 1 & -1\end{bmatrix}=M^{-1} \tag{2-75}$$

任一导线的电压、电流都由同序、反序分量组成。

2.4 模分量的网络参数问题

前面讨论了电流、电压量的模变换，得到需要的模后，各模可以相互独立运用。但在应用时还需要解决各模网络的参数问题。

因：

$$\Delta U_{m1} = I_{m1} Z_{m1}$$

$$\Delta U_{m2} = I_{m2} Z_{m2}$$

$$\Delta U_{m0} = I_{m0} Z_{m0}$$

或

$$[\Delta U_m] = [Z_m][I_m]$$

$$[Z_m] = \begin{bmatrix} z_{m1} & 0 & 0 \\ 0 & z_{m2} & 0 \\ 0 & 0 & z_{m0} \end{bmatrix}$$

为对角阵。

由式（2－18）可导出：

$$[I_m] = S^{-1}[I]$$

$$[\Delta U_m] = S^{-1}[\Delta U] = [Z_m][I_m] = [Z_m]S^{-1}[I]$$

$$[\Delta U] = S[Z_m]S^{-1}[I] = [Z][I]$$

由：
$$S[Z_m]S^{-1} = [Z]$$

得：
$$[Z_m]S^{-1} = S^{-1}[Z] \tag{2-76}$$

故：
$$[Z_m] = S^{-1}[Z]S$$

例：对序模：

$$S_x = \begin{bmatrix} 1 & 1 & 1 \\ \alpha^2 & \alpha & 1 \\ \alpha & \alpha^2 & 1 \end{bmatrix}，\quad S_x^{-1} = \begin{bmatrix} 1 & a & a^2 \\ 1 & a^2 & a \\ 1 & 1 & 1 \end{bmatrix}$$

因是三相对称系统，故：

$$Z_A = Z_B = Z_C = Z$$

代入式（2－76），得：

$$[Z_m]=S^{-1}[Z]S$$

$$=\frac{1}{3}\begin{bmatrix}1 & a & a^2\\1 & a^2 & a\\1 & 1 & 1\end{bmatrix}\begin{bmatrix}Z_A+Z_N & Z_N & Z_N\\Z_N & Z_B+Z_N & Z_N\\Z_N & Z_N & Z_C+Z_N\end{bmatrix}\begin{bmatrix}1 & 1 & 1\\\alpha^2 & \alpha & 1\\\alpha & \alpha^2 & 1\end{bmatrix}$$

$$[Z_m]=\frac{1}{3}\begin{bmatrix}Z_A & aZ_B & a^2Z_C\\Z_A & a^2Z_B & aZ_C\\Z_A+3Z_N & Z_B+3Z_N & Z_C+3Z_N\end{bmatrix}\begin{bmatrix}1 & 1 & 1\\\alpha^2 & \alpha & 1\\\alpha & \alpha^2 & 1\end{bmatrix}=\frac{1}{3}\begin{bmatrix}3Z & 0 & 0\\0 & 3Z & 0\\0 & 0 & 3Z+9Z_N\end{bmatrix}$$

因三相阻抗相同，最后都以 Z 表示。

$$[Z_m]=\begin{bmatrix}Z_{m1} & 0 & 0\\0 & Z_{m2} & 0\\0 & 0 & Z_{m0}\end{bmatrix}=\begin{bmatrix}Z & 0 & 0\\0 & Z & 0\\0 & 0 & Z+3Z_N\end{bmatrix} \tag{2-77}$$

各模阻抗为：　$Z_1=Z，Z_2=Z，Z_0=Z+3Z_N$

再以 α、β、O 模（Clarke 变换）为例，有：

$$S_c=\frac{1}{2}\begin{bmatrix}2 & 0 & 2\\-1 & \sqrt{3} & 2\\-1 & -\sqrt{3} & 2\end{bmatrix}，\quad S_c^{-1}=\frac{1}{3}\begin{bmatrix}2 & -1 & -1\\0 & \sqrt{3} & -\sqrt{3}\\1 & 1 & 1\end{bmatrix}$$

代入，得：

$$[Z_{MC}]=S_C^{-1}[Z]S_C$$

$$=\frac{1}{6}\begin{bmatrix}2 & -1 & -1\\0 & \sqrt{3} & -\sqrt{3}\\1 & 1 & 1\end{bmatrix}\begin{bmatrix}Z+Z_N & Z_N & Z_N\\Z_N & Z+Z_N & Z_N\\Z_N & Z_N & Z+Z_N\end{bmatrix}\begin{bmatrix}2 & 0 & 2\\-1 & \sqrt{3} & 2\\-1 & -\sqrt{3} & 2\end{bmatrix}$$

$$=\frac{1}{6}\begin{bmatrix}2Z & -Z & -Z\\0 & \sqrt{3}Z & -\sqrt{3}Z\\Z+3Z_N & Z+3Z_N & Z+3Z_N\end{bmatrix}\begin{bmatrix}2 & 0 & 2\\-1 & \sqrt{3} & 2\\-1 & -\sqrt{3} & 2\end{bmatrix}=\begin{bmatrix}Z & & 0\\ & Z & \\0 & & Z+3Z_N\end{bmatrix}$$

$$=\begin{bmatrix}Z_\alpha & & 0\\ & Z_\beta & \\0 & & Z_O\end{bmatrix}$$

故各模阻抗为：

$$Z_\alpha = Z$$

$$Z_\beta = Z$$

$$Z_O = 3Z_N$$

又如，对两线系统，有：

$$S = (X_1, X_2) = \begin{bmatrix} 1 & 1 \\ 1 & -1 \end{bmatrix}$$

$$S^{-1} = \frac{1}{2}\begin{bmatrix} 1 & 1 \\ 1 & -1 \end{bmatrix} \tag{2-78}$$

因：

$$\begin{aligned} [Z_{mtf}] &= S^{-1}[Z_2]S \\ &= \frac{1}{2}\begin{bmatrix} 1 & 1 \\ 1 & -1 \end{bmatrix}\begin{bmatrix} Z_L & Z_M \\ Z_M & Z_L \end{bmatrix}\begin{bmatrix} 1 & 1 \\ 1 & -1 \end{bmatrix} \\ &= \begin{bmatrix} Z_L + Z_m & 0 \\ 0 & Z_L - Z_m \end{bmatrix} = \begin{bmatrix} Z_{mt} & 0 \\ 0 & Z_{mf} \end{bmatrix} \end{aligned} \tag{2-79}$$

即线路的同序模和反序模的阻抗为：

$$Z_{mt} = Z_L + Z_m$$

$$Z_{mf} = Z_L - Z_m$$

对其余各种模，可以类推。

本章参考文献

[1] 贺家李，葛耀中.超高压输电线故障分析与继电保护［M］. 北京：科学出版社，1987.

[2] 宋建文. 模式传输理论与输电线载波通道计算［J］. 天津大学学报，1981，（1）：38－50.

[3] 贺家李. 模分量法用于同杆双回线短路故障的计算［J］. 天津大学学报，1981，（1）：23－37.

[4] KARRENBAUE H. Propagation of traveling waves for various overhead line tower configurations，with respect to the shape of the transient recovery voltage for short line［D］. Ph.D. dissertation，Munich，Germany，1967.

[5] 葛耀中. 新型继电保护与故障测距原理与技术［M］. 西安：西安交通大学出版社，1996.

[6] 索南，葛耀中. 利用六序分量复合序网法分析同杆双回线断线故障的新方法［J］. 电力系统自动化，1992，（3）：15－21.

[7] 陈德树. 计算机继电保护原理与技术［M］. 北京：中国电力出版社，1992.

[8] 王广延，吕继绍. 电力系统继电保护原理与运行分析［M］. 北京：水利电力出版社，1995.

[9] 王维俭，侯炳蕴. 大型机组继电保护理论基础［M］. 北京：水利电力出版社，1982.

[10] KENNEDY L F，HAYWARD C D. Harmonic-current-restrained relays for differential protection［J］. AIEE Transactions，volume 57，1938，May.

[11] HAYWARD C D. Harmonic-current-restraint relays for transformer differential protection［J］. AIEE Transactions，volume 60，1941.

第3章
输电线路保护辅助判别环节的运行

电力系统的振荡闭锁、同杆并架线路选线选相以及非全相运行判别等辅助判别方法，对于输电线路保护功能的正常发挥起到至关重要的作用，本章围绕电力系统振荡基本规律和闭锁措施、故障选相策略以及同杆并架线路的选线问题、非全相运行判别等问题展开分析，以补充相关线路保护的保护策略的完整，为相应复杂运行工况分析提供有益的参考。

3.1　电力系统振荡时对保护的闭锁

电力系统振荡时，设两侧电源电势模值相同，线路两侧电源频率分别为 f_1、f_2。设：

$$\left.\begin{aligned} e_{\mathrm{m}} &= E_{\mathrm{S}}\sin(2\pi f_1 t+\theta_1) \\ e_{\mathrm{n}} &= E_{\mathrm{S}}\sin(2\pi f_2 t+\theta_2) \end{aligned}\right\} \tag{3-1}$$

又设初相角都为0°，有：

$$\begin{aligned} e_{\Delta}(t) &= E_{\mathrm{S}}\sin(2\pi f_1 t) - E_{\mathrm{S}}\sin(2\pi f_2 t) \\ &= 2E_{\mathrm{S}}\cos\left(2\pi\frac{f_1+f_2}{2}t\right)\times\sin\left(2\pi\frac{f_1-f_2}{2}t\right) \\ &= 2E_{\mathrm{S}}\cos(2\pi f_+ t)\times\sin(2\pi f_- t) \end{aligned} \tag{3-2}$$

$$f_+ = \frac{f_1+f_2}{2}$$

$$f_- = \frac{f_1-f_2}{2}$$

式中　$e_{\Delta}(t)$ ——线路两侧电源电势差；

f_+ ——混频频率；

f_- ——差频频率。

当所有联系阻抗为纯电阻，即与频率无关时，有：

$$i_{\mathrm{z}}(t) = \frac{e_{\Delta}(t)}{R} = \frac{2E_{\mathrm{S}}}{R}\sin(2\pi f_+ t)\times\cos(2\pi f_- t) \tag{3-3}$$

式中　$i_{\mathrm{z}}(t)$ ——振荡电流。

由于两侧频率相差不很大，近似有：

$$\cos(2\pi f_{-}t) \approx 1$$

式（3－3）近似为：

$$i_{z}(t) = \frac{e_{\Delta}(t)}{R} = \frac{2E_{S}}{R}\sin(2\pi f_{+}t + \Delta\theta) \quad (3-4)$$

当所有联系阻抗不是纯电阻，而主要为电感，即与频率有关时，振荡电流不能简单地由式（3－4）表达。其关系应为：

$$\left(R + L\frac{\mathrm{d}}{\mathrm{d}t}\right)i_{z}(t) = e_{\Delta}(t) \quad (3-5)$$

在工程分析时，振荡电流 $i_{z}(t)$ 中差频因素对电感引起的电压降的影响可以近似忽略。

当联系阻抗不是纯电阻时：

$$i_{z}(t) = \frac{e_{\Delta}(t)}{Z_{+}} = \frac{2E_{S}}{Z_{+}}\cos(2\pi f_{-}t) \times \sin(2\pi f_{+}t)$$

此处，联系阻抗 Z_{+} 对应的频率为 f_{+}，即两侧电源频率的平均值。

f_{-} 所起的作用是调控此信号的幅值，形成振荡时的包络线。因调控作用的余弦函数每周期有一次正最大，一次负最大，即有两次模最大，故由 f_{-} 产生的调幅波的一个周期有两次脉动。所以振荡时的脉动频率：

$$f_{z} = 2f_{-} = f_{1} - f_{2} = \Delta f \quad (3-6)$$

振荡周期即为该频差对应的周期：

$$T_{z} = 1 / f_{z} = 1 / \Delta f \quad (3-7)$$

在分析振荡的影响时，常用工频静态的向量分析方法近似处理。此时振荡电流最大值

$$I_{z} = \frac{\Delta E}{Z_{\Sigma}} \quad (3-8)$$

此处，Z_{Σ} 为两端电源阻抗及线路阻抗之和。因振荡时频率已经改变，阻抗也已改变，此电流仅可用于估计最大振荡电流。

为了避免系统振荡引起保护误动作，有必要对系统振荡现象，包括发生、发展、恢复正常等整个过程的现象和特点，做一些尽可能切合实际的分析。

要严格地分析系统振荡过程是比较复杂的，可以先通过典型事例观察其主要特征，然后选用较为接近实际的应对策略。

下面是一次有代表性的静态稳定动模试验中的系统振荡过程的录波图。

两端系统模型见图 3－1。其中输电线是一条 500kV、400km 线路，受端为电力系统动态模拟实验室二号无穷大电源 22W，送端为 2 号发电机变压器组，其基本情况如下。

整个振荡过程约 10.3s。

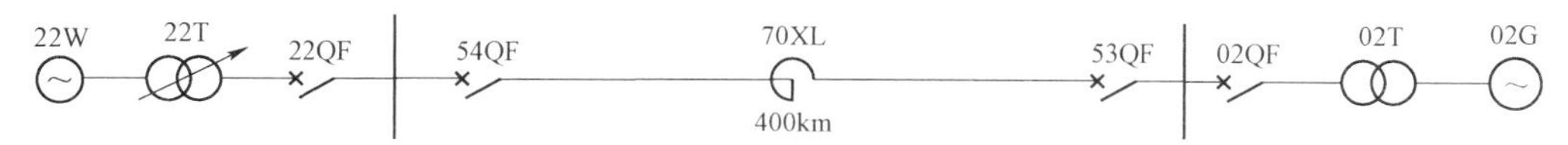

图 3－1　两端系统图（华中科技大学电力系统动态模拟实验室）

（1）振荡过程全图（见图 3－2）。

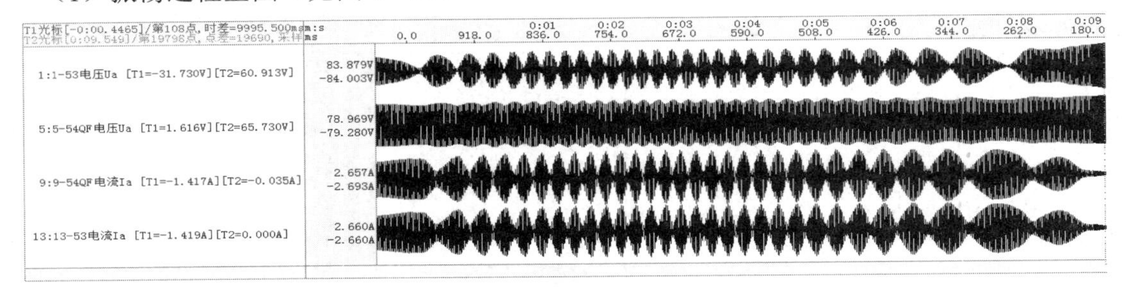

图 3－2　振荡全过程录波图

（2）振荡开始阶段扩展图（见图 3－3）。

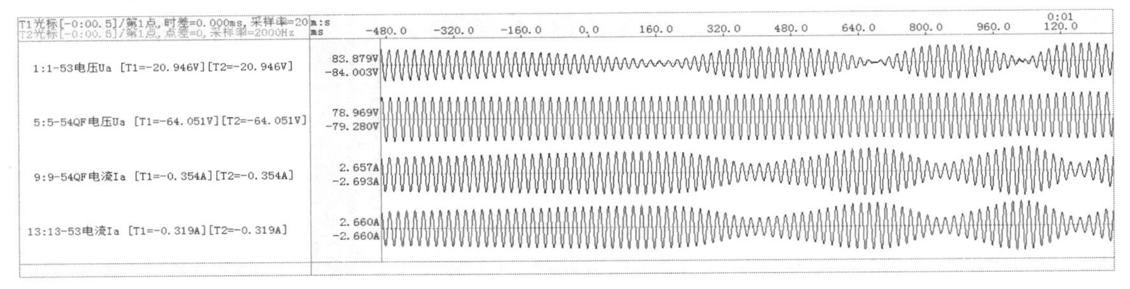

图 3－3　振荡开始阶段

（3）振荡结束阶段扩展图（见图 3－4）。

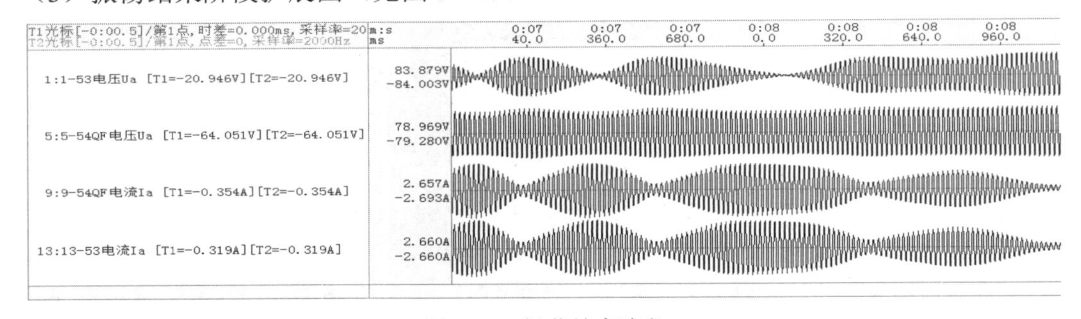

图 3－4　振荡结束阶段

（4）系统振荡过程中段扩展图（见图 3－5）。振荡周期 $T_z \approx 0.2\text{s}$，每秒约振荡 5 次，即频差为 5Hz。

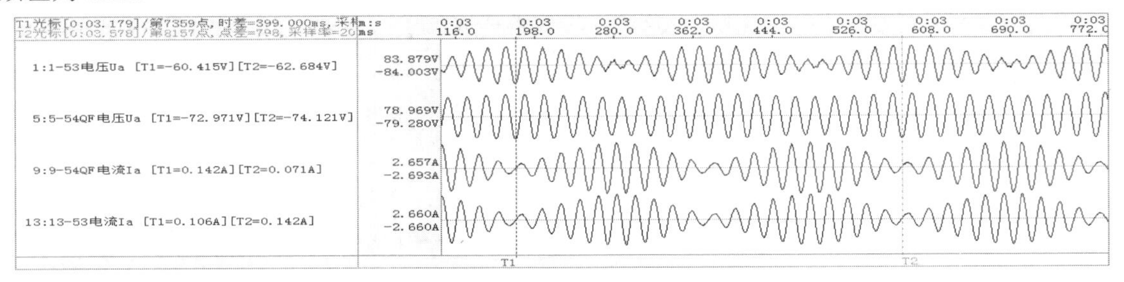

图 3－5　振荡过程中段

振荡过程中段，54QF 处电压两次脉动周期 $T_{U54}=\Delta t_{U54}=t_{T2}-t_{T1}=400\text{ms}$，振荡周期 $T_z\approx 0.2\text{s}$。

图 3-6 是便于从图 3-5 观察振荡时得到的数据的局部放大图。

振荡过程中段，53QF 处电压周期 $T_{U53}\simeq 19\text{ms}$，54QF 处电压周期 $T_{U54}\simeq 20\text{ms}$。

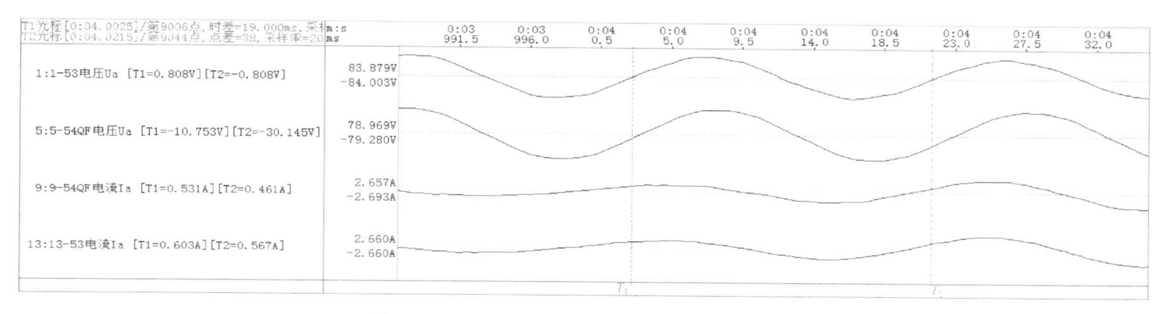

图 3-6　振荡过程中段电流、电压放大图

振荡过程中段电流的周期 T_i，通过查图 3-6，可得 $T_i=t_{T_2}-t_{T_1}=19.2\text{ms}$（$t_{T_2}$、$t_{T_1}$ 表示图中时标 T_2、T_1 的时刻）。

上述振荡过程中段电流的混频频率测量值：

$$f_+=\frac{f_1+f_2}{2}=\frac{1}{T_i}=\frac{1}{19.2\times 10^{-3}}=52.083\text{Hz}$$

$$f_1+f_2=104.16\text{Hz}$$

因其振荡周期为 0.2s，故其频差测量值

$$|f_1-f_2|=\frac{1}{T_z}=\frac{1}{0.2}=5\text{Hz}$$

解得：$f_1=54.58\text{Hz},\ f_2=49.58\text{Hz}$。

无穷大电源处电压频率 $f_2=50\text{Hz}$。计算结果为 49.58Hz，相当接近可信。

无穷大电源电压的频率为 50Hz，但各地点电压的频率都不一样。电流的频率更与电压频率不相同，但各地点的电流频率相同。

前面分析了系统振荡时保护安装点电压、电流运行的基本特点。

振荡频率即是两端电源的频率差。稳定振荡时，其暂态过程按频差做周期重复。保护装置在未采用频率跟踪技术时，如按 50Hz 计算振荡时各电量的有效值，将存在一定的误差。

根据前面的分析，下面对现在较为通行的振荡闭锁方法做一些探讨。

很早以前，特别是计算机保护出现以前，多采用闭锁式方案。保护在正常情况下处于准备跳闸状态。另外配备一套振荡识别元件，例如大圆套小圆阻抗元件，作为振荡闭锁元件。发生振荡时，振荡中心先进入大圆阻抗元件动作区，然后进入小圆阻抗元件动作区。识别出是发生振荡而不是发生短路时，振荡闭锁元件将可能误动作的保护测量元件的出口回路闭锁。

出现微机保护以后，逐渐将闭锁式方案改为开放式方案。所谓闭锁式，是指装置在判断出电力系统处于失步—振荡状态，而非短路状态时，发出闭锁命令，避免保护误动作。所谓

开放式，是指装置在正常情况下处于禁止跳闸状态，另外配备的振荡识别元件在确认系统发生短路故障时才开放保护，其目的是提高可靠性，避免误动作。

但在现实的电力系统运行中，失步—振荡和短路状态的出现往往是交错、时变的。一套完善的振荡闭锁装置必定具有不同情况下的闭锁和开放命令。如何应对这种复杂、随机的过程，不同的制造厂将有自己的特色。

下面介绍一种较有代表性的开放式的基本方案，是用振荡中心点的计算电压代替阻抗圆。

假定振荡非常缓慢，各电量可以按工频对待。取等效的系统振荡中心电压的模值：

$$U_{os}=U_1\cos(\varphi+\alpha) \tag{3-9}$$

式中 U_{os}——振荡中心电压；

U_1——母线处正序电压模值；

α——线路正序阻抗角的余角；

φ——正序电压、电流的夹角。

U_{os} 按振荡频率做周期变化。因 α 角很小而且恒定，振荡过程中当电源功角越过 180° 附近时，φ 的相位反向，U_{os} 变号。

观察 U_{os} 按振荡周期的变化，当两侧电势角差为 0° 时，U_{os} 最大；当两侧电势角差在 180° 附近时，U_{os} 为零（如图 3－7 所示）。

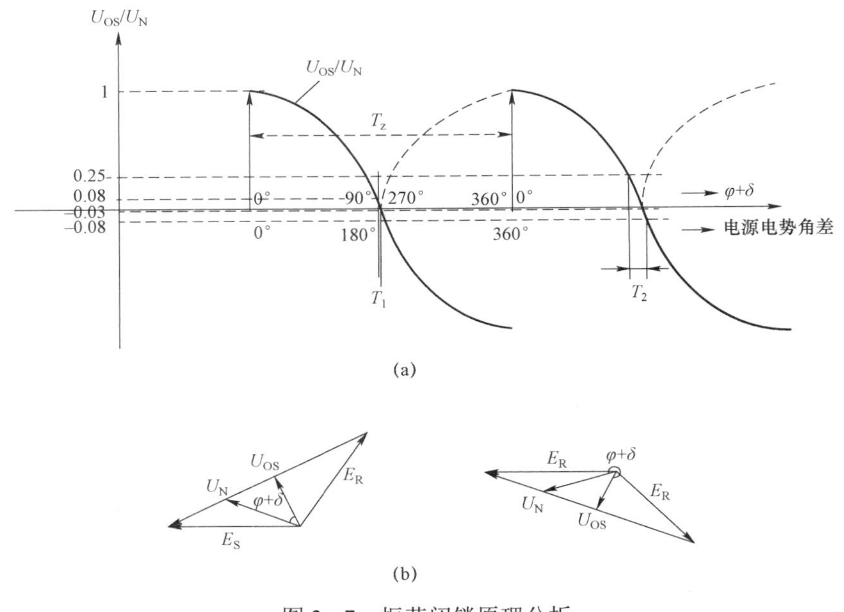

图 3－7 振荡闭锁原理分析

（a）电压角度图；（b）电压相量图

常用判据如下。

（1）判据 1：当 $-0.08U_N \leqslant U_{OS} \leqslant 0.25U_N$ 的状态延续时间超过 $T_2=500$ms 时动作，开放保护。

（2）判据 2：当 $-0.03U_N \leqslant U_{OS} \leqslant 0.08U_N$ 的状态延续时间超过 $T_1=200$ms 时动作，开放

保护。

令对应0.25 U_N的角度为θ_1，对应0.08 U_N的角度为θ_2，对应-0.03 U_N的角度为θ_3，对应-0.08 U_N的角度为θ_4，计算可得：

$$\theta_1 = a\cos(0.25) = 75.52^\circ$$
$$\theta_2 = a\cos(0.08) = 85.41^\circ$$
$$\theta_3 = a\cos(-0.03) = 91.72^\circ$$
$$\theta_4 = a\cos(-0.08) = 94.59^\circ$$
$$\theta_4 - \theta_1 = 19.1^\circ$$
$$\theta_3 - \theta_2 = 6.3^\circ$$

从图3－7清楚看出，电势角差为0°附近时，U_{os}最大。电势角差为180°附近时，U_{os}最小。电势角差接近360°时，U_{os}为负最大。一个振荡周期内U_{os}从正最大变为负最大。观察U_{os}的模值，从正最大到负最大就是一个振荡周期。如果U_{os}在时域接近正弦变化，则在过零点附近接近线性。U_N的角度从θ_2到θ_1的时间等于整定时间T_{set}，则有：

$$\frac{180^\circ}{\theta_2 - \theta_1} = \frac{T_z}{T_{set}}$$

可得：$T_z = \dfrac{180^\circ \times T_{set}}{\theta_2 - \theta_1}$或$T_{set} = \dfrac{\theta_2 - \theta_1}{180^\circ} \times T_z$。

假如功角变化速度和电势角差变化速度相同，当判据1的整定值为0.5s时，其电流临界振荡周期近似为：

$$T_{Zi1} = \frac{180^\circ \times 0.5}{\theta_4 - \theta_1} = \frac{180^\circ \times 0.5}{94.6^\circ - 75.5^\circ} = 4.75\text{s}$$

当整定值为0.2s时判据2的临界振荡周期为：

$$T_{Zi2} = \frac{180^\circ \times 0.2}{\theta_3 - \theta_2} = \frac{180^\circ \times 0.2}{6.3^\circ} = 5.7\text{s}$$

即振荡周期大于4.75s时，判据1将解除闭锁，开放保护，大于5.7s时，判据2将解除闭锁，开放保护。

上述计算是假定U_{os}的时变过程是按正弦变化，但实际上不是完全正弦。这里仅是近似值。

线路短路时，相当于周期很长，如计算得到的U_{os}/U_N长时间小于0.08，将延时200ms由判据2开放后备保护。如计算得到的U_{os}/U_N长时间小于0.25，大于0.08，将延时500ms由判据1开放后备保护。

正常情况下，应先整定振荡周期，再计算出相应的T_{set}。

应该指出，上述计算是基于系统处于静止状态，频率为额定值的情况下，计算其电流、电压的幅值和相位。实际上振荡中电流、电压的频率不是工频，二者也不相同。所以判据是比较粗糙的。但实践上由于有比较大的裕度，基本上能满足对振荡闭锁的要求。前面动模失稳试验在失稳将结束时最长周期约0.88s，电力系统一般振荡周期不会超过3s，说明裕度较大。

3.2 故障相判别（选相）/同杆并架线路的故障选线

最初，故障选相主要是单相重合闸和综合重合闸的需要。

有一些继电保护的主判据，其正确性建立在已知是什么相别发生故障。同杆并架线路上要实行最优跳合闸策略时，就依赖于正确的选相和选线。

3.2.1 故障判别方法

传统继电保护的选相，有一些成熟的技术方案。发生故障时，一般首先利用零序电流判断是否为接地故障。一般采用零序电流进行判别，见式（3－10）。$I_{0\text{-set}}$ 大于最大不平衡电流。

$$I_0 \geqslant I_{0\text{-set}} \tag{3-10}$$

在已判明是接地故障时，接下来要求判出是单相接地故障，还是多相接地故障。通常先用相电流差突变量判别是否是三相中的某一相接地。如果三相中没有一相满足条件，意味着不是单相接地故障，只能是多相接地故障。

利用电流负序量的大小或者其负序量与正序量的比值，可以判出是否三相短路。如判明不是三相短路，则可以从三组相间测量阻抗中最小的一组判出是哪两相发生接地。

当零序电流小于定值时，即可判明是属于非接地故障。对大电流接地系统，非接地的故障只能是相间故障。与前面方法一样，可先判出是否三相故障，不是三相故障时，同上可判出是哪两相故障。

进入稳态后，发生相继故障时，原来判断出的选相结果已发生变化。此时，要求改用稳态量选相，有一些稳态量选相方法使用相当成熟。下面是一个完整的稳态量选相示例。

稳态量选相元件对零、负序补偿电压比相进行分区，然后与距离继电器动作情况相结合来识别具体的故障相别。这样，对于强电源侧，等同于零、负序电流分区选相；对于弱电源侧，等同于零、负序电压分区选相，且只要一个判据就可以完成选相。距离继电器和序电压比相相结合的方法克服了高阻接地时灵敏度不足以及重负荷时序电压比相方法可能误动的缺陷。

采用负序补偿电压作为相位判别的基础是比较好的，因为正序量受电源相位的影响，零序量受变压器中性点接地情况的影响，而负序补偿电压都不受上述因素变化的影响，相位情况相对比较稳定。

零序补偿电压相位对接地故障的相别比较敏感。

图3－8是上述稳态量接地选相方案的判据及其选相流程，选相的流程首先根据式(3－10)判断是否接地，若满足，则进入AG或BCG接地故障选相流程；若选相失败，继续进入两相短路和三相短路选相流程。图中 Z_a 表示A相阻抗继电器。

式（3－11）较式（3－10）更严格。

$$[(I_0>I_{0.\text{set}})\cap(U_0>U_{0.\text{set}})]\cup(I_0>1.5I_{0.\text{set}})\cup(U_0>1.5U_{0.\text{set}}) \tag{3-11}$$

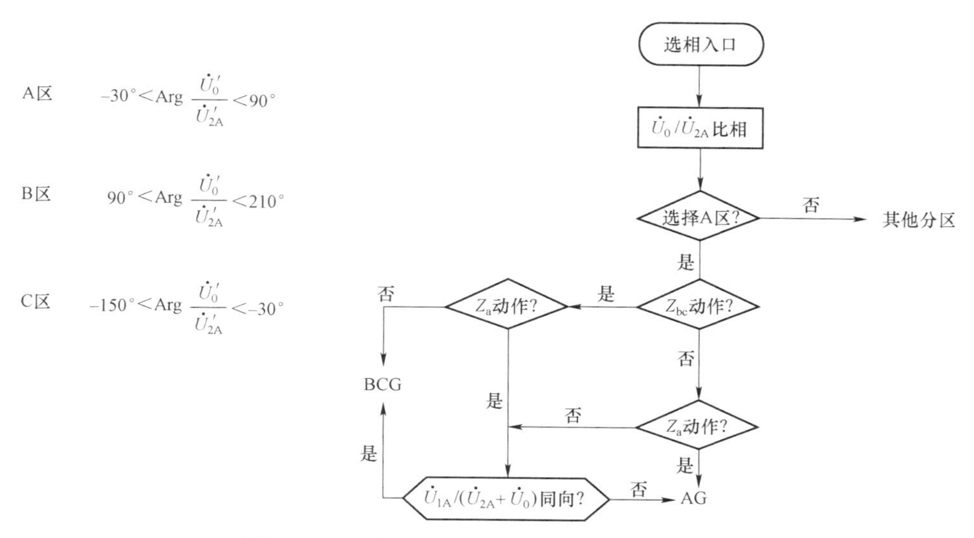

图 3－8　稳态量接地选相流程（以 A 区为例）

3.2.2　单相接地与两相接地短路判别

如果接地，则利用零序和负序的补偿电压进行相位比较。电压补偿到距离Ⅰ段保护范围末端。根据零序和负序的补偿电压的相位关系将单相接地与两相接地所包括的 6 种故障划分到 3 个区，如图 3－9 所示。

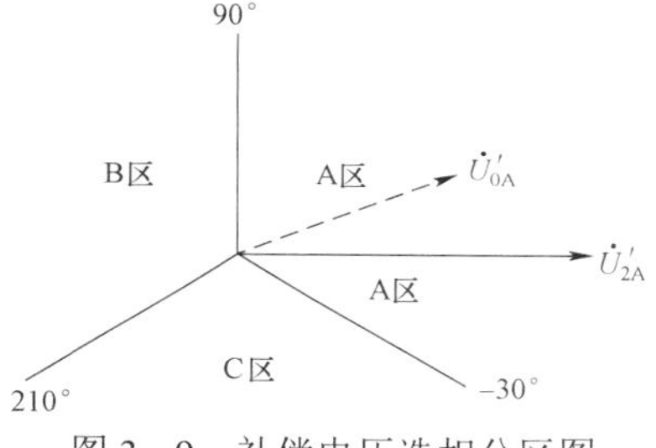

图 3－9　补偿电压选相分区图

具体判据如下：

A 区：
$$-30°<\mathrm{Arg}\frac{\dot{U}_0'}{\dot{U}_{2A}'}<90° \tag{3-12}$$

B 区：
$$90°<\mathrm{Arg}\frac{\dot{U}_0'}{\dot{U}_{2A}'}<210° \tag{3-13}$$

C 区：
$$210°<\mathrm{Arg}\frac{\dot{U}_0'}{\dot{U}_{2A}'}<330° \quad 或 \quad -150°<\mathrm{Arg}\frac{\dot{U}_0'}{\dot{U}_{2A}'}<-30° \tag{3-14}$$

式中　$\dot{U}_0'$——补偿到距离Ⅰ段保护范围末端的零序电压，$\dot{U}_0'=\dot{U}_0-(1+3K)\dot{I}_0Z_{set}^{I}$；

$\dot{U}_{2A}'$——以 A 相为基准补偿到距离Ⅰ段保护范围末端的负序电压，$\dot{U}_{2A}'=\dot{U}_{2A}-\dot{I}_{2A}Z_{set}^{I}$。

若分区结果在 A 区，则可能是 A 相接地或者 BC 相接地；如果在 B 区，则可能是 B 相接地或者是 CA 相接地；如果是 C 区，则可能是 C 相接地或者 AB 相接地。然后根据选相区域的两种结果中利用距离继电器和序电压相位情况判断具体的故障相别。

以 A 区为例，具体的判断过程如下：

（1）若 BC 相间测量阻抗不在Ⅱ段范围内且 A 相接地测量阻抗在Ⅲ段（为全阻抗继电器圆）范围内，则判为 A 相接地故障。

（2）若 BC 相间测量阻抗不在Ⅱ段范围内且 A 相接地测量阻抗不在Ⅲ段范围内，则判为 BC 相接地故障。

（3）若 BC 相间测量阻抗在Ⅱ段范围内且 A 相接地阻抗也在Ⅲ段范围内，或 BC 相间阻抗不在Ⅱ段范围内且 A 相接地阻抗也不在Ⅲ段范围内，则通过 A 相正序电压与负序电压和零序电压相量之和比相来判断，同相则判为 BC 两相接地，反相则判为 A 相接地。同相的判据为：

$$-90^\circ < \mathrm{Arg}\frac{\dot{U}_1}{\dot{U}_0+\dot{U}_2} < 90^\circ \tag{3-15}$$

3.2.3 两相短路判别

如果不接地，则为两相短路或三相短路。按以下简单的电流与电压相结合的方法选相，两相短路的判据如下。

3.2.3.1 AB 相间短路

令各判据 P：

P_{i-11}：　$(|\dot{I}_A|>|\dot{I}_C|)\cap(|\dot{I}_B|>|\dot{I}_C|)$

P_{i-21}：　$(\max(|\dot{I}_A|,|\dot{I}_B|)>1.5|\dot{I}_C|)$

P_{i-31}：　$(|\dot{I}_A|>1.2I_{\varphi n})$

P_{i-32}：　$(|\dot{I}_B|>1.2I_{\varphi n})$

P_{u-11}：　$(|\dot{U}_{AB}|<0.7U_{\varphi\varphi n})$

P_{u-21}：　$(|\dot{U}_C|>0.7U_{\varphi n})$

有：　$P_{AB}=\left(P_{i-31}\cap P_{i-32}\cap P_{i-11}\cap P_{i-21}\right)\cup\left(\overline{P}_{i-31}\cap\overline{P}_{i-32}\cap P_{u-11}\cap P_{u-21}\right)$

P_{AB} 为判为 AB 相短路的判据。

3.2.3.2 BC 相间短路

P_{i-12}：　$(|\dot{I}_B|>|\dot{I}_A|)\cap(|\dot{I}_C|>|\dot{I}_A|)$

P_{i-22}：　$(\max(|\dot{I}_B|,|\dot{I}_C|)>1.5|\dot{I}_A|)$

P_{i-32}：　$(|\dot{I}_B|>1.2I_{\varphi n})$

P_{i-33}：　$(|\dot{I}_C|>1.2I_{\varphi n})$

P_{u-12}：　$(|\dot{U}_{BC}|<0.7U_{\varphi\varphi n})$

P_{u-22}： $$(|\dot{U}_A|>0.7U_{\varphi n})$$

有： $$P_{BC}=(P_{i-32}\cap P_{i-33}\cap P_{i-12}\cap P_{i-22})\cup(\overline{P}_{i-32}\cap\overline{P}_{i-33}\cap P_{u-12}\cap P_{u-22})$$

3.2.3.3 CA 相间短路

P_{i-13}： $$(|\dot{I}_C|>|\dot{I}_B|)\cap(|\dot{I}_A|>|\dot{I}_B|)$$

P_{i-23}： $$(\max(|\dot{I}_A|,|\dot{I}_C|)>1.5|\dot{I}_B|)$$

P_{i-31}： $$(|\dot{I}_A|>1.2I_{\varphi n})$$

P_{i-33}： $$(|\dot{I}_C|>1.2I_{\varphi n})$$

P_{u-13}： $$(|\dot{U}_{CA}|<0.7U_{\varphi\varphi n})$$

P_{u-23}： $$(|\dot{U}_B|>0.7U_{\varphi n})$$

有： $$P_{BC}=(P_{i-31}\cap P_{i-33}\cap P_{i-13}\cap P_{i-23})\cup(\overline{P}_{i-31}\cap\overline{P}_{i-33}\cap P_{u-13}\cap P_{u-23})$$

3.2.4 三相短路判别

如果不满足两相短路的判据，则按照下列判据来判断是否三相短路。

P_{i-41}： $$\max(|\dot{I}_A|,|\dot{I}_B|,|\dot{I}_C|)<1.5\cdot\min(|\dot{I}_A|,|\dot{I}_B|,|\dot{I}_C|)$$

P_{i-42}： $$\min(|\dot{I}_A|,|\dot{I}_B|,|\dot{I}_C|)>1.2I_{\varphi n}$$

P_{i-43}： $$\max(|\dot{I}_A|,|\dot{I}_B|,|\dot{I}_C|)<1.2I_{\varphi n}$$

P_{i-44}： $$\max(|\dot{I}_A|,|\dot{I}_B|,|\dot{I}_C|)>I_G$$

P_{u-41}： $$\max(|\dot{U}_A|,|\dot{U}_B|,|\dot{U}_C|)<0.7U_{\varphi n}$$

有： $$P_{ABC}=P_{i-41}\cap(P_{i-42}\cup P_{u-41}P_{i-43}P_{i-44})$$

I_G表示接地电流，例如电缆外皮接地电流。

以上稳态量选相中所用各相量均采用全周傅氏算法计算。

3.2.5 同杆并架线路选相

前面的短路情况判别方法对一般输电线路都能满足要求，但对同杆并架线路，并不能满足其更高的要求。

在同杆并架线路范围内，不仅会发生一回线路的各种故障，还会发生两回线路之间的跨线故障。

例如，令Ⅰ代表第一回线，Ⅱ代表第二回线，当发生ⅠA/ⅡB 跨线故障时，线路差动保护将切除Ⅰ回线的A相和Ⅱ回线的B相。如果是永久性故障，重合后，两回线全切除，这对电力系统是一个很大的冲击。如果选相系统能判明是发生ⅠA/ⅡB跨线故障，则可以仅将ⅠA开关或ⅡB开关切除，保留5线3相运行，这对电力系统的安全运行有很大的好处，关键是有好的选相选线系统。

同杆并架线路的故障选相/选线的第一个问题是判断是否接地。每一回线路是否有零序电流不足以判断是否接地故障。较好的办法是将双回线的6根线的电流总和$I_{0\Sigma}$，即两回线零序电流之和作为判断依据。当$I_{0\Sigma} \geqslant I_{0set}$时，判为接地故障。

由于同杆并架线路的6根线的参数不平衡，在不接地的跨线故障时会出现纵向零序电势。此时除两回线构成环路外，将会出现非接地故障时通过两端电源的接地中性点形成的零序电流$I_{0\Sigma}$。$I_{0\Sigma}$为同杆并架线路流向母线的零序总电流。因此要求选相系统的接地判据应满足$I_{0set} \geqslant I_{0\Sigma max}$。对末端所有变压器中性点不接地的情况，将不会出现通过变压器中性点的零序环流。此时可以改用零序电压作为接地与否的判别量。

当电源端变压器中性点接地阻抗很小时，零序电压很小。当此电压小于整定值时，选相判别出错。但此时电流判据应能满足要求。

同杆并架线路的故障选相/选线的下一个问题是选线。

传统的平行双回线“电流平衡/横差动”原理是上述选线问题的合适解决方案之一。其主要问题在弱馈侧三相短路时，存在电压死区，而且电流平衡原理失效。主要的解决方法是利用故障前的记忆电压。对首端保护，在末端短路时需要依赖相继速动原理，延时为70～100ms。依线路及系统参数的不同，相继动作区有时可达线路长度的30%～40%，甚至更长。研究表明，可以增加采用阻抗平衡原理，其相继动作区可小于20%。

当电流纵联差动保护通道正常时，可优先采用电流纵联差动判据作为选线依据。此差动判据是否跳闸，由是否采用最优跳/合闸策略决定。

在同杆并架线路范围之外，则只选相，不用选线。

3.3 非全相判别

在单相自动重合闸过程中，对侧开关或是本侧开关跳开后，有一些保护可能会误动。此时，要求设置非全相判别环节，对其进行闭锁或修改。当判为本侧开关偷跳时，可能要求重合一次。

非全相判别一般采用由开关辅助触点和“无流”判别联合进行。单独采用开关辅助触点时，当其接触不良时容易误判。单独采用“无流”判别时，要考虑轻载接近电流整定值时的行为。两者联合使用，对本侧非全相判别效果较好。对侧非全相时，本侧开关辅助触点不会反应。但因不是短路故障，快速动作的主保护一般不会动作。如果长时间非全相运行，将由负、零序电流保护将其解列。

对同杆并架线路，在准三相运行期间，对每回线可能是非全相。但对双回线整体，则基本上接近全相，可继续运行一段时间。关于同杆并架线路故障的问题详见第8章。

本章参考文献

［1］ 王梅义. 电网继电保护应用［M］. 北京：中国电力出版社，1998.
［2］ 王维俭. 电气主设备继电保护原理与应用［M］. 北京：水利电力出版社，1996.
［3］ 陈德树. 电力系统继电保护研究文集［M］. 武汉：华中科技大学出版社，2011.
［4］ KUMBHAR G B, KULKARNI S V. Analysis of sympathetic inrush phenomena in transformers using coupled field-circuit approach［C］. Power Engineering Society General Meeting, 2007.
［5］ 孟远景，鄢安河，李瑞生，等. 同杆双回线的六相序阻抗距离保护方案研究［J］. 电力系统保护与控制，2010，38 （6）：12－17.
［6］ 赵永娴，曹小拐，刘万顺. 同杆并架双回线准确参数未知时的故障测距新算法［J］. 电力系统自动化，2005，（4）：72－76.
［7］ 鄢安河，李夏阳，姚晴林，等. 正序电压极化的横差保护选择元件的动作研究［J］. 继电器，2008，（8）：6－10.
［8］ 索南，葛耀中. 利用六序分量复合序网法分析同杆双回线断线故障的新方法［J］. 电力系统自动化，1992，（3）：15－21.

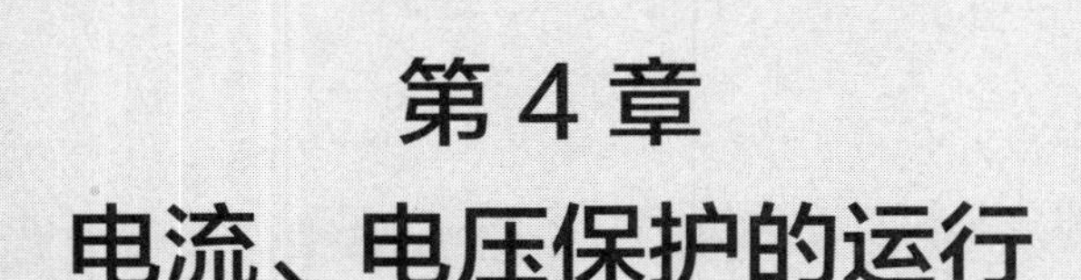

第4章 电流、电压保护的运行

从出现电力应用开始，就伴随着出现电流保护。最初的保护就是熔丝，其后就是开关的脱扣线圈，再后就是电流/电压继电器。

参考文献［9］对中、低压电网采用电流/电压三段式保护时，对于如何选择最合适的配置，如何选择合适的整定值，前后线路的保护如何配合等做了详细的分析。文中对电流速断、电压速断、电流电压联锁速断及其各种组合，包括延时速断在内，进行了详细的探讨。本章将着重讨论自适应式电流电压保护的有关问题。相关讨论，见参考文献［1］。

4.1　自适应式电流、电压保护的运行

影响传统电流电压保护的性能，特别是其灵敏度的主要因素是电源阻抗的变化幅度，或者说是运行方式的变化大小；另一个因素是电源阻抗与线路阻抗的比值，即 n_{sl} 。

$$n_{sl} = Z_S / Z_l \qquad (4-1)$$

电流、电压保护自适应原理的一种重要方式是在发生短路时，利用故障分量实时测量电源的等值阻抗，并加以利用。利用保护装置测量到的电流、电压只能列出一组方程，但有系统阻抗及电源电势两个未知数，不满足求解条件。而用故障分量，则电源电势为零，故可以求解，从而得出实时的系统阻抗。

4.1.1　自适应式电流速断保护

电流/电压保护配合的系统图，如图4-1所示。

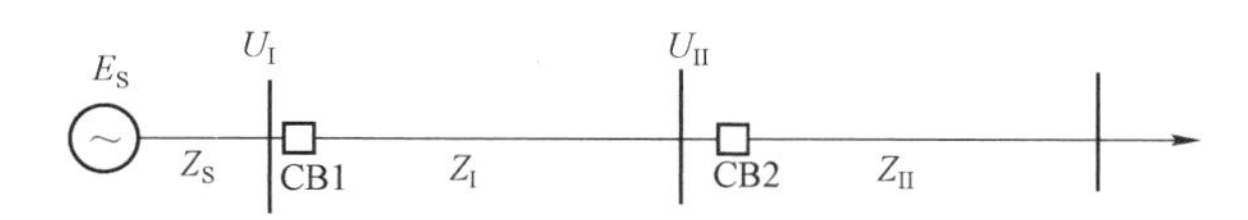

图4-1　电流/电压保护配合的系统图

当实时的电源系统暂态阻抗 Z'_S 为已知时， Z_I 线路末端三相短路时流过保护装置的最大短路电流为 $I^{(3)}_{K\text{-}end}$ 。

$$I_{\text{K-end}}^{(3)} = \frac{E_{\text{S}}}{Z'_{\text{S}} + Z_{\text{I}}} \tag{4-2}$$

$$I_{\text{I-isd}} = K_1 I_{\text{K-end}}^{(3)} = K_1 \frac{E_{\text{S}}}{Z'_{\text{S}} + Z_{\text{I}}} \tag{4-3}$$

式中　Z_{I}——第一段线路阻抗；

E_{S}——系统电源相电压；

$I_{\text{I-isd}}$——线路 I 的电流速断的动作电流，下标 isd 表示电流速断；

K_1——电流速断可靠系数。

此电流速断保护在三相短路时的保护范围可求得如下。

在 I 段电流速断保护范围末端即 $Z_{\text{I-isd}}$ 处短路时，有：

$$E_{\text{S}} = I_{\text{I-isd}}(Z'_{\text{S}} + Z_{\text{I-isd}}) \tag{4-4}$$

联系式（4－3），可得：

$$Z'_{\text{S}} + Z_{\text{I-isd}} = (Z'_{\text{S}} + Z_{\text{I}}) / K_1$$

由此可得线路 I 的电流速断保护范围 $Z_{\text{I-isd}}$：

$$Z_{\text{I-isd}} = \frac{Z'_{\text{S}} + Z_{\text{I}}}{K_1} - Z'_{\text{S}}$$

或

$$Z_{\text{I-isd}} = \frac{1}{K_1} Z_{\text{I}} - \left(1 - \frac{1}{K_1}\right) Z'_{\text{S}} \tag{4-5}$$

当保护用的电流为滤除直流分量后的基波分量时，K_1 可选为 1.15～1.2，此时：

$$Z_{\text{I-isd}} = (0.83 \sim 0.87) Z_{\text{I}} - (0.13 \sim 0.17) Z'_{\text{S}}$$

当采用线路阻抗为基准量时，可得保护范围 $l_{\text{I-isd}}$：

$$\begin{aligned} l_{\text{I-isd}} &= Z_{\text{I-isd}} / Z_{\text{I}} = (0.83 \sim 0.87) - (0.13 \sim 0.17) \frac{Z'_{\text{S}}}{Z_{\text{I}}} \\ &= (0.83 \sim 0.87) - (0.13 \sim 0.17) Z'^{*}_{\text{S}} \end{aligned} \tag{4-6}$$

$$Z'^{*}_{\text{S}} = Z'_{\text{S}} / Z_{\text{I}} \tag{4-7}$$

式中　Z'^{*}_{S}——以线路阻抗为基准的相对系统阻抗，可称为“实时相对系统阻抗”。

由上可见，相对系统阻抗越小，其保护范围越大。换言之，线路越长，其相对系统阻抗就小，保护范围越好。当相对系统阻抗为 1，即系统阻抗与线路阻抗相等时，电流速断的保护范围 $l_{\text{I-isd}} = (0.83 \sim 0.87) - (0.13 \sim 0.17) = 0.66 \sim 0.74$，性能是比较满意的。

对一些串级线路，近电源端的线路情况好一些。距离电源越远，则相对系统阻抗越大，情况也越来越差。当 $Z'^{*}_{\text{S}} = 5$ 时，$l_{\text{I-isd}} = (0.83 \sim 0.87) - (0.13 \sim 0.17) \times 5 = 0 \sim 0.22$，接近无保护区。

从另一角度来说，线路越短，则相对系统阻抗越大，自适应式电流速断保护的效果越差。

4.1.2 自适应式低电压速断保护

当实时的电源系统暂态阻抗为已知，Z_{I} 线路末端三相金属短路时保护装置处的线电压为：

$$U^{(3)}=\sqrt{3}\frac{Z_{\mathrm{I}}}{Z_{\mathrm{S}}'+Z_{\mathrm{I}}}\times E_{\mathrm{S}} \quad (4-8)$$

低电压速断保护的动作值 $U_{\mathrm{I\text{-}usd}}$ 应为：

$$U_{\mathrm{I\text{-}usd}}=K_{\mathrm{u\,I}}U^{(3)}=K_{\mathrm{u\,I}}\frac{\sqrt{3}Z_{\mathrm{I}}}{Z_{\mathrm{S}}'+Z_{\mathrm{I}}}\times E_{\mathrm{S}} \quad (4-9)$$

式中 $K_{\mathrm{u\,I}}$——小于 1 的裕度系数，一般可取 0.85～0.9。下标 usd 表示电压速断。

在 I 段的保护范围末端短路时，有：

$$U_{\mathrm{I-usd}}=\sqrt{3}\frac{Z_{\mathrm{I-usd}}}{Z_{\mathrm{S}}'+Z_{\mathrm{I-usd}}}E_{\mathrm{S}}=K_{\mathrm{u\,I}}\frac{\sqrt{3}Z_{\mathrm{I}}}{Z_{\mathrm{S}}'+Z_{\mathrm{I}}}E_{\mathrm{S}}$$

$$(Z_{\mathrm{S}}'+Z_{\mathrm{I-usd}})K_{\mathrm{uI}}Z_{\mathrm{I}}=(Z_{\mathrm{S}}'+Z_{\mathrm{I}})Z_{\mathrm{I-usd}}$$

可得：

$$Z_{\mathrm{I-usd}}=\frac{K_{\mathrm{uI}}Z_{\mathrm{S}}'Z_{\mathrm{I}}}{Z_{\mathrm{S}}'+(1-K_{\mathrm{u\,I}})Z_{\mathrm{I}}}=\frac{K_{\mathrm{uI}}Z_{\mathrm{S}}'^{*}Z_{\mathrm{I}}}{Z_{\mathrm{S}}'^{*}+1-K_{\mathrm{u\,I}}} \quad (4-10)$$

$$l_{\mathrm{I-usd}}=\frac{Z_{\mathrm{I-usd}}}{Z_{\mathrm{I}}}=\frac{K_{\mathrm{u\,I}}Z_{\mathrm{S}}'^{*}}{Z_{\mathrm{S}}'^{*}+1-K_{\mathrm{u\,I}}}$$

当 $K_{\mathrm{u\,I}}=0.85\sim0.9$ 时，有：

$$l_{\mathrm{I-usd}}=\frac{(0.85\sim0.9)Z_{\mathrm{S}}'^{*}}{Z_{\mathrm{S}}'^{*}+(0.15\sim0.1)}$$

当 $Z_{\mathrm{S}}'^{*}=1$ 时，$l_{\mathrm{I-usd}}=0.74\sim0.81$。

当 $Z_{\mathrm{S}}'^{*}=5$ 时，$l_{\mathrm{I-usd}}=0.83\sim0.88$。

与电流速断相反，$Z_{\mathrm{S}}'^{*}$ 愈大，灵敏度愈好。但应注意，这是在三相金属短路时的情况。当短路点有过渡电阻时，其灵敏度要大幅下降。

35kV 以下电网的保护主要考虑相间短路，相间短路的过渡电阻主要是电弧，弧阻的近似值为：

$$R_{\mathrm{hu}}\approx1050\times\frac{l_{\mathrm{hu}}}{I_{\mathrm{hu}}} \quad (4-11)$$

式中 l_{hu}——弧长，m；

I_{hu}——弧中电流，A。

弧长最短距离为两相线间距离，与电压等级有关。因受电动力及风速等因素影响，弧长迅速增加。因而弧阻在短路初瞬间最小，然后迅速增大。

因此，低电压速断保护只能在快速动作的保护装置中使用。动作速度越快，性能越好。此外，系统阻抗越大，则短路电流越小，弧阻就越大，保护性能也就变差。

为防止电压互感器二次回路断线引起保护误动，低电压速断保护必须带有过电流启动元件。

4.1.3　延时速断的自适应

首先讨论较简单、但也是较多的电网情况，即单电源辐射状网络。

（1）本保护为电流速断，下一线段也为电流速断。

在同为自适应电流保护、且不存在助增或汲出的情况下，设本线段阻抗为 Z_{I}，下一线段最短线路阻抗为 Z_{II}。则在同一母线若干下段线路中的最短线路电流速断保护范围末端短路时的短路电流 $I_{\text{II-1-isd}}$，即该线路电流速断保护的动作电流：

$$I_{\text{K2}}^{(3)} = I_{\text{II-1-isd}} = K_1 \frac{E_{\text{S}}}{Z'_{\text{S}} + Z_{\text{I}} + Z_{\text{II}}} \tag{4-12}$$

式中　$I_{\text{K2}}^{(3)}$——Ⅱ段线路末端三相短路时流过保护装置的最大短路电流。

要求保证选择性时，线段Ⅰ的二段延时电流速断的动作电流 $I_{\text{I-2-isd}}$ 应为：

$$I_{\text{I-2-isd}} = K_2 I_{\text{K2}}^{(3)} = K_2 K_1 \frac{E_{\text{S}}}{Z'_{\text{S}} + Z_{\text{I}} + Z_{\text{II}}} \tag{4-13}$$

K_2 可选为 1.1。

在本线段末端母线短路时，线路Ⅰ的第二段电流速断保护的灵敏度为：

$$K_{\text{I-2-lm2}} = I_{\text{K-end}}^{(3)} / I_{\text{I-2-isd}} = \frac{E_{\text{S}}}{Z'_{\text{S}} + Z_{\text{I}}} / \frac{K_2 K_1 E_{\text{S}}}{Z'_{\text{S}} + Z_{\text{I}} + Z_{\text{II}}}$$

或

$$K_{\text{I-2-lm2}} = \frac{Z'_{\text{S}} + Z_{\text{I}} + Z_{\text{II}}}{K_2 K_1 (Z'_{\text{S}} + Z_{\text{I}})} \tag{4-14}$$

选用前面的可靠系数时，可求得保护Ⅰ的二段灵敏度 $K_{\text{I-2-lm2}}$。

如要求灵敏度 $K_{\text{I-2-lm2}} > 1.2$ 时，则第Ⅱ段线路阻抗值应满足：

$$Z_{\text{II}} \geqslant \left(\frac{1.2}{0.79 \sim 0.76} - 1 \right) (Z'_{\text{S}} + Z_{\text{I}}) = (0.52 \sim 0.58)(Z'_{\text{S}} + Z_{\text{I}})$$

当 $Z'_{\text{S}} = Z_{\text{I}}$ 时，要求 $Z_{\text{II}} \geqslant (1.04 \sim 1.16) Z_{\text{I}}$。

（2）本保护为电流速断，下一线段为电压速断。

在第二线段的电压速断保护范围末端短路时，该保护范围 $Z_{\text{II-usd}}$ 为：

$$Z_{\text{II-usd}} = \frac{K_{\text{u1}} (Z'_{\text{S}} + Z_{\text{I}}) Z_{\text{II}}}{(Z'_{\text{S}} + Z_{\text{I}}) + (1 - K_{\text{u1}}) Z_{\text{II}}} = \frac{K_{\text{u1}} (Z'_{\text{S}} + Z_{\text{I}})}{Z'^{*}_{\text{SII}} + (1 - K_{\text{u1}})} \tag{4-15}$$

在第二线段的电压速断保护范围末端短路时，流过Ⅰ段线路的电流 $I_{\text{I-II usd}}$ 为：

$$I_{\text{I-II usd}} = \frac{E_{\text{S}}}{Z'_{\text{S}} + Z_{\text{I}} + Z_{\text{II-usd}}} \tag{4-16}$$

将式（4－12）代入得：

$$I_{\text{I-II usd}} = \frac{E_{\text{S}}}{Z'_{\text{S}} + Z_{\text{I}}} \times \frac{1}{1 + \dfrac{K_{\text{u1}} Z_{\text{II}}}{Z'_{\text{S}} + Z_{\text{I}} + (1 - K_{\text{u1}}) Z_{\text{II}}}} \tag{4-17}$$

或
$$I_{\text{I-II usd}}=\frac{I_{\text{K-I-end}}^{(3)}}{1+\dfrac{K_{u1}Z_{\text{II}}}{Z_S'+Z_{\text{I}}+(1-K_{u1})Z_{\text{II}}}}$$

为取得选择性，线路 I 的电流速断第二段动作值 $I_{\text{I-2dj}}$ 应取：

$$I_{\text{I-2dj}}=K_{\text{I2}}I_{\text{I-II usd}}=\frac{K_{\text{I2}}I_{\text{K-I-end}}^{(3)}}{1+\dfrac{K_{u1}Z_{\text{II}}}{Z_S'+Z_{\text{I}}+(1-K_{u1})Z_{\text{II}}}} \tag{4-18}$$

因此，在本线末端短路时，Ⅱ段速断的灵敏度 k_{lm2} 为：

$$k_{\text{lm2}}=\frac{I_{\text{K-I-end}}^{(3)}}{I_{\text{I-2dj}}}=\frac{1+\dfrac{K_{u1}Z_{\text{II}}}{Z_S'+Z_{\text{I}}+(1-K_{u1})Z_{\text{II}}}}{K_{\text{I2}}}$$

或
$$k_{\text{lm2}}=\frac{1}{K_{\text{I2}}}+\frac{K_{u1}/K_{\text{I2}}}{Z_{\text{S II}}''^{*}+(1-K_{u1})} \tag{4-19}$$

这里，$Z_{\text{S II}}''^{*}=\dfrac{Z_S'+Z_{\text{I}}}{Z_{\text{II}}}$，为二段线路的相对系统阻抗。

当 $K_{\text{I2}}=1.1$，$K_{u1}=0.85\sim0.9$，$Z_S'=Z_{\text{I}}=Z_{\text{II}}$ 时，得 $k_{\text{lm2}}=1.26\sim1.3$。

如要求第二段速断的灵敏度不小于 1.2，而且 $K_{\text{I2}}=1.1$，$K_{u1}=0.85\sim0.9$，则需要Ⅱ段线路相对系统阻抗 $Z_{\text{S II}}''^{*}\leqslant2.5\sim2.7$。

（3）本保护为电压速断，下一线段也为电压速断。

由式（4－15），下一线段的电压速断的保护范围：

$$Z_{\text{II-usd}}=\frac{K_{u1}(Z_S'+Z_{\text{I}})}{Z_{\text{S II}}''^{*}+(1-K_{u1})} \tag{4-20}$$

本保护电压速断二段与下一线段电压速断一段配合的可靠系数取 $K_{\text{I-u2}}=0.9$，则本保护电压速断二段的动作电压为：

$$U_{\text{I-dj2}}=K_{\text{I-u2}}E_S(Z_{\text{I}}+Z_{\text{II-usd}})/(Z_S'+Z_{\text{I}}+Z_{\text{II-usd}}) \tag{4-21}$$

本线末端短路时，本保护测量电压为：

$$U_{\text{I-end}}=E_SZ_{\text{I}}/(Z_S'+Z_{\text{I}}) \tag{4-22}$$

本线末端短路时电压速断的第二段灵敏度为：

$$\begin{aligned}k_{\text{lm2}}&=U_{\text{I-dj2}}/U_{\text{I-end}}\\&=\frac{K_{\text{I-u2}}(Z_S'+Z_{\text{I}})(Z_{\text{I}}+Z_{\text{II-usd}})}{Z_{\text{I}}(Z_S'+Z_{\text{I}}+Z_{\text{II-usd}})}\\&=\frac{K_{\text{I-u2}}(Z_{\text{S-I}}''^{*}+1)(1+Z_{\text{II-usd}}^{*})}{Z_{\text{S-I}}''^{*}+1+Z_{\text{II-usd}}^{*}}\end{aligned} \tag{4-23}$$

这里，令 $Z_{\text{II-usd}}^{*}=Z_{\text{II-usd}}/Z_{\text{I}}$，$K_{\text{I-u2}}$ 为给定常数。可见，灵敏度依两个参数，即 $Z_{\text{II-usd}}^{*}$ 及 I 线的相对系统阻抗 $Z_{\text{S-I}}''^{*}$ 而定。

当 $Z''^{*}_{S\text{-}I}=1$， $Z^{*}_{II\text{-}usd}\leqslant 2.5\sim2.7$， $K_{u1}=0.85\sim0.9$， $K_{I\text{-}u2}=0.9$

$$Z^{*}_{II\text{-}usd}=Z_{II\text{-}usd}/Z_{I}=\frac{K_{u1}(Z''^{*}_{S\text{-}I}+1)}{Z''^{*}_{S\text{-}II}+(1-K_{u1})}=0.641\sim0.643$$

则
$$k_{lm2}=\frac{0.9(1+1)(1+0.641)}{1+1+0.641}=\frac{1.8\times1.641}{2.641}=1.19$$

基本满足 1.2 的要求。

当要求灵敏度高于给定值时，根据上式，有：

$$k_{lm2}(Z^{*}_{S\text{-}I}+1+Z^{*}_{II\text{-}usq})=K_{I\text{-}u2}(Z''^{*}_{S\text{-}I}+1)+K_{I\text{-}u2}(Z''^{*}_{S\text{-}I}+1)Z^{*}_{II\text{-}usd} \tag{4-24}$$

$$\begin{aligned}(Z''^{*}_{S\text{-}I}+1)(k_{lm2}-K_{I\text{-}u2})&=K_{I\text{-}u2}(Z''^{*}_{S\text{-}I}+1)Z^{*}_{II\text{-}usd}-k_{lm2}Z^{*}_{II\text{-}usd}\\&=[K_{I\text{-}u2}(Z''^{*}_{S\text{-}I}+1)-k_{lm2}]Z^{*}_{II\text{-}usd}\end{aligned} \tag{4-25}$$

$$Z^{*}_{II\text{-}usd}=\frac{(Z''^{*}_{S\text{-}I}+1)(k_{lm2}-K_{I\text{-}u2})}{K_{I\text{-}u2}(Z''^{*}_{S\text{-}I}+1)-k_{lm2}} \tag{4-26}$$

要求
$$Z''^{*}_{S\text{-}I}\geqslant\frac{k_{lm2}Z^{*}_{II\text{-}usd}}{K_{I\text{-}u2}-k_{lm2}+K_{I\text{-}u2}Z^{*}_{II\text{-}usd}}-1$$

当 $K_{I\text{-}u2}=0.9$， $k_{lm2}=1.2$ 时：

$$Z^{*}_{II\text{-}usd}=\frac{0.3(Z''^{*}_{S\text{-}I}+1)}{0.9(Z''^{*}_{S\text{-}I}+1)-1.2}$$

当 $Z''^{*}_{S\text{-}I}=1$ 时，要求 $Z^{*}_{II\text{-}usd}=Z_{II\text{-}usd}/Z_{I}\geqslant1$，或 $Z_{II\text{-}usd}\geqslant Z_{I}$，才能满足Ⅰ线二段速断保护灵敏度要求。

（4）本保护为电压速断，下一线段为电流速断。

在下一线段电流速断保护范围末端短路时，其短路电流为：

$$I_{II\text{-}isd}=\frac{E_{S}}{Z'_{S}+Z_{I}+Z_{II\text{-}isd}}=\frac{K_{1}E_{S}}{Z'_{S}+Z_{I}+Z_{II}} \tag{4-27}$$

$$Z_{II\text{-}isd}=\frac{Z'_{S}+Z_{I}+Z_{II}}{K_{1}}-Z'_{S}-Z_{I} \tag{4-28}$$

这里， $Z_{II\text{-}isd}$ 为线路Ⅱ电流速断保护的保护范围。

在下一线段电流速断保护范围末端短路时，第一段线路保护安装处测量电压为：

$$U_{2\text{-}II\text{-}isd}=E_{S}-I_{II\text{-}isd}Z'_{S}$$

或
$$U_{2\text{-}II\text{-}isd}=\left(1-\frac{K_{1}Z'_{S}}{Z'_{S}+Z_{I}+Z_{II}}\right)E_{S} \tag{4-29}$$

本线二段电压速断动作电压为：

$$U_{I\text{-}2\text{-}isd}=K_{I\text{-}u2}U_{2\text{-}II\text{-}isd}$$

或
$$U_{I\text{-}2\text{-}isd}=\left(1-\frac{K_{1}Z'_{S}}{Z'_{S}+Z_{I}+Z_{II}}\right)K_{I\text{-}u2}E_{S} \tag{4-30}$$

本线末端短路时电压为：

$$U_{\text{I-end}} = E_{\text{S}} \frac{Z_{\text{I}}}{Z'_{\text{S}} + Z_{\text{I}}} \tag{4-31}$$

此时灵敏度为：

$$k_{\text{I-uilm}} = \frac{U_{\text{I-2-isd}}}{U_{\text{I-end}}} = K_{\text{I-u2}}(Z'^{*}_{\text{SI}} + 1)(1 - K_{1} Z'^{*}_{\text{ST}}) \tag{4-32}$$

令

$$Z_{\text{T}} = Z'_{\text{S}} + Z_{\text{I}} + Z_{\text{II}} \quad Z'^{*}_{\text{ST}} = Z'_{\text{S}} / Z_{\text{T}}$$

当 $Z^{*}_{\text{SI}} = 1$， $K_{\text{I-u2}} = 0.9$， $K_{1} = 1.15 \sim 1.2$， $Z^{*}_{\text{ST}} = 0.33$

$$k_{\text{I-uilm}} = 0.9 \times 2 \times (1 - 1.2 \times 0.33) = 1.08$$

4.1.4 后备保护的其他配合方式

4.1.4.1 无条件近后备段

前面的分析说明，采用自适应原理后，电流、电压速断保护的灵敏度基本上能满足配电网络的要求，特别是较为接近电源的线路，但二段保护仍显配合复杂。对一般的配电网络，其二段保护，可以只保证末端短路时的灵敏度，不保证与下一线路保护的选择性，无条件地保证本线路故障时的灵敏度。

可以采取重合闸校正方法补救可能发生的前后线路保护同时跳闸。由于发生此种情况的概率不多，又能使全配电网络故障能在很短的时间内切除，这种无条件近后备方法，不失为一种可取的方案。

与非自适应的常规电流、电压保护比较，自适应的电流、电压保护的根本优势是不需要根据极端的运行方式进行整定，而又要按相反的极端运行方式校验灵敏度。自适应方法取得的结果是提高灵敏度。

4.1.4.2 无条件远后备段

有个别中低压电网，从提高全网切除故障的速度、简化继电保护整定值管理的角度出发，曾经采取方法降低对远后备的选择性要求，将全网第三段过电流保护的延时采用同一整定值。远后备保护本来主要在某些主保护或开关拒动时起后备作用，起作用的机会比较小。万一发生，还可以用重合闸矫正。一些对供电可靠性的要求不是特别高的中低压网络，也是一种可选的方案。

4.2 自适应式电流、电压保护与简易距离保护的比较

为了取得当前系统电源的等值阻抗，必须同时取得当前的电流、电压信息。这和构成距离保护的前提是一样的，必须考虑电压互感器二次回路断线。

全阻抗保护的优点是整定简单，只与线路阻抗值有关。全阻抗继电器的动作阻抗为线路阻抗的 0.8 倍左右。对单电源系统，在保护出口处经过渡电阻短路时，全阻抗保护的保护范围临界值也就是线路阻抗的 0.8 倍。

对电流速断保护，一般可将电源电势作为额定值。在保护范围末端短路时的电流就是电流速断保护的动作电流。当系统阻抗为当前的自适应测量值时，此电流为：

$$I_{1\text{-isd}} = K_1 I_{\text{K-end}}^{(3)} = K_1 \frac{E_S}{Z_S' + Z_1} \tag{4-33}$$

式中　Z_S'——自适应实时系统阻抗。

短路点 Z_k 经过渡电阻短路，自适应式电流保护临界动作时，其电流等于自适应式电流保护的动作电流，即：

$$I_{dj} = \frac{E_S}{Z_S' + Z_k + R_{dj}} = \frac{E_S}{Z_S' + Z_{zd}} \tag{4-34}$$

保护动作应满足：

$$\left|Z_S' + Z_k + R_{dj}\right| = \left|Z_S' + Z_{zd}\right| \tag{4-35}$$

或

$$\frac{Z_S' + Z_k + R_{dj}}{Z_S' + Z_{zd}} = 1e^{j\theta}$$

故短路点处的临界过渡电阻为：

$$R_{dj} = \text{Re}[(Z_S' + Z_{zd})e^{j\theta} - (Z_S' + Z_k)] \tag{4-36}$$

过渡电阻的临界值是从短路点处出发，在一个以电源阻抗起点为圆心，以 $\left|Z_S + Z_{zd}\right|$ 为半径的圆的圆周上（圆 2），与全阻抗继电器动作特性（圆 1）的对比如图 4－2 所示。可见，自适应电流速断对过渡电阻的灵敏度优于全阻抗继电器。当然，上述分析是基于整定值相同的情况。

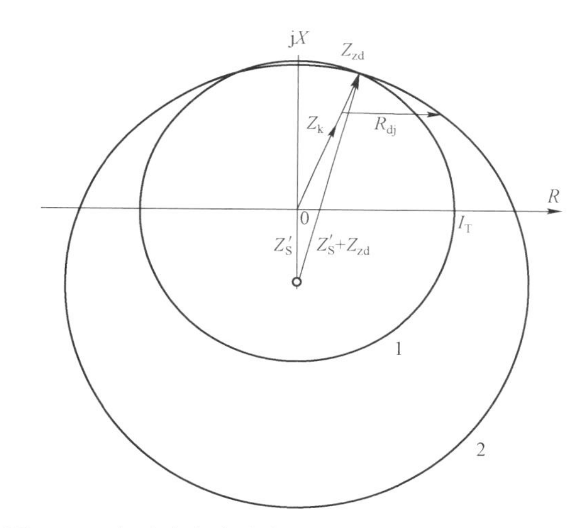

图 4－2　自适应电流速断对过渡电阻的灵敏度对比图

另外讨论两相短路时的灵敏度问题。三相和两相短路时，其短路电流为：

$$I_{KA}^{(3)} = \left|U_A / Z_A\right| = \left|U_{ph} / Z_{ph}\right| \tag{4-37}$$

$$I_{KA}^{(AB)} = \left|(U_A - U_B)/(Z_A + Z_B)\right| = \left|\frac{\sqrt{3}U_{ph}}{2Z_{ph}}\right| = \frac{\sqrt{3}}{2} I_{KA}^{(3)} \tag{4-38}$$

式中　U_{ph}、Z_{ph}——相电压、相阻抗。

在电流速断动作值恒定时，两种短路情况下，其灵敏度不同，两相短路时的灵敏度要低一些。

当采用自适应原理处理灵敏度问题时，可以借助故障类型判别判据支持。当判定为非三相短路时，将整定值乘上一个小于 1（例如 0.866）的系数，可以提高灵敏度。

对电压速断，由于两相短路时故障相的线电压与三相短路时的线电压相同，因此，电压速断在两种短路时的灵敏度相同。

本章参考文献

［1］ 葛耀中，杜兆强，刘浩芳. 自适应速断保护的动作性能分析［J］. 电力系统自动化，2001，（18）：28－32，36.

［2］ 王梅义. 大电网事故分析与技术应用［M］. 北京：中国电力出版社，2008.

［3］ 王维俭，王祥珩，王赞基. 大型发电机变压器内部故障分析与继电保护［M］. 北京：中国电力出版社，2006.

［4］ 葛耀中，赵梦华，彭鹏，等. 微机式自适应馈线保护的研究和开发［J］. 电力系统自动化，1999，（3）：19－22.

［5］ 袁兆强，刘辉. 中性点直接接地电网的自适应零序电流速断保护［J］. 高电压技术，2007，（9）：95－99.

［6］ 孙伟，于哲，杨喜元. 电流电压速断组合——一种自适应电流电压速断保护［J］. 继电器，2004，（7）：55－60.

［7］ GLASSBURN W E, SHARP R L. A transformer differential relay with second-harmonic restraint［J］. AIEE Transactions，vol.77，pt.Ⅲ，Dec.1958.

［8］ HOPE G S，MALIK O P, CHEN D, et al. Study of the non-operation for internal faults of second harmonic restraint differential protection of power transformers［J］. Trans. CEA E&O Div., Vol.28, Part 4, 1989.

［9］ 陈德树. 电力系统继电保护研究文集［M］. 武汉：华中科技大学出版社，2011.

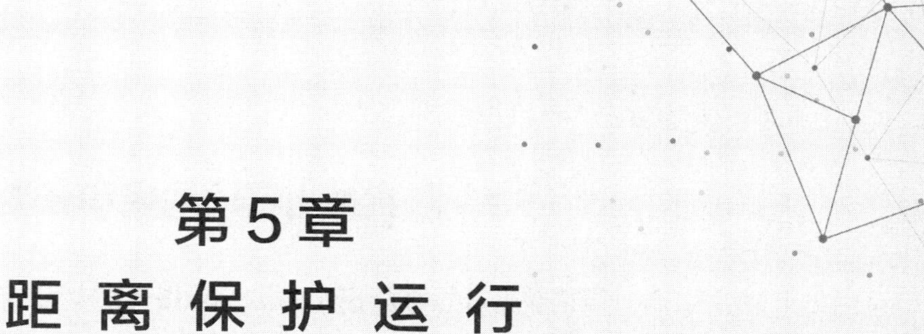

第5章 距离保护运行

输电线路距离保护是电力系统安全稳定运行的重要保障，通过其快速、准确、选择性的动作，可以有效提高电网的运行效率和可靠性，对维护电力系统的稳定和保障社会经济的正常运行具有重要作用。

本章围绕距离保护补偿电压与极化量、阻抗继电器的分类、构成以及动作特性，特别是支接阻抗特性等方面展开讨论，并分析了过负荷对阻抗后备保护的影响，对距离保护运行和动作行为分析具有很好的参考价值。

5.1 阻抗元件的构成机理、极化量

传统的距离保护是用由短路点至保护安装处之间的阻抗值来间接反映其距离远近。此外还有别的电气量也可以反映这一距离，最有代表性的是利用行波的反射反映出的波行时间，即 $s=vt$ 的关系，在已知波速 v 的前提下 t 与 s 成正比。但由于技术的成熟程度和复杂性等原因，此种方法尚未在电力系统继电保护中得到广泛应用。因此，本章仍着重讨论前一种方法，即测量工频阻抗的方法，构成的测距元件在运行中的种种问题。

最初考虑用阻抗值反映故障点在保护整定点内/外时，首先利用其模值，当 $\left|\dfrac{U}{I}\right|=Z_{\mathrm{m}}\leqslant Z_{\mathrm{y}}$（$Z_{\mathrm{y}}$ 为阻抗的整定值）时，判为区内故障。后来，很快就发展到利用复相量关系，即同时利用其模值和相位特性。随着电子技术、数字计算机技术的发展，后来的阻抗继电器的构成已不限于测量阻抗 Z_{m} 的应用了。大量新的测量元件实际上是以整定点的补偿电压 U'_{y} 为对象，利用其他电量作为参考，观察 $\dot{U}'_{\mathrm{y}}$ 在整定点内/外短路时的不同变化，用以判断是内部短路，还是外部短路。用作参考的电压量通常称为极化电压 $\dot{U}_{\mathrm{j}}$。

令 $\dot{U}'_{\mathrm{y}}$ 为整定点的补偿电压，当选得的极化电压 $\dot{U}_{\mathrm{j}}$ 能使它与补偿电压 $\dot{U}'_{\mathrm{y}}$ 的相位关系在内/外短路时发生质的突变，即在各种运行方式和故障方式下满足：

$$\text{内部短路时：}180^{\circ}\geqslant \operatorname{Arg}\frac{\dot{U}'_{\mathrm{y}}}{\dot{U}_{\mathrm{j}}}\geqslant 0^{\circ} \tag{5-1}$$

$$\text{外部短路时：}180^{\circ}\leqslant \operatorname{Arg}\frac{\dot{U}'_{\mathrm{y}}}{\dot{U}_{\mathrm{j}}}\leqslant 360^{\circ} \tag{5-2}$$

则这个极化电压$\dot{U}_{\mathrm{j}}$是很理想的。

5.2 阻抗继电器的构成和分类

5.1 节阐明，各种阻抗继电器的构成不同，主要是运用补偿电压$\dot{U}'_{\mathrm{y}}$和极化电压$\dot{U}_{\mathrm{j}}$的方法不同。

按补偿电压个数，阻抗继电器分为单相补偿继电器、多相补偿继电器。按采用的 U、I 的相别数，阻抗继电器分为单相继电器、多相继电器。

可将其具体分为四大类：① A 类，单相补偿单相阻抗继电器；② B 类，单相补偿多相阻抗继电器；③ C 类，多相补偿阻抗继电器；④ D 类，复合型阻抗继电器。

多相补偿必然是多相继电器，不存在多相补偿单相继电器。有些阻抗继电器是由多个判据通过逻辑组合构成，所以将这类继电器归入复合型继电器一类。

下面列出这四大类阻抗元件的一些较常见的方案。这里的分类是按其主要特征分列的。对继电器的分类也可选择其他方法，这里不再一一介绍。

至于单相补偿阻抗继电器为什么还要细分为单相继电器和多相继电器。这是因为单相继电器可以用“测量阻抗”复坐标描述其动作特性，而多相继电器则不能简单处理，必须与系统参数联合处理才行。因此分为两类比较清晰。

由判据的差别，上述四大类的每一类都可以构成多种特性不同的继电器。列举如下：

1. 单相补偿单相阻抗继电器（A 类）

（1）A1 全阻抗继电器。

（2）A2 偏移特性阻抗继电器。

（3）A3 方向阻抗继电器，即 Mho 继电器。

（4）A4 电抗继电器/直线特性继电器。

（5）A5 椭圆形阻抗继电器。

2. 单相补偿多相阻抗继电器（B 类）

（1）B1 $-30°$ 接线相间方向阻抗继电器。

（2）B2 $+30°$ 接线相间方向阻抗继电器。

（3）B3 交叉极化接地方向阻抗继电器。

（4）B4 正序电压极化相间方向阻抗继电器。

（5）B5 记忆电压极化方向阻抗继电器。

（6）B6 混合电压极化方向阻抗继电器。

（7）B7 I_0 极化接地电抗继电器。

（8）B8 工频变化量阻抗继电器。

3. 多相补偿阻抗继电器（C 类）

（1）C1 相间多相补偿阻抗继电器。

（2）C2 顺序比较式不对称故障多相补偿阻抗继电器。

（3）C3 三相比相式接地多相补偿阻抗继电器。

（4）C4 三相及 I_0 四量比相式接地多相补偿阻抗继电器。

4. 复合型阻抗继电器（D 类）

（1）D1　四边形阻抗继电器。

（2）D2　透镜形阻抗继电器。

（3）D3　苹果形阻抗继电器。

（4）D4　三相式接地电抗继电器。

（5）D5　三相式 I_0 极化接地电抗继电器。

（6）D6　多图形复合阻抗继电器。

（7）D7　单相补偿多量综合接地阻抗继电器。

（8）D8　采用瞬时值同极性技术的综合方向阻抗继电器。

下面介绍各继电器的判据。

5.2.1　单相补偿单相阻抗继电器（A 类）

5.2.1.1　A1 全阻抗继电器

最初的判据是用模值比较法，或有效值比较法，即：

$$\left|\dot{U}\right| \leqslant \left|\dot{I}Z_{y}\right| \tag{5-3}$$

当统一到相位比较法，归到补偿电压概念时，判据变为：

$$270^{\circ} \geqslant \operatorname{Arg}\frac{\dot{U}-\dot{I}Z_{y}}{\dot{U}+\dot{I}Z_{y}} \geqslant 90^{\circ} \tag{5-4}$$

或

$$\cos\left(\operatorname{Arg}\frac{\dot{U}-\dot{I}Z_{y}}{\dot{U}+\dot{I}Z_{y}}\right) \leqslant 0$$

因判据中所用电压、电流只用到单相量，故属 A1 类。对 BC 相相间阻抗元件，其电压、电流为 $\dot{U}=\dot{U}_{BC}$，$\dot{I}=\dot{I}_{B}-\dot{I}_{C}$；接地阻抗元件的电压、电流为 $\dot{U}=\dot{U}_{A}$，$\dot{I}=\dot{I}_{A}+k\dot{I}_{0}$。

5.2.1.2　A2 偏移特性阻抗继电器

与 A1 不同之处仅是极化量所用补偿阻抗与整定阻抗不是同一数值，即：

$$270^{\circ} \geqslant \operatorname{Arg}\frac{\dot{U}-\dot{I}Z_{y1}}{\dot{U}-\dot{I}Z_{y2}} \geqslant 90^{\circ} \tag{5-5}$$

当 $-Z_{y2}=Z_{y1}$，即为全阻抗继电器。Z_{y1} 与 Z_{y2} 两端点之间，为其特性圆的直径。

5.2.1.3　A3 方向阻抗（Mho）继电器

当 A2 偏移特性阻抗继电器的 $Z_{y2}=0$ 时，其特性圆经过复坐标原点。判据变为：

$$270^{\circ} \geqslant \operatorname{Arg}\frac{\dot{U}-\dot{I}Z_{y}}{\dot{U}} \geqslant 90^{\circ} \tag{5-6}$$

因特性圆经过复坐标原点，反方向故障点落在圆外，故有方向性。

5.2.1.4 A4 电抗继电器

对 A2 偏移特性阻抗继电器，当令 $Z_{y2}=-\mathrm{j}x_2$，有：

$$270^\circ \geqslant \mathrm{Arg}\frac{\dot{U}-\dot{I}Z_{y1}}{\dot{U}+\dot{I}(-\mathrm{j}x_2)} \geqslant 90^\circ \tag{5-7}$$

当令 $x_2 \to \infty$ 时，相当于 $Z_{y2} \Rightarrow -\infty$。因 x_2 为实数，式（5-7）变为：

$$\mathrm{Arg}\frac{\dot{U}-\dot{I}Z_{y1}}{\left(\dfrac{\dot{U}}{x_2}+\mathrm{j}\dot{I}\right)x_2} = \mathrm{Arg}\frac{\dot{U}-\dot{I}Z_{y1}}{+\mathrm{j}\dot{I}x_2} = \mathrm{Arg}\frac{\dot{U}-\dot{I}Z_{y1}}{+\mathrm{j}\dot{I}} \tag{5-8}$$

判据式（5-7）变为：

$$270^\circ \geqslant \mathrm{Arg}\frac{\dot{U}-\dot{I}Z_y}{+\mathrm{j}\dot{I}} \geqslant 90^\circ \tag{5-9}$$

或

$$360^\circ \geqslant \mathrm{Arg}\frac{\dot{U}-\dot{I}Z_y}{\dot{I}} \geqslant 180^\circ$$

这就是电抗继电器的判据。

公式中的电流、电压，对相间阻抗继电器，用线电压和相电流差；对接地阻抗继电器，用相电压和复合电流 $\dot{I}=\dot{I}_\varphi+k\dot{I}_0$。

5.2.1.5 A5 椭圆形阻抗继电器

在长线上，为了躲重负荷，可采用方向性椭圆特性的继电器，其判据为：

$$\left|\dot{U}-\dot{I}Z_{j1}\right|+\left|\dot{U}-\dot{I}Z_{j2}\right| \leqslant \left|Z_y\dot{I}\right| \tag{5-10}$$

Z_{j1}、Z_{j2} 为椭圆的两个焦点，对方向性椭圆特性，应使：

$$\left.\begin{aligned} &\mathrm{Arg}Z_{j1}=\mathrm{Arg}Z_{j2}=\mathrm{Arg}Z_y \\ &\left|Z_{j1}\right|+\left|Z_{j2}\right|=\left|Z_y\right| \end{aligned}\right\} \tag{5-11}$$

当 $Z_{j1}=Z_{j2}$ 时，变为方向阻抗圆特性。
此处，有两个补偿电压，与前几类补偿电压情况不一样，但仍属单相式。

5.2.2 单相补偿多相阻抗继电器（B 类）

前面 A 类即单相补偿单相式阻抗继电器的优点是判据能转化为测量阻抗 Z_m 表达，如前述方向阻抗（Mho）继电器的判据式（5-6）分子、分母同时除以电流 $\dot{I}$ 时，变为：

$$270^\circ \geqslant \mathrm{Arg}\frac{Z_m-Z_y}{Z_m} \geqslant 90^\circ \tag{5-12}$$

这时，继电器的动作特性仅与输入继电器一个相的电流、电压相关，在阻抗坐标上很容易观察和分析其动作行为。这一继电器的主要缺点是其方向阻抗元件有死区。在线路出口前后短路时，$U=0$ 。此极化量即判别故障方向的参考量为零，也就是不能判别故障方向。

为克服上述缺点，可以使用非故障相电压/电流作为极化量。这样，即使故障相电压为零，但极化量不为零，因而没有死区。但极化量选得不一样，就会使特性有所差别。

5.2.2.1　B1 -30° 接线相间方向阻抗继电器

相间方向阻抗采用的是线电压，如 $\dot{U}_{BC}$。正常时，其超前相电压 $\dot{U}_B$ 比 $\dot{U}_{BC}$ 落后 30°。用 $\dot{U}_B$ 极化时，即为 -30° 接线相间方向阻抗继电器。其判据为：

$$270^\circ \geqslant \mathrm{Arg}\frac{\dot{U}_{BC}-(\dot{I}_B-\dot{I}_C)Z_y}{\dot{U}_B} \geqslant 90^\circ \tag{5-13}$$

BC 相间出口短路，$\dot{U}_{BC}$ 为零，但 $\dot{U}_B$ 不为零，故没有死区。

5.2.2.2　B2 $+30^\circ$ 接线相间方向阻抗继电器

同上，其落后相 $\dot{U}_C$ 比 $\dot{U}_{BC}$ 落后 150°，$-\dot{U}_C$ 比 $\dot{U}_{BC}$ 超前 30°。用 $-\dot{U}_C$ 作极化时即成为 $+30^\circ$ 接线相间方向阻抗继电器。其判据为：

$$270^\circ \geqslant \mathrm{Arg}\frac{\dot{U}_{BC}-(\dot{I}_B-\dot{I}_C)Z_y}{-\dot{U}_C} \geqslant 90^\circ \tag{5-14}$$

5.2.2.3　B3 交叉极化接地方向阻抗继电器

接地方向阻抗继电器采用的是相电压，如 $\dot{U}_A$。在正常时其非故障相电压 $\dot{U}_{BC}$ 比 $\dot{U}_A$ 落后 90°。以 $\dot{U}_{BC}$ 为极化量时，其判据为：

$$270^\circ \geqslant \mathrm{Arg}\frac{\dot{U}_A-(\dot{I}_A+k\dot{I}_0)Z_y}{\mathrm{j}\dot{U}_{BC}} \geqslant 90^\circ \tag{5-15}$$

或

$$0^\circ \geqslant \mathrm{Arg}\frac{\dot{U}_A-(\dot{I}_A+k\dot{I}_0)Z_y}{\dot{U}_{BC}} \geqslant 180^\circ$$

5.2.2.4　B4 正序电压极化方向阻抗继电器

其判据为：

$$270^\circ \geqslant \mathrm{Arg}\frac{\dot{U}_{ab}-\dot{I}_{ab}Z_y}{\dot{U}_{1ab}} \geqslant 90^\circ \tag{5-16}$$

5.2.2.5　B5 记忆电压极化方向阻抗继电器

三相短路时，三相电压为零，上述四种继电器都会出现方向死区。此时，通常用故障前电压，也称记忆电压$\dot{U}_{\rm m}$作为极化量，其判据为：

$$270^\circ \geqslant \mathrm{Arg}\frac{\dot{U}-\dot{I}Z_{\rm y}}{\dot{U}_{\rm m}} \geqslant 90^\circ \tag{5-17}$$

因为$\dot{U}_{\rm m} \neq \dot{U}$，这种继电器也属于多相继电器。但在故障40～60ms以后，其相位可能偏离较大，不适宜作极化量，往往将保护退出。

5.2.2.6　B6 混合电压极化相间方向阻抗继电器

在两相短路时，主要用故障相电压作极化量。在线路出口三相短路时，三相电压全为零，但还有记忆电压可作极化量。所以，可以让故障相电压及其记忆电压二者同时使用。其判据如下：

$$270^\circ \geqslant \mathrm{Arg}\frac{\dot{U}_{\rm BC}-(\dot{I}_{\rm B}-\dot{I}_{\rm C})Z_{\rm y}}{\dot{U}_{\rm BC}+0.2\dot{U}_{\rm BCm}} \geqslant 90^\circ \tag{5-18}$$

5.2.2.7　B7 I_0 极化接地方向阻抗继电器

I_0极化接地方向阻抗继电器是电抗继电器的特殊形式。在单相接地故障时，仅用I_0作极化量，其对故障点过渡电阻的反应能力很强。其基本判据为：

$$360^\circ \geqslant \mathrm{Arg}\frac{\dot{U}_{\rm A}-(\dot{I}_{\rm A}+k\dot{I}_0)Z_{\rm y}}{\dot{I}_0} \geqslant 180^\circ \tag{5-19}$$

5.2.2.8　B8 工频变化量阻抗继电器

这种继电器与上述各种继电器不同，它采用的是补偿电压的突变量——工频变化量。所用的参考电压不是作极化（即相位比较）的依据，而是作为模值比较的依据，其判据为：

$$\left|\Delta\dot{U}-\Delta\dot{I}Z_{\rm y}\right|-\left|\dot{U}_{\rm j}\right| \geqslant 0 \tag{5-20}$$

$\dot{U}_{\rm j}$有两种可能的选择：

$$\dot{U}_{\rm j}=(\dot{U}-\dot{I}Z_{\rm y})_{\rm m}=\dot{U}'_{\rm ym} \tag{5-21}$$

$$\dot{U}_{\rm j}=(\dot{U}-\dot{I}Z_{\rm y})_{\rm n}=\dot{U}'_{\rm yn} \tag{5-22}$$

式中　$\dot{U}'_{\rm ym}$——补偿电压在故障前的记忆值；

$\dot{U}'_{\rm yn}$——补偿电压的额定值。

5.2.3　多相补偿阻抗继电器（C类）

5.2.3.1　C1 相间多相补偿阻抗继电器

20世纪40年代提出的相间多相补偿阻抗继电器以其独特的优点，曾经广泛地得到应用，其原理判据为：

$$\left|\dot{U}'_{\rm 2y}\right| \geqslant \left|\dot{U}'_{\rm 1y}\right| \tag{5-23}$$

式（5-23）亦可转换为：

$$360^\circ \geqslant \mathrm{Arg}\frac{\dot{U}'_{\mathrm{yAB}}}{\dot{U}'_{\mathrm{yAC}}} \geqslant 180^\circ \tag{5-24}$$

即 $\dot{U}'_{\mathrm{yAB}}$ 落后于 $\dot{U}'_{\mathrm{yAC}}$ 时，继电器动作。

正常时，$\dot{U}'_{\mathrm{yAB}}$ 超前于 $\dot{U}'_{\mathrm{yAC}}$，继电器不动作。

区内两相短路时，AB、BC、CA 三个线电压中任意两个线电压之间的相位超前/落后关系全部发生反转，继电器动作。但区内两相接地短路时，上述电压有可能出现部分短路点短路时反转，另一部分不反转，不反转时继电器不动作。

这种继电器的一个独特的优点是不反应电力系统振荡，不需要振荡闭锁。

由于这种继电器主要保护两相不接地短路，对接地短路保护范围缩小较多，后来逐渐对此种原理的继电器在上述基础上做了很多探索和发展。

5.2.3.2　C2 顺序比较式不对称故障多相补偿阻抗继电器

这种继电器的动作判据是三判据综合式，即：

$$\left.\begin{aligned} K_{\mathrm{AB}}:\ & \sin(\mathrm{Arg}\dot{U}_{\mathrm{Ay}} - \mathrm{Arg}\dot{U}_{\mathrm{By}}) \geqslant 0 \\ K_{\mathrm{BC}}:\ & \sin(\mathrm{Arg}\dot{U}_{\mathrm{By}} - \mathrm{Arg}\dot{U}_{\mathrm{Cy}}) \geqslant 0 \\ K_{\mathrm{CA}}:\ & \sin(\mathrm{Arg}\dot{U}_{\mathrm{Cy}} - \mathrm{Arg}\dot{U}_{\mathrm{Ay}}) \geqslant 0 \end{aligned}\right\} \tag{5-25}$$

继电器动作条件 T 为：

$$T = \bar{K}_{\mathrm{AB}} \cup \bar{K}_{\mathrm{BC}} \cup \bar{K}_{\mathrm{CA}} \tag{5-26}$$

这里，上面有“－”的 K 为“非”逻辑，“∪”是“或”逻辑。T 是动作条件。下同。只要有任何一对电压的相位顺序反转，此判据的继电器动作。

5.2.3.3　C3 多相比相式接地多相补偿阻抗继电器

根据对区内接地故障时补偿电压相位关系的分析，可以得出下面的关系。

同 C2 顺序比较式不对称故障多相补偿阻抗继电器，但跳闸逻辑，即跳闸命令 T，改为：

$$T = (K_{\mathrm{BC}} \cap \bar{K}_{\mathrm{AB}}) \cup (K_{\mathrm{CA}} \cap \bar{K}_{\mathrm{BC}}) \cup (K_{\mathrm{AB}} \cap \bar{K}_{\mathrm{CA}}) \tag{5-27}$$

与 C2 顺序比较式不对称故障多相补偿阻抗继电器的差别在于任一条件满足时（如 $\bar{K}_{\mathrm{AB}}$），增加一个约束条件，即其落后相的条件（对 $\bar{K}_{\mathrm{AB}}$ 而言为 $\bar{K}_{\mathrm{BC}}$）要不同时满足。一般两相短路时，三个 K 值会同时满足。所以，这种继电器不反应一般两相短路，仅反应两相接地短路。这种继电器在模拟式继电器较易实现，只要三个补偿电压瞬时值出现“同时为正”或“同时为负”即可实现。在数字式保护则要求先作出三个判据，再以逻辑关系式作总出口。

5.2.3.4　C4 三相及 I_0（四量）比相式接地多相补偿阻抗继电器

与 C3 多相比相式接地多相补偿阻抗继电器比较，实际多了一个 I_0 极化电抗判据，控制稳态超越。除上述三相判据外，增加下面三个判据：

$$\left.\begin{aligned}K_{AN}:\ \sin(\mathrm{Arg}\dot{U}'_{Ay}-\mathrm{Arg}\dot{I}_0)\leqslant 0\\K_{BN}:\ \sin(\mathrm{Arg}\dot{U}'_{By}-\mathrm{Arg}\dot{I}_0)\leqslant 0\\K_{CN}:\ \sin(\mathrm{Arg}\dot{U}'_{Cy}-\mathrm{Arg}\dot{I}_0)\leqslant 0\end{aligned}\right\}\tag{5-28}$$

综合跳闸逻辑为：

$$T=(K_{AB}\cap\bar{K}_{CA}\cap K_{AN})\cup(K_{BC}\cap\bar{K}_{AB}\cap K_{BN})\cup(K_{CA}\cap\bar{K}_{BC}\cap K_{CN})\cup(\bar{K}_{AN}\cap\bar{K}_{BN}\cap\bar{K}_{CN})\tag{5-29}$$

同样，在模拟式继电器中，当四量瞬时值同时为正或同时为负时，继电器动作。

5.2.4 复合型阻抗继电器（D 类）

前面已接触到一些多判据复合的阻抗继电器，由于这些继电器是用多相补偿判据，所以把它们归类到多相补偿阻抗继电器一类。事实上，可以有同类多判据复合和异类多判据复合等多种复合方式。大量的是同类多判据复合方式。

5.2.4.1 D1 四边形阻抗继电器

四边形由四条直线构成，由于直线的数学描述有多种方式，所以直线形阻抗继电器也有多种构成方式。一般情况下，其动作特性是相同的。但在系统网络及运行方式上有不同情况时，会使其特性略有不同。

下面是用得较多的四边形阻抗继电器判据组合：

$$\left.\begin{aligned}&L_1:\ 360^\circ\geqslant\mathrm{Arg}\frac{\dot{U}-\dot{I}Z_y}{\dot{I}}\geqslant 180^\circ\ \text{（称为电抗线）}\\&L_2:\ 180^\circ+\theta_2\geqslant\mathrm{Arg}\frac{\dot{U}-Z_R\dot{I}}{R\dot{I}}\geqslant\theta_2\ \text{（称为负荷线）}\\&L_3:\ 90^\circ+\theta_3\geqslant\mathrm{Arg}\frac{\dot{U}}{R\dot{I}}\geqslant\theta_3-90^\circ\ \text{（称为左方向线）}\\&L_4:\ 180^\circ-\theta_4\geqslant\mathrm{Arg}\frac{\dot{U}}{R\dot{I}}\geqslant-\theta_4\ \text{（称为下方向线）}\end{aligned}\right\}\tag{5-30}$$

$$T=L_1\cap L_2\cap L_3\cap L_4\tag{5-31}$$

L_3、L_4 实际上是两条方向线。在实际应用时，电抗线常略下偏，负荷线偏角略小于 90°。Z_R 是坐标轴横轴上的整定值。

5.2.4.2 D2 透镜形阻抗继电器

这种继电器其实是由两个带偏移特性阻抗圆的判据组成，其判据为：

$$\left.\begin{aligned}&H_1:180^\circ+\theta_1\geqslant\mathrm{Arg}\frac{\dot{U}'_{y1}}{\dot{U}'_{y2}}\geqslant\theta_1\quad(180^\circ>\theta_1>90^\circ)\\&H_2:180^\circ+\theta_2\geqslant\mathrm{Arg}\frac{\dot{U}'_{y1}}{\dot{U}'_{y2}}\geqslant\theta_2\quad(0^\circ<\theta_2<90^\circ)\end{aligned}\right\}\tag{5-32}$$

$$T = H_1 \cap H_2 \tag{5-33}$$

两个补偿电压是两个圆的交点。由于取“与”门，即取其透镜形的公共部分。

此外，还要加方向线。

5.2.4.3　D3 苹果形阻抗继电器

与透镜形阻抗继电器近似，用两个经过坐标原点的偏转的方向阻抗继电器组成，但其判据由逻辑“与”变为“或”。

$$\left.\begin{aligned} &H_1：180^\circ + \theta_1 \geqslant \mathrm{Arg}\frac{\dot{U}'_{y1}}{\dot{U}'_{y2}} \geqslant \theta_1 \quad (180^\circ > \theta_1 > 90^\circ) \\ &H_2：180^\circ + \theta_2 \geqslant \mathrm{Arg}\frac{\dot{U}'_{y1}}{\dot{U}'_{y2}} \geqslant \theta_2 \quad (0^\circ < \theta_2 < 90^\circ) \end{aligned}\right\} \tag{5-34}$$

$$T = H_1 \cup H_2 \tag{5-35}$$

5.2.4.4　D4 三相式接地电抗继电器

在大电流接地系统中，单相接地时会有零序电流，而零序电流对各相的接地电抗继电器会有不同的影响。非接地相由负荷电流与零序电流作极化，也有动作区，但不反映故障距离。与四边形阻抗继电器类似，但其动作特性不是四边形，而是三边形。因非接地相由负荷电流参与极化，受其影响，此两条边不很固定。其判据为：

$$\left.\begin{aligned} &L_A：360^\circ \geqslant \mathrm{Arg}\frac{\dot{U}'_{yA}}{\dot{I}_A + K\dot{I}_0} \geqslant 180^\circ \\ &L_B：360^\circ \geqslant \mathrm{Arg}\frac{\dot{U}'_{yB}}{\dot{I}_B + K\dot{I}_0} \geqslant 180^\circ \\ &L_C：360^\circ \geqslant \mathrm{Arg}\frac{\dot{U}'_{yC}}{\dot{I}_C + K\dot{I}_0} \geqslant 180^\circ \end{aligned}\right\} \tag{5-36}$$

$$T = L_A \cap L_B \cap L_C \tag{5-37}$$

5.2.4.5　D5 三相式 $\dot{I}_0$ 极化接地电抗继电器

与 D4 相同，仅将极化电流改用 $\dot{I}_0$。

5.2.4.6　D6 多图形复合阻抗继电器

除上面几种复合方式外，还存在着多种复合方式。下面列举的仅是较常见的一些。随着设计者意图侧重改善某一方面的特性，还可以有很多的组合方式。

1. D6A 加负荷限制线的方向阻抗继电器

这是针对长线距离保护在重负荷运行方式时容易误动问题而增加的附加措施，其判据为：

$$\left.\begin{aligned} &Z:\ 270^\circ \geqslant \mathrm{Arg}\frac{\dot{U}'_{\mathrm{y}}}{\dot{U}} \geqslant 90^\circ\text{（方向阻抗）} \\ &L:\ 180^\circ + \theta_2 \geqslant \mathrm{Arg}\frac{\dot{U} - R_{\mathrm{y}}\dot{I}}{\dot{I}} \geqslant \theta_2\text{（负荷限制）} \end{aligned}\right\} \tag{5-38}$$

$$T = Z \cap L \tag{5-39}$$

2. D6B 椭圆加抛球特性方向阻抗继电器

两者有很多种叠加方式。下面仅是一例。

设保护整定阻抗为Z_{Y}，椭圆长轴两焦点为Z_{Y1}、Z_{Y2}，且$Z_{\mathrm{Y1}} + Z_{\mathrm{Y2}} = Z_{\mathrm{Y}}$，抛球圆的半径为$k|Z_{\mathrm{Y}}|$，$k<1$，抛球圆心为$Z_{\mathrm{Y}}$，则判据为：

$$\left.\begin{aligned} &X:\ \left|\dot{U} - Z_{\mathrm{y1}}\dot{I}\right| + \left|\dot{U} - Z_{\mathrm{y2}}\dot{I}\right| = \left|Z_{\mathrm{y}}\dot{I}\right|\text{（椭圆）} \\ &Y:\ \left|\dot{U} - Z_{\mathrm{y}}\dot{I}\right| \leqslant \left|kZ_{\mathrm{y}}\dot{I}\right|\text{（抛球圆）} \\ &L_1:\ 360^\circ - \theta \geqslant \mathrm{Arg}\frac{\dot{U} - Z_{\mathrm{y}}\dot{I}}{\dot{I}} \geqslant 180^\circ - \theta\text{（电抗线）} \end{aligned}\right\} \tag{5-40}$$

$$T = (X \cup Y) \cap L_1 \tag{5-41}$$

k可取$0.3 \sim 0.6\dot{U}/\dot{U}_{\mathrm{m}}$。

这种结构适用于长线。

5.2.4.7 D7 单相补偿多量综合接地阻抗继电器

这种继电器实际上采用四个电量：$\dot{U}'_{\mathrm{y}}$，U或U_{m}，I_0，I_2。在用模拟电路实现时，构成方式很简单，即当四个量瞬时值同时为“正”，或同时为“负”时动作，即任意两个量之间的相位差都小于 180°。除了三个极化量与补偿电压分别比相之外，三个极化量之间也有比相关系。所以此时的判据为：

$$\left.\begin{aligned} &P_1:\ 360^\circ \geqslant \mathrm{Arg}\frac{\dot{U}'_{\mathrm{y}}}{-\mathrm{j}\dot{U}} \geqslant 180^\circ\text{（方向阻抗元件）} \\ &P_2:\ 360^\circ \geqslant \mathrm{Arg}\frac{\dot{U}'_{\mathrm{y}}}{\dot{I}_0} \geqslant 180^\circ\text{（}I_0\text{极化电抗元件）} \\ &P_3:\ 360^\circ \geqslant \mathrm{Arg}\frac{\dot{U}'_{\mathrm{y}}}{\dot{I}_2} \geqslant 180^\circ\text{（}I_2\text{极化电抗元件）} \\ &P_4:\ 360^\circ \geqslant \mathrm{Arg}\frac{\dot{I}_2}{\dot{I}_0} \geqslant 180^\circ\text{（选相元件）} \\ &P_5:\ 360^\circ \geqslant \mathrm{Arg}\frac{\dot{U}}{\dot{I}_2} \geqslant 180^\circ\text{（方向判别元件）} \\ &P_6:\ 360^\circ \geqslant \mathrm{Arg}\frac{\dot{U}}{\dot{I}_0} \geqslant 180^\circ\text{（方向判别元件）} \end{aligned}\right\} \tag{5-42}$$

$$T = P_1 \cap P_2 \cap P_3 \cap P_4 \cap P_5 \cap P_6 \tag{5-43}$$

所有相向量在向量平面上必须在同一侧。或者反过来说，对三个及以上的正弦相量组合，如果出现各量瞬时值同时为正或同时为负时，则所有相量在向量平面上必在同一侧。

模拟电路有其独特的优点，即模拟电路的同极性判别比较简单，在多输入控制量中只要有一个为“负”，即停止输出。这样的电路容易实现，所以在模拟式继电器中多采用此种技术。

5.2.4.8　D8 采用瞬时值同极性技术的综合方向阻抗继电器

采用瞬时值同极性技术有两种方法。一种是不计同极性时间长短，只要出现同极性即令保护动作。这种方法要求各相量相位差最大不能超过180°，或称“同在一侧”。第二种方法要求同极性的脉宽大于与某一角度对应的时间，一般是 90° 或 5ms（对 50Hz 系统）。与此相对应的是最前相量与最后相量的相位差不超过 90° 。其余相量在二者之间，其判据可表达如下。

设有 4 个相量 $\dot{U}_1$、$\dot{U}_2$、$\dot{U}_3$、$\dot{U}_4$，有 6 个判据：

$$\left.\begin{aligned}
&P_{12}：\ 90^\circ \geqslant \mathrm{Arg}\frac{\dot{U}_1}{\dot{U}_2} \geqslant 0^\circ \\
&P_{13}：\ 90^\circ \geqslant \mathrm{Arg}\frac{\dot{U}_1}{\dot{U}_3} \geqslant 0^\circ \\
&P_{14}：\ 90^\circ \geqslant \mathrm{Arg}\frac{\dot{U}_1}{\dot{U}_4} \geqslant 0^\circ \\
&P_{23}：\ 90^\circ \geqslant \mathrm{Arg}\frac{\dot{U}_2}{\dot{U}_3} \geqslant 0^\circ \\
&P_{24}：\ 90^\circ \geqslant \mathrm{Arg}\frac{\dot{U}_2}{\dot{U}_4} \geqslant 0^\circ \\
&P_{34}：\ 90^\circ \geqslant \mathrm{Arg}\frac{\dot{U}_3}{\dot{U}_4} \geqslant 0^\circ
\end{aligned}\right\} \tag{5-44}$$

动作的判据逻辑组合有很多种，下面是一种举例：

$$T=(P_{12}\cap P_{13}\cap P_{14})\cup(\bar{P}_{12}\cap \bar{P}_{23}\cap P_{24})\cup(\bar{P}_{13}\cap P_{23}\cap P_{34})\cup(\bar{P}_{14}\cap P_{24}\cap P_{34}) \tag{5-45}$$

一种实用继电器用的电量是：

$$\left.\begin{aligned}
&\dot{U}_1=-\dot{U}'_{\mathrm{y}} \\
&\dot{U}_2=\dot{U}+k\dot{U}_{\mathrm{m}} \\
&\dot{U}_3=-\dot{I}_2 Z_{\mathrm{R}} \\
&\dot{U}_4=-\dot{I}_0 Z_{\mathrm{R}}
\end{aligned}\right\} \tag{5-46}$$

其动作特性与 D7 有一定差别。

5.3　阻抗继电器的端口动作特性与运行动作特性

在试验室条件下，对一个继电器在端口施加一定的电压、电流值组合，可以使继电器由不动作态转变为动作态。继电器的动作与否，仅依赖于输入的 $\dot{U}$ 、$\dot{I}$ 。换句话说，它的动作条件是端口电压、电流的函数。这样的函数通常称为判据，这里用 P 表示。

由于继电器一般由若干判据组成，则继电器的动作条件 T 可用条件逻辑表示。动作判据 P 通常是电压、电流的函数，即 $[P]=f(\dot{U},\dot{I})$。[P] 是 0、1 二位元逻辑函数，此时，T 逻辑可表示为：

当：

$$P_1=1\text{（真）}$$
$$P_2=1\text{（真）}$$
$$\cdots$$

则：
$$T=1$$

否则：
$$T=0$$

在这里，这一条件逻辑简单地表示为：

$$T=P_1\cap P_2\cap\cdots\cap P_n \tag{5-47}$$

当这里的条件 P 是用继电器端口电压、电流来表述时，则所得的动作条件通常称之为动作判据。它是由继电器本身的构成所限定，在这里称之为继电器端口动作特性。

当继电器接入电力系统设备中的二次回路时，加入的继电器电流、电压是电力系统在该地点的状态量。这些状态量是电力系统结构、运行参数的函数，是紧密依赖于电力系统的。所以，继电器临界动作时的电压、电流是当时电力系统运行参数的函数，即：

$$\left.\begin{aligned}[\dot{U}]&=f_{\mathrm{u}}(Z_1,Z_0,L_{\mathrm{e}},Z_{\mathrm{S}},Z_{\mathrm{R}},\dot{E}_{\mathrm{S}},\dot{E}_{\mathrm{R}},\delta,L_{\mathrm{f}},Z_{\mathrm{T}}\cdots)\\ [\dot{I}]&=f_{\mathrm{i}}(Z_1,Z_0,L_{\mathrm{e}},Z_{\mathrm{S}},Z_{\mathrm{R}},\dot{E}_{\mathrm{S}},\dot{E}_{\mathrm{R}},\delta,L_{\mathrm{f}},Z_{\mathrm{T}}\cdots)\end{aligned}\right\} \tag{5-48}$$

式中 Z_1、Z_0——输电线单位长度的正、零序阻抗；

L_{e}——输电线长度；

Z_{S}、Z_{R}——本侧、对侧系统等值阻抗；

$\dot{E}_{\mathrm{S}}$、$\dot{E}_{\mathrm{R}}$——本侧、对侧系统电源等值电势；

δ——两侧电势角差；

L_{f}——短路点到继电器安装点的距离；

Z_{T}——支接于短路点的阻抗，通常为纯电阻。

当用[$\dot{U}$]、[$\dot{I}$]作为继电器的输入量时，则继电器的判据变为：

$$[P]=f_{\mathrm{P}}(Z_1,Z_0,L_{\mathrm{e}},Z_{\mathrm{S}},Z_{\mathrm{R}},E_{\mathrm{S}},E_{\mathrm{R}},\delta,L_{\mathrm{f}},Z_{\mathrm{T}}\cdots) \tag{5-49}$$

由此可见，实际运行中的阻抗继电器动作与否依赖于众多实际系统参数，是一个多维函数。

从实用上考虑，一般只观察其中某一变量对其动作条件的影响。由于是阻抗继电器，比较实际的是采用某一阻抗性质的参数作为参变量，把其他参数作为已给定的常数。

在式（5-49）中，不容易变化的参数是线路的 Z_1、Z_0、L_{e}。系统参数 Z_{S}、Z_{R} 可作为已知运行方式下的给定参数，而 E_{S}、E_{R} 在正常运行状态下发生短路时，也可作为标准值使用。最活跃和容易变化的参数就是 δ、L_{f}、Z_{T}。这里，δ、L_{f} 是一维变量。Z_{T} 一般是一个二维变量，如经过一段输电线路后再经过渡电阻或分支线短路，是复数。但也可以仅考察过渡电阻的影响，则 Z_{T} 可以是电阻性的，这时也就变为一维变量是 R_{T}。

根据上面分析，当以 δ 、L_f、R_T 作为变量描述一个阻抗继电器的临界动作条件时，就可以在三维坐标空间表现出这一阻抗继电器的临界动作域。为观测方便，也可以在这三个变量中先选定一个变量值作为已知量，则可变成观测二维变量的域。例如，当先给定一个角度 δ 的值，则可得到动作特性：

$$R_T = f(L_f) \tag{5-50}$$

或

$$L_f = f'(R_T) \tag{5-51}$$

式（5-50）是得出不同地点短路时，可以动作的最大过渡电阻值。

以上的分析方法在有计算技术情况下是容易得到的。这样的动作特性与运行状态关联，就称为运行动作特性。

5.4　阻抗继电器运行动作特性的分析方法

20 世纪中叶，继电保护专家王梅义等率先提出用电压相量图法将阻抗继电器的动作判据与电压相量图结合。本书作者于 70～80 年代提出基于电力系统参数的阻抗继电器“基本动作方程”方法，并进一步讨论了相关的“支接阻抗动作特性”和“振荡阻抗动作特性”及其计算分析方法。

这里将着重讨论下面几个问题：① 电压相量图法；② 测量阻抗在阻抗继电器运行动作特性分析中的应用；③ 运行动作特性的统一问题。

5.4.1　电压相量图法

在正常运行情况下，分析输电线路的保护时，可进行简化处理，此时可先将线路两端电源简化。已知两侧电源电势 E_S、E_R 及其相位差 δ ，线路阻抗 Z_L、两侧电源阻抗 Z_S、Z_R 也已知，此时，其各地点的电压相量图如图 5-1 所示。故障点 F 在故障前的电压 $\dot{U}_{F|0|}$ 也很容易在图上得出。

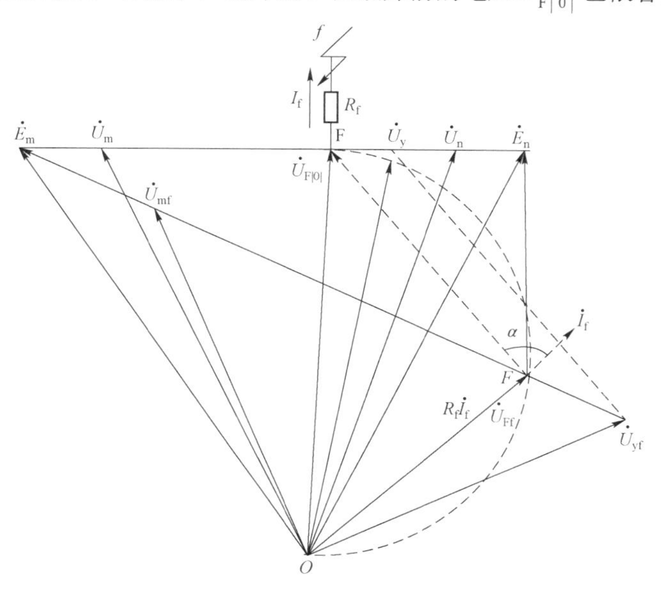

图 5-1　两端电源系统的线路上短路时的电压相量图

以 F 点为临界点，内部电网的等值电势即为$U_{F|0|}$。内部等值阻抗即为当所有内电势为零时，归算至 F 点的等值阻抗 Z_Σ。其外部阻抗即为加至短路点的过渡电阻，称为支接电阻 R_T。则故障情况下的短路点电压：

$$\dot{U}_F = \dot{I}_F R_T \tag{5-52}$$

而内部等值阻抗上的压降为$\dot{I}_F Z_\Sigma$，二者之和等于等值内电势$\dot{U}_{F|0|}$，即：

$$\dot{U}_{F|0|} = \dot{I}_F(R_T + Z_\Sigma) = \dot{U}_F + \dot{I}_F Z_\Sigma \tag{5-53}$$

当 R_T 改变时，环路总阻抗改变，$\dot{I}_F$ 随之改变，$\dot{U}_F$ 也跟着改变。由于Z_Σ的阻抗角α是确定量，$\dot{U}_F$ 变化的轨迹即为图 5-1 上的以$U_{F|0|}$为弦的一段圆弧。α是$U_{F|0|}$对应的圆周角的补角。

可以说，电压相量图法实际上是以 R_T（图中为R_f）为变量，求$\dot{U}_{Ff}$ 变化的轨迹的方法。

$\dot{U}_{Ff}$ 求出后，即可求出故障态下的各点电压，包括补偿电压U'_{yf}。

观察这些状态，配合继电器的动作条件，即可找出其是否动作，以及临界条件。

5.4.2 测量阻抗在阻抗继电器运行动作特性分析中的应用

5.4.2.1 A 类阻抗继电器

对 A 类即单相补偿单相式阻抗继电器，用测量阻抗 Z_m 分析动作特性最方便，应用非常普遍。

如前所述，A 类继电器的端口动作特性就是用测量阻抗 Z_m 表述的，与系统并无直接关联，是相对独立的。而电力系统在故障时，故障相测量阻抗的变化轨迹很容易通过计算得出，也可以通过数字仿真、动态模拟试验以至实际故障时录波数据得出。将这样的运动轨迹与继电器的动作特性同时放在复数阻抗坐标上时，即可清楚地看出继电器在故障过程中在何种条件下从不动作区进入动作区。

图 5-2 所示为从正常负荷条件下发展至发生短路时，Z_m的变化过程。

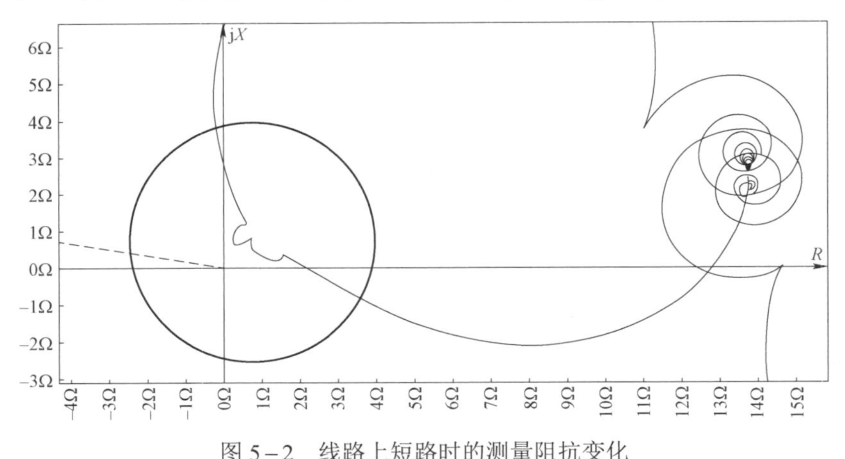

图 5-2　线路上短路时的测量阻抗变化

在同一坐标上也可以同时安排不同继电器（同是 A 类）进行比较。

可以在保护装置内附加，或在一般软件上安装动态分析程序显示测量阻抗在故障中或振荡过程中的运动变化过程，以便观察和分析继电器的行为。

5.4.2.2　B 类阻抗继电器

和 A 类阻抗继电器不同，B 类阻抗继电器虽同样采用单相补偿电压，但却引入非故障相电压或电流作极化量。而非故障相的电量却与系统网络的状态、参数有关。因此，B 类阻抗继电器不存在与系统状态参数无关的、独立的端口固有动作特性，导致这类阻抗继电器不适于在测量阻抗上进行分析。但为了作些初步的分析，过去曾有过一些努力，在最简单的系统结构这一特殊情况下，即单端电源状态下找出在阻抗平面上用测量阻抗表达的带记忆的方向阻抗继电器的动作特性，以与非记忆电压极化，即用常规电压极化的方向阻抗继电器的特性进行比较。大致上对此种 B 类继电器动作特性有些初步的了解。但作为比较严密的分析，还需采用本章后面的基本动作方程的分析方法。

5.4.2.3　C 类阻抗继电器

由于 C 类阻抗继电器是多相补偿型，不存在单一的测量阻抗，更不存在独立的测量阻抗动作特性，因此，更不适于用测量阻抗进行分析。

过去，一般是针对该继电器动作判据的特点寻找适合于它的专门分析方法，例如相间多相补偿阻抗继电器用$|U_{2y}|/|U_{1y}|$的判别方法。

5.4.2.4　D 类阻抗继电器

这类阻抗继电器情况比较复杂，其中有一些继电器是由若干个 A 类继电器判据组成，如四边形阻抗继电器，此时与 A 类继电器一样，可以用测量阻抗变化轨迹来分析继电器的动作；另一些则是由 B、C 类继电器判据组合而成，此时则不便于用测量阻抗进行分析了。

5.4.3　运行动作特性的统一问题

继电器动作行为的表达可以分为三个层次。

5.4.3.1　继电器的动作判据

由继电器端口输入的电压、电流，按一定的条件组成继电器的临界动作判据。

5.4.3.2　继电器的基本动作方程

在运行状态下，输入继电器的电压、电流，依赖于电力系统的网络结构、各个结构参数与运行参数。由于系统结构多种多样、结构复杂，每一种保护设备的运行特性具有其个性。但在这些复杂多样的系统结构中，最有代表性、能反映出继电器的基本性能的，当推常用的两端电源系统。这可算是复杂电力系统中最简单的代表。因此，一般分析继电器的基本性能或进行比较和选择时，往往采用作为分析的基础。

在两端电源系统中发生故障时，加于继电器的电压、电流可以利用其系统参数集合 P_A 描述其判据：

$$P_A=[\dot{E}_S、\dot{E}_R、Z_{S1}、Z_{R1}、Z_{S0}、Z_{R0}、Z_t、Z_k、Z_T、\cdots] \tag{5-54}$$

此时端口电压：

$$\dot{U}=f_u(P_A)=f_u(\dot{E}_S、\dot{E}_R、Z_{S1}、Z_{R1}、Z_{S0}、Z_{R0}、Z_t、Z_k、Z_T、\cdots) \tag{5-55}$$

端口电流：

$$\dot{I}=f_I(P_A)=f_I(\dot{E}_S、\dot{E}_R、Z_{S1}、Z_{R1}、Z_{S0}、Z_{R0}、Z_t、Z_k、Z_T、\cdots) \tag{5-56}$$

将此处得到的$\dot{U}$、$\dot{I}$代入某一继电器的端口判据式时，经过简单的变换，可变成不以端口的$\dot{U}$、$\dot{I}$，而以系统参数表达的临界动作判据，称为该继电器的基本动作方程。

继电器动作条件通常可以用相位比较或者模值比较方式表达。当用模值比较方式表达时，即可转变为：

$$f([\dot{P}_A])=1e^{j\theta} \tag{5-57}$$

即为“继电器的基本动作方程”。

5.4.3.3 继电器运行动作特性

上述基本动作方程表述的是系统各参变量之间，相互关系达到该方程所示的关系时，继电器处于动作的临界状态。若在该参变量系列中选出一个参变量作为变量，其余参变量作为已知参数时，经过简单变换，由该基本运行动作方程即可得出这一变量变化时，继电器临界动作的边界条件。这种以某一参变量作为变量而得出的临界动作条件，称为该变量的运行动作特性。

理论上，上述参变量集 P_A 中的任何一个参变量都可作为变量。但实际上 P_A 中的一些参变量在考察继电器动作性能时可以视为相对稳定的量，另一些则相对活跃。前者例如 Z_Σ、Z_S、Z_R 等，后者则可以是 δ、Z_k、Z_T 等。

在参考文献［20，21］中，作者引入一个新的参数变量——振荡阻抗 Z_N，简写成 $\dot{N}$。

$$\dot{N}=\frac{\dot{E}_S}{\dot{E}_S-\dot{E}_R}Z_\Sigma=\frac{1}{1-me^{j\delta}}Z_\Sigma \tag{5-58}$$

其中

$$Z_\Sigma=Z_S+Z_l+Z_R$$

$$m=|E_S/E_R|$$

式中　δ —— $\dot{E}_R$ 越前 $\dot{E}_S$ 的电势角差。

实际上，式中的 $\dot{N}$ 就是系统在无故障时，S 端电势 $\dot{E}_S$ 出口处的测量阻抗。此测量阻抗的起点 O 即为系统的中心点。

参变量集 P_A 可变成以 m、δ 或 Z_N 代替 $\dot{E}_S$、$\dot{E}_R$ 表述的参变量集 P_N。

$$P_N=[Z_{S1}、Z_{R1}、Z_{S0}、Z_{R0}、Z_t、Z_k、Z_T、Z_N] \tag{5-59}$$

在这些参数变量中，依稳定/活跃程度排序，一般可处理为 $Z_l\rightarrow Z_S\rightarrow Z_R\rightarrow Z_k\rightarrow Z_N\rightarrow Z_T$，$Z_T$、$Z_N$ 属于变化最活跃的参数。

由此可见，应该优先分析以 Z_T 作为变量的运行动作特性，在文献［22］中称为支接阻抗动作特性，其次则是以 Z_N 作为变量的振荡阻抗动作特性。对前者由于在短路点支接的通常是电阻性的，因此可以转换为支接电阻动作特性。

在此基础上，文献［20，21］通过上述三步，得出继电器待求变量的解析解：① 继电器的动作判据；② 基本动作方程；③ 运行动作特性。

借助计算机的强大计算能力，运算不会有多大困难。但从①推导至③，对一些构造复杂的继电器还是有些麻烦。

当不同的继电器的运行动作特性采用同一变量时，即可进行比较、互补、相互制约，以得到更好的综合特性。

5.5　阻抗继电器运行动作特性的计算机辅助分析

前面讨论的理论分析方法是要认清继电器在临界动作时的物理状态，对认识影响继电器的动作因素是很必要的，但若要定量地弄清楚其影响的程度、性能优劣、对比程度等，必须通过具体的计算实现。由于计算的复杂性，通过计算机的帮助是很有必要的。

理论上，各种参变量都可以作为特性变量进行分析，但最实际的当属 l_f—R_f 关系的特性，即某一短路点处的过渡电阻动作特性。

$$R_f = f(l_f) \tag{5-60}$$

这表示在任一故障点 l_f 处发生某种型式短路时所允许的过渡电阻值。这是二维的、能在平面坐标上显示的特性。由于其他变量的变化会影响这一特性，必要时也可多选一种参变量作为变量进行分析。这将产生三维的，即在立体坐标上显示的特性。例如取电势差角 δ 作为第三变量，即可得：

$$R_f = f(l_f, \delta) \tag{5-61}$$

应该说，这一概念不仅适用于阻抗继电器，还能适用于其他保护原理。

下面，作为分析的辅助手段，对一些较常用的阻抗继电器进行分析。

5.6　相间方向阻抗继电器运行动作特性

下面将以较常用的相间方向阻抗继电器为例对其运行动作特性进行分析。采用的方法以基本动作方程方法为基础，利用计算机进行辅助分析，主要是得到 $R_f = f(l_f)$ 特性，并参照常规方法进行综合分析。

图 5-3 为两端电源线路，其电流、电压相量图如图 5-4 所示。

图 5-3 中，Z_L 为线路阻抗；Z_S、Z_R 为本端、对端电源阻抗；Z_k 为短路点至母线间的阻抗；$Z_Y = Z_{set}$——整定阻抗；$Z_t\ (Z_\Sigma)$ ——$Z_S + Z_l + Z_R$；$\dot{K} = Z_S + Z_k$；$\dot{Y} = Z_S + Z_Y$；$\dot{T} = Z_T$——支接阻抗，$\dot{N}$ 为 S 侧电源端的测量阻抗。

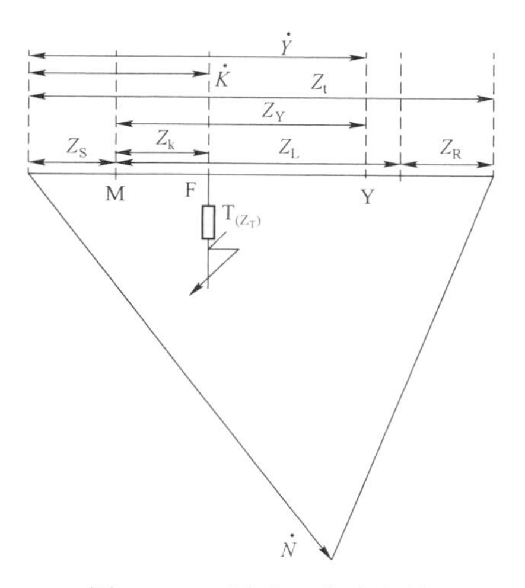

图 5-3　两端电源线路参数

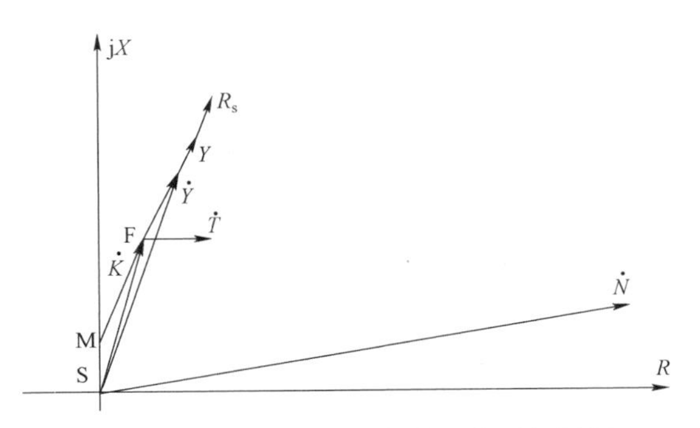

图 5-4　两端电源线路电流、电压相量图

$$\begin{aligned}\dot{N}&=\frac{\dot{E}_{\mathrm{S}}}{\dot{I}_{\mathrm{L}}}=\frac{\dot{E}_{\mathrm{S}}}{\dot{E}_{\mathrm{S}}-\dot{E}_{\mathrm{R}}}\times Z_{\mathrm{t}}\\&=\frac{1}{1-\left|\frac{\dot{E}_{\mathrm{R}}}{\dot{E}_{\mathrm{S}}}\right|\mathrm{e}^{\mathrm{j}\delta}}\times Z_{\mathrm{t}}=\frac{1}{1-m\mathrm{e}^{\mathrm{j}\delta}}\times Z_{\mathrm{t}}\end{aligned}\tag{5-62}$$

正（负）序电流分配系数：

$$f=\frac{Z_{\mathrm{t1}}-K_{1}}{Z_{\mathrm{t1}}}\tag{5-63}$$

零序电流分配系数：

$$f_{0}=\frac{Z_{\mathrm{t0}}-K_{0}}{Z_{\mathrm{t0}}}\tag{5-64}$$

基于上面的设定，下面对相间方向阻抗继电器做进一步的分析。

（1）相间方向阻抗继电器的判据。

这种继电器动作判据的相量表达式为：

$$270^{\circ}\geqslant \mathrm{Arg}\frac{U_{\phi\phi}-I_{\phi\phi}Z_{\mathrm{y}}}{U_{\phi\phi}}\geqslant 90^{\circ}\tag{5-65}$$

或写成三角函数表达式如下：

$$-1\leqslant\cos\left(\mathrm{Arg}\frac{U_{\phi\phi}-\mathrm{j}I_{\phi\phi}Z_{\mathrm{y}}}{U_{\phi\phi}}\right)\leqslant 0\tag{5-66}$$

（2）相间方向阻抗继电器的基本动作方程。

在文献［1，20～22］中已导出这一继电器的基本动作方程，这里仅引用其结果如下：

$\frac{U_{\Delta}}{I_{\Delta}}$ 接线方向阻抗继电器的基本动作方程可根据文献［1］的分析综合整理，并考虑到式（5-62）有关 $\dot{N}$ 的关系，以及 BC 相继电器 $n=0$，AB 相继电器 $n=1$，CA 相继电器 $n=2$，有：

$$\left.\begin{aligned}
Z_{\mathrm{m}}^{(3)} &= \frac{1}{2}Z_{\mathrm{set}}(1+\mathrm{e}^{\mathrm{j}\theta}) = \frac{fK+T}{fN+T}\times N - Z_{\mathrm{S}} \\
Z_{\mathrm{m}}^{(2)} &= \frac{1}{2}Z_{\mathrm{set}}(1+\mathrm{e}^{\mathrm{j}\theta}) = \frac{2(fK+T)}{(1+\mathrm{a}^{n})fN+(1-\mathrm{a}^{n})fK+2T}\times N - Z_{\mathrm{S}} \\
Z_{\mathrm{m}}^{(1)} &= \frac{1}{2}Z_{\mathrm{set}}(1+\mathrm{e}^{\mathrm{j}\theta}) = \frac{2fK+f_0K_0+3T}{(1-\mathrm{a}^{n})fN+(1+\mathrm{a}^{n})fK+f_0K_0+3T}\times N - Z_{\mathrm{S}} \\
Z_{\mathrm{m}}^{(2,0)} &= \frac{1}{2}Z_{\mathrm{set}}(1+\mathrm{e}^{\mathrm{j}\theta}) \\
&= \frac{(fK+T)(fK+2f_0K_0+3T+6T_0)}{(fK+T)(fK+2f_0K_0+3T+6T_0)+f(N-K)[fK+(1+\mathrm{a}^{n})f_0K_0+(2+\mathrm{a}^{n})T+3(1+\mathrm{a}^{n})T_0]}N - Z_{\mathrm{S}}
\end{aligned}\right\} \tag{5-67}$$

式中　$a=\mathrm{e}^{\mathrm{j}120^\circ}$；$n$=0、1、2（对故障相为 0，非故障相则为 120°、240° 顺推）。

上述的一组动作方程式（5－67）是继电器在典型的、简化了的两端电源线路上运行时，4 种基本短路情况中的测量阻抗表达式。式中并表示出与 U_Δ / I_Δ 接线的方向阻抗继电器测量阻抗动作特性的互相联系。从式中可以清楚地看到在利用测量阻抗分析继电器的动作受系统参数影响时的情况。实际上进行分析时是分两步走的：① 在复数坐标上先绘出继电器的测量阻抗动作特性圆；② 按式（5－67）找出当系统某一参数变化时，测量阻抗 Z_{m} 的变化轨迹，再观察该参数变化到什么程度时，测量阻抗进入动作特性圆内。

此外，从式（5－67）也可以看出，当令继电器的测量阻抗动作特性表达式与右侧的测量阻抗的表达式相等时，则变成一个复数恒等式。当选择右侧任一参数为新变量时，则需要进行将左侧变量 θ 变为右侧新变量的坐标变换。

式（5－67）中，右边由 Z_{t}（或 f）、K、T、N、n、Z_{S} 等组成。在这些参数中最常用的变量是支接阻抗 T（包括其只有电弧或接地电阻等特殊情况时为支接电阻）与振荡阻抗 $N\left(\text{包括电势比值 } m\mathrm{e}^{\mathrm{j}\delta}=\dfrac{\dot{E}_{\mathrm{R}}}{\dot{E}_{\mathrm{S}}}\right)$。

（3）相间方向阻抗继电器的支接阻抗动作特性与振荡阻抗动作特性。

为了得到有关动作特性，首先根据上述基本动作方程，以（B－C）相继电器为例，对其做一些简化。

B、C 相短路时，n=0，代入上述方程组，可得其简化后的基本动作方程如下：

$$\left.\begin{aligned}
Z_{\mathrm{m}}^{(3)} &= \frac{1}{2}Z_{\mathrm{y}}(1+\mathrm{e}^{\mathrm{j}\theta}) = \frac{fK+T}{fN+T}\bullet N - Z_{\mathrm{S}} \\
Z_{\mathrm{m}}^{(2)} &= \frac{1}{2}Z_{\mathrm{y}}(1+\mathrm{e}^{\mathrm{j}\theta}) = \frac{fK+T}{fN+T}\bullet N - Z_{\mathrm{S}} \\
Z_{\mathrm{m}}^{(2,0)} &= \frac{1}{2}Z_{\mathrm{y}}(1+\mathrm{e}^{\mathrm{j}\theta}) = \frac{fK+T}{fN+T}\bullet N - Z_{\mathrm{S}} \\
Z_{\mathrm{m}}^{(1)} &= \frac{1}{2}Z_{\mathrm{y}}(1+\mathrm{e}^{\mathrm{j}\theta}) = N - Z_{\mathrm{S}}
\end{aligned}\right\} \tag{5-68}$$

（A 相接地故障时，非故障相的相间方向阻抗继电器 n=0）

可见，所有相间短路，其特性与三相短路时相同。

单相接地时，对非故障相的相间方向阻抗继电器，其动作特性只与振荡阻抗有关，与短路点即 K 值无关。

5.6.1 支接阻抗动作特性

BC 相阻抗继电器在 BC 相故障时的支接阻抗动作特性，可求得如下。

由式（5－68）可得到：

$$(Z_S+0.5Z_y)+0.5Z_y e^{j\theta}=\frac{fNK+NT}{fN+T}=\frac{(fK+T)N}{T+fN} \tag{5-69}$$

当以 θ 为变量时，因幅角 θ 在 0～360° 可变，此时，式（5－69）成为变幅角表达式。

根据文献［22］附录 I 的式（I－35），变幅角表达式的通式为：

$$\dot{L}+\dot{M}e^{j\theta}=\frac{\dot{P}+\dot{G}\dot{F}}{\dot{Q}+\dot{H}\dot{F}} \tag{5-70}$$

式中 $\dot{L}$ ——继电器固有特性的圆心，$\dot{L}=Z_S+0.5Z_y$；

$\dot{M}$ ——继电器固有特性的半径，$\dot{M}=0.5Z_y$；

θ ——自变量，0°～360°；

$\dot{F}$ ——待求轨迹变量。

对上述变幅角 θ 的隐函通式进行复坐标变换，可得 F 的轨迹为一圆。

F 的圆心：

$$\dot{O}=\frac{(-\dot{P}+\dot{Q}\dot{L})(\hat{G}-\hat{H}\hat{L})+\dot{Q}\hat{H}\dot{M}\hat{M}}{\left|\dot{G}-\dot{H}\dot{L}\right|^2-\left|HM\right|^2} \tag{5-71}$$

F 的半径：

$$\rho=\left|\frac{(-\dot{P}+\dot{Q}\dot{L})(-\dot{H})-\dot{Q}(\dot{G}-\dot{H}\dot{L})}{\left|\dot{G}-\dot{H}\dot{L}\right|^2-\left|HM\right|^2}\times\dot{M}\right| \tag{5-72}$$

当以 $\dot{T}$ 为待求变量，即 $\dot{F}=\dot{T}$ 时，求其在两相短路时的轨迹，式（5－70）变为：

$$\dot{L}+\dot{M}e^{j\theta}=\frac{\dot{P}_T+\dot{G}_T\dot{T}}{\dot{Q}_T+\dot{H}_T\dot{T}} \tag{5-73}$$

对比式（5－69）可得：

$$\begin{aligned}\dot{P}_T&=fNK \qquad &\dot{G}_T&=N\\ \dot{Q}_T&=fN \qquad &\dot{H}_T&=1\end{aligned} \tag{5-74}$$

由此可知，以 $\dot{T}$ 为变量的支接阻抗动作特性，其轨迹圆为：

$$\dot{T}=\dot{O}_T+\rho_T e^{j\theta}\ \ (\theta=0°\to 360°) \tag{5-75}$$

将式（5－74）代入，即可得到其圆心及半径。

圆心：

$$\dot{O}_{\mathrm{T}}=\frac{(-\dot{P}_{\mathrm{T}}+\dot{Q}_{\mathrm{T}}\dot{L})(\hat{G}_{\mathrm{T}}-\hat{H}_{\mathrm{T}}\hat{L})+\dot{Q}_{\mathrm{T}}\hat{H}_{\mathrm{T}}\dot{M}\hat{M}}{\left|\dot{G}_{\mathrm{T}}-\dot{H}_{\mathrm{T}}\dot{L}\right|^{2}-\left|H_{\mathrm{T}}M\right|^{2}}=O_{\mathrm{TR}}+\mathrm{j}O_{\mathrm{TX}} \tag{5-76}$$

半径：

$$\rho_{\mathrm{T}}=\left|\frac{(-\dot{P}_{\mathrm{T}}+\dot{Q}_{\mathrm{T}}\dot{L})(-\dot{H}_{\mathrm{T}})-\dot{Q}_{\mathrm{T}}(\dot{G}_{\mathrm{T}}-\dot{H}_{\mathrm{T}}\dot{L})}{\left|\dot{G}_{\mathrm{T}}-\dot{H}_{\mathrm{T}}\dot{L}\right|^{2}-\left|H_{\mathrm{T}}M\right|^{2}}\times\dot{M}\right| \tag{5-77}$$

5.6.2　振荡阻抗动作特性

要求以 N 为新变量时，利用式（5－69）及式（5－70）将以 θ 为变量的方程变换至以 N 为变量的方程。变换后，$\dot{N}$ 的轨迹为一圆。

$$\begin{aligned}\dot{P}_{\mathrm{N}}&=0 \qquad & \dot{G}_{\mathrm{N}}&=fK+T\\ \dot{Q}_{\mathrm{N}}&=T \qquad & H_{\mathrm{N}}&=f\end{aligned} \tag{5-78}$$

将上述 $\dot{P}$、$\dot{Q}$、$\dot{G}$、$\dot{H}$、$\dot{L}$、$\dot{M}$ 等参数代入，可得以 $\dot{N}$ 为变量的振荡动作特性，其轨迹为一圆。

$$\dot{O}_{\mathrm{N}}=\frac{(-\dot{P}_{\mathrm{N}}+\dot{Q}_{\mathrm{N}}\dot{L})(\hat{G}_{\mathrm{N}}-\hat{H}_{\mathrm{N}}\hat{L})+\dot{Q}_{\mathrm{N}}\hat{H}_{\mathrm{N}}\dot{M}\hat{M}}{\left|\dot{G}_{\mathrm{N}}-\dot{H}_{\mathrm{N}}\dot{L}\right|^{2}-\left|H_{\mathrm{N}}M\right|^{2}} \tag{5-79}$$

$$r_{\mathrm{N}}=\left|\frac{(-\dot{P}_{\mathrm{N}}+\dot{Q}_{\mathrm{N}}\dot{L})(-\dot{H}_{\mathrm{N}})-\dot{Q}_{\mathrm{N}}(\dot{G}_{\mathrm{N}}-\dot{H}_{\mathrm{N}}\dot{L})}{\left|\dot{G}_{\mathrm{N}}-\dot{H}_{\mathrm{N}}\dot{L}\right|^{2}-\left|H_{\mathrm{N}}M\right|^{2}}\dot{M}\right| \tag{5-80}$$

将式（5－78）代入，即可得到其圆心及半径。

5.6.3　支接电阻计算

由参考文献［20，21］可知，当得出支接阻抗动作特性后，即可由式（5－81）求得短路点处临界动作的过渡电阻值。由于支接阻抗是从短路点接入的，故支接阻抗相量的起始点在短路点。即可求出过渡电阻值 R_{opT} 为：

$$R_{\mathrm{opT}}=O_{\mathrm{TR}}\pm\sqrt{r^{2}-O_{\mathrm{TX}}^{2}} \tag{5-81}$$

【例 1】求归一化系统下 BC 相 Mho 继电器在 BC 两相短路时的支接阻抗动作特性。

令归一化系统线路阻抗为 100，有：

$$Z_{\mathrm{L}}=100\angle 85^{\circ}=8.716+\mathrm{j}99.62$$

$$Z_{\mathrm{S}}=20\angle 88^{\circ}=0.698+\mathrm{j}19.99$$

$$Z_{\mathrm{R}}=50\angle 88^{\circ}=1.75+\mathrm{j}49.97$$

$$Z_{\mathrm{k}}=75\angle 85^{\circ}=6.54+\mathrm{j}74.9$$

$$Z_{\mathrm{Y}}=80\angle 85^{\circ}=6.97+\mathrm{j}79.7$$

以上述参数代入式（5－69）及式（5－76）、式（5－77），很易算得，空载时，当 $m=1$，$\delta=0.1^{\circ}$（即 $N=\infty$），其支接阻抗动作特性圆的：

$$O_{\mathrm{T}}=-1.134-\mathrm{j}15.396$$

$$\rho_{T} = 17.642$$

计算得：

$$R_{opT} = 7.479$$

故空载时，阻抗继电器的短路点归一化临界动作过渡电阻值为 7.479（线路阻抗为 100）

在 S 侧为送端时，$\delta = -30°$。当 $m = 1$，其支接阻抗动作特性圆的：

$$O_{T} = -1.233 - j15.878$$

$$\rho_{T} = 18.827$$

计算得：

$$R_{opT} = 8.885$$

即送端阻抗继电器的短路点归一化临界动作过渡电阻值为 8.885。

在受端时，$\delta = +30°$。当 $m = 1$，其支接阻抗动作特性圆的：

$$O_{T} = -1.017 - j14.484$$

$$\rho_{T} = 16.09$$

计算得：

$$R_{opT} = 5.09$$

即受端阻抗继电器的短路点归一化临界动作过渡电阻值为 5.09。

送端阻抗继电器的灵敏度高于受端。图 5－5 是［例 1］在两相短路时归一化系统下的特性示意图。

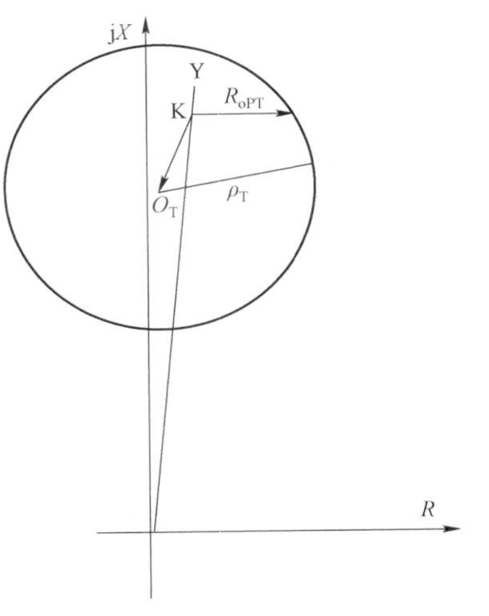

图 5－5　Mho 继电器的支接阻抗动作特性

【例 2】求归一化系统下 BC 相 Mho 继电器的振荡阻抗动作特性。

当故障点处的过渡电阻等于 5Ω时，即令：

$$T = 5$$

可算得：

$$O_{N} = -36.567 - j46.571$$

$$\rho_{N} = 253.037$$

圆内为振荡拒动区。

当故障点处的过渡电阻等于 0Ω时：

$$O_{N} = 0$$

$$\rho_{N} = 0$$

即无拒动区。金属短路时，继电器的动作与对侧电势无关。不存在振荡拒动区。

5.7　过渡电阻动作特性——直接法

阻抗继电器种类繁多，判据各种各样。如何比较不同继电器的性能，以便根据电力系统的具体情况做出较好的选择，这是一个问题。

采用过渡电阻动作特性作为一个统一进行比较的依据，是一个比较合理的方法。

将各种不同的继电器接入同一安装地点，在区内、外不同地点，经各不同大小过渡电阻短路，观察不同继电器的反应。应该说，这是一种比较切合实际的动作性能比较方法。

前面所述，是在已知电力系统结构、参数及继电器动作判据的情况下导出支接阻抗动作

方程，然后得出临界动作的过渡电阻值。但对一些判据比较复杂的距离继电器，其导出过程非常复杂，不易分析。

文献［20，21］提出过一种“直接法”，利用计算机强大的运算能力，编写出称为 TRCP 的软件，实现上述要求。随着软件技术的发展，经过后来者的努力，发展出多个版本。比较新的是由刘世明博士完成的版本，名为“CTRCP”，后改名为“PRECS”。

利用 PRECS，对典型系统用普通参数进行计算，可方便地得出各种阻抗继电器的过渡电阻动作特性。

计算时，以过渡电阻 R_g 为主变量，以电势角为参变量。可对单回线、双回线、送端、受端等情况进行计算，作为一般基本分析。

5.8　常用阻抗继电器的运行动作特性

前面列出的 A、B、C、D 四大类阻抗继电器就有几十种。下面仅就我国多年来使用较多的四种阻抗继电器进行计算分析，列举如下。

计算结果为“支接电阻动作域”图。在保护区内动作，为正确，用浅灰色表示。区外动作为误动作，用深灰色表示。

计算时，电势角为本侧相对于对侧的角差，即以对侧电势角为零度。

5.8.1　相间方向阻抗继电器

计算结果见图 5－6。图中横坐标为线路相对长度，整定点为保护范围；纵坐标为保护装置耐受过渡电阻值。线路为单回线路，线路本侧与对侧等值电源电势角差简称电势角差。

U_{Δ}/I_{Δ} 接线方向阻抗继电器是一个很普通的继电器，它的特性已为大家所熟知，如整定点外的超越、送端出口外小过渡电阻故障拒动等。从上面分析可以得出，送端继电器在反方向出口，经小过渡电阻短路时，若电势角差大到一定程度（例中为－64°）时，可能误动。这个问题是熟知的，但一般缺少量的概念。这里的分析说明，在实例的系统参数下，受端电势落后角度不足 60° 时，不会出现反向误动。除特长的远距离输电线路外，电势角差极小有接近 60°。所以，在上述参数系统情况下，可以不考虑其反方向误动问题。

5.8.2　突变量相间阻抗继电器

一般的阻抗继电器，特别是 A 类阻抗继电器，用测量阻抗构成判据。多相补偿继电器则用多个不同相别的补偿电压在故障前、后相位关系的差别构成判据。而突变量阻抗继电器则用故障前、后的补偿电压的模量差别构成判据。

反映相间短路的突变量（工频变化量）阻抗继电器[23]的动作判据如下：

$$\begin{gathered}|\Delta U_{y}| \geqslant |U_{ymen}| \\ \Delta U_{y}=U_{yn}-U_{yf}\end{gathered} \tag{5-82}$$

式中　U_{yn} ——故障前的补偿电压；

U_{yf} ——故障后的补偿电压。

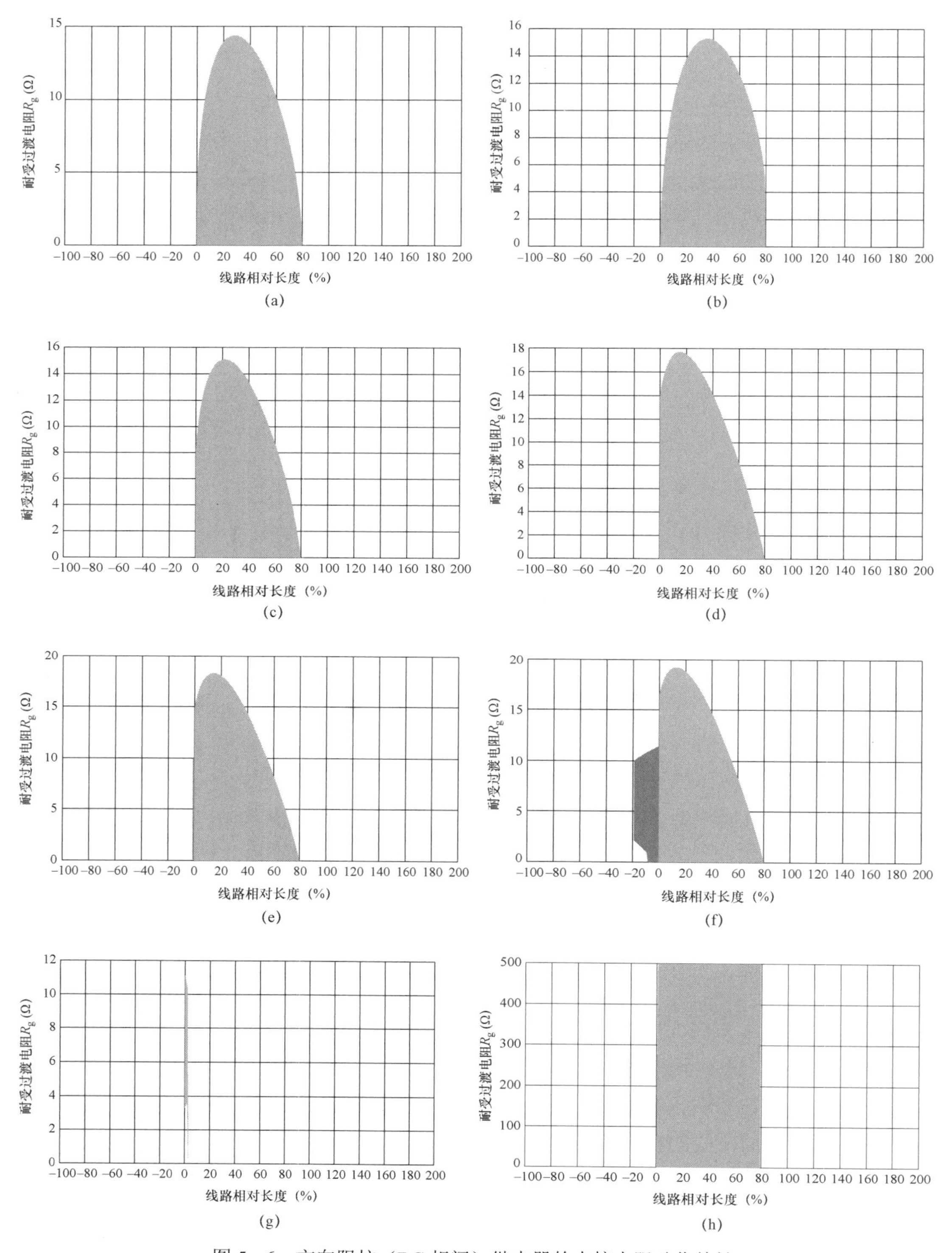

图 5-6　方向阻抗（BC 相间）继电器的支接电阻动作特性

(a) 电势角差 0.0° 时 BC 短路；(b) 电势角差 30.0° 时 BC 短路；(c) 电势角差 -30.0° 时 BC 短路；(d) 电势角差 -60.0° 时 BC 短路；(e) 电势角差 -64.0° 时 BC 短路；(f) 电势角差 -70.0° 时 BC 短路；(g) 电势角差 0.0° 时 B 相接地；(h) 电势角差 0.0° 时 BC 接地

在实践中，公式右侧的U_{ymen}也有用额定电压代替。其基本原理见图 5－7。图中，Y 点为整定点，K 为短路点。

$U_{yn}=U_{ymen}$——短路前补偿电压；

U_{yf}——短路时补偿电压；

dU_y——补偿电压突变量。

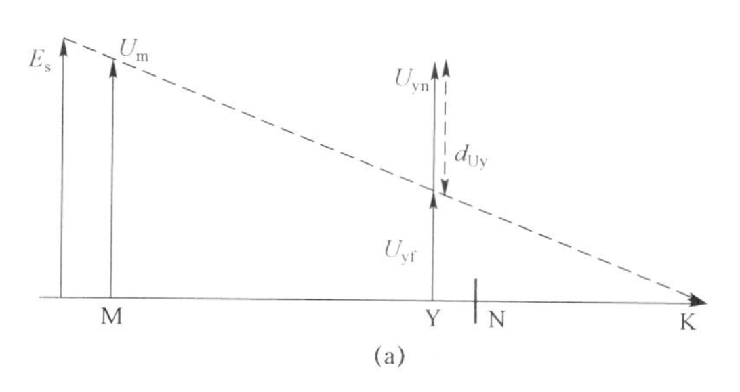

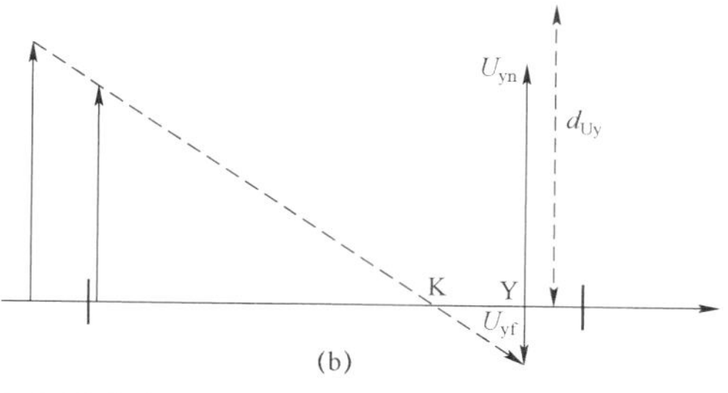

图 5－7　电压突变量分布

（a）外部短路；（b）内部短路

图中 M 表示保护装置位置，N 表示线路末端母线，K 表示短路点，Y 表示保护整定点。

由图 5－7 可见，在正常情况下，根据dU_y的相对大小，即可判断故障发生在区内还是区外。

参考文献［23］指出，在非正常情况下，有三种情况可能使继电器误动作,同时也提出相应的解决的办法。但在实践中，各制造厂已有各自的解决办法。

这种继电器的支接电阻动作特性分析如下。

初始判据：

$$|\Delta U_y|\geqslant|U_{ymen}| \tag{5-83}$$

$$\Delta\dot{U}_y=\Delta(\dot{U}-\dot{I}Z_y)=(\dot{U}-\dot{U}_{men})-(\dot{I}-\dot{I}_{mem})Z_y$$

$$\dot{U}_{ymen}=\dot{U}_{men}-\dot{I}_{men}Z_y$$

对 BC 相继电器：

$$\begin{aligned}\Delta\dot{U}_{BCy}&=\dot{U}_{BC}-\dot{U}_{BCmen}-[(\dot{I}_B-\dot{I}_C)-(\dot{I}_{Bmen}-\dot{I}_{Cmen})]Z_y\\&=[(\dot{E}_B-\dot{E}_C)-(\dot{I}_B-\dot{I}_C)Z_S]-\left[(\dot{E}_B-\dot{E}_C)-\left(\frac{\dot{E}_B-\dot{E}_C}{N}\right)Z_S\right]-\left[(\dot{I}_B-\dot{I}_C)-\frac{\dot{E}_B-\dot{E}_C}{N}\right]Z_y\\&=\left[\frac{\dot{E}_B-\dot{E}_C}{N}-(\dot{I}_B-\dot{I}_C)\right](Z_S+Z_y)\end{aligned}$$

$$\dot{U}_{BCmen}=(\dot{E}_B-\dot{E}_C)-\frac{\dot{E}_B-\dot{E}_C}{N}\times Z_S=(\dot{E}_B-\dot{E}_C)\left(1-\frac{Z_S}{N}\right)$$

$$\begin{aligned}\dot{U}_{ymen}&=\dot{U}_{BCmen}-(I_{Bmen}-I_{Cmen})Z_y\\&=(\dot{E}_B-\dot{E}_C)\left(1-\frac{Z_S}{N}\right)-\frac{\dot{E}_B-\dot{E}_C}{N}Z_y=\frac{\dot{E}_B-\dot{E}_C}{N}(N-Z_S-Z_y)\end{aligned}$$

代入式（5－82），判据变为：

$$0 \leqslant |\Delta U_{\mathrm{y}}| - |U_{\mathrm{ymen}}|$$
$$= \left| \left[\frac{E_{\mathrm{B}} - E_{\mathrm{C}}}{N} - (I_{\mathrm{B}} - I_{\mathrm{C}}) \right] (Z_{\mathrm{S}} + Z_{\mathrm{y}}) \right| - \left| \frac{E_{\mathrm{B}} - E_{\mathrm{C}}}{N} (N - Z_{\mathrm{S}} - Z_{\mathrm{y}}) \right|$$
$$= \left| [E_{\mathrm{B}} - E_{\mathrm{C}} - (I_{\mathrm{B}} - I_{\mathrm{C}})N](Z_{\mathrm{S}} + Z_{\mathrm{y}}) \right| - \left| (E_{\mathrm{B}} - E_{\mathrm{C}})(N - Z_{\mathrm{S}} - Z_{\mathrm{y}}) \right|$$
$$= \left| \left[1 - \frac{N(I_{\mathrm{B}} - I_{\mathrm{C}})}{E_{\mathrm{B}} - E_{\mathrm{C}}} \right] (Z_{\mathrm{S}} + Z_{\mathrm{y}}) \right| - \left| N - Z_{\mathrm{S}} - Z_{\mathrm{y}} \right|$$
$$= \left| 1 - \frac{N}{Z_{\mathrm{S}} + Z_{\mathrm{m}}} \right| - \left| \frac{N}{Z_{\mathrm{S}} + Z_{\mathrm{y}}} - 1 \right|$$

其临界情况为：

$$\left| 1 - \frac{N}{Z_{\mathrm{S}} + Z_{\mathrm{m}}} \right| = \left| \frac{N}{Z_{\mathrm{S}} + Z_{\mathrm{y}}} - 1 \right| \quad \text{或} \quad \left| 1 - \frac{N}{M} \right| = \left| 1 - \frac{N}{Y} \right|$$

$$M = Z_{\mathrm{S}} + Z_{\mathrm{m}} \qquad Z_{\mathrm{m}} = \frac{\dot{U}_{\mathrm{B}} - \dot{U}_{\mathrm{C}}}{\dot{I}_{\mathrm{B}} - \dot{I}_{\mathrm{C}}}$$

可写成以 M 为变量的方程，M 为电源电势处的测量阻抗。临界时为：

$$1\mathrm{e}^{\mathrm{j}\theta} = \frac{\dfrac{M - N}{M}}{\dfrac{Y - N}{Y}} = \frac{-NY + YM}{0 + (Y - N)M}$$

M 的轨迹为一圆，其圆心和半径：

$$\dot{O}_{\mathrm{M}} = \frac{N|Y|^2}{-|Y - N|^2}, \quad r_{\mathrm{M}} = \left| \frac{NY}{N - Y} \right|$$

$$\text{空载时 } N \to \infty, \quad \dot{O}_{\mathrm{M}} = 0 \quad r_{\mathrm{M}} = Y$$

即在空载时，其动作特性是以电源处为圆心，以 Y 为半径的一个圆。由于圆的半径很大，所以其灵敏度很高。

下面 PRECS 程序的分析说明，这种突变量阻抗继电器的动作特性比较稳定、灵敏度比较高，只要处理好上述问题，选择好整定值，就可以得到比较稳定的结果。但一定要选相正确，以免非故障相误动。相间突变量阻抗继电器的支接电阻特性如图 5－8 所示。图中横坐标为线路相对长度，整定点为保护范围；纵坐标为保护装置耐受过渡电阻值。线路为单回线路，线路本侧与对侧等值电源电势角差简称电势角差。

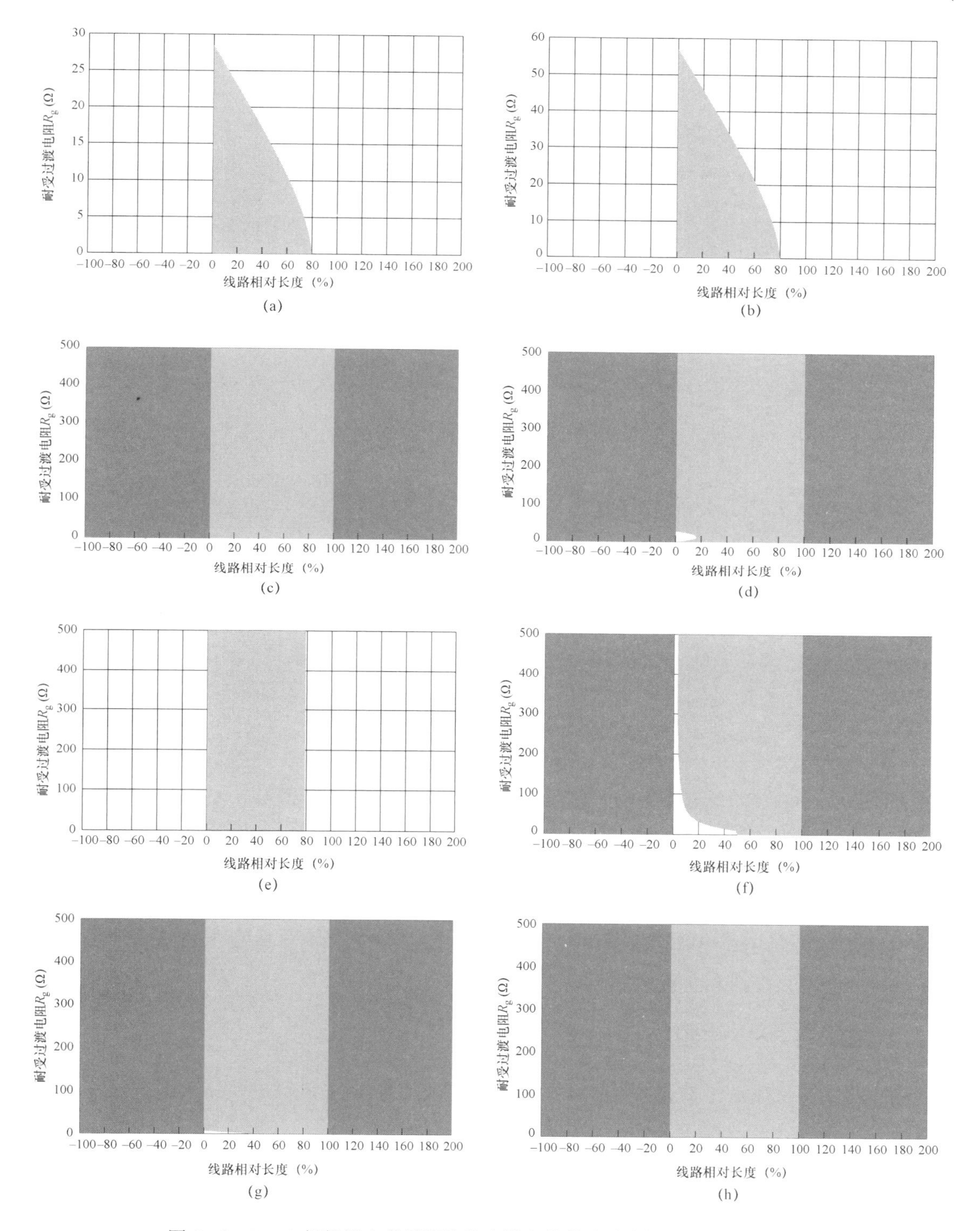

图 5-8 B、C 相相间突变量阻抗继电器各种故障时支接电阻特性(一)

(a)电势角差 0.0°时三相短路;(b)电势角差 0.0°时 BC 短路;(c)电势角差 0.0°时 CA 短路;(d)电势角差 0.0°时 AB 短路;(e)电势角差 0.0°时 BC 接地;(f)电势角差 0.0°时 CA 接地;(g)电势角差 0.0°时 AB 接地;(h)电势角差 0.0°时 C 相接地

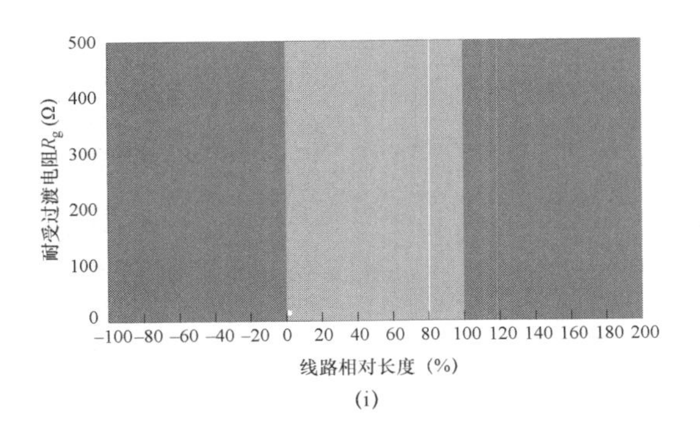

(i)

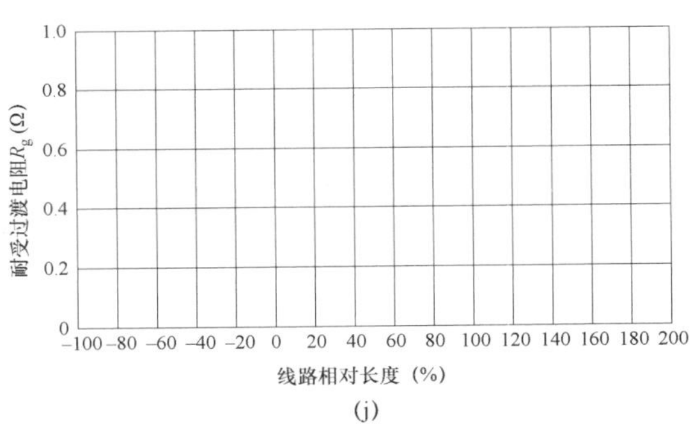

(j)

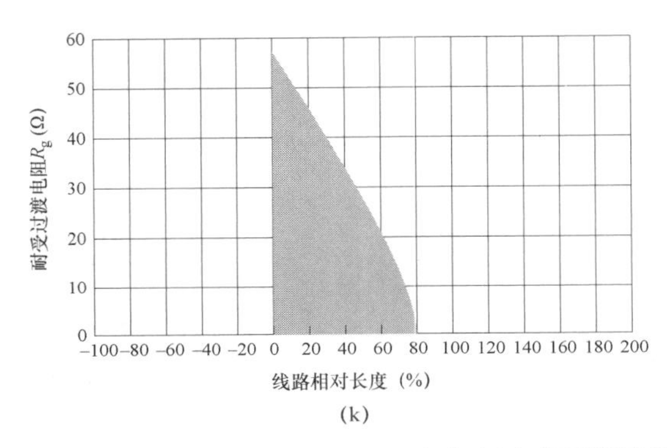

(k)

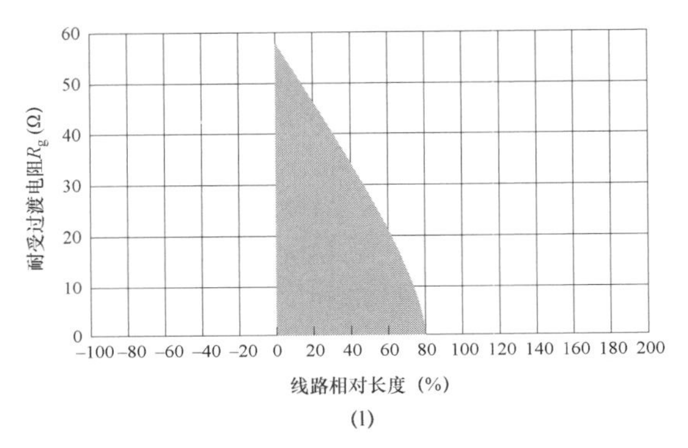

(l)

图 5－8　B、C 相相间突变量阻抗继电器各种故障时支接电阻特性（二）

(i) 电势角差 0.0° 时 B 相接地；(j) 电势角差 0.0° 时 A 相接地；(k) 电势角差－30.0° 时 BC 短路；
(l) 电势角差 30.0° 时 BC 短路

图 5－8 中，两相短路时，支接电阻是相间电阻。三相短路时，支接电阻是相电阻。二者差一倍。继电器只在选相正确时能正确动作。

5.8.3　相间多相补偿阻抗继电器

这种继电器仅反映不对称短路，不反映对称的运行状态，包括过负荷、系统振荡。其判据为：

$$\left|U_{2y}\right| \geqslant \left|U_{1y}\right| \tag{5-84}$$

此继电器的支接电阻动作特性如图 5－9 所示。图中横坐标为线路相对长度，整定点为保护范围；纵坐标为保护装置耐受过渡电阻值。线路为单回线路，线路本侧与对侧等值电源电势角差简称电势角差。

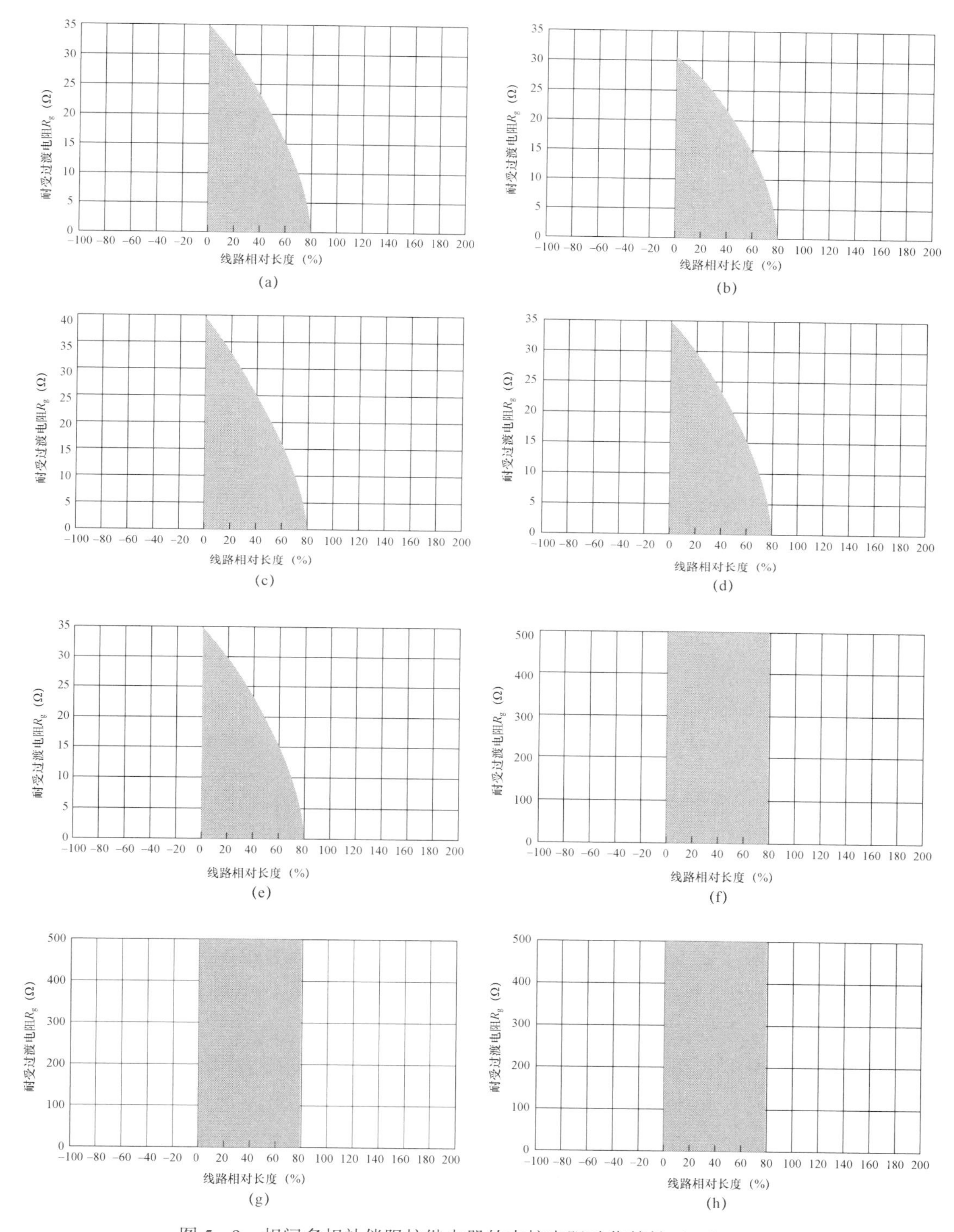

图 5-9　相间多相补偿阻抗继电器的支接电阻动作特性（一）

（a）电势角差 0.0°时 BC 短路；（b）电势角差 30.0°时 BC 短路；（c）电势角差 -30.0°时 BC 短路；（d）电势角差 0.0°时 CA 短路；（e）电势角差 0.0°时 AB 短路；（f）电势角差 0.0°时 BC 接地；（g）电势角差 0.0°时 CA 接地；（h）电势角差 0.0°时 AB 接地

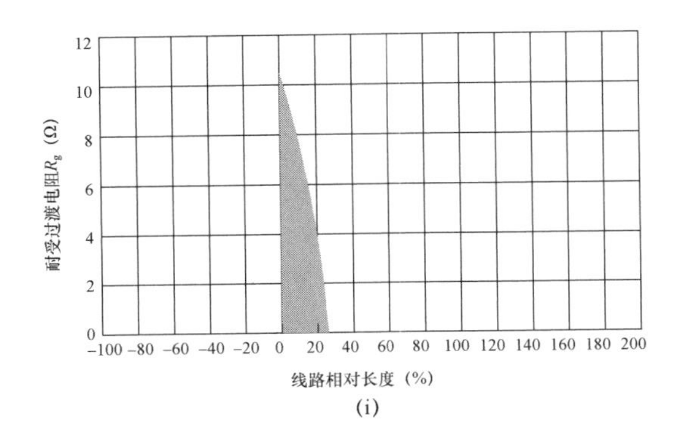

(i)

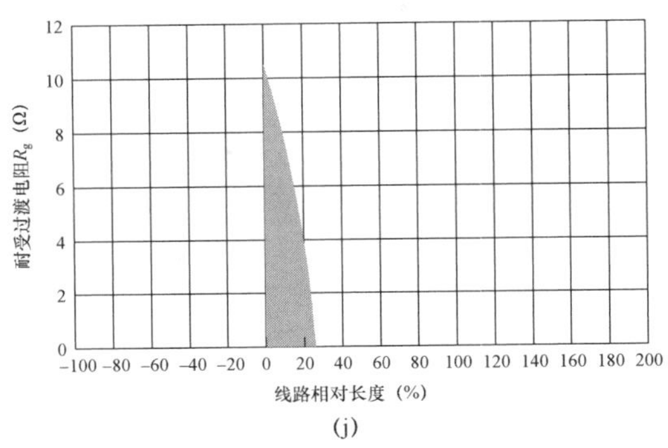

(j)

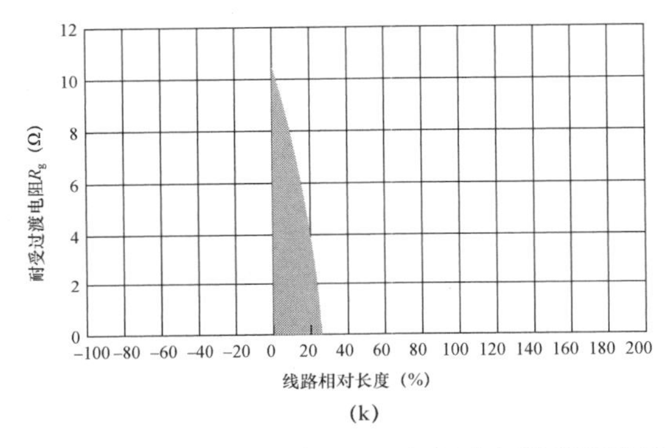

(k)

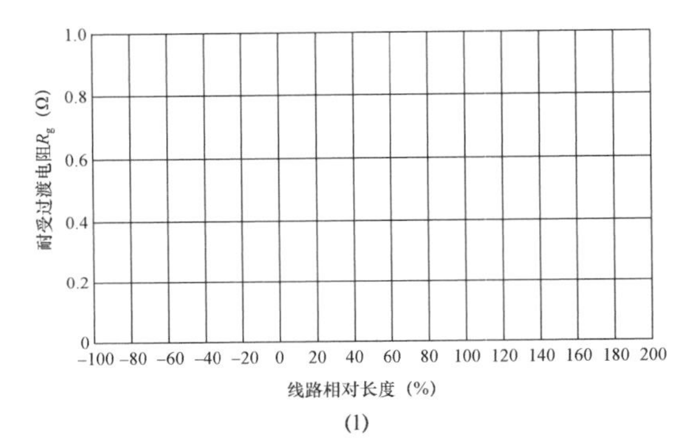

(l)

图 5－9 相间多相补偿阻抗继电器的支接电阻动作特性（二）

(i) 电势角差 0.0° 时 A 相接地；(j) 电势角差 0.0° 时 B 相接地；(k) 电势角差 0.0° 时 C 相接地；
(l) 电势角差 0.0° 时 ABC 接地

此处分析结果印证了熟知的动作特性，对线路中点以内的两相短路具有比较稳定、比较高的灵敏度，不反映三相短路，不反映系统振荡，对接地短路不灵敏。对平行双回线，必须有邻线零序补偿，否则在邻线出口单相接地时会误动。

20 世纪 90 年代以前，这种继电器因结构简单，不怕系统振荡和过负荷，在国内外得到广泛应用。但在一次线路非全相振荡的事故中出现误动，此后就不敢使用。从当时的记录数据得知，继电器发出的跳闸脉冲的脉宽不足 5ms。当时的保护装置是进口的模拟型继电器，其出口没有脉宽鉴别回路，即使脉宽很短，也发出跳令。所以只要在出口回路加入大于 5～10ms 的脉宽鉴别，即使发生一样的事故，此种继电器也不会误动作。

5.8.4　四边形方向阻抗继电器

有多种方法可以构成四边形。下面是这种继电器用得较多的判据：

$$\left.\begin{array}{lll} L_1: & -\theta_1 \geqslant \mathrm{Arg}\dfrac{\dot{U}-Z_y\dot{I}}{R\dot{I}} \geqslant 180^\circ-\theta_1 & \text{（称为电抗线）} \\ L_2: & 180^\circ+\theta_2 \geqslant \mathrm{Arg}\dfrac{\dot{U}-Z_R\dot{I}}{R\dot{I}} \geqslant \theta_2 & \text{（称为负荷线）} \\ L_3: & 90^\circ+\theta_3 \geqslant \mathrm{Arg}\dfrac{\dot{U}}{R\dot{I}} \geqslant \theta_3-90^\circ & \text{（称为左方向线）} \\ L_4: & 180^\circ-\theta_4 \geqslant \mathrm{Arg}\dfrac{\dot{U}}{R\dot{I}} \geqslant -\theta_4 & \text{（称为下方向线）} \end{array}\right\} \quad (5-85)$$

$$T = L_1 \cap L_2 \cap L_3 \cap L_4 \quad (5-86)$$

L_3、L_4 实际上是两条方向线。

其 A 相接地阻抗继电器的支接电阻动作特性计算结果如图 5－10 所示。图中横坐标为线路相对长度，整定点为保护范围；纵坐标为保护装置耐受过渡电阻值。线路为单回线路，线路本侧与对侧等值电源电势角差简称电势角差。

结果可见，保护区内支接动作电阻变化不大，即灵敏度变化不大，非保护相不误动，对选相没有特殊要求，但 ABN 短路时，四边形 A 相阻抗继电器有超越误动危险。

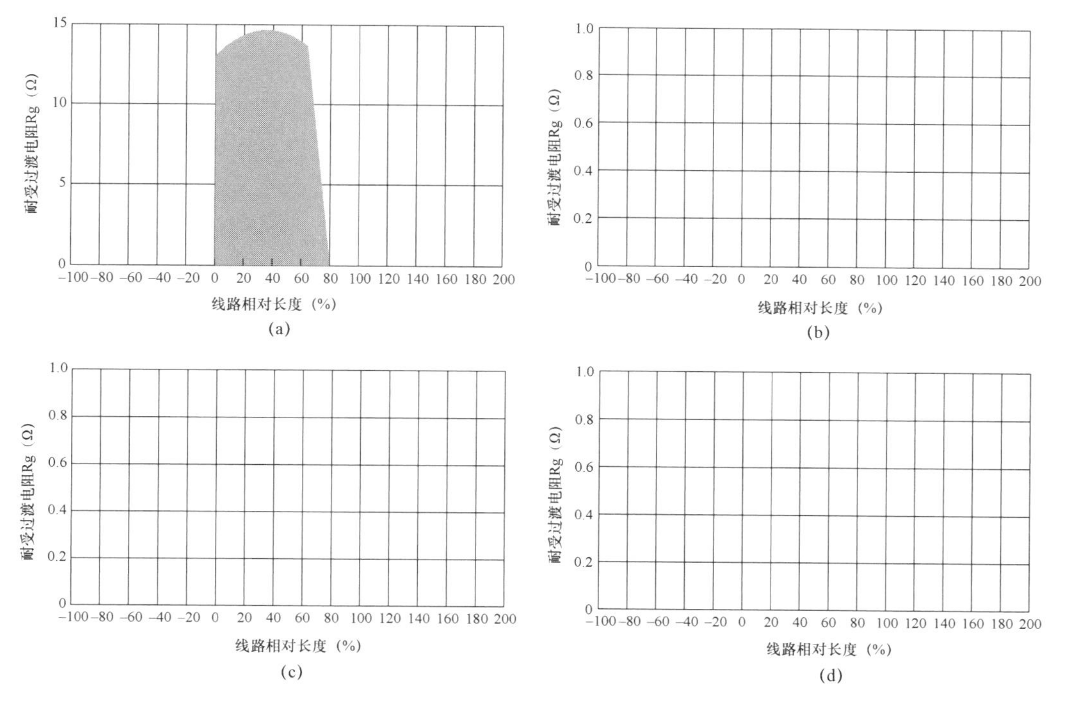

图 5－10　四边形 A 相阻抗继电器的支接电阻动作特性（一）

（a）电势角差 0.0° 时 A 相接地；（b）电势角差 0.0° 时 B 相接地；（c）电势角差 0.0° 时 C 相接地；（d）电势角差 0.0° 时 AB 短路

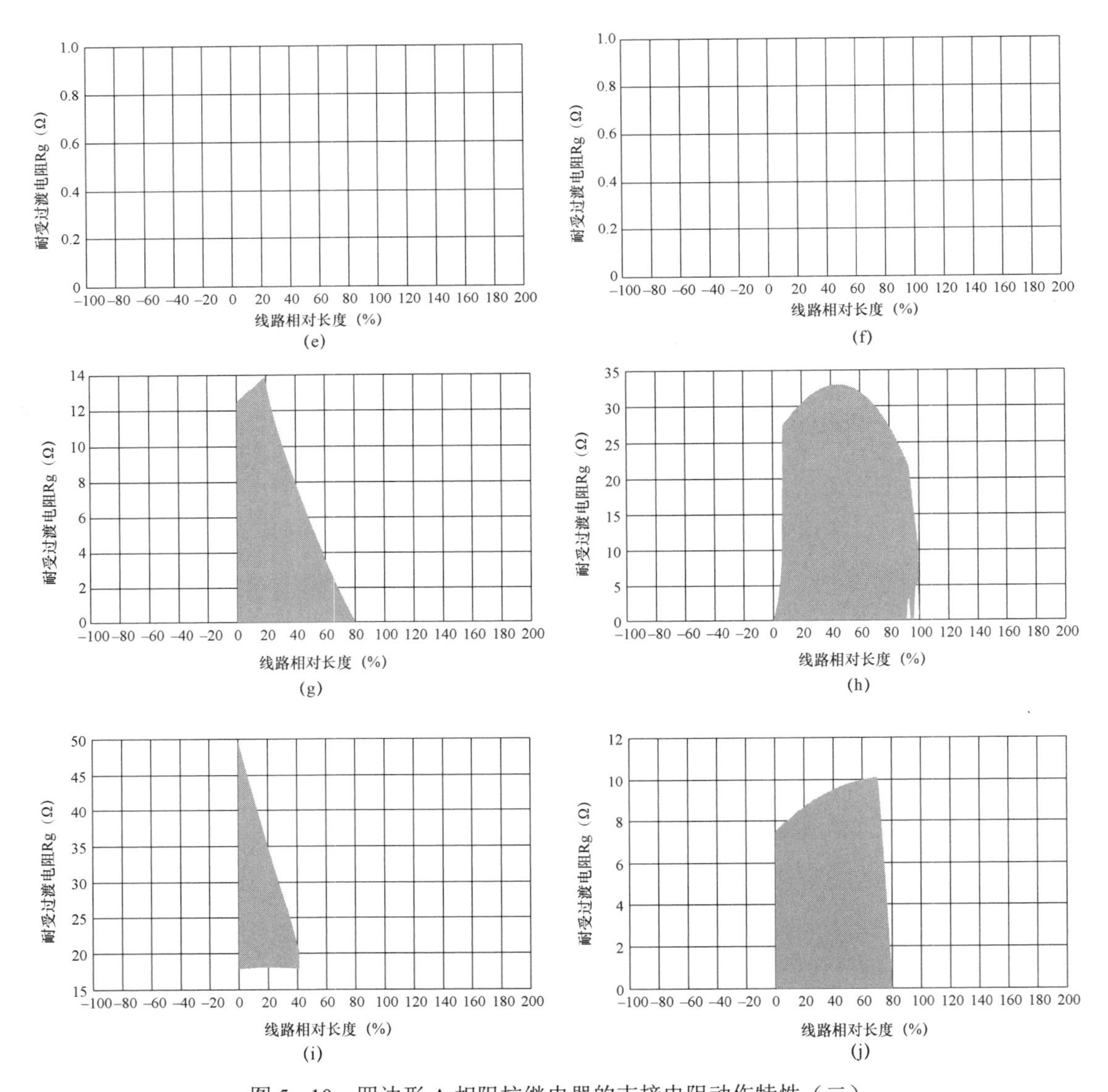

图 5－10　四边形 A 相阻抗继电器的支接电阻动作特性（二）

（e）电势角差 0.0° 时 BC 短路；（f）电势角差 0.0° 时 BC 接地；（g）电势角差 0.0° 时 CA 接地；（h）电势角差 0.0° 时 AB 接地；（i）电势角差 0.0° 时 CA 短路；（j）电势角差 0.0° 时 ABC 短路

5.9　后备段阻抗继电器的误动问题

5.9.1　问题的提出

阻抗继电器除被用作线路保护的第一、二段外，常被用作线路及其他相邻设备的

后备保护。

一般来说，对后备保护，倾向尽可能地简化其构成。为了防止意外，后备保护还不能完全取消。电力系统的运行说明，后备保护正确动用的机会很小，但其误动引起的负面作用有时却非常大。多次灾难性大面积停电事故，特别是 2003 年的北美“8・14”大停电事故[2~5]，这种负面作用更突出，更引起人们的关注。事故当时，美－加东北部电力系统高压—中压大环网运行。当高压网 5 回联络线因故先后正确跳闸后，其传输功率全部转移至中压联络线。十多回中压联络线先后因过负荷，距离保护Ⅲ段因过负荷而“正确”跳闸。其东部因严重缺电导致大量发电机，包括大量核电及全部负荷切除。经 20 余天，电力系统才完全恢复正常。但此次，继电保护的动作结果都被评为“正确动作”。假如阻抗第Ⅲ段后备保护，不因此种过负荷工况出现而快速切断两端电力系统的联系，改由较慢的切机、切负荷等自动化措施进行抢救，事故影响可能大大减轻。因此，距离保护第Ⅲ段或过负荷保护如何改进，提高防止“异常”过负荷误动能力，是值得重视的问题。

在国外，一般设定扇形负荷阻抗闭锁区，对后备段阻抗元件进行闭锁。在国内，更多采用直线型阻抗元件或采用四边形阻抗元件对 mho 方向阻抗继电器进行闭锁。

北美“8・14”大停电事故后，过负荷保护如何改进的问题引起了广泛的关注，出现了许多研究成果，提出了许多改进方案。这些方案一般能收到一定的效果，但有待于有更严格的考验。

这里，主要提出两个基本问题。首先，一般分析问题时采用的电力系统模型问题。发生短路故障时，系统处于电磁暂态过程。此时，同步发电机的暂态电势基本保持恒定。各变电所本身的负荷阻抗远大于短路点支路的阻抗，这导致往往分析问题时忽略负荷的存在。因此常常采用简化的系统模型进行故障分析。在分析电力系统振荡中继电保护的行为时，通常在线路两端采用等值的简化电源这一模型。在习惯性的影响下，分析过负荷问题时，很多也采用此模型。在这种模型下，产生过负荷的原因是功角增大，可称为“功角型过负荷”。其次，负荷电流主要由于功角增大产生。功角越大，负荷电流越大，但 $U\cos\varphi$ 越小。由此，可以推论出，用系统等值中心电压即 $U\cos\varphi$ 的大小可以反映功角的大小。

线路的负荷电流由线路的阻抗及首、末端电压的压差决定。即使电力系统中各个电源电势的相位角相同，功角为零时，也可能有很大的负荷电流，即负荷不完全取决于功角。而是由于线路的一侧无功严重不足，电压下降，线路主要传送无功功率，此时 $U\cos\varphi$ 仍将很高。产生过负荷电流的原因是线路两侧电压的模值差，这里称之为“模差型过负荷”。

图 5－11 的仿真系统正常为环网运行，左侧为 M 变电站，右侧为 N 变电站，下端为 L 变电站，右侧无功负荷较重。变电站 L 装有较大的无功电源。运行中，线路＜L－N＞由于偶然原因被切除。其前后参数变化见表 5－1。其相量变化见图 5－12，其测量阻抗变化见图 5－13。$\mathrm{d}U=U_{\mathrm{mA}}-U_{\mathrm{nA}}$。

这表明，这种过负荷时的 $U\cos\varphi$ 值很小，表明是过负荷状态，但如整定阻抗足够大，继电器的过负荷保护将会误动。

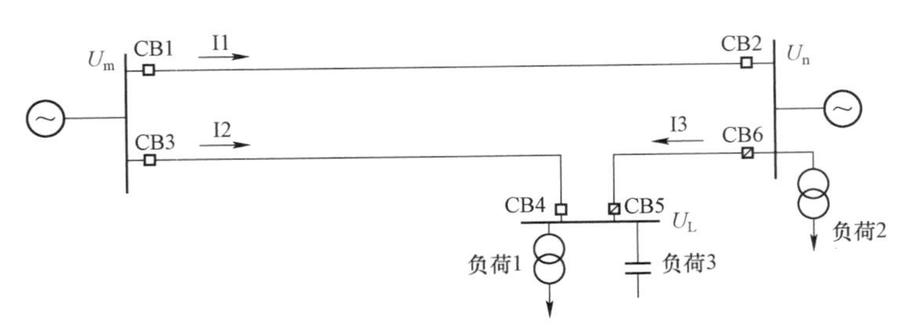

图 5－11　仿真系统模型

表 5－1　仿真系统异常过负荷前后的仿真数据

名称	事故前	事故后
Z_{MN}	100∠85° Ω（300km）	100∠85° Ω（300km）
Z_{ML}	93.3∠85° Ω（280km）	93.3∠85° Ω（280km）
Z_{LN}	7.7∠85° Ω（20km）	7.7∠85° Ω（20km）
Z_{load}（负荷 1、2）	70Ω/0.223H	70Ω/0.223H
Z_{load}（负荷 3）	200Ω/30μF	200Ω/30μF
Z_{sm}	0.032H	0.032H
Z_{sn}	0.032H＋12Ω（40km）	0.032H＋12Ω（40km）
E_m	570∠3.14° kV	570∠3.14° kV
E_n	550∠11.2° kV	550∠11.2° kV
U_{mA}	322.8∠39° kV	308.7∠99.5° kV
U_{nA}	284.4∠30.5° kV	243.7∠103.5° kV
I_1	624∠0° A	713∠0° A
Z_{mes}	517.3∠39° Ω	433∠99.5° Ω
dU	5.82+j58.8kV	5.94+j67.5kV

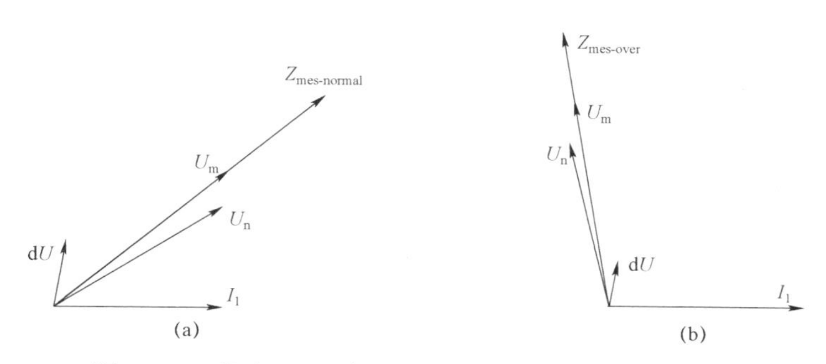

图 5－12　线路 N－L 意外切除前后过负荷的电压相量图

（a）切除前；（b）切除后

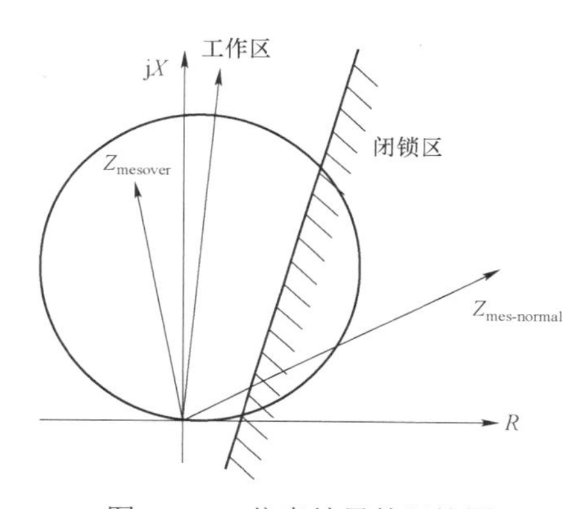

图 5－13　仿真结果的阻抗图

5.9.2　异常过负荷时阻抗继电器误动的可能域

由上例可以看出，功角差可以引起过负荷，电压模值差也可以引起过负荷。

如图 5－11 所示，在负荷状态下 M 侧阻抗继电器感受到的测量阻抗为 Z_{mes-M}。

$$Z_{mes-M}=\frac{\dot{U}_M}{\dot{I}_L} \tag{5-87}$$

而 $\dot{I}_L=\dfrac{\dot{U}_M-\dot{U}_N}{Z_1}$，所以：

$$\begin{aligned}Z_{mes-M}&=\frac{\dot{U}_M}{\dot{I}_L}=\frac{\dot{U}_M}{\dot{U}_M-\dot{U}_N}\cdot Z\\&=\frac{1}{1-ke^{j\theta}}\cdot Z_1\end{aligned} \tag{5-88}$$

即测量阻抗受两端电压模值比 k 及角差 θ 的影响。

在电力系统无故障、非失步的运行情况下，上述测量阻抗受到电流约束和电压约束两种约束。例如，非故障状态下，电流不可能大于输电线导线的熔断电流，电压不可能低于 $0.7U_{\mathrm{nom}}$。与这些约束条件下的运行方式相对应的测量阻抗域应该是不存在的。阻抗继电器的动作域如果包含有上述约束域的部分，则这部分属于不可能误动域，其余部分才是可能误动域。

当本输电线路的外部发生短路，其故障状态在超过规定时间后仍未恢复正常时，本线路的后备保护应该发令跳闸将故障切除。但是，如果线路外部已没有短路故障存在，而本线路出现严重事故过负荷，后备保护不是在任何情况下都有必要跳闸的。

关于这个必要性问题，参考文献［20］提出两种约束域概念，即电压约束域和电流约束域。即当任一侧母线电压低于额定电压的 70%时，认为该侧系统已到电压崩溃状态。此时，系统失步，后备段阻抗元件因有延时而不一定会动作。即使动作，也属振荡解列。另外，如果电流超过输电线导线的极限电流，如不切断线路，导线将会熔断。后备保护动作是正确和必要的。当然，为保证导线不被烧断，一般可另设电流判据，而不依靠阻抗元件。但分析时将电流量在确定电压量后转换至阻抗坐标，可以得到其约束区，由此可以观测阻抗元件的表现。

上面，基于图 5－11 的特例，提出负荷的一些基本问题。为了更一般化，下面将采用图 5－14 的简化模型，对输电线过负荷保护做进一步讨论。

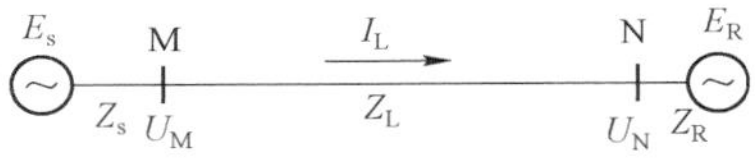

图 5－14　输电线送负荷示意图

简化成图 5－14 后，在负荷状态下 M 侧阻抗继电器感受到的测量阻抗为：

$$Z_{\mathrm{m,M}}=\frac{\dot{U}_{\mathrm{M}}}{\dot{I}_{\mathrm{L}}}$$

$$\dot{I}_{\mathrm{L}}=\frac{\dot{U}_{\mathrm{M}}-\dot{U}_{\mathrm{N}}}{Z_{\mathrm{l}}}$$

可得输电线过负荷测量阻抗的一般表达式为：

$$Z_{\mathrm{m,M}}=\frac{\dot{U}_{\mathrm{M}}}{\dot{U}_{\mathrm{M}}-\dot{U}_{\mathrm{N}}}\cdot Z_{\mathrm{l}}=\frac{1}{1-k\mathrm{e}^{\mathrm{j}\theta}}\cdot Z_{\mathrm{l}} \tag{5-89}$$

加于输电线路上的电流、电压不可能是无限制的。可见，在电力系统无故障、非失步的运行情况下，上述测量阻抗将受到电流约束和电压约束两种约束。

5.9.2.1 电流约束

输电线路存在电流限制。设短时间允许最大电流为 $I_{L.H2}$，超出此电流属严重过电流，要求快速切除。如果是短路引起的过电流，保护装置将会及时动作，避免导线烧损。如果是严重过负荷，为防止导线熔断，也要求快速切除。

在式（5－90）的约束条件下，对应的测量阻抗在满足此条件时，表明系统处于约束状态。在此约束状态之外的过负荷状态，应考虑和检查保护装置是否会误动。

$$Z_{m,i} \leqslant \frac{U_m}{I_{L\cdot H2}} \tag{5-90}$$

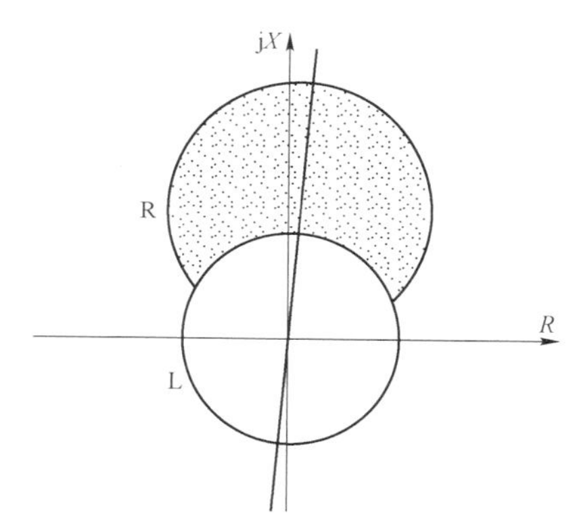

图 5－15 电流约束下的过负荷误动区

式中 $Z_{m,i}$——电流约束的阻抗域。

在阻抗平面上，如图 5－15 所示，L 是电压为 U_m 时的 $Z_{m,i}/Z_L$ 圆。圆内为导线不允许的运行区，阻抗继电器不需要考虑过负荷问题，即使动作，也不属于误动。圆外为阻抗继电器 R 需要考虑的过负荷运行区。图 5－15 中的阴影区就是 mho 阻抗继电器 R 需要考虑的过负荷误动运行区。

电流固定、电压变化时，上述区域相应发生变化。也就是说，阻抗平面上的过电流约束区因电压而变。

初步分析时，取 U_m 为额定值。

在考虑保护方案时，电流约束条件应该设置电流元件保证。此处的分析主要在阻抗平面上，找出不可能误动的区域。

5.9.2.2 电压约束

由式（5－89），M 侧测量阻抗为：

$$Z_{m,M} = \frac{1}{1-\dfrac{\dot{U}_N}{\dot{U}_M}} \cdot Z_1 = \frac{1}{1-ke^{j\varphi}} \cdot Z_1 = B \cdot Z_1 \tag{5-91}$$

$$B = \frac{1}{1-ke^{j\varphi}} \tag{5-92}$$

$$k = \left|\frac{\dot{U}_N}{U_M}\right| \tag{5-93}$$

$$\varphi = \mathrm{Arg}\,(\theta_{UN} - \theta_{UM}) \tag{5-94}$$

k 是以本侧电压为基准时，对侧电压的相对值。θ_{UN}、θ_{UM} 为母线电压相位。

电压约束条件包含两个变量——模值比 k 和角差 φ。分析时，将角差作为任意变量。观察模值比的影响，容易形成圆特性，便于在阻抗图上进行对比。所以下面主要讨论模值约束。

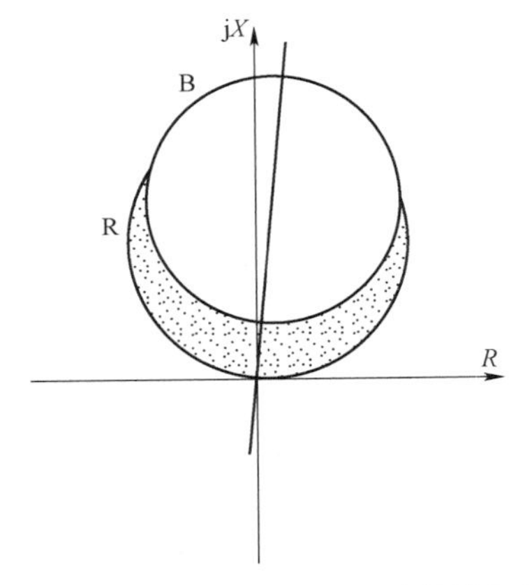

图 5－16　本侧电压为 U_{nor} 时的过负荷误动约束区 B（k=0.7）

考虑电压稳定的极限，设对侧极限电压为 $0.7U_{nor}$。

当本侧电压为额定时，$k=\dfrac{0.7U_{nor}}{U_{nor}}=0.7$。

在分析电压模值约束时，取 $\varphi=0\sim360°$，k 为某一定值时，B 为一圆。当 $k=0.7$ 时，见图 5－16。

图 5－16 中，令 Z_l 的模值为 1，B 圆的圆内是电压约束区，因电压已低于 $0.7U_{nor}$，即使是过负荷，也允许继电器动作。电压约束的 B 圆之外为过负荷可能误动动作区。图中的阴影区即为方向阻抗继电器 R 在过负荷时可能误动的运行区。

当本侧电压不同而对侧保持为 $0.7U_{nor}$ 时，B 圆相应发生变化。

$$\mathrm{B}=\frac{mU_{nor}}{mU_{nor}-0.7U_{nor}e^{j\varphi}}=\frac{m}{m-0.7e^{j\varphi}}=\frac{1}{1-\dfrac{0.7}{m}e^{j\varphi}}$$

即

$$k=\frac{0.7}{m}$$

式中　m——以额定电压为基数的本侧电压的相对比值。

5.9.2.3　相位约束

在式（5－92）中，$B=\dfrac{1}{1-ke^{j\varphi}}$。

如两侧母线电压相位差 φ 为给定值，k 为任意值，则式中的分母为一直线。其反演为一圆，即此时的 B 亦为一圆。考虑电力系统功角稳定的要求，可取 $\varphi=\pm90°$。此时，B 圆的大值为 $1/0.3=3.33$，小值为 $1/1.7=0.6$，B 圆是以 $2.73\,Z_L$ 为直径的圆。

5.9.2.4　电压、电流共同约束

综合上述可得测量阻抗的可能过负荷区如图 5－17 所示。以线路阻抗值为基准，取其为 1。图中包括 3 个特性圆。R 圆为继电器动作特性圆。图中，$Z_y=3Z_L$。L_i 圆为电流约束圆，导线电流热稳极限圆，圆内不用考虑过负荷。B 圆为电压约束圆，圆内不用考虑过负荷。

这里主要是示意。L_i 与电压相关。图 5－17 以 mho 继电器为例，示出其可能的过负荷误动区即阴影区的情况。此区由 B、L_i 与 R 圆合围而成。

从图 5－17 可以看出，存在两个约束区。不同的阻抗继电器的动作区内，在约束区之外的部分，都是属于可能误动作区。图 5－17 的阴影区为方向阻抗继电器的误动区。

图 5－18 中的阴影区表示不同阻抗继电器的误动区。图中继电器 R 为 mho 继电器，其整定值小于 B 圆的最大值。

对四边形阻抗继电器。当其整定值相同，如果整定值大于 B 圆的最大值，其误动区将大大增加。

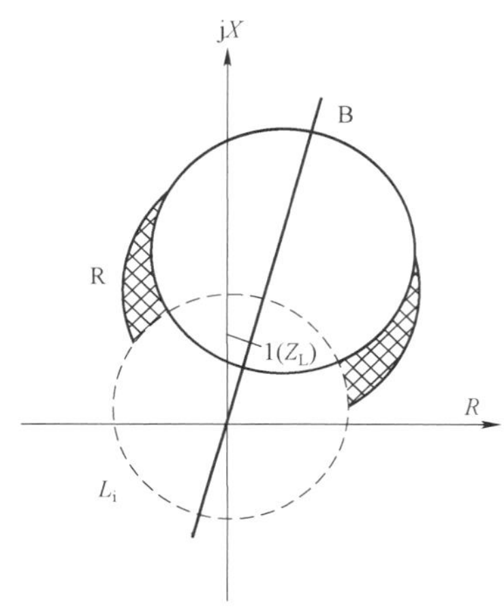

图 5－17　电压、电流共同约束

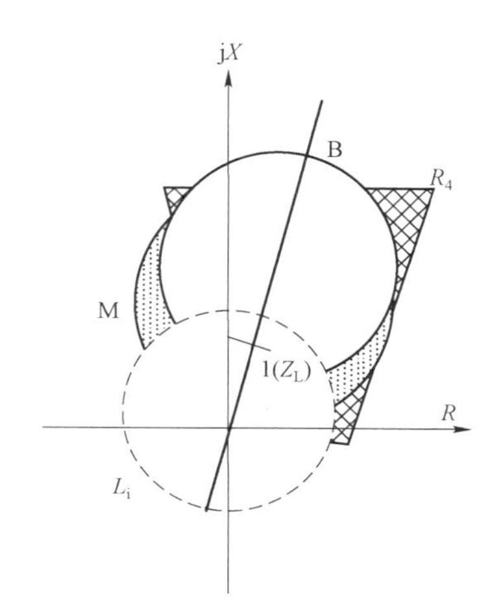

图 5－18　不同阻抗继电器的过负荷误动区

5.9.3　阻抗继电器的可能过负荷误动区的消除

阻抗继电器的过负荷动作区由其动作特性与相应整定值决定。图 5－18 中的 M 圆是距离保护Ⅲ段，为 mho 阻抗继电器，$Z_y = 3Z_l$。B 圆以及 L_i 圆的圆内都是不可能误动的安全区域。所以，只有图中 R 圆两侧的阴影区为过负荷误动区。

四边形阻抗继电器 R_4 也存在一定的误动区。其误动区见图 5－18。R_4 为四边形阻抗继电器动作区。设误动域为 S：

$$S \subset (R_4, B, Li) \tag{5-95}$$

图 5－19 采用一个新的Ⅲ段阻抗元件 R_1，此元件是按（0.8～3）Z_l 整定的抛球型阻抗继电器，其动作区全部落在 B 圆内，即全部处于电压约束区内，不存在过负荷误动区。有条件的线路的阻抗Ⅲ段如能按此整定，在母线电压为额定值时，将不用考虑过负荷误动问题。在本侧母线电压低于额定值时，B 圆将扩大，保护更不会误动。

此时，阻抗Ⅲ段继电器将不负责作本线路的故障的后备。但因同一保护装置备有二段阻抗元件作为后备，不会使线路失去后备保护。

一般的中、长线路，上述条件比较容易满足，但对短线，特别是其前方是比较长的长线时，往往要求 $Z_{y\text{-III}} \gg 3Z_L$。这一问题下面将进一步讨论。

5.9.4 短线路上阻抗继电器的可能过负荷误动区的特点

采用抛球型继电器，令 $Z_y \leqslant 3Z_L$，这两个条件对中/长输电线路并不难满足。但对于短线，特别是前向外部线路是长线时，常常会要求后备段距离保护的整定值大大超过本线阻抗的 3 倍。

图 5－20 示出 80km 线路上的情况。电流约束是由导线参数决定的。图中，继电器 R 的整定值为线路阻抗的 4 倍。长时间过负荷时，mho 继电器的 R 圆在 B 圆及 L_i 圆内的约束区内的部分不会误动，但在其外的 *Sa* 及 *Sb* 区，继电器则会误动。如果抛球形继电器也用 4 倍整定值，其动作区为 B_1 圆，也存在可能误动的 *Sb* 区。

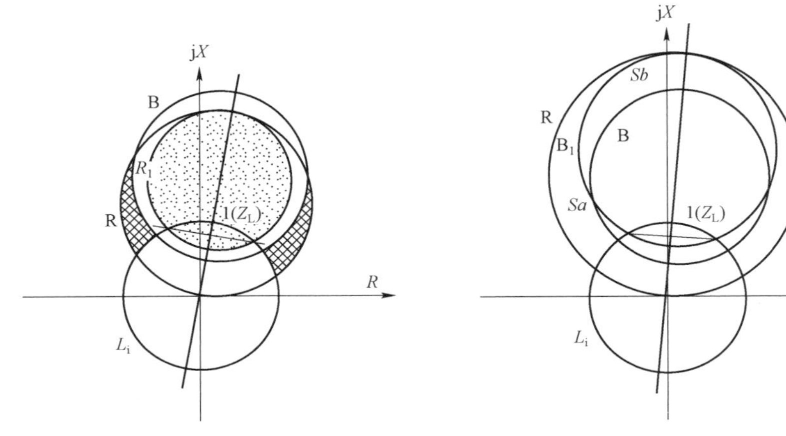

图 5－19 抛球型及 mho 继电器（$Z_y=3Z_l$）　图 5－20 80km 线路的过负荷问题

但实际上，短线路的阻抗值 Z_L 很小。即使重度过负荷，其测量阻抗也不容易进入后备段阻抗圆内。过负荷问题不会严重。

必要时，按前面方法设置抛球型阻抗元件保护邻线近端，另设保护范围长的阻抗元件作为第四段，保护邻线远端。

5.9.5 关于阻抗后备保护的讨论

20 世纪后半叶，我国的继电保护界进行过一次关于后备保护的热烈讨论，那就是当时对第三段后备保护的要求太高，有没有必要。提倡加强主保护，简化后备保护。

进入 21 世纪以后，我国电力系统的规模和技术水平得到飞速发展，与继电保护相关的通信技术有了长足的进步，各种纵联保护成为保护的主体，主保护的水平大为提高。这种新情况，应如何要求后备保护，特别是第三段后备保护，应是一个值得关注的问题。

首先，主保护双重化。在此基础上，充分发挥开关失灵保护的作用，将与开关相关的差动保护作为快速后备保护。其次，加快近后备保护的速度，此时，可适当降低对选择性的要求。

在上述基础上，可适当降低对三段后备保护的选择性的要求。

这样，整体网络保护的速度水平可以得到充分保证，而选择性也较好。

5.9.6　距离保护后备段一些问题的结论

上述提出的仅仅基于线路阻抗、导线允许的电流及两侧母线电压的过负荷误动区分析的方法，可以较好地判断在不同输电线、不同继电器动作判据、不同的整定值等情况下过负荷误动的可能性。

两端电源的电压相量图法及 $U\cos\varphi$ 判据，主要适合于短路故障的分析，不完全适合于无短路故障的过负荷分析。

采用电压自适应式抛球形阻抗继电器作为距离保护后备保护，可以使各种输电线路不会因事故过负荷而误动作，同时保有高的灵敏度。但自适应式阻抗后备段结构比较复杂。一般的情况，宜用较简单的方案，如上述的抛球形阻抗。

阻抗Ⅰ/Ⅱ段，原则上，不用考虑过负荷误动。

本章参考文献

[1] 陈德树. 支接阻抗动作特性与振荡阻抗动作特性 [J]. 华中工学院学报，1977，(3)：1－21.

[2] U. S. -Canada Power System Outage Task Force. Final Report on the August 14th blackout in the United States and Canada，United States Department of Energy and National Resources [R]. Canada，April 2004.

[3] 周孝信，郑健超，沈国荣，等. 从美加东北部电网大面积停电事故中吸取教训 [J]. 电网技术，2003，(9)：1.

[4] 胡学浩. 美加联合电网大面积停电事故的反思和启示 [J]. 电网技术，2003，(9)：2－6.

[5] 印永华，郭剑波，赵建军，等. 美加“8·14”大停电事故初步分析以及应吸取的教训 [J]. 电网技术，2003，(10)：8－11，16.

[6] YAMASHITA K，LI Juan，ZHANG Pei，LIU Chenching. Analysis and control of major blackout events [J]. Power Systems Conference & Exposition，24，April 2009.

[7] HOU Yunhe，MEI Shengwei，ZHOU Huafeng，ZHONG Jin. Blackout prevention：managing complexity with technology [J]. Power & Energy Society General Meeting-conversion & Delivery of Electrical Energy in the Century，12，August，2008.

[8] JOO Sungkwan，KIM Jangchul，LIU Chenching. Empirical analysis of the impact of 2003 blackout on security values of U.S. utilities and electrical equipment manufacturing firms[J]. American Economic Review，2004，03－01.

[9] MENG Dingzhong. Recommendations to prevent power system cascading blackout [C]. Power Systems Conference & Exposition，IEEE，2004－11－10.

[10] 柳焕章，周泽昕. 线路距离保护应对事故过负荷的策略[J]. 中国电机工程学报，2011，31(25)：112－117.

[11] 朱晓彤，赵青春，李园园，等. 防止过负荷时相间距离III段保护误动的新方法 [J]. 电力系统保护与控制，2011，39 (9)：7－11.

[12] 周泽昕，柳焕章，王德林，等. 具备应对过负荷能力的距离保护实施方案 [J]. 电网技术，2014，38 (11)：2948－2954.

[13] 柳焕章，周泽昕，王德林，等. 具备应对过负荷能力的距离保护原理 [J]. 电网技术，2014，38 (11)：2943－2947.

[14] 周泽昕，王兴国，杜丁香，等. 过负荷状态下保护与稳定控制协调策略 [J]. 中国电机工程学报，2013，33 (28)：146－153，22.

[15] 曹润彬，董新洲，何世恩. 事故过负荷情况下距离保护的动作行为分析 [J]. 中国电机工程学报，2015，35 (13)：3314－3323.

[16] 李辉，宋斌，胡钰林，等. 一种距离保护III段防过负荷误动的方法 [J]. 电力系统自动化，2015，39 (16)：126－131.

[17] 徐岩，韩平. 防止距离III段保护因过负荷误动方法的分析与改进 [J]. 电力系统保护与控制，2015，43 (7)：1－7.

[18] XU Yan，HAN Ping，ZHANG Li，LIU Qing. Research on preventing zone 3 distance relay from operating

incorrectly caused by non-fault overload［C］. Tencon IEEE Region 10 Conference，2007，January，2016.
［19］ 叶萍，陈德树. 一种能克服钽 I0 极化接地距离继电器区外稳态超越问题的新方案［J］. 中国电机工程学报，1995，(3)：199－203.
［20］ 陈德树. 电力系统继电保护研究文集［M］. 武汉：华中科技大学出版社，2011.
［21］ 陈德树. 计算机继电保护原理与技术［M］. 北京：中国电力出版社，1992.
［22］ 王梅义，蒙定中，郑奎璋，等. 高压电网继电保护运行技术［M］. 北京：电力工业出版社，1981.
［23］ ФЕДОСЕЕВ А М. Релейная защита электрических систем［M］. Москва：Энергия Москва, 1976.
［24］ 朱声石. 高压电网继电保护原理与技术（第二版）［M］. 北京：中国电力出版社，1995.

第 6 章
输电线路方向/距离纵联保护运行与全线相继速动

纵联保护，在英语词汇中称作 pilot protection。1932 年出现时，原指用“导引线”联系短输电线两端的功率方向元件，当同时判为正向故障时，判断为内部故障，瞬时跳开两侧开关。但此后并没有用这个名词称谓这一原理的保护系统。主要原因是输电线路长了，“导引线”又不能太长，实现这一原理改由其他通信手段传送两侧信息，首先是电力线路的载波通信，然后又出现微波通信，以至后来的光纤通信。称呼这些保护就改为以通信手段的特点来表述，就改用载波保护或高频保护、光纤保护来表述，如高频方向比较式保护、高频距离保护等。

20 世纪 90 年代中期，为了制定继电保护词汇标准，国际上和国内就把这一类原理相同、而通信手段不一的保护系统，统一采用 1932 年用过的 pilot protection，中文则称为纵联保护。用在继电保护上，pilot 就不仅是“导引”的原意义了，而是指需利用某种手段实现输电线路各端信息的互相传送而实现的保护系统了。

中文的纵联二字，起源于区别于平行双回线上的横联电流差动保护。对两端或多端线路，实现全域无延时动作的电流差动保护称作纵联差动保护，简称纵差保护。从电流差动保护延伸至其他保护原理，凡能实现全域无延时动作跳闸的保护统称为纵联保护系统。

按照保护的构成原理，纵联保护可分为两大类：① 通道传送的是各端的测量值的，主要是电流纵联差动保护，以及电流相位差动保护；② 通道传送的是各侧独自判断结果的逻辑量，包括功率方向保护和阻抗方向保护，其测量元件的主要任务是判别故障是发生在什么方向，正前方还是后方。

纵联保护的根本任务是要在任何工况下，确保能正确区分故障是发生在被保护区内还是在区外。在无故障情况下也要确保不会误判断。这里所说的“任何工况”包括正常运行工况和特殊工况。对现实中不可能出现的或可能性极小的情况，则有时不作考虑或降低要求，例如动作时间或灵敏度要求等。

特殊工况例如：① 系统失步振荡；② 故障在相同短路点上发展至健全相；③ 非全相时健全相再故障；④ 非全相振荡；⑤ 非全相振荡中健全相再故障；⑥ 非全相状态下外部发生故障；⑦ 外部故障未切除状态下，内部相继故障；⑧ 内部故障未发出跳闸命令时外部相继故障等。

特殊工况主要可分为三大类：① 故障发展类，包括同一故障点的故障类型发展，和内、

外部不同地点相继发生故障；② 系统振荡类，包括系统振荡和系统振荡中发生故障；③ 非全相类，包括非全相振荡、非全相状态下健全相发生内外故障和非全相振荡中发生内、外部故障。

其他特殊工况尚可包括有互感的相邻线故障、同杆并架线路的跨线故障、有串联电容补偿线路上的故障等常作为特殊处理的工况，还有电流互感器、电压互感器二次回路障碍等常规必须计及的工况。

一套完善的纵联保护必须确保在上述各种正常和特殊的复杂工况下正确动作：内部故障时，要求灵敏、快速地切除；外部故障及一切非内部故障的任何工况下，确保不误动作。

6.1　故障方向判别

正方向短路时的短路电流与反方向短路时的短路电流相位相差接近 180°，一切方向元件都是围绕这一基本现象构成。不同的方向元件就在于所选的用以鉴别电流相位（或极性）的参考相量不同，或者参考相量使用方法的不同。

用于或曾用于线路纵联保护的方向元件有：① 相量功率方向元件；② 阻抗方向元件；③ 序分量功率方向元件；④ 比较补偿电压模值的方向元件；⑤ 行波初始极性比较方向元件；⑥ 初始能量方向元件。

下面对上述方向元件进行一些讨论。

6.1.1　相量功率方向元件与阻抗方向元件

这两者都是非突变量方向元件，能够长时间投入工作。

功率方向元件工作基于：

$$S = UI\cos(\varphi + \alpha) \tag{6-1}$$

阻抗方向元件工作基于：

$$Z = \frac{U}{I}\cos(\varphi + \alpha) \tag{6-2}$$

当 U 和 I 的量值高于器件和各级传感器的精确工作电压和电流时，两种方向元件通过 φ 值差异都能正确判断短路点的方向，但存在下面两个问题。

第一个问题是正确工作有一个前提：U 和 I 的量值高于测量元件的精确工作电压和电流。离开这个前提，方向元件不能保证正确工作。短路时，短路电流一般都大于精确工作电流。在继电器安装处线路出口短路，电压可能为零或接近于零，所以电压死区是存在的。常改用正序电压、健全相电压（非三相短路时）、故障前电压（40～60ms 内有效，用于三相短路）等加以克服。

第二个问题是负荷和系统振荡。正常情况下线路两侧功率方向相反，互相闭锁，阻抗元件一般都不动作。但在系统振荡时两侧电势角差较大，若振荡中心在输电线上时，两端功率方向元件和阻抗元件都会同时动作，此时主要靠振荡闭锁措施处理。

6.1.2 序分量方向元件

序分量包括正序、负序、零序。负序、零序在故障期间长时间存在。由于受负荷影响，最好不用正序分量构成方向元件，而采用仅在发生故障时才出现的故障分量正序方向元件，但仅能在故障后40～60ms内使用。

当故障发生在长线路末端，且本侧电源的阻抗很小时，继电器处的序量电压可能很低。当该电压低于门槛值时，序分量方向元件失效。当电源侧阻抗很大，长线末端短路时，序电流可能过小，当该电流小于门槛值时，方向元件失效。

零序网络参数比较稳定，当母线接有中性点接地的Y/△接线的电力变压器时，零序阻抗和零序电压可能很低，一般电源负序阻抗大于零序阻抗，远方短路时负序电压可能高于零序电压、负序方向元件失效的可能性会低于零序方向元件。

当短路点靠近一侧母线时，由于线路零序阻抗可达正、负序阻抗的3倍以上，而近短路点一侧母线处零序电源阻抗又很小，使零序电流流向远端的分量很小，导致低于定值而使方向元件失效。此时负序方向元件的行为将优于零序方向元件。

当线路上靠近母线处发生高阻接地短路时，如果接于该母线的中性点接地变压器容量较大，分流至该侧的负序电流很可能小于零序电流，当零序电压高于门槛值时，负序方向元件因负序电流不足而拒动时，零序方向元件仍可能动作。

当系统发生接地短路或者故障切除时，电流互感器二次侧零序电流的暂态过程的大小和延续时间都较负序分量严重。应当考虑防止在暂态过程中的不当行为引起方向元件误动。

综上所述，比较合理的处理方案应按“负序方向优先，零序方向延时”的原则。这样既可保证大多数情况下以负序为主，高阻接地时零序方向能有较高的灵敏度。此时零序方向适当的延时，也不会影响电力系统的安全运行。

当负序和零序方向元件因没有足够的灵敏度而不能工作时，投入正序突变量方向元件，以满足三相短路时对方向元件的要求。不足的是在突变量元件有效工作的40～60ms以后，只能投入其他非突变量方向元件。

6.1.3 故障分量补偿电压模值比较方向元件

在全相系统中，非故障状态下，$I_2 \approx 0$，$I_0 \approx 0$。故障后的I_2、I_0就是不会衰减的故障分量。非全相状态下，$I_2 \neq 0$，$I_0 \neq 0$。再次发生故障时，存在ΔI_2、ΔI_0。

根据重叠原理，故障分量网络只有故障点是电源，其余部分是无源网络。各个末端的电位为零，从故障点电源处到各末端的路径上电位逐渐下降。短路点在线路正前方时，电压从母线起沿线路逐渐升高。短路点在背后时，从母线起沿前方线路上的电压逐渐下降。

正、反方向故障时补偿电压分布如图6-1所示，沿正向取一补偿电压ΔU_y，易见，正向短路时，相对于母线电压ΔU_m，有：$|\Delta U_y| > |\Delta U_m|$。反向短路时，$|\Delta U_y| < |\Delta U_m|$。

这一方案，实现简单，对出口三相短路没有电压死区。

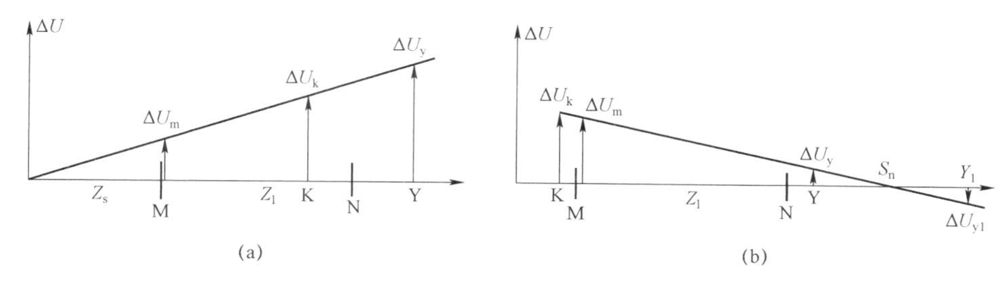

图6－1　正、反方向故障时补偿电压分布

（a）正向故障；（b）反向故障

一般计算补偿电压所用的补偿阻抗，也就是整定阻抗，取线路阻抗的 1.5 倍以内，以免过补偿，使得反向故障时补偿电压过大而误判为正向故障。所以这种判据须要妥善处理两方面的问题。

对正方向故障而言，最恶劣的条件是线路很短而且背后电源阻抗很大。此时，线路末端短路，整定阻抗 $Z_y \leqslant 1.5Z_l$ 时，其特征如图 6－2 所示。

母线电压：
$$\Delta U_m = \Delta I Z_S \tag{6-3}$$

补偿电压：
$$\Delta U_y = \Delta U_m + \Delta I Z_y = \Delta I(Z_S + Z_y) \tag{6-4}$$

假如此时：
$$Z_S >> Z_y \tag{6-5}$$

即：
$$Z_S + Z_y \approx Z_S \tag{6-6}$$

则：
$$\Delta U_y \approx \Delta U_m \tag{6-7}$$

当两电压的差值小于精确工作电压要求时，方向判别就不够明确。所以对正方向故障而言，希望 Z_y 取大一些。

对反方向故障而言，如 Z_y 过大，需考虑过补偿问题。

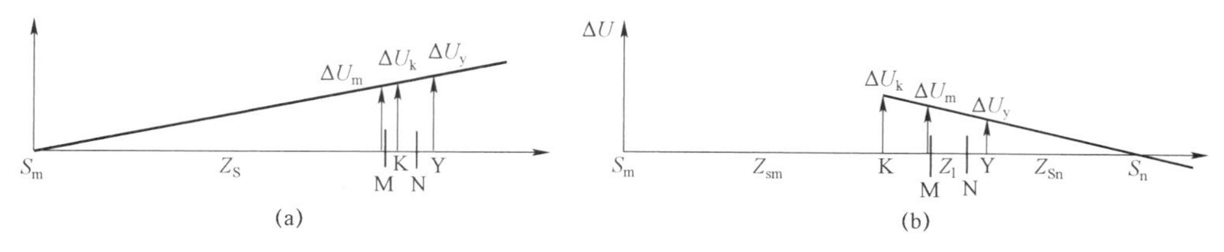

图6－2　故障分量补偿电压模值比较方向元件易错判的工况

（a）正向故障；（b）方向故障

当 $Z_y \geqslant 2(Z_l + Z_{Sn})$ 时，$\Delta U_y > \Delta U_m$，即出现过补偿而误判为正方向短路。上述情况在整定的补偿阻抗过大时出现。

因此，要求必须满足：

$$Z_y \leqslant 2(Z_l + Z_{Sn}) \tag{6-8}$$

对短线路，当背后电源与线路的阻抗比很大时，可行的办法是加大整定阻抗值 Z_y。但加大 Z_y 值要受到式（6－8）的限制。

此外，对短线路，如对侧电源阻抗很大时，也会出现$\Delta U_{y} \approx \Delta U_{m}$，此时也要注意是否其差值小于精确测量值。

上述两电压的差值出现太小，即$|\Delta(\Delta U)| = \left| |\Delta U_{y}| - |\Delta U_{m}| \right| = \Delta I Z_{y}$太小。这主要是因为$Z_{y}$与$\Delta I$同时过小。因 Z_{y} 也要受式（6－8）的限制，不能过大。因此，当电流值过小时，不可能利用其作方向判断。

6.1.4 行波初始极性比较方向元件

输电线路发生短路故障时，短路点电压、电流突变。此突变将以近光波的速度向线路两侧传播行进，电流、电压极性相同。如以母线流向线路的电流方向为正，则从线路传来的电流行波的极性将要反过来。因此，在线路正方向故障时第一个到达的电压、电流的波头极性相反。反之，反方向故障时，穿越本保护装设点流向线路时，电压、电流行波的波头极性将会相同。

根据上述原理，可以构成一套行波方向纵联保护。早期计算机保护技术处于发展的初期，不够成熟，当时的保护装置由模拟式电路构成。其技术关键是如何获取初始行波的波头信号，获取后能保持一段时间，以便应用，但又不受后续电量极性变换的影响。为此，该保护装置采用阻波与滤波结合的技术，用频带阻（陷）波器阻断工频，用滤波器滤除与工频较近的高次谐波。除此以外，保护系统还必须妥善处理一些相关问题，包括在电压过零点附近短路时波头幅值不大，以及行波选相等问题。经过处理，这些问题基本上能满足运行的要求，但当电力系统存在直流输电的换流站时，此方向判别原理遇到更突出的技术困难。由于存在换流站的交流电力系统在出现故障时，换流站将在交流系统引起较大的特征谐波，其频率在(12±1) f_{n}，(24±1) f_{n}。这些频率信息会较容易通过按（7～9） f_{n} 设计的滤波器，这将引起上述保护装置误动作。因此，上述保护装置不能满足现代电力系统的要求。

在微机保护技术迅速发展的今天，上述问题相对较易克服。特别是利用小波等技术以后。

由于当前的电力系统尚未出现必须利用如此高速判别方向的需要，而其他方向判别技术已能满足电力系统的要求。所以此种行波初始极性比较方向技术在交流输电系统暂时还未有大的发展。

6.1.5 暂态能量方向判别

按照叠加原理，输电线等电力设备发生短路故障时，相当于在短路点接入相互串联的两个电压源。其大小与该短路点未发生短路情况时的电压大小相等，一个相位与其相同，另一个相位与其相反。按照叠加原理，前者与原系统一起构成无故障的负荷（正常）状态，后者单独形成故障网络。

在故障网络中，短路点处的是唯一电源，其他地方都是无源元件，无源元件本身不会产生能量，只能吸收、储存和消耗能量，而且故障前储存的暂态能量全部为零。储能元件只能吸收或释放出所吸收储存的能量，不可能提供所吸收的以外的能量。因此，在故障发生后，对原来的电源支路和负荷支路，从其母线流入此等支路方向储存的能量，或者说暂态能量积累只能为正。对中途经过的支路则是近短路点一侧的保护安装处测得的能量积累为正，另一侧为负。在故障发生以前，暂态能量为零。

因此，利用暂态能量积分，即可判断故障点的方向。

由于暂态能量积分的方向的“统一性”，从故障发生的初始时刻开始，可在很短的时间内判别出故障点的方位，这是这一方案的优点。

如其他很多方向元件一样，对空线、无源端或弱、馈端处的暂态能量积累为零或很小，不能反映故障的发生。当外部线路为一个无损耗电感支路，在故障点等值的交流电源的作用下，其暂态能量为一个周期性的储存和释放反馈过程，其周期为一个工频周期。

如外部支路为有消耗（如负荷）电感支路，则其暂态能量积累为周期性上升过程。

由于是暂态能量积分，在实际应用时对信号传感（TA、CVT 等）过程失真、坏数据等特别敏感，需要专门的技术处理。

6.2　远距离信息传输

6.2.1　光纤通信问题

由于要用被保护线路各端采集到的或处理后的信息汇总，以便综合判别故障发生在保护区内还是保护区外，因而要求远距离传输信息。信息传输的载体，从早期的外敷绝缘的金属导线（传达线）、电力线载波、微波（空间电磁波），一直发展至当今的光纤。

金属导线只适用于短输电线。用金属导线传输信息时，需要在输电线外加以敷设。由于易受外力毁坏，已很少应用。

借电力线载波进行通信，是一种行之有效的技术。在光纤出现以前，电力线载波通信是电力系统通信的主要技术。

在光纤技术未成熟前，微波通信也曾得到较多应用。但这种技术设备昂贵，空间直线传输信号时易受途中建筑物等影响。此外，天气状态对其也有影响，可靠性不很理想，推广应用受到一定的限制。当光纤技术成熟发展时，很快被取代。

电力线载波通信由于借用带高电压的输电线作通道，因而受电力系统外的外力损坏的可能性很小，因而可靠性高，在光纤技术成熟前在电力系统中得到广泛应用，但其本身也有种种不足之处。

一方面由于输电线电感较大，载波频率不能很高，否则衰耗太大；另一方面又要避免电力线本身杂散的高频信号影响通信，因此载波频率又不能过低。通常规定载波频率的范围在50～500kHz 之内选择和分配。如以每个信道占用 4kHz 带宽计，为避免信道间的相互干扰，每一信道仅占用一个频带，则信道数只在 110 个左右。在一个较为密集的电力系统内，输电线和变电站数目较多，需用通信的自动装置和操作控制的地方较多，包括继电保护、远动、综合自动化、安全稳定控制、调度通信等，都需要通信。这 110 个信道显得不够分配。由此，给一套纵联保护的只能用一个信道，即两侧相互通信的载频相同，虽然载频通信还可用调频技术分频使用，但从继电保护对可靠性的要求来说，其相互影响仍不能忽视。所以一般只能作同频使用。

从继电保护要求看，电力线还有一个不能忽视的问题，就是电力线短路时，将大大增加载波信号的衰耗。极端情况下，就是通信中断。继电保护必须考虑这种情况，因为在线路短路时最需要得到对端的信息，而此时恰恰信号中断。

由于上述问题，即载波频率不能很高，线路保护往往只利用载波的“有”“无”这种两态信息。因此，保护只能利用载波作相位极性的正、负或（功率）故障方向的“正”“反”等信息的传输，不能传输电气量的更多信息，或其他多个状态量的逻辑信息。

光纤通信技术在近年来迅速发展，光纤价格大幅下降，已快速和大量地取代传统的各种通信技术。

光纤通信技术的发展带来了几个重大的质变：① 频带对电力系统保护、控制、通信已不构成任何限制；② 实现了数字化通信；③ 网络化技术，使得同一物理平台可以进行多端同时通信。在未实现网络化时，光纤通信仍是“点对点”，收、发各自占用一根纤芯，互不影响，这就可以确切地收到对端的信息。通过网络化技术，经电力网络中各个通信站点的转送，信息也可以送到需要的地方。

除了可以传送多个逻辑量外，利用光纤通信的强大能力，可以将输电线本侧三相的电流、电压瞬时值实时地传送至对侧。

由于有了上述的技术进步，出现了一些基于光纤通信技术的保护可以实现，而基于载波通信技术不能实现的保护原理：① 可以构成基于采样值的线路差动保护；② 可以实现基于多逻辑量判别的线路纵联保护；③ 由于不用担心输电线短路时通道破坏而收不到对侧信号，又能正确区分是本侧发信还是对侧发信，所以可以很好地采用“允许式”纵联保护逻辑。

当采用闭锁式纵联保护逻辑时，由于不用担心通道此时是否在正常工作，可以不用考虑先发送闭锁信号以检查通道、再解锁的通道工作逻辑。这就可以加快纵联保护的动作速度。

由于可以传送多个逻辑（开/关）量信息，可以使纵联保护能更准确地判断非全相状态是由本侧引起，或是由对侧、两侧甚至是线路本身折断（未接地短路）所引起。这样更利于保护或重合闸动作的决策。将电流、电压互感器的断线信息传至远端，也有利于保护系统防误动、防拒动性能的提高。

电力网是由许多站点和众多输电线构成的，为了保障整个电力网安全、经济、稳定、高质、高效地运行，必须配有一个与其相适应的通信和控制系统。现代光纤通信技术的高速发展，将形成一个与其相适应的光纤通信网络。这由相应的主辅站点和光缆组成，供各种测量、监视、控制和运行操作使用。由于电力系统的安全、稳定运行对通信系统的高度依赖性，其可靠性要求的等级不会比一次系统低，以免由于二次系统的故障形成一次侧系统事故。例如说一次侧系统考虑 $N-1$ 运行情况，通信网就有 $N-2$ 的要求，甚至 $N-3$ 等。

6.2.2 无通道或通道失效时的全线相继速动

当输电线两端的信息通道因故中断（包括迂回通道）时，基于通道的保护方案（包括电流纵差和方向纵联保护）将被迫停止工作。对一些因某种原因未能架设所需信息通道的输电线路，更不能采用这些纵联保护。

为了在上述情况下仍使线路故障能全线快速切除，文献［4～7］详细讨论了在单回联络线上利用 I_0 和 I_2 的二次突变，实现全线相继快速切除距离保护Ⅱ段范围内本线路上的非对称性故障的方法及其有效的应用范围。下面将进一步讨论这种技术的原理和应用。

技术的关键是利用末端短路后，对侧开关无延时跳闸时出现的序量电流的二次突变。

全线相继速动参数示意图如图 6-3 所示，当线路末端即 K 点发生不对称故障时，保护安装处的电流出现第一次突变。此时将出现 $\Delta I_0(1)$、$\Delta I_2(1)$、$\Delta I_1(1)$ 第一次突变量。对侧开关 CB2 因属近端故障而无延时跳闸。无论是单相跳闸，还是三相跳闸，都将使序网结构改变，因而在对侧开关跳闸瞬间，将使流过本侧保护安装处的电流发生二次突变，并出现 $\Delta I_0(2)$、$\Delta I_2(2)$、$\Delta I_1(2)$ 第二次突变量。对单回联络线，由于三相金属短路时，短路点将联络线的两侧完全断开，CB2 跳闸将不引起左侧系统正序分量的改变，即 $\Delta I_1(2)=0$，所以三相短路不能用序量突变量加速。

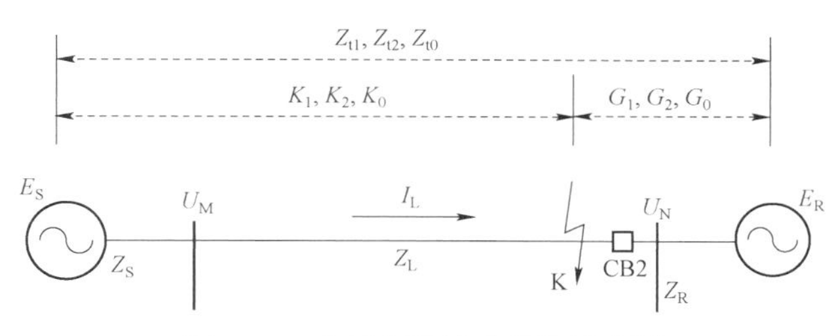

图 6-3　全线相继速动参数示意图

但对平行双回线或环状网络，三相短路时，保护装置将记录下相应的一个测量阻抗值。对侧开关跳闸后，全系统电源提供的短路电流都将经过本保护流向短路点，流入线路的短路电流将增大，电压同时提高，但测量阻抗基本不变。利用这一特点，也能实现加速。

自文献［1～2］将上述概念正式用于保护装置样机以后，针对其不足，文献［4～8］用双口网络对其做了详细分析、论证。在此基础上进行补充，完善，论证了其适用的范围。下面将介绍其主要分析结果并做进一步的讨论。

图 6-3 中各段的 Z、K、G 为相应区段阻抗。下面分析Ⅱ段区内 K 点各种短路情况下，CB2 先跳闸时，M 母线处保护感受到的 $\Delta I_0(2)$、$\Delta I_2(2)$ 等第二次突变情况[4]。

6.2.2.1　$K^{(1)}$，开关 CB2 跳单相（同短路相）

根据双口网络分析结果如下：$\Delta I_0(2)$ 为零序电流第二次突变，$\Delta I_2(2)$ 为负序电流第二次突变：

$$\Delta I_0(2)=[(G_0-G_2)+S(G_0-G_1)]K_2LQ \tag{6-9}$$

$$\Delta I_2(2)=[(G_2-G_0)+T(G_2-G_1)]K_0LQ \tag{6-10}$$

其中

$$S=\frac{K_1Z_{t2}}{K_2Z_{t1}}$$

$$T=\frac{K_1Z_{t0}}{K_0Z_{t1}}$$

$$L=\frac{3-f_1-f_2-f_0}{f_1K_1+f_2K_2+f_0K_0}\bullet U_\iota-I_\iota$$

$$f_1=G_1/Z_{t1}$$

$$f_2=G_2/Z_{t2}$$

$$f_0 = G_0 / Z_{t0}$$

$$Q = \frac{Z_{t1}}{W - Z_{t1}(K_2 - K_0)^2 - Z_{t2}(K_0 - K_1)^2 - Z_{t0}(K_1 - K_2)^2}$$

$$W = (K_1 + K_2 + K_0)(Z_{t1}Z_{t2} + Z_{t1}Z_{t0} + Z_{t2}Z_{t0})$$

式中　U_t、I_t 为短路前 K 点电压和线路负荷电流。

分析式（6－3）、式（6－4）可见，得出：

（1）当 $G_0 = G_1 = G_2$ 时，$\Delta I_0(2) = 0$，$\Delta I_2(2) = 0$，此时，相继速动无效。

（2）当 G_0、G_1、G_2 阻抗角相等、且 $G_1 < G_0 < G_2$ 时，或 $G_1 > G_0 > G_2$ 时，存在 $\Delta I_0(2) = 0$ 或 $\Delta I_2(2) = 0$ 的可能性。现实的电力系统的电源和负荷，主要是旋转电机，其内部的 $G_2 \neq G_1$，但总是 $G_1 > G_2$，所以，条件（2）下 $G_1 < G_0 < G_2$ 可不考虑，仅需考虑在 $G_1 > G_0 > G_2$ 情况下检查 $\Delta I_0(2)$、$\Delta I_2(2)$ 是否足够启动。

6.2.2.2　$K^{(1)}$，开关 CB2 跳三相

$$\Delta I_0(2) = \frac{f_0 U_k}{B} - \frac{E}{A} \tag{6-11}$$

$$\Delta I_2(2) = \frac{f_2 U_k}{B} - \frac{E}{A} \tag{6-12}$$

其中：

$$A = K_1 + K_2 + K_0$$

$$B = f_1 K_1 + f_2 K_2 + f_0 K_0$$

式中　E——保护装置安装点反方向电源的电势；

U_k——短路点开路电压。

即使 $U_k \approx E$，但由于：

$$B / f_0 = \frac{f_1}{f_0} K_1 + \frac{f_2}{f_0} K_2 + K_0 \tag{6-13}$$

$$B / f_2 = \frac{f_1}{f_2} K_1 + K_2 + \frac{f_2}{f_0} K_0 \tag{6-14}$$

B / f_0 及 B / f_2 很难等于 A，所以 $\Delta I_0(2)$，$\Delta I_2(2)$ 一般总不等于零。

6.2.2.3　其他如 $K^{(2)}$ 时 CB2 跳三相与 $K^{(2.0)}$ 时 CB2 跳三相等也有相近的情况

利用 $\Delta I_0(2)$、$\Delta I_2(2)$ 判断线路末端的阻抗Ⅱ段范围内的不对称短路，实现相继速动，可以收到比较好的效果，但主要不足是不反映三相短路。

下面的方案可以在环网、双回线条件下，实现末端三相短路时的相继速动。

三端电源环网如图 6－4 所示，在环网中短路点发生三相短路时，令流过 M 侧的保护安装处电流 I_L 为 $I_b^{(3)}$。此时，电源 S 提供的短路电流被环网分流。当对侧开关 CB2 跳闸后，系统电源 R、S、T 提供的全部短路电流都流经 M 侧的保护安装处，为 $I_k^{(3)}$。此时将出现电流增量如下。$I_b^{(3)}$ 为闭环时的三相短路电流，$I_k^{(3)}$ 为开路后的三相短路电流。

$$\Delta I^{(3)} = I_k^{(3)} - I_b^{(3)} > \Delta I_{set}^{(3)} \tag{6-15}$$

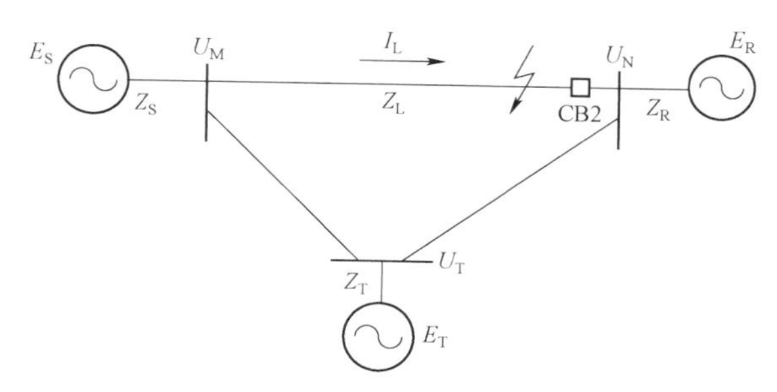

图6-4　三端电源环网

但此时，保护的测量阻抗 Z_m 几乎不变，即：

$$\Delta Z_m = Z_m(2) - Z_m(1) < \Delta Z_{set} \quad (6-16)$$

$Z_m(1)$ 为第一次测量阻抗，$Z_m(2)$ 为第二次测量阻抗。满足上述两条件，即可判定对侧跳闸，实现加速。

实际上，在环网条件下，不对称短路时 $\Delta I_0(2)$、$\Delta I_2(2)$ 原有动作的条件也会更明显。

6.3　继电保护的延时逻辑方程

输电线路纵联保护的构成原理就是两侧测量到的故障方向都是正方向，故障指向线路时才能发生跳闸命令，否则闭锁保护。但是，由于每一侧都是单侧独自测量，测量元件对电力系统振荡有反映，对线路断线也可能有反映。因此，除功率方向元件、阻抗测量元件外，还会有反映系统振荡状态的元件、反映非全相状态的元件，以及反映TA断线、TV断线的元件等。对发送和接收信息，还要有相关操作元件。

电力系统的运行除正常状态下发生内、外部故障外，还可能出现一些特殊的运行状态，例如外部故障切除时引起的功率突然倒向，线路一侧出现弱、馈，甚至是断线的情况。还有系统振荡中的内、外部故障及其切除，非全相状态下的振荡及其故障，内、外部故障的发展，先后的相继故障等。这些复杂工况虽然出现的概率较小，但它还是可能出现的。

为了使纵联保护在各种工况下都能正确判断故障点的区间，不会误动或拒动，必须综合地、周密地利用上述各种测量元件。需要充分掌握每一元件在各种工况下的行为、性能，还要掌握它们响应工况的动作快、慢、先、后时序。在这样的基础上构造出的将是一个相当复杂的逻辑系统或延时逻辑系统。由于属于两端保护的配合，其逻辑关系肯定比单端的距离保护的逻辑系统要复杂。

早期的微机保护，由于当时硬件水平的限制，其运算速度及存储系统不足以满足过多的信息同时处理和储存，微机保护的核心程序软件是以流程方式编写，通过选择路径、跳转方式顺序执行，这样可以舍弃不必要的程序，从而节约运算时间，其动态存储需求也较少。但这种编程方式也有不足，当将其用于复杂的逻辑系统时，将会有很多跳转，稍有不慎，可能造成环扣环，甚至出现陷阱，寻找程序的问题点时要求编程人员熟练地掌握追踪技巧。编程过程中中途换人时会很费力；在装置运行过程中出现复杂特殊工况，或怀疑程序存在缺陷时，会很费力。即使程序装有跟踪工能，甚至再现功能，要找出问题的关键，必须由原编程人员或对程序非常熟悉的人反复推敲才行。

以前的模拟式保护系统都是以测量元件为基础，其逻辑电路按逻辑图展开后构成，互相对应，分析、监测很方便。

随着技术的快速发展，现在用于微机保护的硬件水平已提高，其运算速度、存储容量与存取速度，已足以将一套复杂的保护在较高的采样率下采用与逻辑图对应的方式实现，还可以利计算机技术的优势监测各有关逻辑节点的时序工况，便于监测、跟踪和分析整个动作过程，这给事故分析提供很大的便利。

6.3.1 保护逻辑系统

一般仅用与、或、非门即可构成一个保护的逻辑系统，但有时也会采用以此为基础的较复杂的基础单元，如逻辑反馈单元、竞赛单元。

6.3.2 基本时间单元

逻辑系统中将会要求配置有不同时间特性的逻辑单元，但各种不同特性的逻辑单元可以由一些基本的延时单元组成。这里推荐下列两种延时单元作为基本时间单元。

6.3.2.1 延时动作、延时返回的时间单元

T_{1i} 为逻辑输入，T_{1o} 为逻辑输出。记为：

$$T_{1o} = T_{1i}\Big|_{t_2}^{t_1} \tag{6-17}$$

图 6－5 为 T_1 时间元件特性示意图。这里“|”右侧作为延时特性标记区，t_1 表示动作延时数值，即信号输入端的启动信号 I 在时间 t_{i0} 出现（由 0 变 1）后，经 t_1 延时，时间元件 T_1 的输出信号 T_{1o}，即图 6－5 中的输出信号“O”，由 0 变 1。

时间元件输入信号 I 在 t_{i0} 时由 0→1，经 t_1 延时后，时间元件输出信号 O 在 t_{o0} 时由 0→1。时间元件输入信号 I 在 t_{ir} 时由 1→0，经 t_2 延时后，时间元件输出信号 O 在 t_{or} 时由 1→0。

6.3.2.2 定脉宽输出时间单元

另一种基本时间元件是定脉宽时间元件，其特性如图 6－6 所示。在输入信号出现并延时 t_1 后，时间元件送出一个脉宽为 t_2 的输出信号 O。

定脉宽输出时间单元可以记为：

$$T_2 = T\Big|_{(t_2)}^{t_1} \tag{6-18}$$

符号表达意义同上，但（t_2）仅表示输出脉宽为 t_2 的脉冲，在输出信号启动后即与输入信号状态无关。其时间特性如图 6－6。只要输入信号 I 出现，经 t_1 延时后，输出信号 0 就从 t_{o0} 起就变为“1”，延至 t_2 返回，与输入信号 I 无关。

$$t_{or} - t_{o0} = t_2 \tag{6-19}$$

在逻辑回路中，此种时间单元常用作脉冲展宽或定脉宽用。

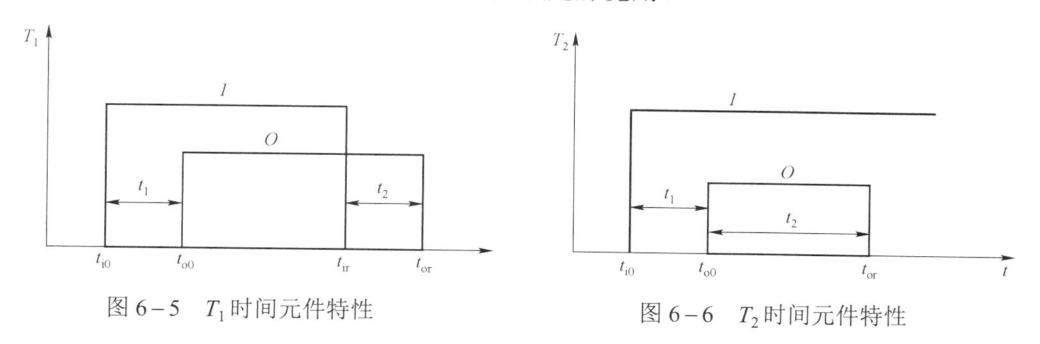

图 6－5　T_1 时间元件特性　　　　图 6－6　T_2 时间元件特性

利用上述两种基本时间单元可以构成其他特性的时间元件，如脉冲展宽时间元件可用上述 T_1 时间单元，令其 $t_1=0$，t_2 为要求展宽的时间，即可使输出脉宽较输入脉宽增加 t_2。若希望构造一个复合时间元件，其输出信号 0 对输入信号瞬时做出响应，但输出脉冲 0 的脉宽为限宽脉冲 T，当输入信号脉宽小于 T 时，输出脉宽由输入信号限定，当输入信号脉宽大于 T 时，输出脉宽只限于 T。

6.3.3　继电保护逻辑系统的逻辑方程

一般的继电保护逻辑回路只在较简单的结构情况下用逻辑方程描述，对较复杂的逻辑系统极少用逻辑方程表达。其主要困难在于存在较多的时间元件，特别是有时存在逻辑反馈。尤其是延时逻辑反馈，较难用一般逻辑方程描述。

相对于逻辑展开图，逻辑方程的优点是在一定的数学运算规则下，可以对逻辑方程进行运算处理，进行分解，综合、化简，这将便于分析、实现。

下面尝试用逻辑方程表达较复杂的逻辑系统。

6.3.3.1　逻辑延时

令

$$B=A|T \tag{6-20}$$

A 为延时元件 T 的输入逻辑信息，B 为其输出，在“|”右侧的 T 为时间元件的特性，如 T 为 T_1 型，则表达为：

$$B=A\Big|_{t_2}^{t_1} \tag{6-21}$$

为 T_2 型，则表达为：

$$B=A\Big|_{(t_2)}^{t_1} \tag{6-22}$$

A 可以为一个集合，最简单的如 $A=A_1\cup A_2\cup A_3\cdots$，则：

$$B=(A_1\cup A_2\cup A_3\cdots)\Big|_{t_2}^{t_1} \tag{6-23}$$

6.3.3.2 逻辑反馈

图 6－7 是一最简单的逻辑反馈结构。在继电保护领域，通常称作“自保持回路”。图中，A 为输入信号，B 为输出信号，C 为解除自保持的控制信号。其逻辑方程为：

$$B = A \cup B\overline{C} \tag{6-24}$$

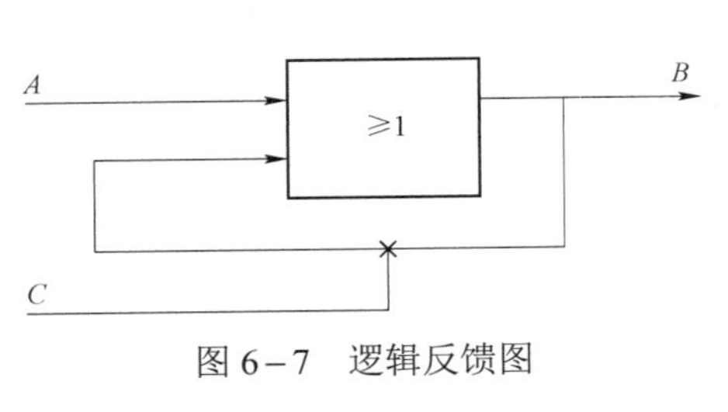

图 6－7　逻辑反馈图

当 A 由“0”变“1”时，B 变为“1”，C 的初态为“0”，接着，$\overline{C}B$ 变为“1”成为该“或”的输入，此时，即使 A 由“1”变“0”，B 亦保持为“1”，实现自保持。在逻辑上，即是反馈作用。只要 C 不变为“1”，B 始终保持“1”态。只有当 C 变“1”，同时 A 在“0”态 B 才变回为“0”。

6.3.3.3 逻辑竞赛

图 6－8 是一种基本的逻辑竞赛回路。逻辑方程为：

$$B_1 = A_1 \cap \overline{B}_2 \tag{6-25}$$

$$B_2 = A_2 \cap \overline{B}_1 \tag{6-26}$$

原始状态 A_1、A_2 为“0”态，此时 B_1、B_2 都为“0”态。当 A_1 先于 A_2 变为“1”态时，因 B_2 为“0”态，$\&_1$ 门开放，B_1 变为“1”态，同时将$\&_2$ 门关闭，随后即使 A_2 变为“1”态，B_2 亦不能变为“1”态。

同理，如 A_2 先于 A_1 变为“1”态时，B_2 变为“1”，而 B_1 不能变为“1”。也就是说，B_1 或 B_2，哪个能变为“1”态，决定于 A_1、A_2 信号中那一个先出现。这就形成 A_1 或 A_2 的竞赛关系。

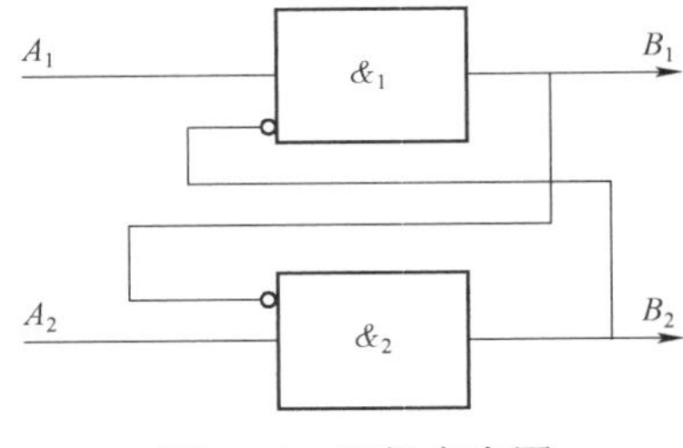

图 6－8　逻辑竞赛图

这种逻辑结构在较复杂的继电保护逻辑中也常有应用。分析证明，这种竞赛逻辑易受扰动影响，通常在一个与门出口增设一个时间元件以提高抗干扰能力。

6.3.3.4 逻辑振荡

在上述逻辑单元的基础上可以构造逻辑振荡回路，如图 6－9 所示。当 A 输入为“1”后，经过与门和一个 T_2 型定脉宽电路即可构成一个周期为 t_1+t_2、脉宽为 t_1 的逻辑振荡回路。

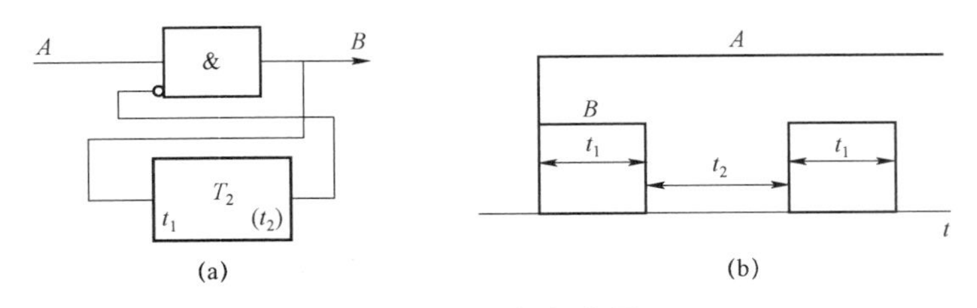

图 6－9　逻辑振荡图

（a）逻辑图；（b）时序图

如将图上与门改为或门，去掉 A 输入，可成为一个逻辑自振荡回路，不施加专门的控制信号，振荡永不停息。

从继电保护功能来看，逻辑振荡回路很少应用，只在定期自检功能上用相当长的 t_2，可以实现此功能，但此时可用两个一般定时器实现。

6.3.4　有逻辑反馈时的逻辑方程

当逻辑系统中不存在逻辑反馈时，整个系统的输出都可以用系统的输入及与、或、非门组成的逻辑方程表示，如图 6－10 所示。

$$\begin{cases} O_1 = [(A \cup B) \cap C \cap D]\Big|_{t_2}^{t_1} \\ O_2 = (A \cup B) \cap C \cap D \cap E \cap \bar{F} \end{cases} \tag{6-27}$$

但当如图 6－11 所示的系统中存在有逻辑反馈，其逻辑方程只能简化成：

$$g = (A \cup B \cup g) \cap C \cap D \tag{6-28}$$

$$O_1 = g\Big|_{t_2}^{t_1} \tag{6-29}$$

$$O_2 = g \cap E \cap \bar{F} \tag{6-30}$$

这里必须引入一个中间逻辑元“g”，在“g”的逻辑方式中，等式两侧俱有“g”，不能消去。

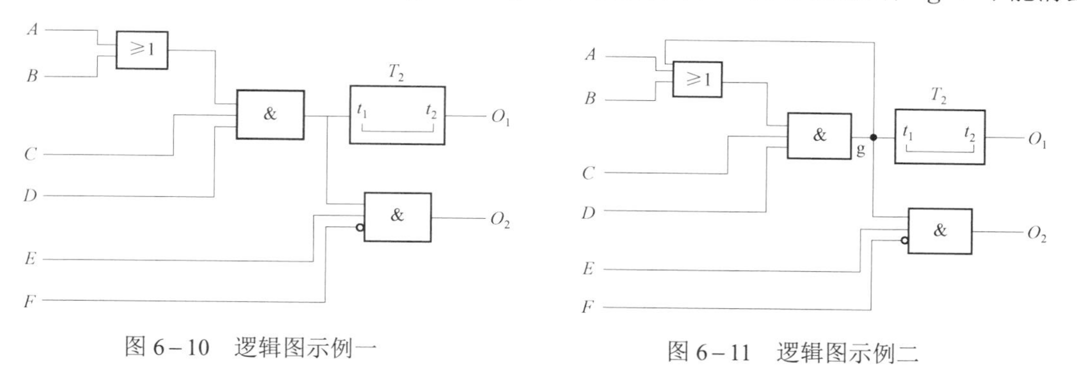

图 6－10　逻辑图示例一　　　　图 6－11　逻辑图示例二

因此，在有逻辑反馈的系统中，其逻辑方程必须引入中间逻辑元。引入后，整个逻辑系统仍可以用逻辑方程描述。

6.3.5　继电器保护逻辑方程举例

一套完整的保护系统一般包括：① 输入信息子集，包括本地信息和远方信息；② 保护判据子集；③ 逻辑方程子集；④ 输出信息子集，包括跳闸命令，动作信号和告警信号以及遥信信号等。此外，比较完善的系统还包括故障记录、故障分析等。

图 6－12 是一套完整的距离保护系统的逻辑[6]图。其与重合闸逻辑系统、跳闸逻辑系统配合，可构成一套完整的距离保护。它可作为独立的保护系统或纵联保护的后备保护系统。

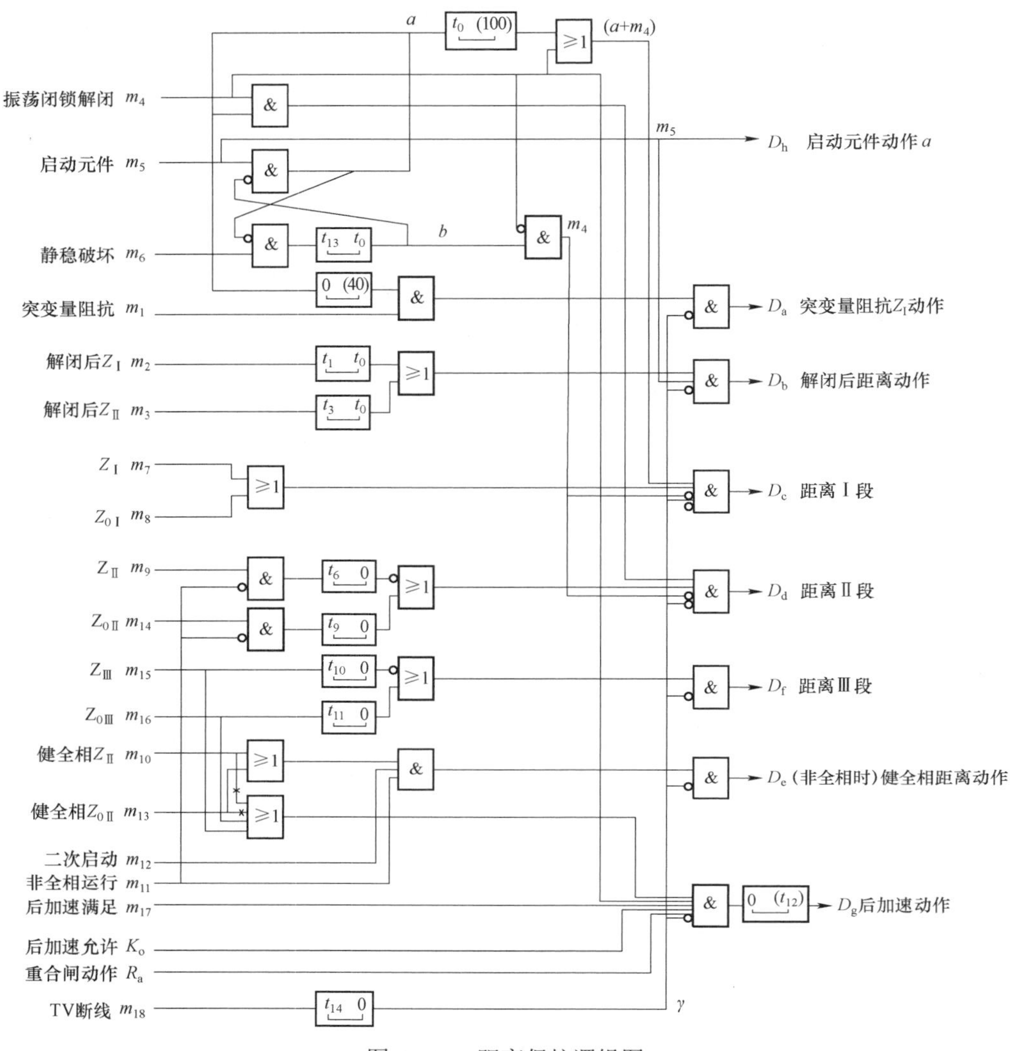

图 6-12　距离保护逻辑图

此逻辑图共有 8 个逻辑输出，即 D_a，D_b，D_c，…，D_h。

其逻辑输入有测量单元 18 个，即 m_1，m_2，…，m_{18}；有开关量输入单元 2 个，即 k_o 与 R_a。

输出逻辑信息 D 定义为：

D_a——突变量距离保护动作；

D_b——解除闭锁后距离保护动作；

D_c——距离保护 I 段动作；

D_d——距离保护 Ⅱ 段动作；

D_e——非全相运行时，健全相距离保护动作；

D_f——距离保护 Ⅲ 段动作；

D_g——距离保护后加速动作；

D_h——保护启动元件动作。

输入逻辑信息 m 定义为：

m_1——突变量阻抗元件动作；

m_2——解除闭锁后阻抗Ⅰ段动作；

m_3——解除闭锁后阻抗Ⅱ段动作；

m_4——振荡闭锁解闭；

m_5——保护启动；

m_6——静态稳定破坏；

m_7——Ⅰ段相间故障；

m_8——Ⅰ段接地故障；

m_9——Ⅱ段相间故障；

m_{10}——未跳（健全）相Ⅱ段相间故障；

m_{11}——非全相运行；

m_{12}——二次启动；

m_{13}——未跳（健全）相Ⅱ段接地故障；

m_{14}——Ⅱ段接地故障；

m_{15}——Ⅲ段相间故障；

m_{16}——Ⅲ段接地故障；

m_{17}——后加速条件满足；

m_{18}——电压互感器二次回路断线；

K_o——重合闸后加速允许；

R_a——重合闸动作。

对逻辑图的分析说明，此图有一竞赛逻辑，其输出为 a、b。

由图 6－12 可以得出其有关逻辑方程如下：

$$a = m_5\overline{b}\quad（振荡未闭锁，允许启动）$$

$$b = \left[(m_6\overline{a}) \Big|_{t_0}^{t_{13}} \right]\quad（保护未启动，静态稳定先破坏，则经\ t_{13}\ 后发出闭锁）$$

此为“保护开放”与“静态稳定破坏”竞赛。先发生静态稳定破坏则经 t_{13} 延时后闭锁保护，但在 t_{13} 延时到达之前，仍开放保护。t_0 为整组复归时间。如果保护先启动，则禁止振荡闭锁动作。

$$v = m_{18}\Big|_{0}^{t_{14}}\qquad（断线闭锁动作）$$

$$D_a = (m_1 \cap a\Big|_{(40)}^{0})\overline{v}\qquad（突变量距离保护动作）$$

$$D_b = \left(m_2\Big|_{t_0}^{t_1} \cup m_3\Big|_{t_0}^{t_3} \right) \cap m_5 \cap \overline{v}\qquad（解除闭锁后距离保护动作）$$

$$D_{\mathrm{c}}=(m_4 \cup a\Big|_{(100)}^{0})\cap(m_7 \cup m_8)\cap\overline{v}$$ （距离保护Ⅰ段动作）

$$D_{\mathrm{d}}=a\cap m_4\left[(m_9\cap\overline{m}_{11})\Big|_{0}^{t_6}\cup(m_{14}\cup\overline{m}_{11})\Big|_{0}^{t_9}\right]\cap\overline{v}$$ （距离保护Ⅱ段动作）

$$D_{\mathrm{e}}=m_{11}\cap(m_{10}\cup m_{13})\cap m_{12}\cap\overline{v}$$ （非全相运行，健全相距离保护动作）

$$D_{\mathrm{f}}=(m_{15}\Big|_{t_0}^{t_{10}}+m_{16}\Big|_{t_0}^{t_{11}})\cap\overline{v}$$ （距离保护Ⅲ段动作）

$$D_{\mathrm{g}}=[(m_{10}\cup m_{13}\cup m_{15}\cup m_{16})\cap m_4\cap m_{17}\cap k_{\mathrm{o}}\cap R_{\mathrm{a}}\cap\overline{v}]\Big|_{(t_{12})}^{0}$$ （距离保护后加速动作）

$$D_{\mathrm{h}}=m_5$$ （保护启动元件动作）

本章参考文献

[1] 陈国建. 全线相继速动距离保护新原理及其分析［J］. 电力系统自动化，1993，(12)：46-49.

[2] 张西利，张春合，赵厚滨. 具有全线相继速动特性的单端保护的应用［J］. 电工技术，2006，(2)：1-4.

[3] 宣勇. 高压输电线路阶段式方向保护全线相继速动原理及应用探讨［J］. 继电器，1989，(4)：11-16.

[4] CHEN Deshu，LIU Pei，et al. Scheme for accelerated trip for faults in the second zone of protection of a transmission line［J］. IEEE PES Summer Meeting，1988.

[5] 刘沛，陈德树，彭华. 微机全线相继速动距离保护的理论及动模试验研究［J］. 中国电机工程学报，1991，(S1)：60-69. DOI：10.13334/j.0258-8013.pcsee.1991.s1.010.

[6] 陈卫，尹项根，陈德树，等. 基于补偿电压故障分量的纵联方向保护原理与仿真研究［J］. 中国电机工程学报，2005，(21)：95-100.

[7] CHEN Wei，MALIK O P，YIN Xianggen，CHEN Deshu，ZHANG Zhe. Study of wavelet-based ultra high speed directional transmission line protection［J］. IEEE Transaction on Power Delivery，Vol. 18，No. 4 Oct.，2003.

[8] 陈卫，尹项根，陈德树，等. 基于补偿电压的突变量方向判别原理［J］. 电力系统自动化，2002，(14)：49-51，66.

第7章 电流差动保护基本原理及其应用

继电保护装置的任务就是要实时监视电力系统各设备的运行情况，并及时快速地切除故障，以保证电力系统的可靠供电。由于继电保护装置工作在高电压、强磁场的环境中，故障信息错综复杂，加之强电场和强磁场的干扰，要在几十毫秒内准确判断出故障的性质和位置，相当困难。电流差动保护是一种基于平衡原理，广泛用于输电线路、变压器、发电机、母线、电缆等电气设备的保护，因其高选择性、快速响应、高灵敏度和强抗干扰能力等优点，在电力系统中广受欢迎。

本章围绕差动保护基本原理、互感器传变对差动保护性能的影响以及应用于同步发电机、并联电抗器、母线、输电线路、变压器等电气设备的各种差动保护构成原理等方面分别开展论述，力图从差动保护基本原理的一般性问题出发，针对各种应用场景的特殊性，对差动保护的应用进行深入分析和探讨。

7.1 基尔霍夫定律与电流差动保护

完整的基尔霍夫定律可描述为，某一时刻流入一个节点或一个区域的所有电流满足：

$$\sum_{j=1}^{m} i_j + \sum_{k=1}^{n} \oint i_k \frac{\mathrm{d}v}{\mathrm{d}t} = 0 \tag{7-1}$$

式中 i_j ——支路的传导电流；

i_k ——位移电流。

当用等值电容支路电流代替电场的位移电流时，式（7-1）可改写成：

$$\sum_{j=1}^{m} i_{\mathrm{j}} + \sum_{k=1}^{n} i_{\mathrm{c}} = 0 \tag{7-2}$$

将这一定律应用于工程实际时，将遇到一些不可测、不能测或不便测的支路电流（包括位移电流）。在这里，统称为未测支路。此时，式（7-2）可写成：

$$\sum i_{\mathrm{cl}} + \sum i_{\mathrm{we}} = 0 \tag{7-3}$$

式中 i_{cl} ——测量支路电流；

i_{we} ——未测支路电流。

将上述定律应用于电流差动保护时，未测支路电流一般都是不可测或不便测的，例如分布电容电流、电力变压器等值励磁支路电流、电流互感器等值励磁支路电流、输电线路并联电抗器的支路电流、保护区内接入的电压互感器负荷电流等。被保护设备发生与外部关联的横向短路时，故障支路的短路电流是外加的支路电流，其电流也是属于不可测的支路电流。

将这一概念应用于电流差动保护，可以用图 7-1 来表示。

将基尔霍夫定律用于图 7-1 的电路时，一次侧电流有如下关系：

$$(i_1+\cdots+i_n+i_T)+i_{1m}+\cdots+i_{nm}+i_L+i_c+i_v+i_r+i_t+i_f=0 \tag{7-4}$$

其中

$$i_1+\cdots+i_n+i_T=i_{cl} \tag{7-5}$$

$$i_{1m}+\cdots+i_{nm}+i_L+i_c+i_v+i_r+i_t+i_f=i_{we} \tag{7-6}$$

恒有：

$$i_{cl}+i_{we}=0$$

或

$$i_{cl}=-i_{we}=-i_{we\cdot o}-i_f \tag{7-7}$$

式中　i_f ——故障电流；

$i_{we\cdot o}$ ——非故障未测支路电流。

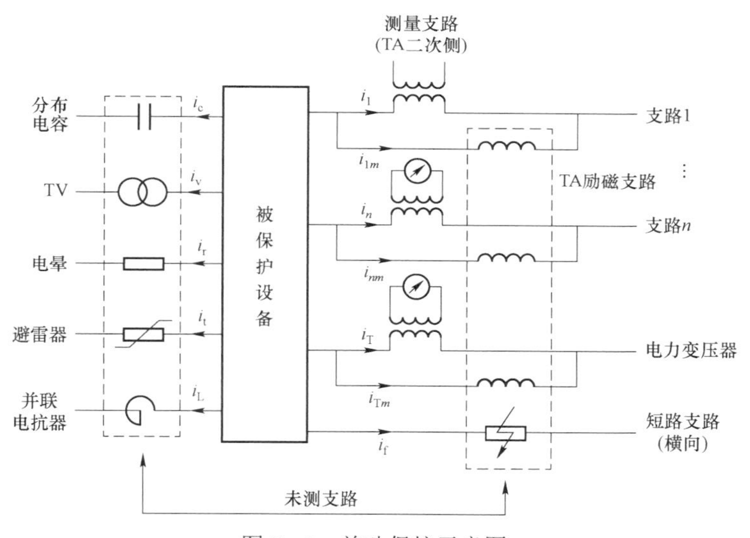

图 7-1　差动保护示意图

当没有故障时，$i_f=0$。此处 $i_{we\cdot o}$ 为不包括故障支路的各未测支路电流之和。

$i_{we\cdot o}$ 可分为与电流大小相关和与电压大小相关两部分，即：

$$i_{we\cdot o}=i_{wi}+i_{wu} \tag{7-8}$$

则：

$$i_{wi}=i_{1m}+\cdots+i_{nm}+i_{Tm}$$

$$i_{wu}=i_L+i_c+i_v+i_r+i_t$$

图 7-1 中列出的是通常遇到的可能的未测支路。不同的被保护设备，其未测支路的情况各有不同。Y_n/Δ 接线电力变压器的差动保护保护区内存在的零序支路是一种特殊的未测支路，所以构成变压器差动保护时，必须除掉零序分量，否则保护会误动作。

当构成电流差动保护时，能提供的仅是测量支路的信息 i_{cl}，即 $i_{cl}=-i_{we\cdot o}-i_f$。差动保护的任务就是要构造一定的判据，确保在 $i_f=0$ 时各种情况下，保护不误动。在最轻微故障时的 i_f 的作用下，保护有足够的灵敏度进行跳闸。为此，必须充分了解、掌握有关未测支路在各种工况下的行为和特性。

7.2 电流传变误差及其对差动保护的影响

由于高压设备的一次侧电流不能直接用于继电保护，通常通过电磁式电流互感器传变到二次侧，供继电保护使用，但在传变的过程中会产生传变误差，即稳态误差和暂态误差。误差的来源在于电流互感器各绕组电流共同建立磁场的需要和铁磁材料的磁滞作用，在等值电路上表示为存在一条与电流互感器二次回路并联的励磁支路，其励磁电流大小与一次电流相关，此励磁支路就是与电流相关的未测支路（见图 7-2）。

多年来，已对单台互感器的误差分析做了大量工作，并制定各种标准。但用在多台互感器的差动保护时，有些问题需要在此基础上做进一步的分析。

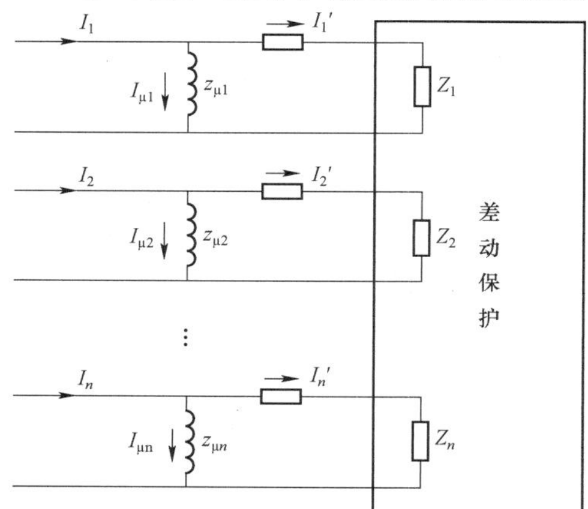

图 7-2　电流差动保护接入示意图

对微机保护而言，各支路电流互感器都是相互独立的，即各二次回路之间除中性线外没有其他电的联系。其联系都是通过数字运算，不引起对电路的相互影响，当与电压相关的未测支路不存在或可以忽略时，构成差动保护得到的和电流为：

$$\begin{aligned} I'_d &= \Sigma I' = I'_1 + I'_2 + \cdots + I'_n \\ &= (I_1 - I_{\mu1}) + (I_2 - I_{\mu2}) + \cdots + (I_n - I_{\mu n}) \\ &= (I_1 + I_2 + \cdots + I_n) - (I_{\mu1} + I_{\mu2} + \cdots + I_{\mu n}) \end{aligned} \tag{7-9}$$

当其漏抗可以被忽略时，二次侧内电势可写成 I_1Z_1，则：

$$I'_d = \Sigma I - \left(I_1 \frac{Z_1}{Z_{\mu1}+Z_1} + \cdots + I_n \frac{Z_n}{Z_{\mu n}+Z_n} \right) \tag{7-10}$$

式中　Z_1——电流互感器二次负载，即图 7-2 中的 Z_1、Z_2、…、Z_n。

由式（7-9）可见，当被保护设备不存在故障支路，且与电压相关的未测支路可以忽略时，一次电流之和为零。但差动继电器测得的却是各电流互感器励磁电流之和，此励磁支路的稳态励磁电流与励磁阻抗 Z_μ、二次回路阻抗 Z_1 以及一次电流 I 有关。

式（7-10）表明，当各 Z_μ 值都相等，同时 $Z_1=Z_2=\cdots=Z_n$ 时，有：

$$\begin{aligned} I'_d &= \Sigma I - (I_1 + I_2 + \cdots + I_n)\frac{Z_\mu}{Z_\mu + Z_1} \\ &= \Sigma I \left(1 - \frac{Z_\mu}{Z_\mu + Z_1}\right) = \Sigma I \times \frac{Z_1}{Z_\mu + Z_1} \end{aligned} \tag{7-11}$$

因为励磁阻抗 Z_{μ} 远远大于二次回路阻抗 Z_{1}，所以：

$$I_{\rm d}' \approx \Sigma I \times \frac{Z_{1}}{Z_{\mu}}$$

此时，若被保护区内没有外连故障支路，则 $I_{\rm d}' \approx 0$。

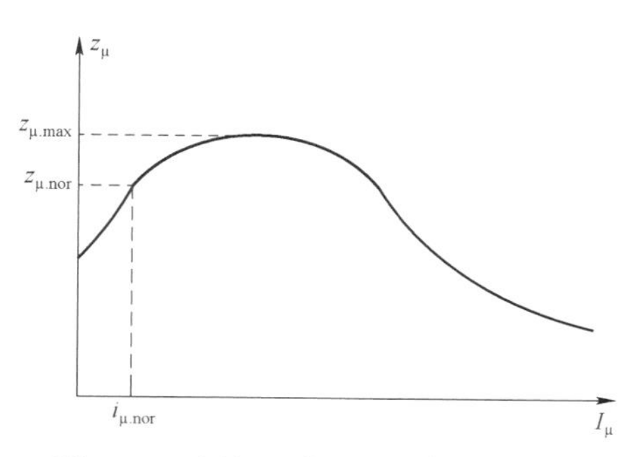

图 7－3　电流互感器阻抗变化示意图

$i_{\mu.\rm nor}$ 一额定励磁电流；$Z_{\mu.\rm nor}$ 一额定励磁阻抗；$Z_{\mu.\max}$ 一最大励磁阻抗

图 7－3 是互感器阻抗变化示意图。这表明 Z_{μ} 不是恒定值，它随励磁电流 I_{μ} 变化而变化，而 I_{μ} 与一次电流 I 及二次回路阻抗 Z 有关。即使各二次支路的阻抗都相等，如果支路数大于 2，通常各支路电流都不相同，这引起 I_{μ} 的不一致。铁芯工况不同，也就是 Z_{μ} 不会相等。因此，当支路数不小于 3 时，理论上和实际上 $I_{\rm d}'$ 很难完全等于零。也就是说，互感器二次回路将附加产生一个不平衡电流。

在实际应用中，$Z_{\mu} \gg Z_{1}$，此时：

$$\frac{Z_{\mu}}{Z_{\mu}+Z_{1}} \approx 1 \qquad (7-12)$$

故：

$$I_{\rm d}' \approx 0$$

一般情况下，满负荷时折算至电流互感器二次侧的 $Z_{\mu.\rm nor}$ 不小于 600Ω（当二次额定电流为 5A 时）。而此时一般二次回路阻抗 Z_{1} 不大于 4Ω。此时，$Z_{\mu}/Z_{1} \geqslant 150$，式（7－12）近似满足。当有很大的短路电流流过，特别是含有很强的非周期分量时，Z_{μ} 值严重下降。

设上述几个支路中第 k 支路发生严重饱和，$Z_{\mu k}$ 值严重下降，其余支路 Z_{μ} 相等，则：

$$I_{\rm d}' = (i_{1}+i_{2}+\cdots+i_{k}+\cdots+i_{n})\frac{Z_{\mu}}{Z_{\mu}+Z_{1}} - i_{k}\left(\frac{Z_{\mu}}{Z_{\mu}+Z_{1}} - \frac{Z_{\mu k}}{Z_{\mu k}+Z_{1}}\right)$$

保护区外故障时：

$$I_{\rm d}' = i_{k}\left(\frac{Z_{\mu}}{Z_{\mu}+Z_{1}} - \frac{Z_{\mu k}}{Z_{\mu k}+Z_{1}}\right) \approx i_{k}\left(1 - \frac{Z_{\mu k}}{Z_{\mu k}+Z_{1}}\right) \qquad (7-13)$$

当支路 k 流过的电流远远大于正常电流时，励磁支路严重饱和。$Z_{\mu k}$ 下降很大，$I_{\rm d}'$ 将增大。当按规范要求设计时，在最大短路电流下，应做到 $I_{\rm d}' \leqslant i_{\rm e} \times 10\%$（$i_{\rm e}$ 为额定电流）。当实际设备不满足规范要求时，就应小心 $I_{\rm d}'$ 可能越限。

上述分析是从图 7－3 正常情况得出的。实际上，当短路电流中含有较大的直流分量时，铁芯的饱和情况要严重得多，其等值的励磁阻抗值比图 7－3 中所示低很多。此时 $I_{\rm d}'$ 将远大于 $0.1\,i_{\rm e}$。但从趋势看，增大 Z_{μ}/Z_{1}（即减小电流互感器二次侧的阻抗和增大 Z_{μ} 值）是降低传变误差的一条重要的途径。

电流互感器二次阻抗主要由保护装置的输入阻抗、二次电缆及其接线、电流互感器二次绕组的漏抗三部分组成。对已经确定的电流互感器和保护装置而言，仅二次电缆可以变化。对提高励磁阻抗而言，主要途径是提高导磁率 μ 值。

7.3 比 率 制 动

为保证差动保护在非内部故障时不误动，必须使其动作值满足：

$$I_{op} \geqslant I_{we \cdot o} = I_{we \cdot i} + I_{we \cdot u} \tag{7-14}$$

式中，$I_{we \cdot u}$ 为与电压相关量，$I_{we \cdot i}$ 为与电流相关量，$I_{we \cdot o}$ 为动作电流整定值。

对 $I_{we \cdot u}$，考虑电压在各种稳态和暂态情况下的影响，通常用一个常数来处理。对 $I_{we \cdot i}$，由于被保护对象的支路结构各不相同，所以可以用不同的方式来反映支路电流的影响。

7.3.1 制动量问题

各种差动保护装置，只要采用电磁型电流互感器，都采用比率制动方法作为克服未测支路电流影响的基本措施。差动电流除要求高于一定的门槛才能动作外，还要高于与制动电流相关的一定的量。采用何种电流作制动量，和怎样利用这些制动量，存在许多种方案。但不管怎样，它们都在一定程度上反映各被测电流的状况。

可以采用电流的相量值或瞬时值，用稳态量或故障分量作为制动量。最常用的制动量有相量差制动、模值和制动、最大值制动（电流量仅以相量表示，以流入被保护设备为电流的正向，余同）。常用的制动方式有以下三种。

相量差（X）制动：$\frac{1}{2}|\dot{I}_m - \dot{I}_n| = I_{TX}$

模值和（M）制动：$\frac{1}{2}(|I_m| + |I_n|) = I_{TM}$

最大值（D）制动：$\mathrm{Max}\{|I_m|,|I_n|\cdots\} = I_{TD}$

“相量差制动”的名称，易与“差动”概念混淆。因为差动电流由电流的相量和得到，故常将此种特性称为“和差制动”。

利用这些制动量可以构成比率制动判据，包括 X 判据、M 判据、D 判据，即：

$$\begin{cases} \text{X判据：} I_d \geqslant K_X I_{TX} \\ \text{M判据：} I_d \geqslant K_M I_{TM} \\ \text{D判据：} I_d \geqslant K_D I_{TD} \end{cases} \tag{7-15}$$

当考查这些制动判据的动作特性和运行状态时，通常采用直角坐标表示，即：

$$I_d \geqslant f(I_T)$$

式中 I_T——制动电流综合量；

I_d——差动电流综合量。

这种表达方式便于与制动系数 K 直接联系，也便于与同时有多制动系数（K_1、K_2、K_3）的多折线判据直接联系。

图 7-4 表示的是一台模拟发电机定子绕组在失步后一个振荡周期的动作量的变化过程。录波图中最下面两条线是和电流、差电流的有效值。发电机定子每相五分支，其中三分支合

并成一支引出，另两分支合并成一支引出。在保护装置中合并后与机端电流组成 I_d 与 I_T，由此构成差动保护。

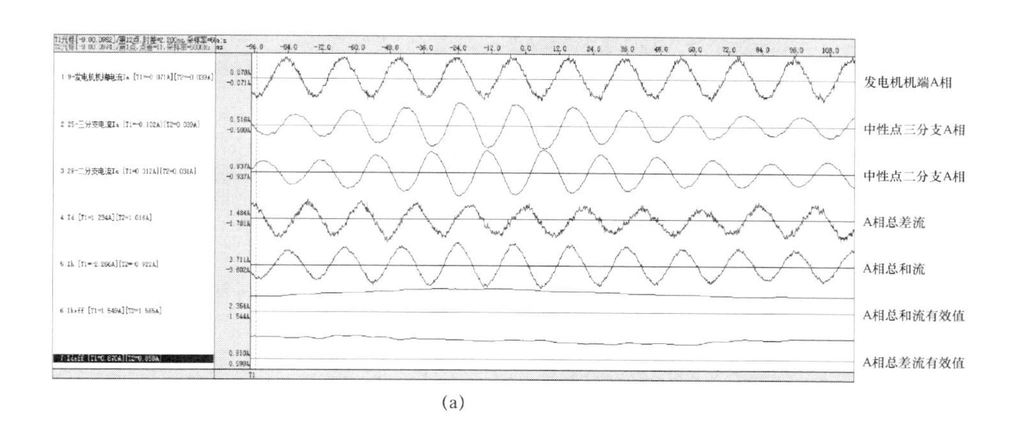

(a)

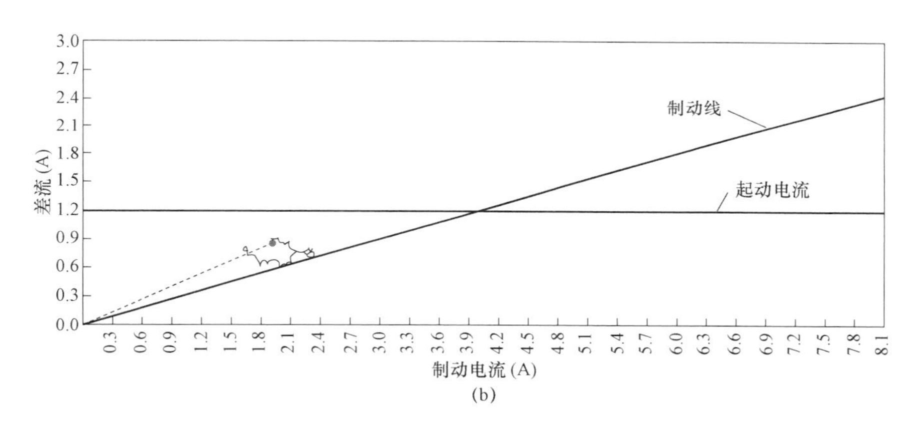

(b)

图 7-4 $I_d = f(I_T)$ 动作特性及实时运行状态

（a）录波图；（b）特性图

可以看出，在振荡过程中出现差流。I_d 的量值已超出制动线，但小于门槛值，保护仍不会误动。

由于可以有多种制动方式，因此需要对制动方式进行比较和选择。将各支路电流归并成输入和输出两组。令被保护设备输入和输出电流之比为 $\dot{J}$，即 $\dot{J} = \dot{I}_m / \dot{I}_n$，用 I_n 的模值作为基数。用电流之比，即 $\dot{J}$ 作为各种制动方式的通用变量，将这一复变量在复平面坐标上，对上面三种判据进行对比分析（见图 7-5）。

图 7-5 是复数坐标图，图中 d_1 为某差动保护方式的动作区。其变量复数 $\dot{J}$ 为差动电流的相对值，即：由于取 I_n 为两电流中的较大数，故 $\dot{J}$ 的模值不可能大于 1。所以，$\dot{J}$ 在图中的圆内有效，在圆外无意义。可将此圆称为复值范围圆。图 7-5 中三个近似圆的轨迹表示的是三种相应的制动特性区。该特性区内为制动区，区外为动作区。$\dot{J}$ 在进入“复值范围”圆内时，为动作有意义区域。$\dot{J}$ 在“复值范围”圆内，而且同时在制动特性区外时，差动保护动作。图中的阴影区即为动作区。

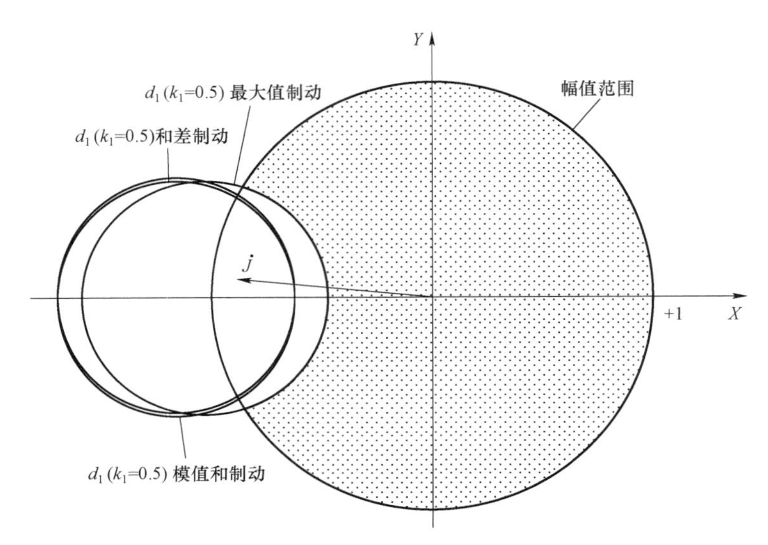

图 7－5　差动电流比向量 $\dot{J}$ 在不同 R 值的三种制动方式下的制动特性比较

下面以式（7－15）为例说明 X 判据。式（7－15）的 X 判据可改写为：

$$\frac{\left|\dot{I}_{\mathrm{m}}+\dot{I}_{\mathrm{n}}\right|}{\frac{1}{2}\left|\dot{I}_{\mathrm{m}}-\dot{I}_{\mathrm{n}}\right|}=K_{\mathrm{X}}$$

即

$$\frac{\dot{I}_{\mathrm{m}}+\dot{I}_{\mathrm{n}}}{\dot{I}_{\mathrm{m}}-\dot{I}_{\mathrm{n}}}=\frac{1}{2}K_{\mathrm{X}}\mathrm{e}^{\mathrm{j}\theta}$$

或

$$\frac{\dot{J}+1}{\dot{J}-1}=\frac{1}{2}K_{\mathrm{X}}\mathrm{e}^{\mathrm{j}\theta} \tag{7-16}$$

式（7－16）可变换为：

$$\dot{J}=-\frac{1+0.5K_{\mathrm{X}}\mathrm{e}^{\mathrm{j}\theta}}{1-0.5K_{\mathrm{X}}\mathrm{e}^{\mathrm{j}\theta}}=\dot{O}+\rho\mathrm{e}^{\mathrm{j}\delta}$$

$$\left.\begin{aligned}\dot{O}&=\frac{-4-K_{\mathrm{X}}^{2}}{4-K_{\mathrm{X}}^{2}}\\ \rho&=\frac{4K_{\mathrm{X}}}{4-K_{\mathrm{X}}^{2}}\end{aligned}\right. \tag{7-17}$$

当 $K_{\mathrm{X}}=0.5$ 时（图 7－5 中为 k_1），其结果示于图 7－5。

若 X 判据采用式（7－17），即增加一个偏移量时，其“幅—相”特性变得很复杂。

M 判据及 D 判据的相量特性比较复杂，不属于二次方程。有学者采用数字仿真方法处理，得到图 7－5。

从图 7－5 可以看出：

（1）“模值和制动”的动作特性与“和、差”制动的动作特性非常接近。

（2）“最大值制动”是三者之中制动能力最强的一种，即使相位差 180°，其允许的相对

比值也较其他两种制动方式小。反之，在内部短路时受电流互感器饱和影响也大一些。换言之，拒动概率要大一些。

（3）对多侧（多支路）差动保护来说，外部短路，本应为最大值支路，但出现电流互感器严重饱和时，其二次电流可能小于另外一些支路，因而使最大值制动的制动能力减弱。此时其制动能力反而不如模值和制动。

（4）对相量差动，当发生轻微内部故障时，差流较小而穿越负荷电流使制动电流较大。故应以灵敏度为重，宜用和/差制动方法。

对故障分量差动，内部故障时两侧电流相位差不可能为 180° 左右，此时应以制动性能为重，宜取最大值制动方式。

7.3.2　制动量的应用

对式（7－15）进行适当改动，可以得到考虑了各种可能的非内部故障因素的判据，即

$$\begin{cases} I_{\mathrm{d}} \geqslant K_{\mathrm{X}} I_{\mathrm{TX}} + I_{\mathrm{d0}} \\ I_{\mathrm{d}} \geqslant K_{\mathrm{M}} I_{\mathrm{TM}} + I_{\mathrm{d0}} \\ I_{\mathrm{d}} \geqslant K_{\mathrm{D}} I_{\mathrm{TD}} + I_{\mathrm{d0}} \\ I_{\mathrm{d0}} \geqslant I_{\mathrm{p.0}} + I_{\mathrm{p.u}} \end{cases} \tag{7-18}$$

式中　$I_{\mathrm{p.0}}$——门槛值，考虑躲开可能存在的测量和计算误差；

$I_{\mathrm{p.u}}$——考虑可能存在的未测量支路的电流。

实际应用时，可以将多制动特性线进行组合。类似的组合有多种，可以根据需要选择。例如，多折线制动特性的跳闸命令 T 为：

$$T = T_0 \cap T_1 \cap T_2 \tag{7-19}$$

其中

$$T_0\text{：}\ I_{\mathrm{d}} \geqslant K_0 I_{\mathrm{T}} + I_{\mathrm{d0}}$$
$$T_1\text{：}\ I_{\mathrm{d}} \geqslant K_1 I_{\mathrm{T}} - I_{\mathrm{d1}}$$
$$T_2\text{：}\ I_{\mathrm{d}} \geqslant K_2 I_{\mathrm{T}} - I_{\mathrm{d2}}$$
$$K_2 \geqslant K_1 \geqslant K_0$$

要求三个判据同时满足，才能动作跳闸。在我国，通常取 $K_0 = 0$。

此特性见图 7－6，也可以用不同的数学表达式构成同样的特性。

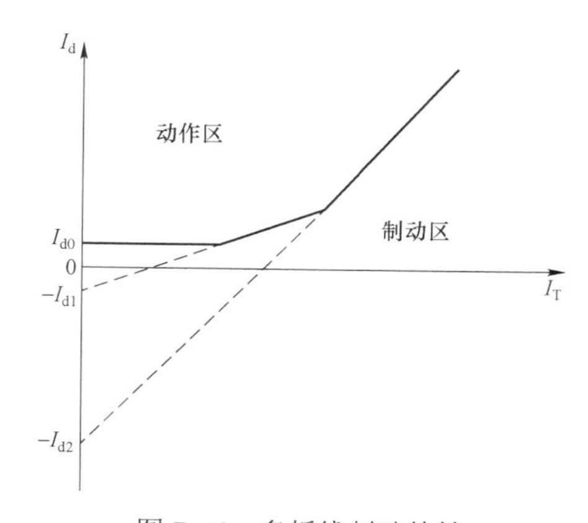

图 7－6　多折线制动特性

最后，还要明确的是，前面讨论的是电磁型电流互感器励磁电流在差动回路中成为电流相关未测支路电流，从而引出差动保护相应对策问题。对 ECT/OCT（电子型/光电型）等非电磁型电流互感器，不存在励磁支路电流，但也会存在测量误差，其输出与输入之差将作为测量误差处理。

下文对各种保护对象的差动保护作一些基本分析。

7.4 同步发电机定子绕组电流纵差保护

大型同步发电机的定子绕组通常每相由1～2分支（汽轮发电机）或多分支（3～10分支，水轮发电机）组成。每相端部装有一个电流互感器，但中性点侧可能装有一个或若干个电流互感器，以测量总电流或各分支组合的电流。

图7－7是一台778MVA特大型水轮发电机定子绕组单相原理接线图。为了研究其内部故障特性，华中科技大学的电力系统动态模拟实验室专门研制了一台相应的31kVA的物理模拟结构模型。此图是为了从结构上模拟大型水轮发电机定子/转子系统而研究制造的物理模拟发电机的定子绕组。与模拟对象一样，定子绕组为五分支，中性点侧分成两组。与发电机机端一起，组成三端纵联差动保护。每一端装有电流互感器。

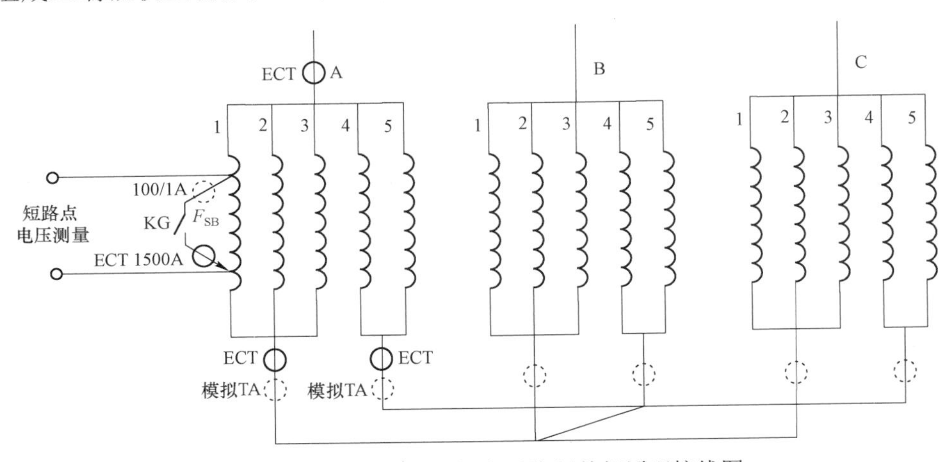

图7－7 大型同步发电机定子绕组单相原理接线图

为提高试验精度，避免电磁式互感器功率消耗影响动模试验结果，试验时采用电子式电流互感器，同时将电磁式互感器退出。在做小匝间短路试验时，在短路回路也用电子式电流互感器测量。为了得到短路回路的过渡电阻值，还测量短路点电压。

发电机定子电流差动保护每相接入2～3个电流互感器时，假如选同型电流互感器，并使二次负载基本匹配，在外部故障时，各电流互感器工况相近。此时，由电流互感器励磁支路引起的电流相关未接支路电流之和，或者通常所说的不平衡电流，可以做到很小。即

$$\Sigma i_{wi} = i_{wT} + i_{wN1} + i_{wN2} \approx 0$$

式中，下角wT表示端部绕组；下角wN1、wN2分别表示中心的三分支、二分支绕组。

在实际工程应用中，二次电缆长度不同，发电机中性点侧有两个电流互感器时，其与端部电流互感器的选择很难使容量、负载得到理想的匹配，以做到运行工况一致。这将导致不平衡电流，特别是暂态不平衡电流不能被忽视。

由于发电机定子绕组的电容电流相对很小，电压相关未测支路电流可以忽略。因为泄漏电流很小，只需要考虑电容电流，而电容量很小。例如，有一台700MW水轮发电机，其每相电容量约为2μF。在20kV额定电压下，正常情况下的电容电流约7.35A，相当于额定电流

22453A 的 0.0327%。

所以，发电机定子电流差动保护不需要考虑电压相关未测支路电流，只需要考虑电流相关未测支路电流。而定子绕组的电流相关未测支路电流，即定子绕组首末端电流互感器的励磁电流相似程度高。因此，其电流差动保护一般仅使用比率差动判据。

但发电机定子电流差动保护曾在外部短路时误动作，也发生过附近出现大的变压器励磁涌流时，发电机定子电流差动保护误动作。

分析说明，发电机外部短路时，其短路电流中的非周期分量的衰减时间常数 T_1 很长。从第 1 章对电磁型电流互感器的线性化分析可以看出，其非周期分量磁通将大大增加。也就是说，饱和程度大大增强。此时，只要差动的两个电流互感器的二次侧衰减时间常数 T_2 有一定的差别，非周期分量衰减快慢不一致，差动保护的不平衡电流将会增加，可能导致误动。

在灵敏度方面，发电机定子电流差动保护不会存在困难。至于定子绕组匝间短路，是纵向故障，没有增加与短路支路相似的外引支路，纵差保护不会动作。

7.5 并联电力电抗器电流差动保护

电抗器电流差动保护与发电机定子电流差动保护的区别是没有内电势。此外，不存在一般外部短路时的大穿越电流，其最大非内部故障的电流就是最大负荷电流加上合闸时有大非周期分量的暂态电流之和。只要电流互感器配置得当，最大不平衡电流不会很大。所以，电抗器电流差动保护对相间短路的灵敏度很高。主要问题是单相接地短路时，短路环内包含有中性点小电抗。当接地点靠近中性点时，短路前电压很低。在中性点接入的小电抗的限制下，导致短路电流很小，限制了灵敏度的提高。

7.6 母线电流差动保护

母线是最接近于基尔霍夫定律意义下的被保护对象。其结构与图 7－1 相同。多数情况下，并联的电力电抗器不接在母线上。在工频情况下的电容电流更小。因此，电压相关未测电流可以忽略。其特点是可测支路数量很大。相应的电流相关未测支路数量很多，这是其区别于其他被保护设备的主要特点。相应的，各未测支路电流可能差别很大。例如，当一条无源支路外部出口短路时，该母线其他有源支路同时通过母线向该支路提供短路电流。故障支路电流互感器因电流太大而严重饱和。该支路的电流互感器的励磁电流可能达到很大数值。极端情况下，此励磁电流可与其一次电流近似相同。这就相当于母线内部短路。因此，当出现上述电流互感器严重饱和时，比率差动保护方式失效，必须采用专门的针对电流互感器严重饱和的闭锁措施。

时差法是防止电流互感器严重饱和的常用闭锁措施之一。利用出现启动电流和出现差动电流的时刻差作为判别发生内部故障或外部故障的重要依据。一般，发生内部故障时，在 2ms 以内会出现差流；发生外部故障时，在 5ms 以上才有差流出现。有些产品能将临界值定在 2ms，实际运行也可定在 3ms 以上。

时差法的主要功能是在故障后一个短时段内将差动保护闭锁。早期闭锁 100ms，然后开放比率差动判据。随着技术的进步，后来改为先闭锁 20ms，然后改用其他饱和识别判据，例如波形识别。波形识别出为非严重饱和时，执行比率差动判据，否则，闭锁差动保护。

7.7 输电线路纵联电流差动保护

7.7.1 输电线路差动电流特点

前面进行了基尔霍夫定律在电流差动保护的应用和电流差动保护的基本原理的分析。当这些概念和原理的应用对象是电力系统的输电线路时，这样的保护对象有其本身的特点。

作为被保护的对象，输电线路的整体情况见图 7－8。两电流互感器之间为保护范围，其所有对外支路包括：并联电抗器 L_M、L_N，两侧电压互感器，输电线沿线的分体电容，两端电流互感器的励磁支路，短路点支路。除两个端部接线的电流为被测电流外，其余各支路电流均为未被测电流。

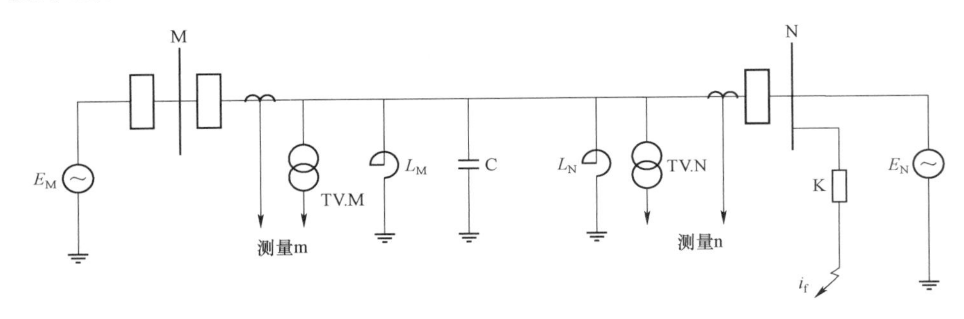

图 7－8 输电线路图

根据基尔霍夫定律，与输电线有关的各支路电流有（电流方向以流向线路为正）i_{LM}、i_{LN}、$i_{TV.M}$、$i_{TV.N}$、$i_{C\varepsilon}$、$i_{\mu M}$、$i_{\mu N}$、i_f。

令未测电流之和 i_{wc} 与差动电流 i_d 分别为：

$$\begin{aligned} i_{wc} &= i_{TV.M} + i_{TV.N} + i_{C\varepsilon} + i_{\mu M} + i_{\mu N} + i_f \\ i_d &= i_M + i_N \\ &= -(i_{LM} + i_{LN} + i_{TV.M} + i_{TV.N} + i_{C\varepsilon} + i_{\mu M} + i_{\mu N} + i_f) = -i \end{aligned} \tag{7-20}$$

式中 i_{wc} ——各未测电流之和；

i_M ——M 侧开关处电流（图 7－8 中“测量 m”的电流）；

i_N ——N 侧开关处电流（图 7－8 中“测量 n”的电流）；

i_{LM} ——M 侧线路端口电流；

i_{LN} ——N 侧线路端口电流；

$i_{TV.M}$ ——M 侧电压互感器电流；

$i_{TV.N}$ ——N 侧电压互感器电流；

$i_{C\varepsilon}$ ——等效电容电流；

$i_{\mu M}$ ——M 侧电压互感器励磁电流；

$i_{\mu N}$ ——N 侧电压互感器励磁电流；

i_f ——短路点电流。

差动保护应用的差动电流只能由可被测电流组成，它反映的是全部未被测电流之和 i。下面对各未被测电流作一些讨论。

（1）电压互感器支路电流 i_{TV}。由于电压互感器容量很小，其负荷电流相对于输电线电流完全可以忽略。当电压互感器二次侧短路时，其短路电流归算至一次（假定其短路电压标幺值 $u_{k.TV}$ 为 0.1）也很小。

以 500kV 的电压互感器为例，二次侧短路时可得：

$$i_{TV.f}=\frac{1}{U_{k.TV}}\bullet I_N=\frac{1}{U_{k.TV}}\bullet\frac{S_{TV.n}}{\sqrt{3}U_n}=\frac{1}{0.1}\times\frac{3\times100\text{VA}}{\sqrt{3}\times500000}=0.0034\text{A}$$

对差动保护来说，完全可以忽略。如果在电压互感器高压侧短路，则视为线路上短路，另作别论。

（2）分布电容电流 $i_{C\varepsilon}$。长线电容电流具有特殊性。

由于是远距离输电线，其参数的分布特性使电压和电流在输电线上是一个波的传播过程。这一过程可以用贝瑞隆模型来描述，也可以用链型电路作近似计算。但当计及位移电流时，电流差动保护要求在任何时刻、任何暂态过程都应得到满足。

稳态过程常用 π 型电路等值，计算输电线的电容分支电流。

（3）并联电抗器电流 i_L。输电线的并联电抗器主要用以补偿线路分布电容电流 i_C，常在较长的超高压线路上装设，因而容量也稍大。对 500kV 电线路，一般采用欠补偿方式。在暂态过程，其补偿电流 i_L 上升慢一些，谐波较小。并联电抗器电流 i_L 暂态过程与暂态电容电流差别比稳态时要大。这对快速动作的差动保护，需要注意其对保护的影响。

并联电抗器电流 i_L 属于未测支路电流。稳态情况下，电感电流与电容电流在相位上基本互补，但各有本身的暂态过程。

（4）故障支路电流 i_f。没有发生故障时，$i_f=0$；发生横联性短路时，故障支路电流 $i_f\neq0$，此电流可有比较大的数值。

（5）电流互感器励磁电流 i_μ。电流互感器励磁电流 i_μ 也属于未测支路电流，其特性详见第 1 章。

前面几种电流都是支接于被保护的输电线上的各种支路上的电流，属于未被测支路，其大小与电压有关，电压愈高，电流愈大。

输电线端口电流 i_M、i_N 属于被测支路电流，但此电流都需经过电流传变设备变换至低压、小电流值电流后，供继电保护设备使用。

常规的电流传变使用的是电磁型电流互感器。一次侧的被测电流除主要变换成二次电流供保护使用外，还有小部份供电磁铁芯建立磁场用，后者属于未测支路电流。

7.7.2　长线的分布电容电流的补偿

长线的分布电容电流是远距离输电线路电流差动保护的一个特点。

稳态情况下，电容电流相位超前电压相位 90°，但输电线路沿线的电压大小及相位都是逐渐变化的。因此，只能是每一个微分段的电容电流相位超前该点电压相位 90°，其大小与该点电压成正比。当线路不存在内部短路点时，整条线路的电容电流总和可近似地作为线路的平均电压，作用于总的等值电容上产生的电容电流，即

$$I_C = j\frac{\dot{U}_M + \dot{U}_N}{2} \cdot \omega C_n l \tag{7-21}$$

式中 C_n——每千米的电容值；

I_C——总的电容电流；

$\dot{U}_M$——线路 M 侧电压；

$\dot{U}_N$——线路 N 侧电压。

对三相输电线路，因各序电容值不同，需按序网电容电流计算，即

$$\begin{gathered} I_{C2} = I_{C1} = j\frac{\dot{U}_{M1} + \dot{U}_{N1}}{2} \cdot \omega C_{1*} \cdot l \\ I_{C0} = j\frac{\dot{U}_{M0} + \dot{U}_{N0}}{2} \cdot \omega C_{0*} \cdot l \end{gathered} \tag{7-22}$$

式中 I_{C1}——正序电容电流；

I_{C2}——负序电容电流；

I_{C0}——零序电容电流；

$\dot{U}_{M1}$、$\dot{U}_{M0}$——线路 M 侧正序电压、零序电压；

$\dot{U}_{N1}$、$\dot{U}_{N0}$——线路 N 侧正序电压、零序电压；

C_{1*}、C_{0*}——每千米的序电容值。

各相的电容电流分别由相应序量组合。

前面提到，并联于线路两端的电抗器产生的电感电流在相位方面与电容电流互补。理论上，可以补偿到综合电流近似为零。

7.7.3 输电线电流差动保护的关键点

与其他被保护设备一样，需要克服电流互感器励磁支路的电流相关型未测支路电流引起的问题，除采取比率制动措施外，输电线电流差动保护还必须处理好分布电容和并联电抗器引起的电压相关型未测支路电流。由于这些电流都与电压相关，因此，理想的方法是设法“制造”一些与电压相关，而大小尽可能与实际未测电流相近的电流，将未测支路电流变成可测电流，通常称为补偿电流，即电容电流补偿和并联电抗器电感电流补偿，或二者综合后的补偿。

（1）电压相关未测支路电流的完全补偿。忽略电压互感器的影响，按长线方程：

$$\begin{gathered} \dot{U}_N = \dot{U}_M \cosh \gamma l - \dot{I}_M \dot{Z}_C \sinh \gamma l \\ \dot{I}_N = -\dot{I}_M \cosh \gamma l + \frac{\dot{U}_M}{\dot{Z}_C} \sinh \gamma l \end{gathered} \tag{7-23}$$

$$Z_1 = \sqrt{\frac{L}{y}} \approx \sqrt{\frac{L}{C}}$$

$$\gamma = \sqrt{Z_1 y}$$

式中　Z_1——线路每千米阻抗；

L——线路每千米电感；

C——线路每千米电容；

y——线路每千米导纳；

γ——线路传播系数。

当有并联电抗器时，有：

$$\dot{I}_{LM} Z_{LM} = \dot{U}_M$$
$$\dot{I}_{LN} Z_{LN} = \dot{U}_N$$

式中　Z_{LM}、Z_{LN}——并联电抗器阻抗；

$\dot{I}_M$、$\dot{I}_N$——电抗器外侧的线路端部电流。

令 $\dot{I}'_M$、$\dot{I}'_N$ 为计及电抗器的线路端部电流，则：

$$\dot{I}'_M = \dot{I}_M + \dot{I}_{LM} = \dot{I}_M + \frac{\dot{U}_M}{Z_{LM}} \qquad (7-24)$$
$$\dot{I}'_N = \dot{I}_N + \dot{I}_{LN} = \dot{I}_N + \frac{\dot{U}_N}{Z_{LN}}$$

当 M 侧的 $\dot{U}_M$ 及 $\dot{I}'_M$ 能及时传送至 N 侧时，则可以在 N 侧由式（7-24）计算得 $\dot{I}_N$。

在 N 侧，由计算得到的线路对侧电流 $\dot{I}_M$ 及得到的对侧电压 $\dot{U}_M$，则可计算出由 M 侧参数决定的 N 侧测量电流应该有的计算值 $\dot{I}_{N(js)}$，即：

$$\dot{I}_{N(js)} = \dot{I}_M \cosh\gamma l - \frac{\dot{U}_M}{\dot{Z}_C}\sinh\gamma l \qquad (7-25)$$

当线路上区内无短路故障支路时，应有：

$$\dot{I}_{N(js)} = -\dot{I}_N$$

利用此两个电流构成差动保护时，可得到利用 $\dot{I}'_M$、$\dot{I}'_N$、$\dot{U}_M$、$\dot{U}_N$ 经完全补偿后的差流，即：

$$\dot{I}_d = \dot{I}_N + \dot{I}_{N(js)}$$

无内部短路时，$\dot{I}_d$ 电流接近于零。

（2）电压相关未测支路电流的近似补偿。当线路长度短于 3000km 时，通常可用集中参数的四端网络等值。由：

$$\begin{aligned} I_d = \dot{I}_N + \dot{I}_{N(js)} &= \left(\dot{I}'_N - \frac{\dot{U}_N}{Z_{LN}}\right) + \left(\dot{I}_M \cosh\gamma l - \frac{\dot{U}_M}{Z_C}\sinh\gamma l\right) \\ &= \left(\dot{I}'_N - \frac{\dot{U}_N}{Z_{LN}}\right) + \left[\left(\dot{I}'_M - \frac{\dot{U}_M}{Z_{LM}}\right)\cosh\gamma l - \frac{\dot{U}_M}{Z_C}\sinh\lambda l\right] \end{aligned} \qquad (7-26)$$

近似为：

$$I_d \approx \left(\dot{I}'_N - \frac{\dot{U}_N}{Z_{LN}}\right) + \left[\left(\dot{I}'_M - \frac{\dot{U}_M}{Z_{LM}}\right) - \dot{U}_M Y_{01}\right]$$

或
$$I_d \approx \left(\dot{I}'_N - \frac{\dot{U}_N}{Z_{LN}} - \dot{U}_N \frac{Y_{01}}{2}\right) + \left(\dot{I}'_M - \frac{\dot{U}_M}{Z_{LM}} - \dot{U}_M \frac{Y_{01}}{2}\right)$$

对三相输电线路，因正、负零序参数不同，需在序网层次分别补偿。

7.8　电力变压器的电流差动保护

电力变压器是电力系统中比较特殊的设备，它通过带铁芯的互感线圈的互感实现电力传变和传输。除自耦变压器外，各绕组没有电的直接联系。

当将一个绕组作为被保护对象时，完全可以用基尔霍夫定律的本来意义进行处理。这样的保护可称为绕组电流差动保护。

如果将变压器整体作为被保护对象，则不适合用基尔霍夫定律的本来意义对差动保护进行分析。但变压器的一个重要工作基础是安匝平衡。所以，现在通称的“变压器电流差动保护”，其实应是“变压器电流安匝平衡保护”。

当一台单相变压器有多个绕组，将各绕组同极性端流入的电流作为正值时，有：

$$I_1W_1 + I_2W_2 + \cdots + I_\mu W_1 = 0 \tag{7-27}$$

当将各侧电流按匝比折算至某一侧时，如将其他绕组都折算到 1 侧，上式变为

$$(I_1 + I'_2 + \cdots + I'_\mu)W_1 = 0$$

亦即：
$$(I_1 + I'_2 + \cdots + I'_\mu) = 0$$

也就是说，在等值意义下，将变压器整体作为被保护对象时，也可以用类似基尔霍夫定律的形式进行处理。此时各绕组输入端电流为可测电流，变压器励磁支路电流成为与电压相关的未测支路电流。当经过电磁式电流互感器对电流进行测量时，电磁式电流互感器的励磁支路电流是电流相关的未测支路电流，故有：

$$(I_1 + I'_2 + \cdots + I'_\mu + I'_{\mu TA1} + I'_{\mu TA2} + \cdots) = 0$$

在以变压器整体作为被保护对象时，线圈的匝间短路回路将形成一个新的安匝支路，在差动保护意义下是一个反映故障的未测安匝支路，因而此时的差动保护可以保护匝间短路。而如前述，当以一个绕组为保护对象时，其差动保护是不反映匝间短路的。这是因为这样的短路环未形成外引的未测支路。

与前面几种对象的差动保护相比，无故障时变压器差动保护的电压相关未测支路是其励磁支路。相比来说，无故障时发电机定子绕组以及母线的差动保护的电压相关未测支路可以忽略，输电线路的差动保护的电压相关未测支路是分布电容，而变压器的未测支路是强非线性励磁电感。

差动保护的基本要求是在任何无故障状态下不会因未测支路电流而误动作。变压器的未测支路是励磁支路，具有很难掌握的强非线性特性。

输电线应对未测支路电流影响的方法是用其上的电压及已知线路电容量计算出电容电流，然后用此电容电流对差流进行补偿。但变压器的励磁支路的特点是稳态时电流很少，而

暂态时会形成涌流，其数值可能很大，难以用整定值躲开。其大小及特性因强非线性影响，因素很复杂且具有多样性，很难用电压计算出其暂态电流并用以对差流进行补偿。

20世纪60年代，有研究者曾对此进行过物理模拟试验，在电力变压器端口并接一励磁特性相似的电抗器。取其电流对保护的差流进行补偿，取得很好效果。后因这种方法要求保护区内必须有电压互感器，使用不便，未继续研究。

由于上述原因，实际应用中多利用暂态励磁电流和短路电流在波形特征上的差别对两者进行区分。这种方法只用电流量，不用考虑电压互感器二次回路断线问题，结构相对简单，因而较易受到运行人员的欢迎。但仍有一些学者在继续研究利用电压量，尝试得出性能更好的保护。

下面将对电流波形识别的有关问题进行一些探讨。

波形识别技术就是在短路电流和暂态励磁电流两种波形之间寻找其特性的差异，利用明显差异的特征识别出是内部故障，还是暂态励磁影响。

最早利用的波形差别是差流中的多种谐波，随后是专门利用其中的二次谐波。

对电力变压器的内部短路、电流互感器饱和、励磁涌流三种典型电流波形很早就作了谐波分析。这种早期的分析奠定了后来长期广泛利用二次谐波进行识别的基础。

1958年就提出用二次谐波制动，其制动系数采用0.15。其后数十年在二次谐波应用上与此差别不大。但该方法在大量应用后，多次出现空载合闸时误动情况。发现空载合闸时，励磁电流的二次谐波比有时或大或小地小于0.15，不能对保护进行闭锁。这说明，对波形识别还要进行更深入的分析。

励磁涌流波形因其特殊的非线性特性很难用精确的数学模型描述。但从计算机保护的角度看，一般取一个工频周期作为数据窗。利用此工频周期信息进行周期延拓的频谱分析时，对各种工况都适合的差动电流的表达式为：

$$i_{\mathrm{d}} = I_0 + I_1\sin(\omega_1 t + \theta_1) + I_2\sin(2\omega_1 t + \theta_2) + \cdots + I_n\sin(n\omega_1 t + \theta_n)$$

对差动电流来说，需要识别的主要有内部短路、外部短路、空载合闸（包括外部故障切除）三种工况。问题是能否用上述各种分量中的一种或几种或者某种组合对上述三种工况进行准确而可靠的区分。

下面将对这三种工况作进一步的讨论。

（1）内部短路时，电路的特点是加在变压器上的电压下降，磁通密度下降，差动保护区内的未测支路主要是内部短路支路。变压器励磁支路处于高阻抗状态，由励磁引起的未测支路电流相对很小，可以忽略。此时，主电路基本属于线性电路。非周期分量按系统参数衰减，发电机参数、线路分布电容及负荷等会引起少量高次谐波。但基频分量较大。电流互感器饱和时，将因其本身铁芯的未测支路电流在差流中出现较大的三次谐波。

（2）外部短路时，电路的特点同样是加在变压器上的电压下降，磁通密度下降。差动区内的未测支路——变压器铁芯支路的电流很小。但各电流互感器铁芯引起的未测支路电流将依穿越电流大小及二次回路结构、参数情况而定。除基波外，三次谐波较大。

（3）空载合闸时，暂态过程与上述情况的主要差别是励磁电流环路阻抗由强非线性的变压器铁芯的励磁支路构成。电流波形呈强非正弦特性。铁芯的强非线性主要表现在饱和特性

（UI 特性）和磁滞特性（以磁滞回线表达的 $B-H$ 特性）。加上剩磁的存在，使得其暂态特性与正弦特性差别更大，表现为含有大量的高次谐波。此种暂态过程通常称为励磁涌流。对此，有许多因素会影响其特性。

影响励磁涌流特性的主要因素有：

（1）变压器本身的结构、特性、状态：① 饱和特性；② 磁滞特性；③ 剩磁状态；④ 绕组结构；⑤ 铁芯结构。

（2）电源状态：① 电压大小；② 合闸角；③ 电源阻抗；④ 电网结构——附近有否运行变压器、长线等。

（3）信息传变：① 主电流互感器传变，包括饱和、直流衰减时间常数变化；② 保护装置入口传变，包括数字滤波。

（4）数据窗口所在时刻。

第 11 章将对上述问题作进一步的讨论。

本章参考文献

[1] 陈德树，陈卫，尹项根，等. 差动保护运行动作特性的相量分析 [J]. 继电器，2002，(4)：1–3，7.

[2] HAYWARD C D. Harmonic-Current-Restraint Relays for Transformer Differential protection [J]. AIEE Transactions,volume 60, 1941: pages 377–82. Discussion, page 622.

[3] GLASSBURN W E, SHARP R L. A transformer differential relay with second-harmonic restraint [J]. AIEE Transactions, vol.77, pt. III, Dec. 1958: pp. 913–18.

[4] 程利军，杨奇逊. 中阻抗母线保护原理、整定及运行的探讨 [J]. 电网技术，2000，(6)：65–69.

[5] 杨经超，尹项根，陈德树，等. 采样值差动保护动作特性的研究 [J]. 中国电机工程学报，2003，(9)：71–77.

[6] 李岩，陈德树，尹项根，等. 超高压长线的分相纵差保护方案设计 [J]. 电力系统自动化，2002，(15)：49–52.

[7] 张西利，张春合，赵厚滨. 具有全线相继速动特性的单端保护的应用 [J]. 电工技术，2006，(2)：1–4.

[8] 朱国防，陆于平. 线路差动保护的相移制动能力研究 [J]. 中国电机工程学报，2009，29（10）：84–90.

[9] 李斌，曾红艳，范瑞卿，等. 基于故障分量的相位相关电流差动保护 [J]. 电力系统自动化，2011，35（3）：54–58.

[10] 文明浩. 线路纵差保护 CT 二次断线判据分析 [J]. 继电器，2006，(18)：1–3.

第8章 同杆并架线路保护

为了节省输电走廊用地，同杆并架线路被日益广泛应用。架线方式有同杆双回的，有同杆四回的，甚至有同杆六回及以上的。最基本的是首末端共母线的，特殊的是一端共母线，另一端分接不同的变电站。更特殊的是同杆上的线路分属不同的电压等级，两端都不共母线。

相比与单回输电线路继电保护，同杆并架线路的保护面临故障类型的复杂多样性、线路间耦合影响无法忽略、故障选线选相困难以及跳合闸逻辑复杂等挑战。

本章针对同杆并架线路的故障特点、准三相运行方式、距离和差动保护原理以及相关物理动态模拟以及建模等问题展开讨论。以期厘清同杆并架线路保护分析、设计以及研究建模等方面的疑问。

8.1 同杆并架线路运行特点

同杆并架线路由于输电回数多（2～4回甚至更多），不同回线之间存在复杂的自互感作用，并可能发生跨线故障，因此同杆并架线路的继电保护比单回线和传统的平行双回线的保护更为复杂。目前用于同杆并架线路的主保护主要有纵联保护和横联保护，纵联保护主要包括纵联电流差动保护、纵联方向保护和纵联距离保护等，其中分相纵联电流差动保护具有天然的选相、选线能力且可靠性较高，被广泛应用于高压同杆并架线路保护。但其过分依赖通信，这也是纵联保护面临的共性问题。横联保护利用单侧信息，不依赖通信，具有末端故障可以相继速动功能，因而被广泛运用于同杆并架线路中。传统的横差保护包括电流平衡保护和横联方向保护，电流平衡保护只利用两回线路的电流量，原理简单，但只能安装于同杆并架线路的有电源侧，其使用范围受限，且受系统运行方式和过渡电阻大小的影响明显，电流平衡保护范围小，相继动作区大。横联方向保护由于存在电压死区的问题，使用范围也受到了限制。为了改善横差保护的特性，很多研究人员在此方面做了大量研究，并取得一定成果。参考文献［2～6］提出利用横差电流和横差电流突变量构成差动保护；有的提出，利用比例制动的原理，通过设定可靠系数利用双回线电流稳态量和暂态量构成保护；有的提出，对序电流和序电压量进行分析计算，通过比较幅值和相位构成横联保护；有的提出，通过比较双回线电流的幅值和相位，并利用一种新型的状态图表示方法判断故障类型及故障位置。

下文为了叙述的清晰，对同杆并架线路中任何一个三相系统，都称之为“回线”。例如，第Ⅰ回线等。对其中某一导线，则称为“线”。例如，第Ⅰ回线的 A 相线，统一称为第Ⅰ回 A 相，即“IA 线”等。

8.1.1　同杆并架双回线路故障特点

由于在同一杆塔上，各回线路之间距离很近，互感很强。各导线之间都存在互感关系，关系多而复杂，给分析及应用带来很大的困难。一般只好作近似处理，将各回线内部作对称处理，即认为每一回线本身是对称的。各回线之间只考虑零序互感。这样的近似是很粗略的，将带来较大的误差，甚至产生一些实质性变化。对一些保护方式来说，例如负序方向纵联保护，由于故障回线的短路电流通过复杂的互感关系在健全回线上感应出纵向序量电势，使两侧同时判为正方向故障，因而引起其误动，这是不能容许的。

由于在同一杆塔上，各回线路之间距离很近，发生故障时，波及的不仅限于同一回线内部，还可能发生在两回线之间。换句话说，仅就同杆并架双回线，故障就可能是由六根相线以及地线构成的任意组合。组合的类型有 120 种，包括两条单回线故障 22 种，跨线故障 98（7×14）种，见表 8－1。

每回线的 14 种类型为 A、B、C、AB、BC、CA、ABC、A0、B0、C0、AB0、BC0、CA0、ABC0。

表 8－1　　同杆并架双回线跨线故障类型

Ⅰ线/Ⅱ线	IA	IB	IC	IAB	IBC	ICA	IABC	IA0	IB0	IC0	IAB0	IBC0	ICA0	IABC0
ⅡA	*	*	*	*	*	*	*	*	*	*	*	*	*	*
ⅡB	*	*	*	*	*	*	*	*	*	*	*	*	*	*
ⅡC	*	*	*	*	*	*	*	*	*	*	*	*	*	*
ⅡAB	*	*	*	*	*	*	*	*	*	*	*	*	*	*
ⅡBC	*	*	*	*	*	*	*	*	*	*	*	*	*	*
ⅡCA	*	*	*	*	*	*	*	*	*	*	*	*	*	*
ⅡABC	*	*	*	*	*	*	*	*	*	*	*	*	*	*

8.1.2　准三相运行问题

准三相运行问题已提出多年。举例来说，同杆并架双回线路在运行中第Ⅰ回线 A 相对第Ⅱ回线 B 相永久性短路时，若每回线独立配置保护，将导致两回线同时跳闸。这可能对电力系统造成很大的冲击。如果第Ⅰ回线只断开 A 相，第Ⅱ回线只断开 B 相，余下的四根导线仍能保持三相运行，输送一定的负荷，有利于电力系统的稳定运行。虽然此时的输电线系统参数的三相对称性变坏，但若时间不太长，其副作用可能影响不大。

一般将上述技术措施称之为“准三相运行”。对一次系统来说，准三相运行与安全性、经济性、稳定性等有关，一般不会允许长时间运行。在紧急抢修或调度负荷转移后，可安全操控至正常对称运行状态。

是否采用准三相运行，一方面取决于相应继电保护技术的成熟程度，另一方面取决于该同杆并架双回线在系统中的地位、作用和开关能否分相操作，也取决于采用准三相运行后对具体的电力系统的技术经济效益是否足够大。

自进入21世纪以后，在二次系统的继电保护技术方面，对这一问题陆续进行过一些探索。作基本理论分析时，一般将线路适当简化，将每回线简化为三相对称线路，两回线间只考虑零序有互感。进一步深入研究时，需将线路的实际的复杂的不对称引起的自、互感状态考虑在内，在技术上作较为深入的探索。下面将就此作进一步的讨论。

8.1.3 同杆并架双回线路参数特点

同杆并架双回线路的参数与杆塔结构密切相关。杆塔的结构型式有很多。因此，具体线路的参数应该根据相应的线路结构进行计算。现在的计算机软件已可以根据具体的杆塔结构及其空间距离计算出各导线的自、互感。

下面列出出现较多的Z－14型杆塔的典型参数，该型杆塔两回线并列，每回线的ABC三相导线上下排列，双架空地线位于塔顶。表8－2列出了六根导线的阻抗，1～6为六根导线顺序编号。序号相同时为自感，序号不相同时为两导线间的互感。3线和6线离地近，自阻抗较小；1线和4线离地较远，自阻抗较大。

表8－2　Z－14型杆塔仿真阻抗参数（标幺值）

序号	1	2	3	4	5	6
1	1	0.416	0.288	0.371	0.325	0.262
2	0.416	0.962	0.347	0.325	0.314	0.275
3	0.288	0.347	0.876	0.262	0.275	0.278
4	0.371	0.325	0.262	1	0.416	0.288
5	0.325	0.314	0.275	0.416	0.962	0.347
6	0.262	0.275	0.278	0.288	0.347	0.876

表8－2中，单位阻抗的基准值Z_B=45.9782Ω/100km。

表8－3为动模实验室根据Z－14型杆塔参数建立的“空间磁场模拟型”同杆并架双回线模拟系统（详见8.7节）的实测参数。

表8－3　动模模型阻抗参数（标幺值）

序号	1	2	3	4	5	6
1	1	0.434347227	0.288980682	0.360036717	0.340009179	0.27279176
2	0.436510395	0.971310903	0.319246948	0.344902194	0.345603383	0.27354596
3	0.28897024	0.317711796	0.876278633	0.272825537	0.272586357	0.2533323
4	0.360560379	0.343661082	0.273289382	1.004415197	0.429460748	0.292753
5	0.339975696	0.343833926	0.272620859	0.428427661	0.964762615	0.31953529
6	0.271917439	0.271164863	0.252588129	0.291524013	0.318497906	0.87033385

表 8－3 中，单位阻抗的基准值 Z_B=4.8Ω/50km。

由实例参数可见，这种同杆并架线路各导线及导线间的自、互感差别较大，不平衡度较高。当整条线路有三次换位，则其外特性可以恢复平衡。但对短线路或线路内部短路，短路点至母线之间，很难做到三次换位。此时，因互感较大，差别也较大，如仅考虑两回线间的零序互感，误差将过于粗糙。

事实上，由于参数的不对称，即使是一回线，在其正、负、零序之间，也存在互感，各序并不独立。两回线之间，即使是两回线同一种相序之间，也存在互感。表 8－4 是上述举例线路的各序及其相互间的自、互感的标幺值。表中行、列号相同的为自感，不同的为互感，表中数据表现出其属于非对角线对称矩阵的性质。

表 8－4　　不换位线路正负零序的序间自感和互感（标幺值）

序间阻抗	Z_{I1}	Z_{I2}	Z_{I0}	Z_{II1}	Z_{II2}	Z_{II0}
Z_{I1}	1.000∠76.334°	0.073∠176.338°	0.142∠150.793°	0.024∠－13.128°	0.039∠－41.09°	0.097∠158.969°
Z_{I2}	0.115∠－10.429°	1.000∠76.298°	0.129∠29.754°	0.041∠－165.885°	0.030∠－103.627°	0.096∠44.31°
Z_{I0}	0.129∠31.017°	0.139∠149.753°	2.720∠81.54°	0.098∠－83.14°	0.096∠－71.329°	1.509∠87.341°
Z_{II1}	0.029∠－103.73°	0.039∠－40.865°	0.099∠－73.204°	0.997∠76.616°	0.109∠111.449°	0.134∠－90.042°
Z_{II2}	0.040∠－165.73°	0.024∠－14.518°	0.097∠－85.017°	0.062∠46.203°	0.996∠76.568°	0.132∠－95.421°
Z_{II0}	0.096∠45.454°	0.094∠157.541°	1.506∠87.373°	0.134∠－93.877°	0.129∠－89.239°	2.713∠81.274°

当线路经理想换位，则其正负零序间的互感为零，即相互独立。表 8－5 是理想换位时动模模型正负零序的序间自互感实测值的标幺值。

表 8－5　　理想换位线路模型正负零序的序间自感和互感标幺值

序间阻抗	Z_{I1}	Z_{I2}	Z_{I0}	Z_{II1}	Z_{II2}	Z_{II0}
Z_{I1}	1.000∠75.766°	0.02∠149.334°	0.02∠－136.28°	0.021∠－15.451°	0.003∠－76.656°	0.0089∠－161.29°
Z_{I2}	0.018∠－19.83°	1.002∠75.732°	0.014∠22.944°	0.0017∠－61.97°	0.027∠－112.005°	0.009∠70.115°
Z_{I0}	0.015∠11.042°	0.02∠－125.73°	2.656∠81.661°	0.011∠－114.2°	0.0016∠－0.228°	1.504∠86.246°
Z_{II1}	0.026∠－111.5°	0.00197∠－80°	0.0021∠－147°	0.994∠76.14°	0.019∠5.217°	0.011∠－44.97°
Z_{II2}	0.0014∠－73.7°	0.022∠－14.87°	0.013∠－112.9°	0.014∠166.24°	0.994∠76.14°	0.0063∠－114.16°
Z_{II0}	0.0068∠61.44°	0.0069∠－143°	1.5∠86.15°	0.0046∠－113.3°	0.014∠－36.16°	2.668∠81.56°

8.2 同杆并架双回线路纵联电流差动保护运行

同杆并架双回路与一般的平行双回线的最大差别是两回线间的距离近很多，一方面是互感增强了，另一方面是导线间的电容增大了很多。互感的作用是产生纵向电势，电容的作用是产生横向分支电流，属于不可测支路电流。

电容电流将形成电流差动回路的不平衡电流。线路空投时可能因电容而产生涌流，线路越长，涌流越大。电流纵联差动保护应在动作特性和整定值上使保护不会误动作。

为了减少运行中出错的机会，尽可能使换位后的线路在首末端杆塔上相同位置是相同相，称为全线完全换位。

8.3 同杆并架双回线路纵联方向保护运行

同杆并架线路即使是全线完全换位，在内部短路时，从短路点到母线之间的线路也很难完全换位。此时，两回线间的正、负、零序是有互感的。

因此，一回线发生故障时，另一回非故障线会感应出各种序量的纵向电势。此时，方向纵联保护两侧的方向元件都判为正方向故障，健全线路的方向纵联保护将误动作。提高整定值可以避免误动，但将降低灵敏度。因此，往往将方向纵联保护作为电流纵联差动保护的替补。因其对通道的要求较低，较易实现，只要经过认真计算，选好整定值，尽管灵敏度低一些，还是有一定作用的。

一般来说，阻抗方向纵联保护受影响少一些，但不同的方向元件各有差异，要具体分析。

8.4 同杆并架双回线路距离保护运行

对电压等级稍高的输电线路，距离保护几乎是必备的，其多数是三段式，第一、二段主要保护本线路，第三段作邻线后备。

单回线路上短路时，当序间互感可以忽略时，保护的测量电压为：

$$U = I_1 Z_{1f} + I_2 Z_{2f} + I_0 Z_{0f} + U_f \tag{8-1}$$

即使线路结构很不对称，理论上其正、负序阻抗是相等的（参见表 8-4）。由于相电流 $I_\phi = I_1 + I_2 + I_0$，单回线电压有如下关系：

$$\begin{aligned} U &= I_\phi Z_{1f} + I_0 (Z_{0f} - Z_{1f}) + U_f \\ &= (I_\phi + 3kI_0) Z_{1f} + U_f \end{aligned} \tag{8-2}$$

$$k = \frac{Z_{0f} - Z_{1f}}{3Z_{1f}} \tag{8-3}$$

测量阻抗为：

$$Z_1 = \frac{U}{I_\phi + k3I_0} - \frac{U_f}{I_\phi + 3kI_0} \tag{8-4}$$

对非同杆并架的平行双回线路，两回线间的距离较远，假如其本回线的正、负序间互感可以忽略，两回线间的正、负序互感也可以忽略，余下的主要是零序间的互感。因此，线路上金属短路时母线电压为：

$$U = I_1 Z_{1f} + I_2 Z_{2f} + I_{0I} Z_{0f} + I_{0II} Z_{MI-II} \tag{8-5}$$

式中，$I_{0\text{II}}$ 为Ⅱ回线零序电流；$Z_{\text{MI-II}}$ 为两回线间零序互感抗。此处的电流方向都以流向线路为正。

双回线上金属短路时，有：

$$\begin{aligned} U &= I_{\phi\text{I}}Z_{1\text{fl}} - I_{0\text{I}}Z_{1\text{fl}} + I_{0\text{I}}Z_{0\text{fl}} + I_{0\text{II}}Z_{\text{MI-II}} \\ &= (I_{\phi\text{I}} + k3I_{0\text{I}} + 3k'I_{0\text{II}})Z_{1\text{f}} \end{aligned} \tag{8-6}$$

由式（8－3）得：

$$k' = \frac{Z_{\text{MI-II}}}{3Z_{1\text{f}}} \tag{8-7}$$

$$Z_{1\text{f}} = \frac{U}{I_{\varphi\text{I}} + 3kI_{0\text{I}} + 3k'I_{0\text{II}}} \tag{8-8}$$

式中，$Z_{1\text{f}}$ 为考虑邻线互感后的测量阻抗。各阻抗值都是短路点至母线间的数值。

由于零序互感的存在，线路末端接地短路时的测量阻抗必须计及 k'。

当短路点靠近末端，则首端两回线零序电流相位基本相同，由式（8－6）可见，由于计及 k'，此时的测量阻抗将小于单回线运行时的测量值。若对阻抗Ⅰ段保护进行整定时不考虑邻线互感影响，即当 $3I_{0\text{II}}$ 等于零，使整定值变大，则在双回线运行发生区外短路时，测量阻抗 $Z_{1\text{f}}$ 变小，误认为是区内短路，将会导致误动。

对在运行中的同杆并架线路，有多种测量其零序互感值的试验方法和设备。基本上是在其中一回线在挂地检修状态下加入特殊电源，在运行线路测量其互感。但应注意的是，另一回线也应在断电状态。如另一回线在运行状态，则其连接的电力系统将成为其负载，会影响测试结果。

在整定时，k 和 k' 的选取对距离保护Ⅰ段影响较大，为保证选择性，可取小一些；对距离保护Ⅱ段，为保证灵敏性，可取大一些。

8.5　同杆并架双回线路横联差动保护运行

横联差动保护原来是平行双回线的一种主保护。当双回线不是同杆并架时，两回线间距离较远，一般不用考虑跨线故障。当只考虑一回线发生故障时，横联差动保护具有很好的速动性。即使在线路末端故障，经过相继速动，增加很短的延时，仍能保证快速跳闸。

同杆并架双回线的一个特点是可能发生跨线故障。对不同相的跨线故障，横差保护能起作用。但对同名相故障，例如 $\text{A}_{\text{I}}-\text{A}_{\text{II}}-\text{N}$ 接地故障，按原理横差保护不能起作用。此时应有其他判据互相补充。

横联差动保护的一个不足是其相继动作区受系统运行方式影响。当线路两侧的相继动作区之和大于线路全长时，存在保护死区。

常用的横联差动保护有两种：横联差动方向保护和仅比较电流模值的电流平衡保护。横联差动方向保护能用于有源端和无源端，但要解决电压死区问题；电流平衡保护没有电压死区问题，但在弱馈侧或无源端将会拒动。

横联差动方向保护的电压死区问题，对不对称短路可用正序电压作极化量解决，对三相对称短路可用正序电压的突变量或相电压突变量作极化量解决。

横联差动方向保护是用母线电压作极化量，以判断差电流的相位，由此决定哪一回线发生故障。为保证在区外故障时保护不会因两回线电流不平衡而误动，其差电流需超过一定的门槛值。但由此，存在末端故障时的电流死区，需依靠对侧先选择性跳闸，然后相继动作解决。

8.6 准三相运行与六线综合保护

平行双回线内部发生短路故障后，若并不将故障线的三相切除，而是将六根相导线中与短路有关的相导线切除 1～3 根，此时余下的无故障导线仍可能保持三相全相运行。在这种被称为“准三相运行”的方式下，三相导线的结构的对称性已被改变，形成一定程度的不平衡运行。

8.6.1 准三相运行的效益及其对一次电力系统影响

8.6.1.1 准三相运行的效益——保留较大的功率传输能力

准三相运行的优点主要是能最大限度地保留功率传输能力。同杆并架双回线在切除有故障的导线后，进入准三相运行时电力系统会有较大扰动，能否保持暂态稳定取决于准三相运行状态下发电机输出的电磁功率能否与原动机的功率平衡。但无论如何，维持准三相运行，其稳定储备总比线路全切除要高。

原动机功率确定后，发电机的极限输出功率越大，系统越容易保持稳定。下面，对准三相运行时的极限传输功率情况进一步分析。

图 8－1 所示的线路及两端无穷大系统，同杆并架双回线的极限传输功率与两端电源间的正序转移阻抗 Z_{zy} 成反比，与两端电源电势成正比，即：

$$P_{\max}=\frac{E_{M}E_{N}}{Z_{zy}}\sin\theta_{MN} \tag{8-9}$$

式中 E_M ——M 侧电源电势；

E_N ——N 侧电源电势；

θ_{MN} ——M 侧与 N 侧电源电势角差。

当线路为同杆并架双回线时，正常运行情况下，有：

$$Z_{zy}=Z_{M1}+Z_{L1}/2+Z_{N1}$$

式中 Z_{M1} ——M 侧电源电势内正序阻抗；

Z_{N1} ——N 侧电源电势内正序阻抗；

Z_{L1} ——单回线路正序阻抗。

正常运行情况下切除一回线时，则为：

$$Z_{zy}=Z_{M1}+Z_{L1}+Z_{N1}$$

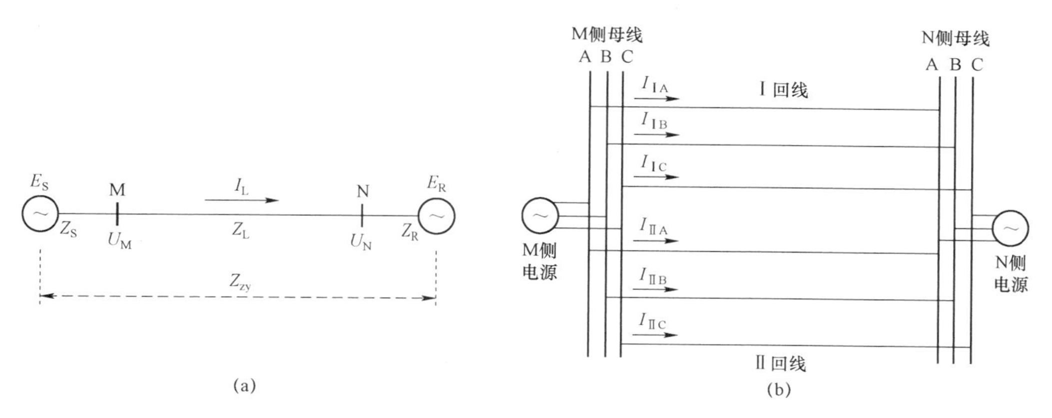

图 8－1　同杆并架双回线简图

（a）单线图；（b）三线图

双回线的运行状态对功率传输能力的影响，与线路长度及其在系统总阻抗中的比重密切相关。

正常三相情况下运行时，其功率传输能力由正序电压与正同序电流决定。而在非六线全线的准三相情况下运行时，模分量能独立运行的约束条件已不满足。正同序网络不能单独运行，这将加入其他各序参量。即：

$$Z_{Lt} = Z_t + Z_{\triangle}$$

式中　Z_t ——六线对称运行时的同序阻抗；

$Z_{\triangle}$ ——非六线对称运行时的综合附加阻抗。

因同序阻抗与原阻抗相同，全相运行时两端电源正序转移阻抗 $Z_{\Sigma 1nor}$ 为：

$$Z_{\Sigma 1nor} = Z_{M1} + Z_{L1}/2 + Z_{N1}$$

而在同序网络，有：

$$Z_{\Sigma T} = Z_{MT1} + Z_{LT1}/2 + Z_{NT1} \tag{8-10}$$

式中　Z_{MT1}、Z_{NT1} ——同序网两端电源正序阻抗，其中变压器阻抗参数已归并到各侧电源参数中；

Z_{LT1} ——同杆并架线路的正同序阻抗。

准三相运行方式下的正序转移阻抗 $Z_{\Sigma 1QTP}$ 满足：

$$Z_{\Sigma 1QTP} = Z_{\Sigma 1nor} + Z_{\Delta T1}/2 \tag{8-11}$$

式中　$Z_{\Delta T1}$ ——非六线对称运行时正同序阻抗。

准三相运行方式下的极限传输功率与全相运行极限传输功率比值满足：

$$\frac{P_{\max QTP}}{P_{\max nor}} = \frac{|Z_{\Sigma 1nor}|}{|Z_{\Sigma 1QTP}|} \tag{8-12}$$

根据六序分量法计算各种准三相运行方式边界条件下的正同序附加阻抗，代入式（8－11）和式（8－12）中，可得到对应准三相运行方式下的极限传输功率，即维持系统稳定的能力。

以同杆并架线路工程实际参数为例，取双回全相运行时的极限传输功率为 1.0，计算得出五种典型准三相运行工况下的正同序附加阻抗与极限传输功率，记录于表 8-6，其中准三相运行时的最低极限传输功率可达全相运行时极限传输功率的 75%以上，最高可达全相运行时极限的 92%以上。

表 8-6　　准三相运行下的暂态稳定极限传输容量（实例）

准三相运行工况/参数	$\|Z_{\triangle}\|$	$\|Z_{\Sigma T1}+Z_{\triangle}\|$	P_{max}
全相	0	245.45	100%
Ⅰ ABC	64.092	309.542	79.295%
Ⅰ AⅡ BC	80.596	326.046	75.281%
Ⅰ ABⅡ AC	48.800	294.250	83.416%
Ⅰ ABCⅡ A	43.098	288.548	85.064%
Ⅰ ABCⅡ BC	20.989	266.439	92.122%

表中 $Z_{\triangle}$是在断线口按断线故障类型由复合序网得到的附加阻抗。

8.6.1.2　准三相运行时电压电流的不平衡度与过载率

准三相运行可行性分析的另一个重要问题是准三相运行方式时输电线过载电流热稳定与电压电流不平衡度。一般输电线具有短时超出容许载流量的应急过载能力，具体过载率与过载持续时间相关。

采用准三相运行方案时，应计算各种工况下的六线实际电流电压以及电流的不平衡度。下面对工程实例进行计算，五种典型准三相运行六线实际传输电流过载率如表 8-7 所示，电压电流不平衡度如表 8-8 所示。其中 K_{u0} 为电压零序占正序比，K_{u2} 为电压负序占正序比，K_{i0} 为电流零序占正序比，K_{i2} 为电流负序占正序比。

表 8-7 为典型准三相运行工况下的各相线实际传输电流过载情况。此处以额定运行电流作为基准值，其中最大过载电流为额定电流的 1.62 倍。按输电线热稳定要求，一般可运行数小时。具体允许运行时间由相关规程规定。满足要求时，可以为电力系统调度争取时间对负荷调度和事故进行处理。

表 8-7　　准三相运行下各线路电流过载率

运行相	Ⅰ A	Ⅰ B	Ⅰ C	Ⅱ A	Ⅱ B	Ⅱ C
全相	1.000	1.000	1.000	1.000	1.000	1.000
Ⅰ ABC	1.584	1.584	1.584	0	0	0
Ⅰ AⅡ BC	1.451	0	0	0	1.517	1.550
Ⅰ ABⅡ AC	0.975	1.503	0	1.021	0	1.554
Ⅰ ABCⅡ A	1.101	1.544	1.620	0.834	0	0
Ⅰ ABCⅡ BC	1.582	1.073	1.018	0	0.948	0.926

表 8－8 所示的准三相运行工况下电压最大不平衡度为 1.27%，小于 2%。电流最大不平衡度为 11.24%，略超出规定的 7%。但Ⅰ ABC、Ⅰ AⅡBC、Ⅰ ABCⅡA 三种准三相运行工况基本满足相关对电压电流不平衡度的规定。

表 8－8　　准三相运行下电压电流不平衡度

运行相/不平衡度	电压不平衡度		电流不平衡度	
	K_{u2}	K_{u0}	K_{i2}	K_{i0}
Ⅰ ABC	0	0	0	0
Ⅰ AⅡBC	0.54%	0.18%	5.30%	1.94%
Ⅰ ABⅡAC	1.27%	0.62%	11.24%	5.93%
Ⅰ ABCⅡA	0.79%	0.79%	6.82%	7.37%
Ⅰ ABCⅡBC	1.08%	0.68%	8.62%	5.83%

总体来说，准三相运行可显著降低跨线故障对系统的冲击，为电网调度运行方式争取时间。表 8－6～表 8－8 的结论验证了准三相运行的可行性。

前面提到，表 8－7 和表 8－8 是典型准三相运行工况下的各相线实际传输电流过载情况。随着系统参数的不同，具体数据会有变化，这里仅是一例。

8.6.2　最优跳闸策略与准三相运行

短路故障发生后，可利用此处所提出的选相方法进行故障选相，然后，对故障相使用阻抗比横差判据进行判别。若故障发生在同杆并架区段内部，则进一步选出故障相所属线路。其后横差保护装置需要对故障线路的故障相的断路器发出跳闸指令，断开该故障线路。

以往的故障跳闸策略较为简单，发生单相故障时跳开单相，然后重合。重合不成功则跳三相。若发生跨线故障，无论是两相故障还是三相故障均跳开三相，例如发生Ⅰ AⅡBG 跨线永久故障时，按照传统同杆并架线路的保护跳闸策略，两回线路全部断路器均开断。这样的跳闸策略对电力系统运行冲击很大。如果利用准三相的概念，即保证跳闸后每一相最低限度保留一根导线送电，则在最大程度上保证系统的功率传送和稳定性要求。

同杆并架线路在正常三相运行时共有 120 种短路故障类型。根据运行特征，准三相运行可分为 14 种状态，其中单回线故障有Ⅰ AG、Ⅰ AB、Ⅰ ABG、Ⅰ ABC、Ⅰ ABCG 五种，跨线故障有Ⅰ AⅡB、Ⅰ AⅡBG、Ⅰ AⅡBC、Ⅰ AⅡBCG、Ⅰ AⅡABC、Ⅰ AⅡABCG、Ⅰ ABⅡABC、Ⅰ ABⅡABCG、Ⅰ ABCⅡABC（G）九种。优化的跳闸策略如表 8－9 所示。这里，Ⅰ表示第一回线，Ⅱ表示第二回线。由此表可知，多数故障类型可利用这里提出的跳闸策略实现准三相运行。

表 8-9　　优化的跳闸策略表

故障类型	跳闸策略	故障类型	跳闸策略
ⅠAG	ⅠA	ⅠAⅡBC	ⅡBC
ⅠAB	ⅠA 或 ⅠB	ⅠAⅡBCG	ⅠAⅡBC
ⅠABG	ⅠAB	ⅠAⅡABC	ⅡABC
ⅠABC	ⅠAB 或 ⅠBC 或 ⅠAC	ⅠAⅡABCG	三跳
ⅠABCG	ⅠABC	ⅠABⅡABC	三跳
ⅠAⅡB	ⅠA 或 ⅡB	ⅠABⅡABCG	三跳
ⅠAⅡBG	ⅠAⅡB	ⅠABCⅡABC（G）	三跳

利用 8.6.3 节提出的选相方法和阻抗比判据可判断出同杆并架线路区段内短路故障的具体故障类型。根据不同类型故障，采用对应的跳闸策略，可以最大限度上实现准三相运行。

8.6.3　选相/选线问题

实现准三相运行的第一个问题是只按发生短路故障的导线进行切除。这就要求在同杆并架双回线的六根相导线中正确选出发生短路的导线。当采用线路电流纵差保护时，可以将其动作结果作为选线的主要依据。考虑线路电流纵差保护可能因故退出，应另有备用的选相方案。

对单回输电线路，已有相当成熟的选相技术。常用的如补偿电压选相，零、负序相位关系选相等。但同杆并架双回线可能发生跨线故障，并且导线间的互感情况更为复杂，严重影响上述按单回线方案选相的正确性。

下面是一种专门针对同杆并架双回线的新的选相方案。

与传统同杆并架线路分别对两回线单独选相的做法不同，新型选相方案将同杆并架线路看作一个整体，对其内部发生的故障进行选相。这样可以有效避免发生包含同名相的跨线故障时传统保护的误选相问题，例如ⅠAⅡABG 故障，由于ⅠA 相分流作用，第二回线序电流不准确，利用序电流选相方法会误选为 B 相。但将双回线作为一个整体，用“和”电流选相则可有效避免此问题。

进行故障选相前，先将两回线的同名相电流相加，得到各相的和电流。以 M 侧保护为例，有：

$$I_{MA}=I_{MIA}+I_{MIIA}$$
$$I_{MB}=I_{MIB}+I_{MIIB}$$
$$I_{MC}=I_{MIC}+I_{MIIC}$$

对于接地故障，可利用序电流比相法进行选相，先求得用和电流表示的序电流，即：

M 侧正序电流：　$3I_{MA1}=I_{MA}+aI_{MB}+a^2I_{MC}$

M 侧负序电流：　$3I_{MA2}=I_{MA}+a^2I_{MB}+aI_{MC}$

M 侧零序电流：　$3I_{MA0}=I_{MA}+I_{MB}+a^2I_{MC}$

对接地故障，利用零序电流和负序电流的相位关系，采用与单回线选相相同的方法，把

故障分为 3 个区域，每个区域对应两种可能的故障类型，如表 8－10 所示。

表 8－10　故障类型分区

判据	分区
$-60° < \mathrm{Arg}\dfrac{I_{M0}}{I_{MA-}} < 60°$	AG/BCG
$-60° < \mathrm{Arg}\dfrac{I_{M0}}{I_{MB-}} < 60°$	BG/CAG
$-60° < \mathrm{Arg}\dfrac{I_{M0}}{I_{MC-}} < 60°$	CG/ABG

每个区内的两种故障利用相间阻抗测量值区分。当相间阻抗测量值小于整定值时，判断为该区间所对应的两相接地故障；反之，则为该区间对应的单相接地故障。从而选出接地故障对应的故障相。

对于不接地故障，通过比较相间阻抗选相，相间阻抗为：

$$Z_{\phi\varphi}=\frac{U_{\phi\varphi}}{I_{\phi\varphi}}=\frac{U_{\phi}-U_{\varphi}}{I_{\phi}-I_{\varphi}}$$

式中，ϕ、φ 表示不同相。

三种两相故障中的最小一种，即 $\min(Z_{AB}\ \ Z_{BC}\ \ Z_{CA})$ 对应的两相即为故障相。

与传统同杆并架线路对两回线分别进行选相不同，此处提出的选相方案是将同杆并架线路作为一个整体，利用双回线同名相电流之和进行故障选相，提高了选相元件的准确性，尤其对含同名相的跨线故障，能够正确选出故障相。

选出故障相后，下一步是选线问题，即选出的故障相中是两回线都发生故障，还是一回，如果是一回，究竟哪一回线发生了故障。这可以用电流横差判据，或者用下一节的阻抗比横差判据，再加上相继动作技术得到解决。

8.6.4　阻抗“和/差比式”横联差动保护

考虑到同杆并架线路故障的复杂和多样性，在现有的电流横联保护之外，有一种新的基于阻抗比的横联差动保护的原理。其原理简单，可靠性高，相继动作区小且受系统运行方式影响小，适用于高电压等级输电线路。该保护方案利用简单的“相测量阻抗”，通过两回线的测量阻抗的和/差比构成保护判据，不需计算精确的线路正序阻抗值，不需考虑零序补偿系数，不依赖通信通道且适用于高电压等级同杆并架线路。与传统的基于电流量的横联差动保护相比，能显著缩小相继动作区。

其保护方案如下：

（1）测量信号。如图 8－2 所示的同杆并架线路及其保护示意图，M 侧和 N 侧均装设保护装置，每一侧的保护装置需要测量本侧的三相电压值和两回线的电流值。以 M 侧保护为例，需要采集的测量信号包括第一回线 M 侧三相电压 U_{MIA}、U_{MIB}、U_{MIC}，三相电流 I_{MIA}、I_{MIB}、I_{MIC}；第二回线 M 侧三相电压 U_{MIIA}、U_{MIIB}、U_{MIIC}，三相电流 I_{MIIA}、I_{MIIB}、I_{MIIC}。如从母线取电压，则两回线电压相同。

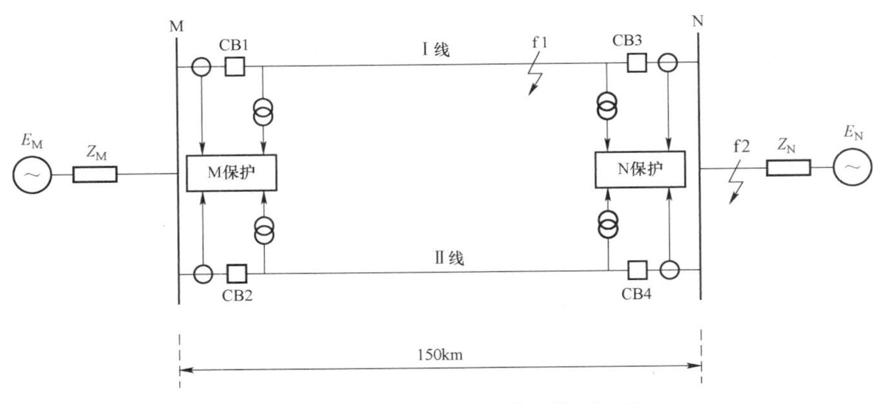

图 8－2　同杆并架线路及其保护示意图

（2）测量阻抗。以 M 侧保护为例，M 侧保护利用获取的电压电流信号计算每回线路的测量阻抗，测量阻抗为对应线路的测量电压和测量电流比值，M 侧第一回线三相测量阻抗为：

$$Z_{MIA}=\frac{U_{MIA}}{I_{MIA}},\quad Z_{MIB}=\frac{U_{MIB}}{I_{MIB}},\quad Z_{MIC}=\frac{U_{MIC}}{I_{MIC}}$$

M 侧第二回线的测量阻抗为：

$$Z_{MIIA}=\frac{U_{MIIA}}{I_{MIIA}},\quad Z_{MIIB}=\frac{U_{MIIB}}{I_{MIIB}},\quad Z_{MIIC}=\frac{U_{MIIC}}{I_{MIIC}}$$

与一般距离保护不同，本保护方案中所采用的测量阻抗值不是考虑了零序补偿系数的同杆并架线路的正序阻抗值。本保护方案中所用的计算阻抗是同杆并架线路每回线的电压、电流的简单比值。

（3）阻抗比横差判据。与一般的电流保护相仿，电流横联保护主要问题是受电力系统运行方式（即系统等值阻抗）影响很大，而距离保护基本上只反应线路参数。在满足最小动作电流的前提下，不受电力系统运行方式影响。所以，用阻抗值构成“阻抗和/差比式”横联差动保护，将很大地克服电流横差保护的缺点。

如图 8－2 所示，在线路末端附近 f1 处发生故障时，可以利用横联差动的原理，比较两回线路同名相的测量阻抗值大小。同杆并架线路区段内部发生故障后，故障相的两回线路测量阻抗值相差较大（除线路末端及同名相跨线故障外）。反之，当故障发生点为 f2 所示的同杆并架线路区段外部，则故障发生后的两回线测量阻抗值接近相等，理想状况下三相对称时则恒相等。

以 M 侧保护为例，利用阻抗横差判断故障位置的判据可表示为如下形式。

故障位置位于同杆并架线路区段内：$Z_{MI\phi}\neq Z_{MII\phi}$

故障位置位于同杆并架线路区段外：$Z_{MI\phi}=Z_{MII\phi}$

式中：下角 ϕ 表示 A 相或 B 相或 C 相。

如前所述，根据一般的保护原理，电流保护受系统电源阻抗（即系统运行方式）影响较大，而阻抗保护不受或少受系统运行方式变化的影响。与利用电流量构成的横差保护相比，

利用测量阻抗构成横差保护可以减小系统运行方式改变对保护的影响。测量阻抗值基本不随电源系统的等效阻抗的改变而发生改变。

线路空载或发生断线故障时由于电流测量值极小，会导致测量阻抗值极大，为避免出现极大数值，提高比较结果精度，方案可进一步改进为用测量阻抗的模值差与测量阻抗的模值和之比，称为阻抗比 K_{rela}。由此构成的区分区内、外故障的比较判据如下。

令
$$K_{\text{rela}}=\frac{\left\|Z_{\text{MI}\phi}\right|-\left|Z_{\text{MII}\phi}\right\|}{\left|Z_{\text{MI}\phi}\right|+\left|Z_{\text{MII}\phi}\right|} \tag{8-13}$$

故障位置位于同杆并架线路区段内时，故障判据可表示为：

$$K_{\text{rela}}\geqslant K_{\text{set}}$$

故障位于完全换位的同杆并架线路区段外时，有：

$$K_{\text{rela}}=\frac{\left|Z_{\text{MI}\phi}\right|-\left|Z_{\text{MII}\phi}\right|}{\left|Z_{\text{MI}\phi}\right|+\left|Z_{\text{MII}\phi}\right|}=0$$

由于式（8－13）中分子、分母的测量阻抗采用同一个电压，该式可改写为：

$$K_{\text{rela}}=\frac{\left|I_{\text{MI}\phi}\right|-\left|I_{\text{MII}\phi}\right|}{\left|I_{\text{MI}\phi}\right|+\left|I_{\text{MII}\phi}\right|}\geqslant 0$$

下面，以 M 侧保护为例，说明故障点位置到保护安装处的距离与阻抗比的关系。故障点位置到保护安装处 M 的距离越短，M 侧保护的“测量阻抗比”越大，反之则越小。三相完全对称的理想条件下，当故障点位于 N 侧母线时，M 侧保护的测量阻抗比为 0。

对未换位的线路，由于同杆并架线路之间的自互感作用，阻抗比—距离关系的曲线会出现极大值，极大值的出现位置与线路两侧电源阻抗有关，如图 8－3 所示（线路未换位）。

横坐标 d 表示故障点位置与 M 侧保护安装处的距离标幺值。其基准值为同杆并架线路总长。纵坐标为阻抗比。由图 8－3 可知，虽然受自互感影响，阻抗比—距离曲线会出现极大值，但 M 侧为有源端时，线路首段故障时的阻抗比远大于线路末端故障时的阻抗比。

与电流平衡保护一样，当双回线的一侧为无源端时，无源端此保护判据失效，需依靠横联方向保护处理。

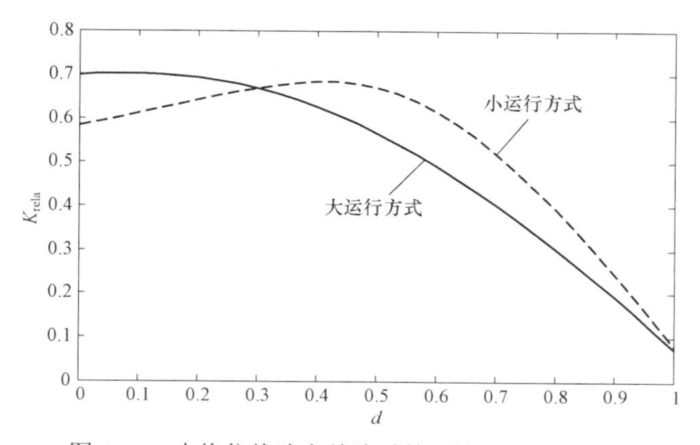

图 8－3　未换位线路上故障时的阻抗比—距离关系

总的来说，上述方案的主要作用是减小双回线有源侧保护在末端故障时的相继动作区。

（4）整定值问题。由于线路参数不对称，需设定一个合理整定值 K_{set} ，保证实际应用中的可靠性。当 $K_{rela} \leqslant K_{set}$ 时，判定故障发生在同杆并架区段外部或靠近线路末端；当 $K_{rela} > K_{set}$ 时，判定故障发生在同杆并架线路内部的其余部分。由图 8－3 可知，虽然故障点距保护安装处的距离与阻抗比的函数关系并不总是单调的，但首段故障时的阻抗比远大于末端故障时的阻抗比，因此可以用同杆并架线路末端故障时的阻抗比作为整定依据。整定值的选取方法为：在线路末端母线发生故障时，对各种短路故障类型，选其最大的阻抗比 K_{end} ，并乘以可靠系数 K_{rel} 后加以确定。整定值表达式可表示为：

$$K_{set} = K_{rel} \times K_{end}$$

仿真研究结果表明，系统处于小运行方式下，线路末端发生单相金属性短路故障时的阻抗比有最大值，可靠系数可选取为 1.1～1.3。可靠系数与测量装置及信号传变的精度有关，并影响到相继动作区的范围，取值越大相继动作区越大，取值越小相继动作区越小。

当判据 $K_{rela} > K_{set}$ 成立时，表明故障发生在同杆并架线路区段内，然后根据两回线的同名相测量电流的大小关系确定故障线路。

当 ϕ 相发生故障时，选线判据可表示为： $K_{rela} > K_{set}$ 且 $I_{MI\phi} > I_{MII\phi}$ 时，故障发生在 ϕ 相第一回线； $K_{rela} > K_{set}$ 且 $I_{MI\phi} \leqslant I_{MII\phi}$ 时，故障发生在 ϕ 相第二回线。

选线判据中比较两回线同名相电流值时不需再考虑可靠系数，这是因为，在利用阻抗比判断是否位于同杆并架线路内时已考虑了可靠系数，可保证满足区内判据的故障相两回线测量电流值有足够差别。

考虑可靠系数后，当故障发生在线路末端附近时，保护装置无法分辨。以图 8－2 为例，当故障发生于靠近 N 侧母线的同杆并架线路区段内时，M 侧保护因测量阻抗比小于整定值而不能动作，此时可依靠相继动作实现对故障线路的切除，即首先由 N 侧保护动作跳开故障线路的 N 侧断路器。N 侧断路器动作后，M 侧保护的测量阻抗比增大，超过整定值后，M 侧断路器动作，跳开故障线路 M 侧断路器，进而实现对故障线路的切除。设线长为 150km，以第一回线距 M 侧保护 145km 处发生 A 相接地短路故障为例，M 侧保护的 A 相测量阻抗比随时间变化的仿真曲线如图 8－4 所示。

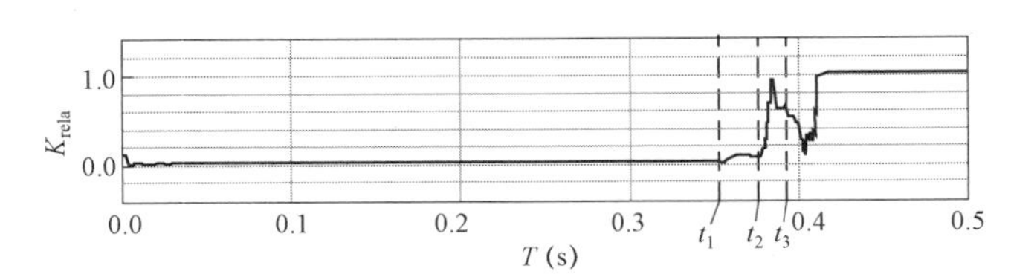

图 8－4　阻抗比随时间变化的仿真曲线

图中，t_1 为故障发生时刻，由于故障点距离 M 侧保护较远，M 侧 A 相测量阻抗比变化微小，未达到保护整定值，M 侧断路器不动作。但由于故障点距离 N 侧保护很近，N 侧保护可立即判断出第一回线 A 相线路发生短路故障并向第一回线 N 侧 A 相断路器发出跳闸命令。t_2 时刻 N 侧 A 相断路器跳开。之后，M 侧保护的 A 相测量阻抗比迅速增加，并超过整定值。M 侧保护判断出第一回线 A 相故障后，向第一回线 A 相 M 侧断路器发出跳闸命令。同样考

虑到动作的时延，M 侧的 A 相断路器在 t_3 时刻断开。M 侧保护通过相继动作切除了故障线路。

8.6.5 “阻抗和/差比”式横联差动保护运行特性与相继速动性能的完善

8.6.5.1 仿真研究

对所提出的横联差动保护原理进行了计算机仿真和动模试验校核。利用 PSCAD/EMTDC 和动模试验平台搭建了如图 8－2 所示的 500kV 电压等级 150km 同杆并架模型。模型参数见附录。

以线路阻抗为基准值，大范围变化时的阻抗比横差保护特性可通过 PSCAD/EMTDC 仿真进行分析。以 M 侧保护为研究对象，对各种工况下不同故障类型短路故障进行仿真，在一般工况下将系统阻抗的变化范围设定为（0.2～0.8）Z_L，大量仿真实验结果表明当设定整定值后，大运行方式下经过渡电阻接地故障的保护范围最小，小运行方式金属性故障接地的保护范围最大。图 8－5 以包含 A 相的故障为例，曲线 1 是大运行方式下Ⅰ回线 A 相经过渡电阻接地故障（IAG）。曲线 2 是小运行方式下Ⅰ回线 A 相，跨Ⅱ回线 B 相 C 相，金属性接地故障（ⅠAⅡBCG）。两种情况下阻抗比随故障点位置变化的曲线如图 8－5 所示。在多种工况的仿真中，这两种工况的结果是两个极端，其他工况下的阻抗比曲线均在这两条曲线所包围的范围内。

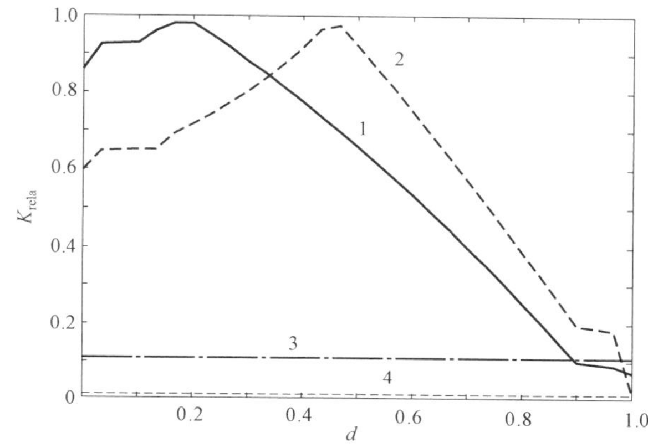

图 8－5　不同故障情况时阻抗比随故障点距离变化图

在上述工况下，整定值可整定为 0.11，如图 8－5 中直线 3 所示，直线 4 表示无故障发生时由于参数不平衡等原因产生的阻抗比值。由于整定值明显高于正常运行时的稳定值，故正常运行时保护不发生误动。

一般工况下阻抗比横差保护的相继动作区约小于 12%，不同运行方式对阻抗比曲线影响不大。本保护方案性能明显高于电流横差保护。

极端运行工况下，如电源为弱馈或线路很短，系统阻抗相对很大。下面，将系统阻抗比的变化范围设定为 0.2～3 进行计算，仍利用上述方法确定此时利用阻抗比横差保护的相继动作区的大小。结果表明，相继动作区在 20%以内。由于阻抗比横差是利用测量阻抗的和差比构成保护，受系统运行方式影响不大，故当系统运行方式大范围变化时，阻抗比横差仍具有良好的保护性能。

8.6.5.2 阻抗比横差判据的动模试验研究

在动模试验时，利用“基于空间磁场式的同杆并架双回线路模型”进行物理模拟实验。此模型利用空间磁场的耦合来模拟同杆并架双回线各导线的自、互感，能够更真实地模拟输电线路。模型基本原理及参数见图 8－6。右侧增加一段三相对称的短线，以便于模拟相继动作区动作。

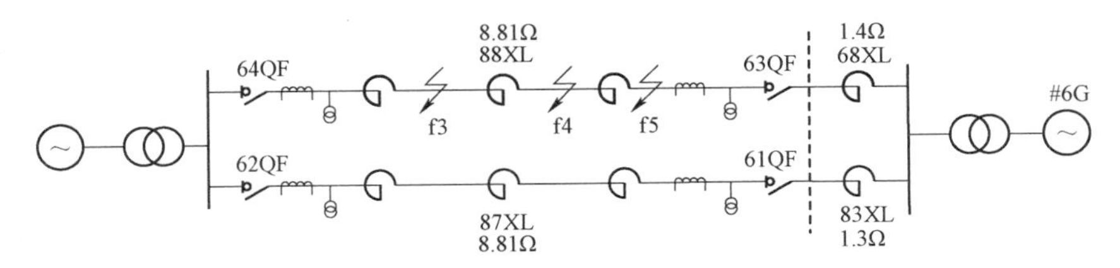

图 8-6 同杆并架双回线内部故障动模试验接线图

以第二回线路中点附近 D21 处发生 A 相短路为例，M 侧保护的动模录波结果如图 8-7 所示。

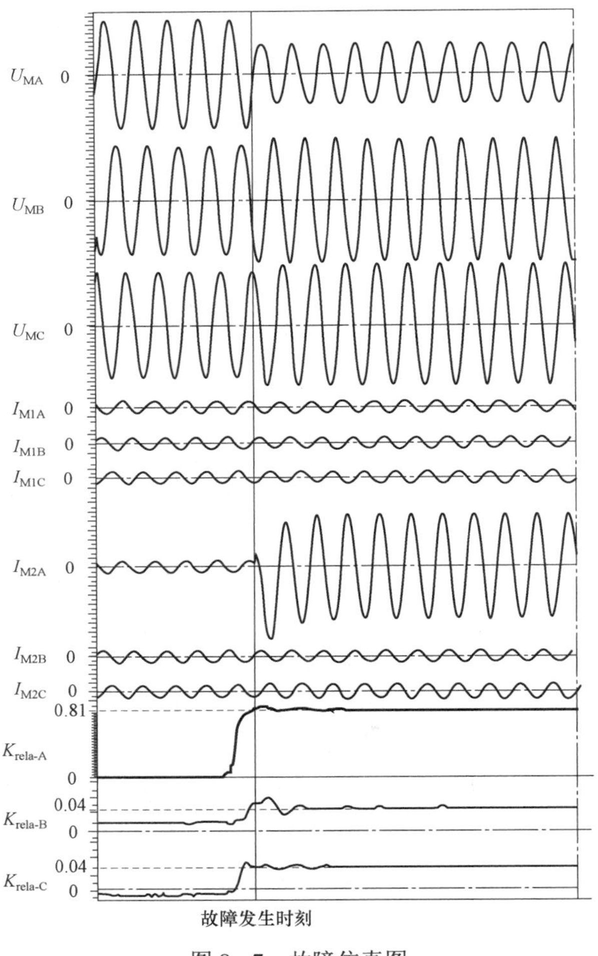

图 8-7 故障仿真图

图 8-7 中的故障仿真图结果显示故障发生前后故障相和非故障相的电压、电流及其阻抗比值的变化情况。同杆并架线路区内发生故障前后的阻抗比值 K_{rela} 变化明显。由于故障位于线路中点，非故障相阻抗比受故障相的影响很小。非故障相阻抗比值远小于故障相阻抗

比。将动模试验得到不同故障类型和运行工况下的阻抗比值，绘制成阻抗比—距离曲线，见图 8－8。图中数据是 IAC 故障时的几种情况，包括大运行方式金属性接地、大运行方式经过渡电阻接地、小运行方式金属性接地、小运行方式经过渡电阻接地等的录波数据。故障发生位置距 M 侧保护的距离占线路总长度的比例分别为 0.26、0.524、0.786、1。

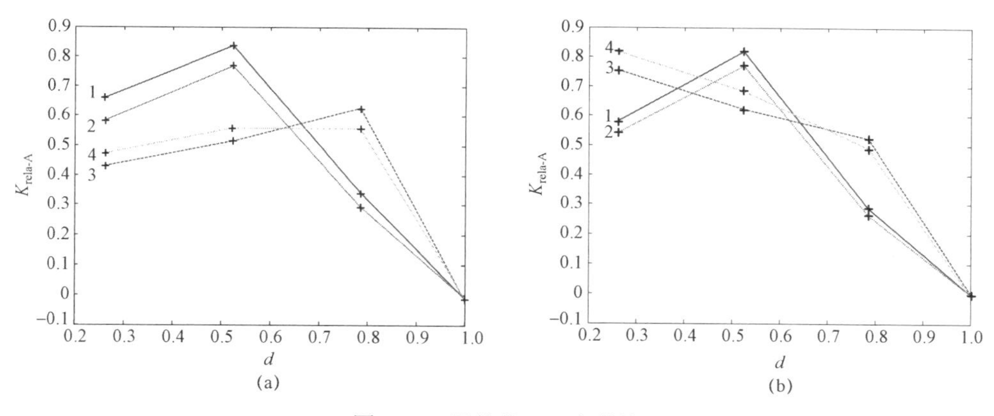

图 8－8　阻抗比—距离曲线

（a）A 相阻抗比曲线；（b）B 相阻抗比曲线

图 8－8 分别为 A 相和 B 相阻抗比曲线。曲线 1～4 依次对应运行方式为金属性接地、大运行方式经过渡电阻接地、小运行方式金属性接地、小运行方式经过渡电阻接地故障。

动模录波计算结果验证了前面理论分析及计算机仿真结论，即由于线路自感互感作用及两侧系统阻抗大小不同等因素影响，“阻抗比—距离”曲线会出现极值点，但近端故障的阻抗比远大于末端故障阻抗比。因此以末端故障为整定依据，考虑可靠性裕度后确定的整定值仍远小于首段/中段故障的阻抗比。首端不会存在死区。但由于考虑一定可靠裕度，线路末端会存在一定的相继动作区，如果故障发生在相继动作区内，通过线路两侧保护装置相继动作可实现对线路全长的保护。

可以利用软件仿真故障发生后的保护动作情况。利用 C 语言编写保护程序，通过 C 语言－Fortran 接口程序与仿真软件进行交互。故障发生后，保护利用所提的横联差动保护原理对故障进行选相选线，根据选相、选线结果，按照本书提出的最优跳闸策略向相应断路器发出跳闸命令，从而切除故障线路。

以ⅠAⅡBG 跨线故障为例，对 M 侧阻抗比横差保护进行仿真研究。测量信号及保护动作情况如图 8－9 所示，图 8－9 中所示的六个曲线图分别为故障相测量电压、A 相和 B 相测量电流、测量阻抗比、断路器跳闸命令触发情况和断路器状态。被保护线路在 0.35s 时发生故障，故障前各相阻抗比测量值均很小，接近于零。故障发生后，故障相对应的测量阻抗比均显著增加，经过约 0.02s 的保护算法延时得到故障选相和选线结果，根据本书提出的准三相跳闸策略，保护向 M 侧ⅠA 和ⅡB 断路器发出跳闸命令。由于逻辑延时和机械延时等因素影响，故障发生约 0.05s 后，M 侧ⅠA 和ⅡB 断路器跳开。同样的过程也发生在 N 侧保护，从而使发生短路故障的导线被切除，输电线路实现准三相运行。从图 8－9 中可以看出，故障切除后故障相电压恢复，故障相的非故障线的电流恢复到稳定水平。从而在最大程度上维持

了输送功率和系统稳定。

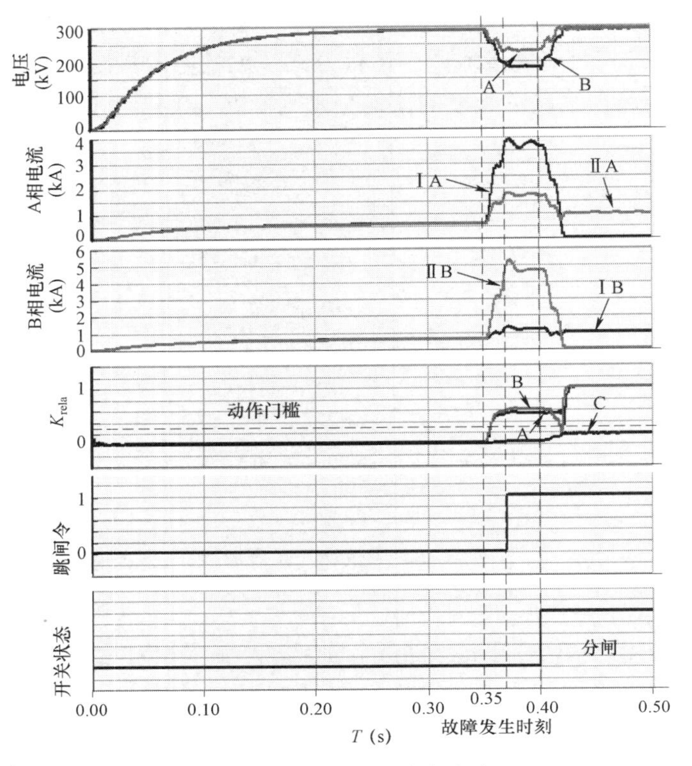

图 8－9　Ⅰ AⅡ BG 跨线故障

“阻抗比横差”是一种利用单侧测量电气量的基于阻抗比的同杆并架线路横联差动保护方案。此方案包括故障发生后的区内外判别、选相、选线和准三相跳闸策略。首先利用阻抗比确定故障点是否位于同杆并架区段内，若位于同杆并架区段内，则进一步选出故障线路，然后确定故障类型。其选相方案利用双回线同名相电流之“和”作为选“相”依据，然后用“阻抗比”对故障相进行选“线”。与传统同杆并架线路对每回线路单独选相不同，本方案可以避免在发生同名相的跨线故障时的误选相问题。此方法受系统运行方式影响小，能够大大缩小相继动作区。根据不同故障类型，这里由于采用了准三相跳闸策略，从而在最大程度上减小线路的不对称度，提高线路的功率传送，大大减少同杆并架线路因故障被同时切除的次数，有利于维持系统稳定。对所提出的横联差动保护原理进行的数字仿真和动模的模拟实验表明，此保护判据精度高，能够有效缩小横联保护的相继动作区，结合相继动作可实现对线路全长的快速保护。

此方案的主要作用是减小相继动作区。为消灭电压死区，完整的保护系统还需同时配备常规的横差方向判据，以及电流平衡判据，以满足出口故障和无源端保护的特殊要求。

采用本方案后，可保证线路中段附近 60%左右范围故障时，两侧开关无延时跳闸；近端故障时，无延时跳闸；末端故障时，延时 50～70ms 相继动作跳闸。当未装设纵联电流差动保护，或纵联通道失效时，这将很有利于保证电力系统的稳定性。

按原理，同杆并架线路横联差动保护不能反映单纯的同名相跨线不接地故障。即使发生，由于电压基本相同，短路点流过的电流不会很大。当发生同名相跨线接地故障时，将由零序保护或接地距离保护切除。一般来说，当一回线某相发生短路，另一回线的电压随即下降，接着发生故障的可能性很小。万一发生，并且电流纵差和距离保护也同时失去功能，这种可能性更小，而且还有零序电流保护可以切除故障。

8.6.5.3　阻抗比横差保护的发展—“电流和差比”判据

阻抗比横差保护的基本判据为：

$$K_{\text{rela}}=\frac{\left\|Z_{\text{M1}\phi}\right|-\left|Z_{\text{M2}\phi}\right\|}{\left|Z_{\text{M1}\phi}\right|+\left|Z_{\text{M2}\phi}\right|}\geqslant 0 \tag{8-14}$$

其阻抗值为电压与电流之比。当所用电压都取自同一母线时，式（8－14）可改为：

$$K_{\text{rela}}=\frac{\left\|\dfrac{U_{\text{M1}\phi}}{I_{\text{M1}\phi}}\right|-\left|\dfrac{U_{\text{M2}\phi}}{I_{\text{M2}\phi}}\right\|}{\left\|\dfrac{U_{\text{M1}\phi}}{I_{\text{M1}\phi}}\right|+\left|\dfrac{U_{\text{M2}\phi}}{I_{\text{M2}\phi}}\right\|}=\frac{\left\|I_{\text{M2}\phi}\right|-\left|I_{\text{M1}\phi}\right\|}{\left\|I_{\text{M2}\phi}\right|+\left|I_{\text{M1}\phi}\right\|}\geqslant K_{\text{set}} \tag{8-15}$$

也即阻抗比横差保护的判据可以变换为“电流和差比”判据，完全不用电压量。

弱馈线路末端短路时，对送端保护来说，会出现死区。末端保护也会因两回线电流模值相同而同时出现死区。此时，末端可利用电压突变量作为极化量，采用方向横差原理选出故障线。末端跳开故障线后，送端保护相继动作跳闸。

8.7　同杆并架双回线路的动态模拟实验

最早的同杆并架双回线路物理动态模拟实验方法是在六角形环状铁芯上绕上专门设计的三相绕组，产生希望的各相自、互感。

华中科技大学电力系统动态模拟实验室从 2007 年开始，研究建立符合实际输电线路自、互感三相不对称的物理模型。其中一种方案后来称为“基于空间磁场耦合式的同杆并架双回线路模型”。其基本原理是利用磁场耦合，模拟同杆两回线各导线之间的自感、互感。其结构示意图见图 8－10。

图 8－10 上部的一组线圈用于模拟第Ⅰ回线路，其中用线圈 N1、N2、N3 三个线圈分别通入 A、B、C 相电流，用线圈 N5、N6 分别套在 A、B 相电流所产生磁通的铁芯上，并在首尾串联起来模拟 AB 相间的补偿互感。同理，用 N4、N9 串联起来模拟 AC 相的相间补偿互感，用 N7、N8 串联起来模拟 BC 相的相间补偿互感。同理，图中的下半部分模拟第Ⅱ回线路。上下两回线间的互感除通过上下三相铁芯间气隙耦合外，该模型模拟同杆并架双回线间的公共的互感主要是靠将线圈 N10、N20 在中间的铁芯上产生的公共磁通而实现。动模的参数是根据应用较多的塔型—SZ14 型—的实际不对称度调节而定。此模型的优点是，调整各导线间

的自、互感参数较为容易一些。图 8－11 为空间磁场耦合式同杆并架双回线路模型实物图及其接线图。

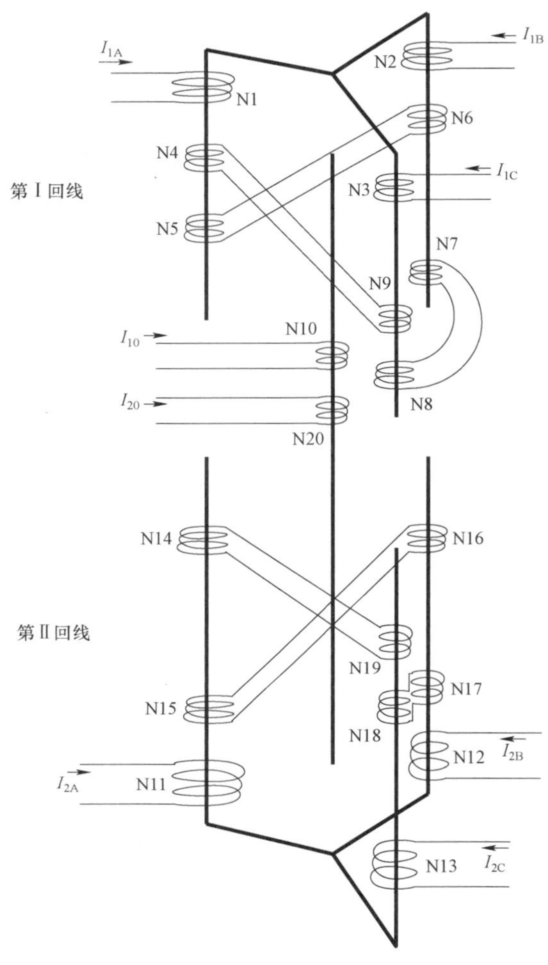

图 8－10　基于空间磁场耦合式的同杆并架双回线路模型结构示意图

图 8－11　空间磁场耦合式同杆并架双回线路模型实物图及其接线图

考虑实际输电线路可能换位，模型配有三个 PI。三次换位后，可成为对称线路。整体的同杆并架的物理模型示意图见图 8-12。图中，X1、X2、X3 是依次的三个 PI，线圈旁的数字 1～6 代表空间位置，1～3 是上层的一回线，4～6 是下层的一回线。在换位处可以作短路模拟，包括跨线故障。

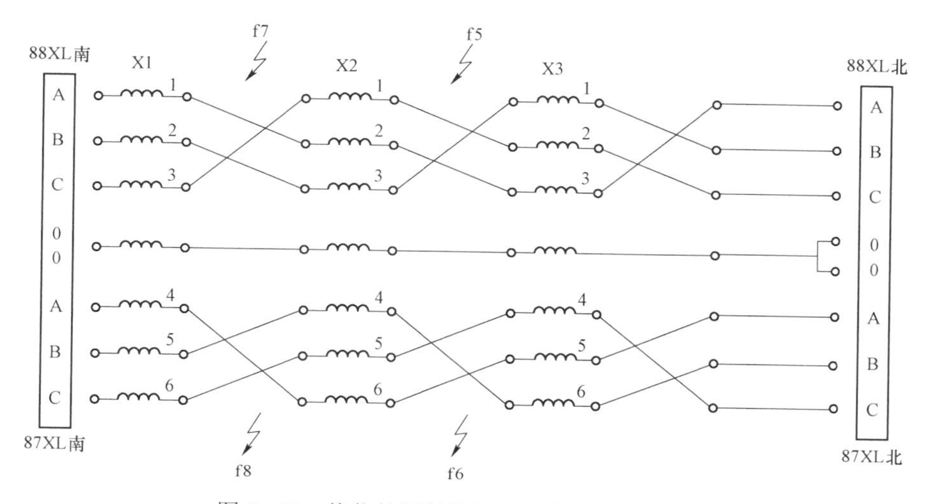

图 8-12　换位的同杆并架双回线物理模型示意

本章参考文献

[1] GILANY M L, MALIK O P, HOPE G S. A laboratory investigation of a digital protection technique for parallel transmission lines [J]. IEEE Transactions on Power Delivery, vol.10, no.2: pp.187－192, 1995.

[2] EISSA M M, MALIK O P. A new digital directional transverse differential current protection technique [J]. IEEE Transactions on Power Delivery, 1996, vol.11, no.3: 1285－1291.

[3] GILANY M I, MALIK O P, HOPE G S. A digital protection technique for parallel transmission lines using a single relay at each end [J]. Transaction on Power Delivery, 1992,7(1).

[4] WANG Q P, DONG X, BO Z Q, BEN C, et al. Cross differential protection of double lines based on supper-imposed current [C]. 18th International Conference on Electricity Distribution, turin, 2005.

[5] CHEN Y, et al. Design of microprocessor-based transverse differential current directional protection device [C]. International Conference on Power System Technology-POWERCON. 2004, Singapore.

[6] SANAYE-PASAND M, JAFARIAN P. Adaptive protection of parallel transmission lines using combined cross-differential and impedance-based techniques [J]. IEEE Transactions on Power Delivery, 2011, 26(3): 1829－1840.

[7] PHADKE A G, LU Jihuang. A new computer based integrated distance relay for parallel transmission lines[J]. IEEE Transactions on Power Apparatus and Systems, 1985, 104(2): 445－452.

[8] MASOUD M, and EISSA M M. A novel digital distance relaying technique for transmission line protection [J]. IEEE Transactions on Power Delivery, 2001, 16(3): 380－384.

[9] WANG H G, et al. An integrated current differential protection scheme [C]. IEEE Transactions on Power Delivery, in International Conference on Power System Technology, 2006.

[10] JENA P, PRADHAN A K. An integrated approach for directional relaying of the double-circuit line[J]. IEEE Transactions on Power Delivery, 2011, 26(3): 1783－1792.

[11] 李世龙，陈卫，邹耀，等. 同杆并架线路阻抗比横联差动保护研究[J]. 电工技术学报，2016，31（21）：21－29.

[12] 邹耀，陈卫，李世龙，等. 同杆双回线准三相运行与跳合闸策略[J]. 电力系统自动化，2015，39（15）：137－142.

[13] 李瑞生，鄢安河，樊占峰，等. 同杆并架双回线继电保护工程应用实践 [J]. 电力系统保护与控制，2010，38（5）：82－84.

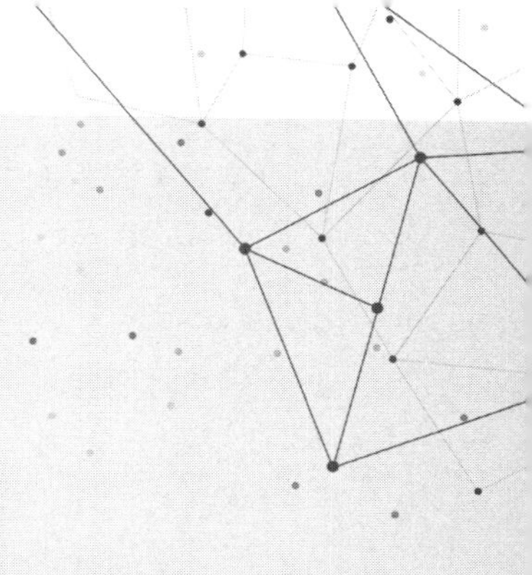

第9章 母线保护运行

母线是电力系统非常重要的设备，是发电厂、变电站的重要部分。它连接着若干电源支路、负荷支路或输电线路等。母线保护误动作将使连接于其上的所有支路失去联系，造成大面积停电，因此，其对可靠性的要求特别高。

由于在母线上连接的支路很多，而每一支路又可能投、可能退，因而母线的运行方式比较复杂。由于经济上的考虑，母线的构成也有多种形式，有一些比较特殊的母线结构，其运行方式也比较复杂。因此，对母线保护的要求有很高的可靠性外，还有足够好的灵活性、适应性。

9.1 电流互感器饱和对母线保护的影响

当母线上一条出线出口短路时，母线上其他有源支路都向短路支路提供短路电流。流过短路支路的短路电流是其总和，此电流可能远大于其他支路电流。即使接入母线差动保护的电流互感器的变流比相同，其饱和程度将差别很大。尽管是外部短路，一次侧的差流为零，二次侧电流之和等于各电流互感器励磁支路电流之和。当各电流互感器都不饱和时，理论上其总和也将接近于零。当一条支路的电流互感器严重饱和而其他支路的电流互感器不饱和时，二次差流中将出现与该饱和支路电流互感器的励磁电流几乎一样的电流。此电流可能引起母线差动保护误动作。因此，电流互感器的暂态饱和问题是母线保护的首要关注的问题。

关于电流互感器的暂态饱和问题，本书第1章已进行过详细的讨论。下面针对母线保护作一些进一步的讨论。

图9-1是一般单母线的接线简图，这是在正常运行过程中支路j外部发生短路的情况。

假设：① 电流互感器二次回路接入额定负载；② 外部短路电流等于该电流互感器设定的最大允许值；③ 在电压瞬时值过零时短路。正常运行时，电流互感器的磁密很低，一般在0.04T以下，而饱和磁密一般为0.8～1.0T。当与短路电流相应的稳态峰值磁密等于饱和磁密时，由零磁密到饱和磁密大约需5ms以上。

若假设前提改变，则达到饱和的时间将跟着改变。二次负载阻抗增大，或者是短路电流倍数增大，特别是和短路电流相应的磁通与剩磁同向时，都将使达到饱和的时间缩短。

图9-2（参见第1章）反映的就是增加剩磁前后的情况。

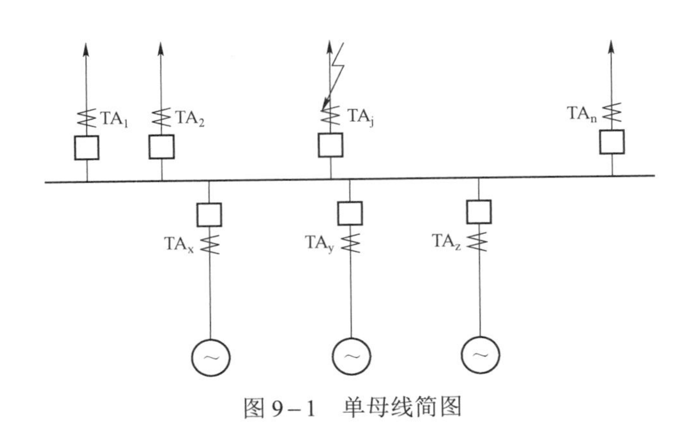

图 9-1　单母线简图

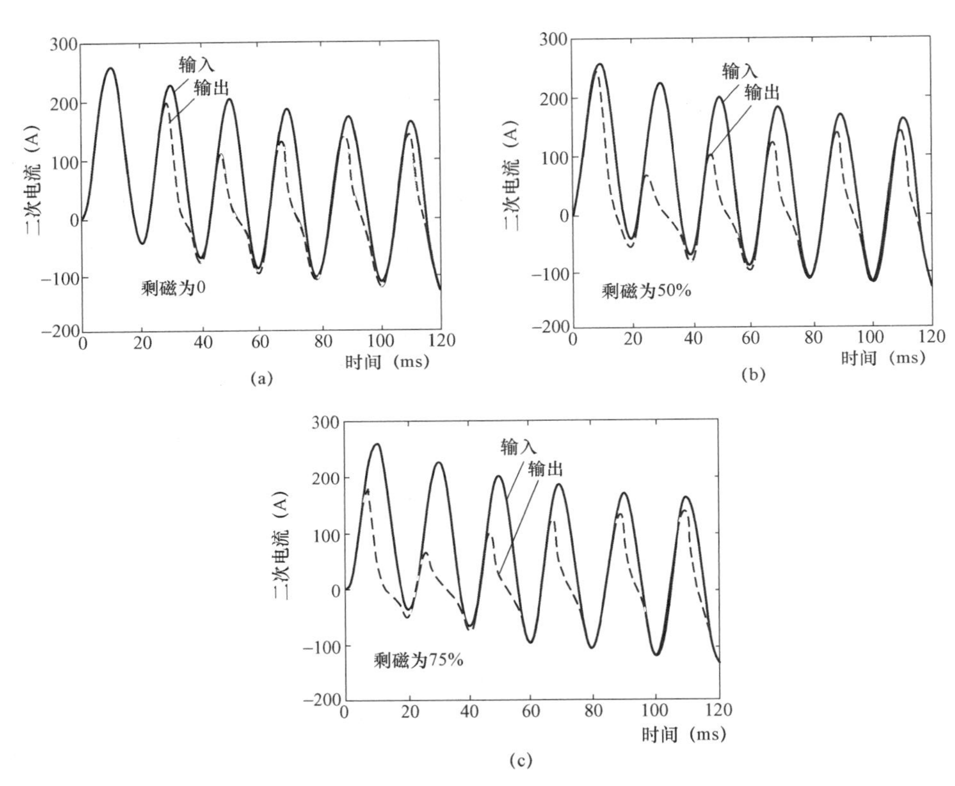

图 9-2　剩磁对电流互感器传变性能的影响示例

（a）剩磁为 0 的情形；（b）剩磁为饱和磁通 50%的情形；（c）剩磁为饱和磁通 75%的情形

图 9-2 中折算后的一次电流与二次电流之差即为电流互感器的励磁电流，也将成为差动保护中的不平衡电流。

为减小上述情况的不平衡电流对其引起差动保护误动作的影响，采用带小气隙的 TPY 型电流互感器以减小剩磁，或采用二次额定电流为 1A 的电流互感器以降低二次负载，提高最大短路电流倍数，都是有效的办法。当然，从对母线保护装置的要求来说，要求能满足最恶劣的情况。从安全的角度考虑，一方面要求母线保护装置性能最好，另一方面也要尽可能不出现电流互感器严重饱和的情况。

现代的微机母线保护多利用电流互感器在短路初瞬间的线性传变时段进行判断，其性能一般能满足母线保护的要求。在这短暂的“初瞬间”之后，多采用不同的波形识别方法进行处理，虽慢一些，但能满足基本要求。

9.2　双母线保护的适配问题

母线为双母线结构时，其典型接线见图 9－3。

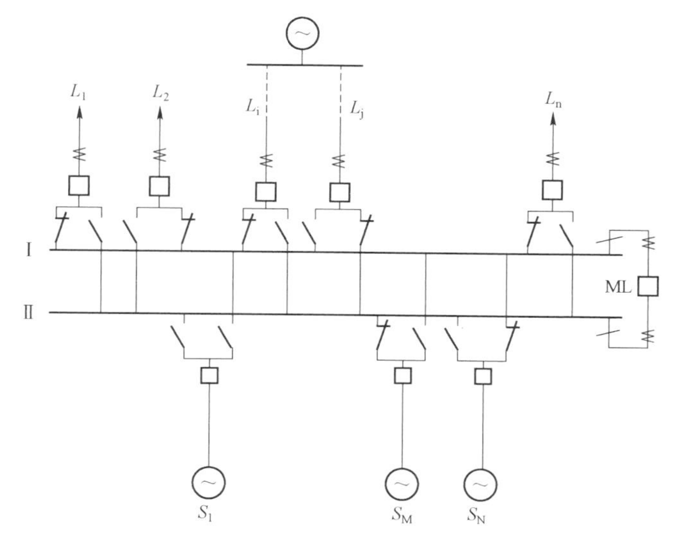

图 9－3　典型的双母线结构

双母线保护一般采用差动保护，包括一个启动元件（俗称大差动元件）和Ⅰ母、Ⅱ母选择元件（俗称Ⅰ母小差元件、Ⅱ母小差元件）。

双母线结构的优点是运行方式能够灵活改变。通过隔离开关的投切，可以将任一有源支路或无源支路切换到Ⅰ母或者Ⅱ母。

Ⅰ母的选择元件，即Ⅰ母小差元件接入的支路，应该是接入Ⅰ母的全部支路（包括母联支路），也就是要求二者是适配的。因此，当任一支路进行“倒母线”操作时，要求母线保护选择元件的接入电流也必须及时进行切换，以满足适配要求，主要实现方法有隔离开关辅助节点法、双母线差动保护的自适应方法两种。

9.2.1　隔离开关辅助节点

母线的运行方式由隔离开关的状态决定，其辅助触点可以反映其状态，因此可以利用隔离开关的辅助触点，控制各支路二次电流的接入，就可以满足保护的适配要求。目前，这种方法在电力系统中得到广泛的应用。但有两方面不足。

（1）在保护屏内增加大量的与隔离开关的辅助触点相关的二次电缆，使母线保护屏后异常拥挤，不利于维护。

（2）辅助触点的可靠性问题。因为母线是电力系统中极其重要的部分，母线保护的误动作的影响范围很广，其可靠性问题必须高度重视。为此，可以采用双辅助触点以提高可靠性。但更使其二次电缆大量增加。

这对新兴起的就地保护方式，情况稍微好一些。

9.2.2 双母线差动保护的自适应方法

为避免采用隔离开关辅助触点状态信息，20世纪八九十年代，作者及其他学者曾提出过不用隔离开关辅助触点状态信息，而单纯用各支路电流实现母线小差选择元件，称为“全电流自适应母差保护”。当时主要研究了实现方法，主要用“尝试—搜索”方法找出满足适配要求的母线运行方式，但随后的研究遇到两个很困难的实际情况——平行双回线的电流相同和无流空载线路。两回线电流相同时，无法判断哪一回线接入本母线；空载线无电流时，也无法利用电流判断其在哪一母线。

由于上述的技术问题得不到解决，全电流自适应式双母线差动保护长期得不到实际应用。近年的研究发现，上述的技术问题是可以克服的。

以前的方案是在正常运行情况下利用负荷电流将母线运行方式识别出，构成母线差动保护的选择元件。若出现母线故障，选择元件选出发生故障的母线，正确地切除故障，但这种方案不能克服上述困难。如果将故障后的电流加以利用，上述困难基本上可以得到克服。下面将利用一种这里称之为“适配搜索”的方法进行处理。

假定在正常运行过程中双母线保护的小差选择元件对一次接线是适配的，在正常运行过程中进行一次回路的母线操作，其中一条支路从一条母线倒换到另一条母线，例如从Ⅰ母切换至Ⅱ母，操作过程是：初始时该支路Ⅰ母刀闸在合位→操作该支路Ⅱ母的刀闸闭合，双母线连通→Ⅰ母刀闸分开，断开连通→切换完毕。

在两刀闸都在合位时，两条母线被其直接连通，有电流经此两刀闸流过。但此电流未计入小差判据，成为其差流，使两小差动作。由于大差不启动，保护不会跳闸。

但在完成倒闸操作后，两个小差与一次侧不适配。如果被切换支路是无流空载线路，则小差在切换完成后会返回，但并不给出不适配信号。由于实际上不适配，任一母线故障，两小差同时动作，双母线全停。因此要求小差及时切换成适配状态。

除利用隔离开关辅助触点外，对一般有流单回线，可以采用“依次切换搜索法”找出已切换支路。但此方法对空载线及平行双回线无效。

如前所述，当部分空载无流线在故障后变为有流时，只要计算机运算速度足够快，可实时将此电流加入重新依次切换搜索，作出故障后的运行方式适配状态，则可以实现母线选择性要求。

至于平行双回线，如果同时接在一条母线，则不存在选择困难。如果分别接在两条母线，则可以在故障发生后，利用故障电流依次将可能的接入方式进行“依次切换搜索”进行选择。

上述自适应方法只能处理单一的“不适配”。如果是多重“不适配”，要实现自适应选择，将会是非常复杂。

对二次侧实现数字网络化的变电站，站控系统已比较完善，开关位置信息比较安全可靠，自适应功能已不必要。

本章参考文献

［1］唐治国，陈琦，周小波，等．母线保护电流互感器断线判据的分析及改进判据［J］．电力自动化设备，2018，38（4）：210－217.

［2］罗慧，周卿松，苗洪雷，等．基于 LMD 母线差动保护 CT 饱和检测方法研究［J］．电力系统保护与控制，2015，43（12）：49－54.

［3］杜丁香，周泽昕，王兴国，等．克服母线差动保护汲出电流的对策［J］．电力系统自动化，2014，38（24）：86－90.

［4］汤弋，冯凝，李煜磊．双母双分段母线保护配置及分段开关失灵改造［J］．华中电力，2011，24（4）：72－75.

［5］梁国坚．基于母线差动保护的电子式与电磁式互感器同步应用［J］．电力系统自动化，2011，35（3）：97－99.

［6］陆征军，吕航，李力．输电线路分布电容对快速母线差动保护的影响［J］．继电器，2005，（1）：68－72.

［7］李忠安，何奔腾．磁制动母线差动保护研究［J］．继电器，2000，（9）：10－14.

［8］程利军，冯国东，刘勇，等．自适应式微机母线保护装置的研制［J］．电网技术，1996，（9）：24－28.

［9］柳焕章．中阻型母线差动保护动作行为分析［J］．电力自动化设备，1999，（2）：30－31.

［10］唐平，陈亚强，夏俊，等．微机型母线保护装置的研制［J］．电力自动化设备，1996，（4）：37－41.

［11］程利军，冯国东，李建新，等．微机母线保护装置研究［J］．继电器，1994，（4）：51－54.

第 10 章 大型同步发电机保护运行的一些问题

随着电力系统的迅猛发展，发电机的单机容量也大为提高。现在，300～500MVA 的发电机也往往被归入中等容量范围。从三峡水力发电站的建设开始，我国水轮发电机的单机容量已从 778MVA 发展至 1000MVA 的水平。而火电机组甚至到 1000MVA 以上。

随着发电机的单机容量的提高，其内部结构及参数也带来显著的改变，尤其是大型水轮发电机。由于其转速低，使其极对数比较多。这使其定子绕组成为多分支结构。其转子则为多极对的串联结构。

20 世纪七八十年代，围绕葛洲坝水电站的建设，为了更好地开展相应的继电保护的研究、开发，展开了发电机内部短路的分析与计算研究。有研究者按传统经验对内部短路进行初步估算。或用代数方程方法，根据发电机内部结构及参数对隐极发电机内部短路时的稳态短路电流进行严格的分析与计算。但水轮发电机是凸极机，必须进一步研究。参考文献[4～6]为此进行了系统的研究，在代数方程方法的基础上，建立了一套系统的“多回路”理论。由此，就可以对凸极机内部的各种故障进行计算分析。

参考文献［7～11］从继电保护的要求出发，希望能对内部故障的暂态过程进行分析和计算。为此，要求将分析计算建立在微分方程的基础上。但对上述多回路的微分方程组求解时，在相同的计算机上的耗时，远远高于基于代数方程的稳态短路电流计算。为了解决此矛盾，参考文献［7～11］在保证足够的计算精度的前提下，对上述多回路的微分方程组的简化方案，进行了多方面的反复研究。最后，得到了一个比较满意的结果。

为了验证上述结果的正确性，专门研究、设计、制造了一台以三峡水力发电站中某一已知其内部结构及参数的水轮发电机为对象，适合华中科技大学动态模拟实验室的功率模拟比的大型水轮发电机内部结构模拟的动态模拟发电机。在此基础上，进行了各种内部故障试验，并与上述暂态计算进行对比，证明上述暂态计算方法的正确性和可用性。反过来，也证明该动态模拟机组的模拟结果是符合要求的。后来，一些学校和生产部门在此进行过很多试验研究。

发电机保护类型很多，下面仅对一些较为复杂的保护类型的运行做一些讨论。

10.1 同步发电机定子绕组电流纵差保护运行

电流差动原理广泛应用于保护各种电气设备。按此原理，在每一被保护设备中或多或少

存在一定的未被测支路，使差动保护输出的差流中含有相应的不平衡电流。在各种被保护设备中，发电机定子绕组的电压相关类未被测支路主要是其分布电容。其电容电流相对于发电机额定电流，只占很小的比例，可以忽略。所以，如果发电机定子差动保护误动作，基本上是由于电流互感器引起的。

图 10－1 是最基本的发电机定子绕组电流纵差保护示意图。图中差流为：

$$I_d = I_{T2} + I_{N2} + I_f \tag{10-1}$$

$$I_{T2} = I_{T1} - I_{\mu T} \tag{10-2}$$

$$I_{N2} = I_{N1} - I_{\mu N} \tag{10-3}$$

$$I_{T1} + I_{N1} = I_c + I_f \approx I_f \tag{10-4}$$

式中，T 代表端部；N 代表中性点侧；μ 代表励磁支路；I_d 代表差流；I_f 代表故障电流；I_c 代表电容电流。1、2 代表一、二次侧。电流互感器以电流流向绕组为正极性。

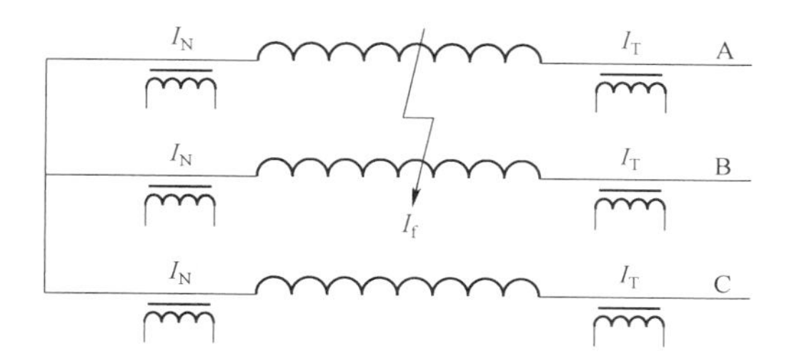

图 10－1　发电机定子绕组电流纵差保护示意图

通常，电容电流 $I_c \ll I_{load}$，近似可以忽略，代入式（10－1）可得：

$$I_d = (I_{T1} + I_{N1}) - (I_{\mu N} + I_{\mu T}) \approx I_f - I_{\mu N} - I_{\mu T} \tag{10-5}$$

外部故障时，$I_f = 0$，两端电流反极性，一次侧电流之和为零。差动电流等于两励磁电流之和。如果两电流互感器特性完全一致，差流等于零。为了差动保护不误动作，通常要求发电机首末端采用同型号、同规格的电流互感器。这样，其磁特性一致。此外，有研究者建议采用带小气隙的 TPY 型电流互感器以改善其饱和特性和减小剩磁的影响，但也有不主张采用带小气隙的 TPY 型电流互感器的，主要考虑其体积过大、价格过高，采用同型、同规格的不带气隙的 TP 型电流互感器已能满足要求。小气隙的作用主要是控制剩磁，使其小于额定磁通的 10%，以减小剩磁对暂态过程的影响。这对输电线的电流差动保护来说是很有效的。

当发电机外部短路被切除后，首末端电流互感器剩磁极性相同，发生外部短路时，不会因剩磁引起大的不平衡电流。但若发生线路内部短路，其电流被切除时，对电流互感器来说，二者极性相反。因而导致其剩磁方向相反。此后的负荷电流对剩磁的消磁能力又不强，使剩磁能维持较长时间。此时若发生外部短路，两端电流互感器将因剩磁方向相反，使二次电流产生较大的差异，从而导致差动保护误动作。如采用 TPY 型电流互感器，由于剩磁小很多，因此可以大大减小误动的概率。

发电机发生内部短路后，短时间内又遇到外部短路的概率比输电线小得多。因此，采用 TPY 型电流互感器的必要性也小得多。

即使发电机差动保护两端电流互感器型号和参数相同，但仍有其他因数可能导致产生不平衡电流。例如二次侧的时间常数不一致。

按最简单的线性化分析，暂态过程中，首末端电流互感器二次电流 $i_{\mu1}$、$i_{\mu2}$ 为：

$$i_{\mu1}=\frac{\sqrt{2}I_{psc}}{K_n}\left[\frac{T_p}{T_p-T_{s1}}\left(e^{-\frac{t}{T_p}}-e^{-\frac{t}{T_{s1}}}\right)-\frac{1}{\omega T_{s1}}\sin\omega t\right] \tag{10-6}$$

$$i_{\mu2}=\frac{\sqrt{2}I_{psc}}{K_n}\left[\frac{T_p}{T_p-T_{s2}}\left(e^{-\frac{t}{T_p}}-e^{-\frac{t}{T_{s2}}}\right)-\frac{1}{\omega T_{s2}}\sin\omega t\right] \tag{10-7}$$

令外送负荷时两电流互感器同极性，则差流 i_d 为：

$$\begin{aligned}i_d&=i_{\mu1}-i_{\mu2}\\&=\frac{\sqrt{2}I_{psc}}{K_n}\left[\frac{T_p(T_{s2}-T_{s1})}{(T_p-T_{s1})(T_p-T_{s2})}e^{-\frac{t}{T_p}}-T_p\left(\frac{e^{-\frac{1}{T_{s1}}}}{T_p-T_{s1}}-\frac{e^{-\frac{1}{T_{s2}}}}{T_p-T_{s2}}\right)-\frac{1}{\omega}\frac{T_{s2}-T_{s1}}{T_{s2}T_{s1}}\sin\omega t\right]\end{aligned} \tag{10-8}$$

式中 I_{psc} ——一次侧短路电流；

K_n ——电流互感器变比；

T_p ——一次侧短路电流的时间常数；

T_{s1} ——端部电流互感器的二次侧短路电流时间常数；

T_{s2} ——中性点电流互感器的二次侧短路电流时间常数。

只有两侧电流互感器二次回路时间常数完全相同，不平衡电流才为零。

从第 1 章讨论的电流互感器特性可知，由于非线性，二次时间常数是时变的。因此，还要求其时变特性一致。

与其他被保护设备相比，发电机定子绕组电流纵差保护有一个显著的特点，其外部短路时的短路电流非周期分量的衰减时间常数很长。此时，如前所述，若定子绕组各端电流互感器的“动态电感”的时变特性不一致，将引起不平衡电流。特别是各电流互感器退出饱和的时间先后不同步时将出现短暂差流。外部短路切除时出现差流的时间一般很短，此时，如果出口动作令有小延时，保护一般不会误动。

图 10-2 为一次由于邻近变压器空投，产生了严重的励磁涌流。此涌流由两电源提供——系统电源和其旁的发电机—变压器组（即此次差动误动的机组）。由于两电源的直流分量衰减时间常数差别很大，导致励磁涌流的直流分量稍后基本都流入其旁的发电机，而且由于发电机的大电感的加入，从而大大延长励磁涌流直流分量的衰减。此直流分量将使电流互感器严重饱和。随着直流分量的衰减，电流互感器将退出饱和。但首、末两端的电流互感器的特性及二次回路不可能完全一样，这导致退出饱和时间有时差，因而有短暂差流的出现，从而导致误跳闸（见图 10-2）。此次误动，曾被误认为是流入发电机和应涌流所致。发电机不可能

产生和应涌流。关于和应涌流，将在下一章将进一步讨论。此时，即使发电机—变压器组的变压器产生和应涌流，对发电机差动保护来说，属于穿越性电流，不至于引起发电机差动保护误动。

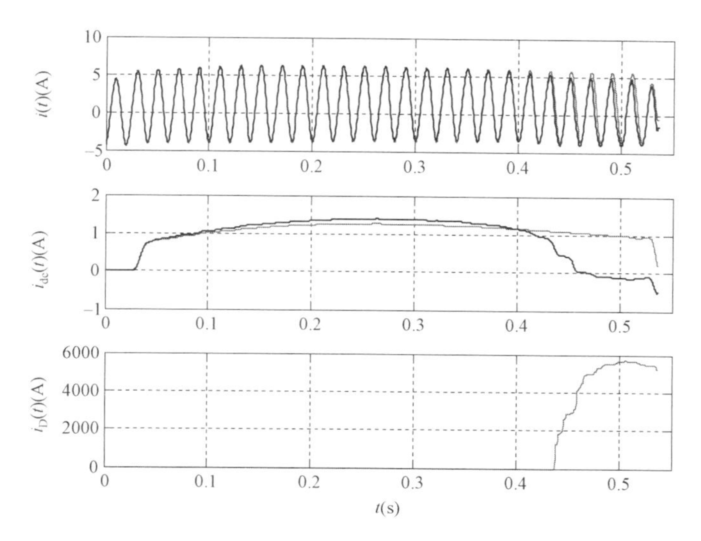

图 10－2　外部变压器空投的励磁涌流引起发电机差动保护误动

为了避免差动保护误动，必须在制动特性和整定值上作出完善的处理。发电机差动保护主要保护相间短路，此时，两相差动保护都应同时动作，可以此作为跳闸的必要条件。令两相差动保护联动，借助各相保护误动的非一定同时性，可以减小上述误动的可能性。

采用 TPY 型电流互感器，其主要作用是减小剩磁，难以完全解决退出饱和时间的时差问题。

10.2　同步发电机定子绕组匝间短路保护运行

同步发电机定子绕组匝间短路是发电机内部故障的重要类型之一。由于其属于纵向短路，没有出现横向的未测支路，定子电流纵差动保护不能反映其故障，早期，对定子绕组为两分支的汽轮发电机，主要采用电磁型横联电流差动保护。

20 世纪 60 年代，某发电厂一台 50MVA 汽轮发电机发生定子匝间短路，70 年代，某水力发电站一台 150MVA 水轮发电机发生定子匝间短路。后来，又一发电厂一台 300MVA 汽轮发电机发生疑似定子匝间扩展至相间的短路。某电厂也曾有大型汽轮发电机发生定子绕组接头处焊接熔剂熔化，烧坏绝缘，导致该大型汽轮发电机发生定子匝间短路。

由于当时的发电机定子绕组匝间短路保护灵敏度很低，动作速度慢，致使事故发展，发电机烧损严重。

电力系统的运行迫切要求提高发电机定子绕组匝间短路保护的水平。

10.2.1 保护原理的发展

10.2.1.1 电磁型横差电流保护

早期，对 50MVA 以下的发电机不要求配置发电机定子绕组匝间短路保护。对 50MVA 及以上发电机，当定子绕组为两分支及以上时，要求配置定子绕组横联电流差动保护。

由于发电机绕组设计上的限制，正常情况下，定子绕组中性点连线上有比较大的三次谐波电流，但基频电流可以做到很小。当时的定子绕组横联电流差动保护为电磁型保护，装置动作功率高，三次谐波对基波的滤过比不很大，通常滤过比在 9 以下。为防止保护误动作，要求横联电流差动保护的动作电流高于（0.25～0.3）I_n。当时还没有内部匝间短路的计算方法，即使用简单的方法估算，其灵敏度也不高。

10.2.1.2 “转子二次谐波电流+定子负序电流方向”保护

“发电机转子电流中的二次谐波电流+定子负序电流方向”保护解决了从转子回路测量二次谐波分量电流的问题后，由阿城继电器厂生产出相应的集成电路型保护，用于葛洲坝水电站二江电厂的多台大型水轮发电机，以提高其匝间短路时的保护灵敏度。经多年运行，情况良好，一直运行至新型微机保护的出现。

上述保护原理虽然没有三次谐波的限制，灵敏度有所提高，能满足与葛洲坝水电站类似的大型水轮发电机匝间短路保护的要求。但理论分析说明，其灵敏度受定子绕组的并联分支数的影响。当分支数不超过三支路时，其灵敏度尚能满足要求。当分支数超过三支时，其灵敏度将下降比较多。

10.2.1.3 发电机的“高灵敏度横差保护”问题

三峡水力发电站的超大型水轮发电机的定子绕组有五个以上的并联分支。因此，迫切要求有更高灵敏度的匝间短路保护。

早期的定子绕组横差电流保护原理、结构简单，但灵敏度不高。

有一段时间人们高度关注一种所谓“高灵敏度横差保护”，其特点就是将中性点侧各分支的端子分两组连接，在这两个（或以上）中性点之间连线上装设变流比减小很多的电流互感器。这样，在其一次侧流过较小的一次短路电流情况下，得到较大的二次电流，认为这样就可以提高灵敏度。其实，这是一个误会。

与继电保护相关的“灵敏度”概念有两种。早期，只有电磁型继电器时，由于继电器自身的功耗比较大，当向其输入电流时，如定值较低，尽管电流已超过定值，但功率不足，继电器仍不能动作。这种情况往往也称为灵敏度不足。

从根本上说，继电保护的灵敏度概念是故障时的输入量对整定值的比较。当电流互感器的作用回归至如第 1 章所提，是信息传输的一个中间环节，那么电流互感器的变比与灵敏度问题无关。电流互感器的变比选择仅仅是能在最大、最小短路电流范围内都能线性传变。

此外，另一个影响灵敏度的关键技术问题就是横差电流中的三次谐波。对于同步发电机

的绕组设计，很重要的一个问题就是尽量消除谐波。要将全部各种谐波都消除掉，往往是很困难的，设计时只能按主次处理。由于发电机多数经过 Y/△变换的三相变压器接入电力系统，从而阻断三次谐波的传送。所以，设计发电机时允许发电机电压保留较大的三次谐波。由于结构、工艺上的原因，各分支感应的三次谐波电动势不可能完全一样，这就导致在其中性点横差回路产生三次谐波电流。

中性点处的横差回路三次谐波电流的特点是每台同型号机组的三次谐波都不同。图 10－3 为某水电站各机组在一次测试中的测量值，可见各机组之间的三次谐波电流差异非常大。

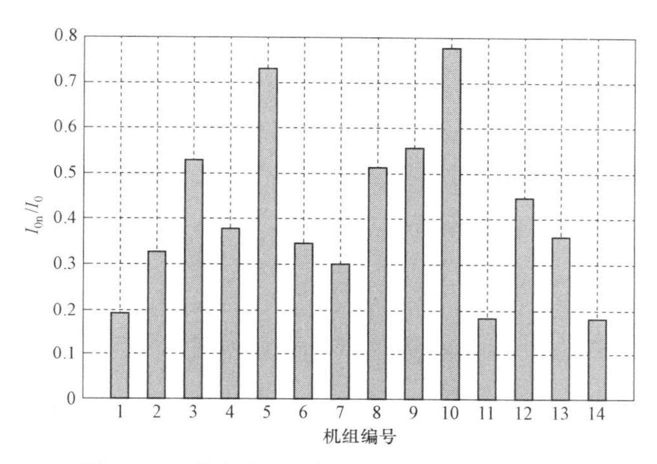

图 10－3　某水电站各机组横差电流三次谐波比

但是，不同机组的横差回路三次谐波电流都存在一个大周期，此周期与机组转子的机械旋转周期一致。图 10－4 为华中科技大学电力系统动态模拟试验室模拟三峡电站某机组的 6 号发电机试验记录。

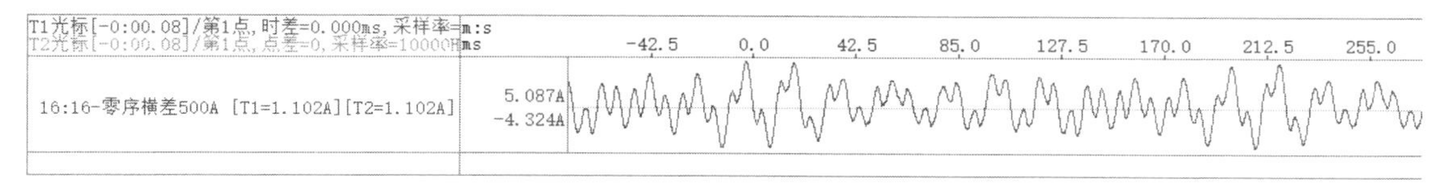

图 10－4　动态模拟试验室 6 号模拟发电机试验记录

微机继电保护的数字技术可以实现很高的谐波滤过比，但由于发电机有可能偏离额定转速运行，为保证滤过比的稳定，要求保护采用频率跟踪技术。

10.2.1.4　关于差动保护的端部电流制动问题

为了取得高的灵敏度，要取较低的保护整定值。但当发生外部严重故障时，短路电流很大，如果此时的不平衡电流很大，而保护必须保证不误动作，这就要求整定值比较高，这是一对矛盾。为此，曾有研究者提出采用端部电流制动技术解决，端部电流增大时自动提高整定值。

在这里要明确的是，进入电流纵联差动保护的不平衡电流有两种来源：① 一次侧差动保护区内存在未接入差动回路的并联支路；② 电流互感器传变的稳态和暂态误差。前一种与穿越电流大小无关，后一种则与之有关。用穿越电流制动只对后一种不平衡电流起作用。

发电机横联差动保护的不平衡电流的来源有些特殊：① 在一次侧两并联支路构成的环路内存在环路内的不平衡电势；② 由于两支路参数不一致，两支路一次侧电流分配不恒定；③ 由两支路的电流互感器二次侧构成差动回路时，存在电流互感器传变的稳态和暂态误差，由此产生不平衡电流；④ 对于发电机单元件横差保护，不存在由于电流互感器误差而产生的不平衡电流。其不平衡电流主要来自两分支构成的环路内的零模不平衡电势。这属于一次侧各支路电势差别性质的不平衡电流。

发电机回路属于不接地系统，无零序负荷，也无外部零序短路电流，所以，不存在一次侧的零模分量大电流。

由此可见：① 对于单元件横差保护，端部电流制动起不了多少作用；② 对于裂相横差保护，其不平衡电流主要有两种来源（上述的第二种和第三种），端部电流制动技术有一定作用。但其应用的必要性应在保护设计时考虑选定。

不同的外部故障，引起不平衡电流不一样，其主要原因是内部电势情况不同。

10.2.2 定子绕组故障计算

继电保护需要决定整定值并校验灵敏度，因此需要进行短路计算。这在电力网络保护方面很容易理解和处理。但在同步发电机内部故障，则比较复杂。

由于同步发电机的结构复杂，既有分布的三相电磁关系，又有机械的转子的空间旋转的时变过程，而一般从事电机理论的研究主要着眼于研究其外部扰动时的暂态过程。

以前，发电机容量并不很大，继电保护工作者需要知道内部故障电流时，只能计算电机端部短路时的短路电流；绕组内部短路，一般只能进行近似的推算。

随着电力系统的发展，发电机容量迅速增大，对继电保护的要求也大为提高。随着新的电流横差保护研究的发展，需要对其灵敏度做出比较精确的计算。

20 世纪 40～50 年代，对发电机定子绕组内部短路时，仅提及短路电流与短路匝数的大致关系，未涉及其计算方法[1~3]。1965 年，V. A. Kinitsky 开始系统地讨论发电机定子绕组内部短路时短路电流的基本计算方法。

20 世纪 70 年代后半期，随着发电机定子绕组匝间短路保护研究的需要，提出一种基于发电机定子槽内每根线棒的自感及与其他线棒的互感的内部短路计算方法。但只针对隐极发电机。

20 世纪 80 年代，提出一种后来广为传播和发展的多回路理论。该理论也是基于定子槽内每根线棒的自感及与其他线棒的互感，但同时适用于各种结构的隐极发电机和突极发电机。

大型水轮发电机一般转速较低，因而极对数多、定子槽数很多，而凸极机的阻尼条数也较多，这导致定子/转子绕组短路计算时的自感、互感参数的维数非常高。此外，由于槽数很多，使得可能发生的故障类型也非常多。如果通过微分方程组进行短路暂态过程计算，需耗时很长。为了提高计算效率，提出了基于代数方程组的多回路理论，只计算稳态短路情况。

为了克服暂态过程计算遇到的困难，通过寻找适当的简化方法，降低微分方程组的维数。这一方法必须在物理上与原型很近似，而且暂态计算结果的失真度不大。

由于微分方程组的维数与发电机定子、转子的线棒数相关，要降低维数，只能减小线棒

数。定子是计算对象，不宜改变，只能简化转子结构。

对凸极式同步发电机，每一个极除励磁绕组外还有若干阻尼绕组，其结构由并列的线棒组成。励磁绕组不可能被简化。唯一的可能是简化阻尼绕组的结构。最后用一对适当结构的阻尼棒去等值复杂的多对阻尼棒[9]。由于极对数很多，被简化掉的线棒数就很多。从而使微分方程组的维数下降很多。经过与不简化的微分方程组的计算对比，其差别不很大，可以满足工程的要求，但还需要有试验数据的对比检验。

10.2.3 发电机匝间短路故障的物理模拟试验

国内外现有的电力系统动态模拟实验室，一般的动态模拟发电机仅对“外特性”进行模拟。对内部故障，仅可以进行近似性试验，不能作定量的试验验证。为此，华中科技大学电力系统动态模拟实验室专门研制了一台针对三峡水电站的大型水轮发电机的内部多分支结构模拟发电机（详见本章 10.6）。在此模拟发电机上，验证了算法的正确性。

10.3 同步发电机定子绕组接地故障保护运行

同步发电机定子绕组发生接地故障的概率较其他故障类型要大一些。早期主要采用带方向性的零序电压判断发电机是否发生接地故障。当绕组在机端处或靠近机端处发生接地故障时，此种保护的灵敏度是够的。当故障发生在绕组接近发电机的中性点附近时，零序电压过低，保护不能反映。发电机容量增大以后，对继电保护的要求提高。要求定子接地保护能保护全部绕组。即使在发电机中性点接地，也能实现保护。为此，后来采用定子首末端三次谐波电压平衡原理实现上述要求。

开始采用模值平衡，后来发展为向量平衡（见图 10－5），即：

$$\Delta U_3 \geqslant |U_{3f} - kU_{3N}|$$

或

$$\Delta U_3 \geqslant |\dot{U}_{3f} - \dot{k}\dot{U}_{3N}| \qquad (10-9)$$

式中 k——需要整定的平衡系数；

U_{3f}——故障点三次谐波电压；

U_{3N}——中性点三次谐波电压。

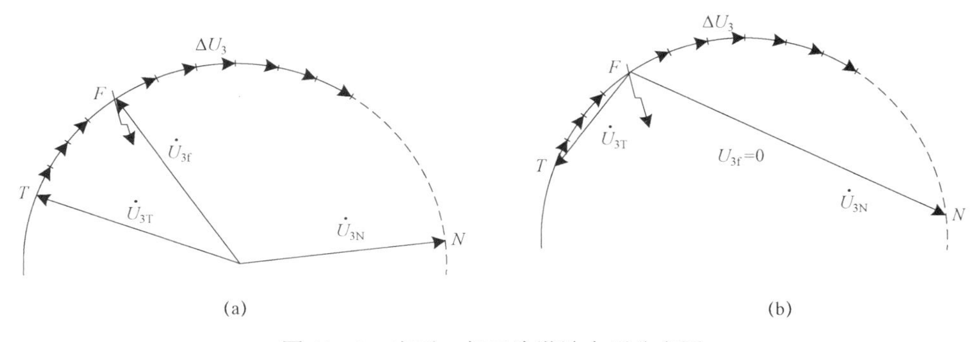

图 10－5 定子一相三次谐波电压分布图

（a）故障前向量图；（b）金属接地时向量图

由于发电机三次谐波电压的大小及相位受发电机负荷状态的影响，其平衡条件也跟着改变。因此，要求提高整定值，这就影响了灵敏度的提高。

图 10-5 为定子一相三次谐波电压分布图。由于绕组的各匝的空间位置不同，面对的转子状态不一样，所感应的电势的相位不一样。各匝电势的向量和构成绕组的总电势 E_3。

$$E_3 = \dot{U}_{3T} - \dot{U}_{3N}$$

无故障时，发电机端部及中点的三次谐波电压分别为 U_{3T} 及 U_{3N}。绕组内某一点接地时，变为 U_{3T-f} 及 U_{3N-f}。

作者在一台 300MVA 的汽轮发电机及一台 125MVA 的低水头水轮发电机进行过测试，在其定子中性点处对地接入高阻时，按相量平衡原理构成的保护的灵敏度，前一发电机约为 11kΩ，后一发电机约为 1kΩ，灵敏度不够高。

为了提高灵敏度，作者提出了一种自适应式三次谐波电压接地保护。

令当前时刻测得的中性点与端部的三次谐波电压比值为：

$$\dot{P}_3 = \dot{U}_{3N} / \dot{U}_{3T} \tag{10-10}$$

令时刻 Δt 之前一段时间内，例如 100ms，测得的全部 $\dot{P}_3$ 的平均值为 $\dot{P}_3'$，又令：

$$\Delta\dot{P}_3 = \dot{P}_3 - \dot{P}_3'$$

$\Delta\dot{P}_3$ 的整定值为 ΔP_{3-set}，则保护判据可设为：

$$|\Delta\dot{P}_3| = |\dot{P}_3 - \dot{P}_3'| \geqslant \Delta P_{3-set}$$

或

$$K_{p3} = |\Delta\dot{P}_3| / |\dot{P}_3'| = \left|\frac{\dot{P}_3}{\dot{P}_3'} - 1\right| \geqslant K_{p3-set} \tag{10-11}$$

式中 ΔP_3——三次谐波比整定值。

K_{p3-set} 是整定值，其选择主要考虑在负荷变动时保护不误动。作者在上述汽轮发电机及水轮发电机现场试验时，同时对自适应式保护样机进行测试。试验时 K_{p3-set} 选用 0.25。试验时，在发电机中性点处突然对地接上不同的高阻，观察保护动作与否。结果，在该汽轮发电机试验时，灵敏度可达 50kΩ 以上，水轮发电机试验时灵敏度可达 10kΩ 以上。

上述方案仅停留在样机研究，没进入工业应用。主要原因是对容量大得多的发电机组，因其定子绕组对地电容大很多，导致灵敏度下降过大。其次，采用的较多的低频注入方案，在发电机停机状态下仍能监视其绝缘状态，因此更易被接受。但后来的进一步研究表明，低频注入方案的灵敏度情况并没有显著提高。但因其附带的优点：给出接地故障电阻值、停机时仍能测量，因而在容量较大的机组得到应用。

10.4　同步发电机失磁保护的一些问题

20 世纪 60 年代以前，我国电力系统规模比较小。例如：当时一台容量最大的水轮发电机组（320MVA）经过长线路与电力系统相连，其失磁保护仅用无功功率方向及低电压判据。当发电机轻度失磁，但未失步时，无功功率倒送，机端电压严重下降，此时本可以不解列，

切换励磁电源后，可以恢复正常运行，但当时失磁保护误跳闸。

为了满足电力系统的要求，20 世纪 60 年代，研究者提出了等有功圆概念。

20 世纪 70 年代以前，国外的继电保护厂商已有一些成熟的产品。这些产品的主要原理是基于一种动作判据。这种动作判据由在功率复数坐标上描述的失磁时静稳定临界曲线构成。我们在此基础上将其转换至复数阻抗坐标，并寻找出与其特性最接近的阻抗元件。其中比较通用的方案之一是所谓苹果圆加功率进相闭锁（见图 10－6）。

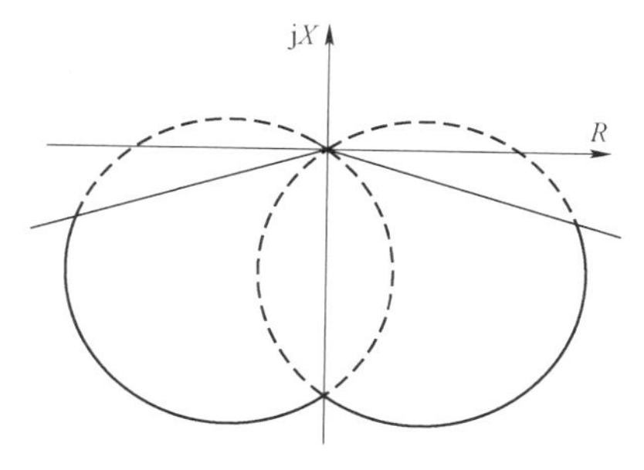

图 10－6　苹果圆特性的失磁保护

在上述方案研究的同时，对与失磁现象相近的各种运行工况进行了详细的理论分析和试验研究。包括外部短路、长线充电、系统失稳等，研究避免误动的措施。

失磁保护中的另一个问题是启动元件的选择。发电机失磁或低励磁故障本来是转子回路的问题。直观来看，应该由转子侧的电量来判断其运行情况并决定是否启动。但由于失磁故障产生的影响主要是电力系统运行的稳定性和电压的跌落，所以其主判据优先选用定子侧电量。但为了提高可靠性，往往加装启动元件。

采用转子侧的直流量作为启动元件判据是最直观的，但有两个问题：① 直流电压从一次侧传变至二次侧，其精度及抗干扰能力不如交流量；② 从空载到满载，转子电压变化的幅度很大。为了满载时此启动元件不误动作，要求采用比较高的整定值。空载时失磁，启动元件将拒动。因此，早期供大型水电站用的发电机的失磁保护不采用转子侧的直流量作为启动元件判据。

随着技术的发展，直流量的信息传变技术有所提高。为解决上述矛盾，后来采用与功率相关的转子电压作为启动元件。这实际上是一种自适应的方式。这使得用转子电压作为启动元件成为可能。

非失磁情况下会引起失磁保护误动的主要是外部不对称故障，因此，早期采用负序电流作为启动元件。

10.5　同步发电机失步保护问题

在做同步发电机失步保护动模试验时，要求模拟系统产生失步现象，而且振荡中心轨迹要穿过发电机—变压器组内部，见图 10－7（a）。对一台 15kVA 的模拟发电机，经 400km 模拟输电线路与无穷大系统相联。在正常励磁条件下，即使送出的有功功率超过额定值较多，系统仍然很难失步。由于系统阻抗大于发电机—变压器组的阻抗［见图 10－7（b）］，即使产生失步振荡，其振荡中心也只从输电线路上穿过，不穿过发电机—变压器组内部。失步保护不可能动作。

当发电机电动势与系统电源电压相等时，要使振荡中心在发电机—变压器组内部穿过，则要系统阻抗小于发电机—变压器组的阻抗，但此时发电机更难发生静稳失步。这时，即使发生严重的三相短路，而且较慢切除故障，接着发生动稳失步，系统较易恢复同步，也不会等到发电机失步保护动作。

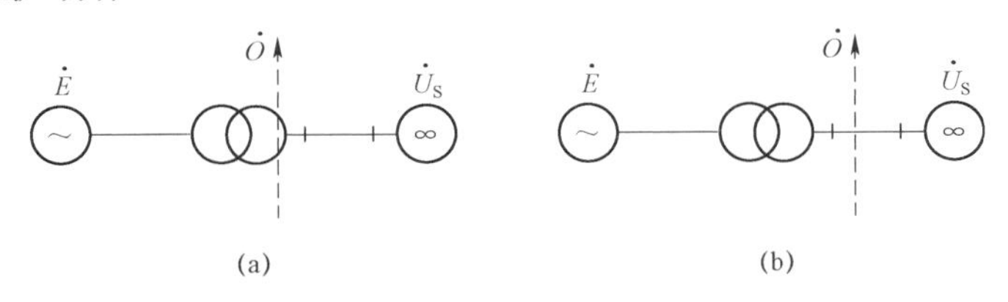

图 10－7　失步时振荡中心穿越情况

（a）穿越变压器；（b）在变压器外穿过

以汽轮发电机为例，一机对无穷大系统的基本输送功率方程为：

$$P=\frac{EU_S}{Z_f+Z_b+Z_S}\sin\alpha$$

式中，下标 f 表示发电机；b 表示变压器组；S 表示系统；α 表示功角。采用标幺值时，令 $E=1.1$，$U_S=1$，$Z_S=0.23$，$Z_f=0.13$，$Z_b=0.1$。发电机功角为 90°时，为静稳极限状态。

如上所述，当系统阻抗与发电机—变压器组阻抗相等，功角为 90°时，有：

$$P=\frac{1.1\times1}{0.13+0.1+0.23}=2.39$$

其静稳极限功率为额定功率的 2.39 倍，稳定性非常好，很难失步。

在做同步发电机失步保护动模试验时，为了使模拟系统产生失步现象，往往使发电机内电动势作较大的降低，但此时应该由失磁保护实现保护功能。

由此，容易产生几个问题：同步发电机失步保护究竟起什么作用？曾经正确动作过吗？何时、何地、何人、何部门提出需要装设发电机的失步保护？

作者倾向于取消发电机的失步保护。失磁引起的失步由失磁保护实现保护。振荡中心在发电机—变压器组外部穿过的失步，属于系统振荡解列问题，不属于发电机保护范围。

10.6　大型多分支水轮发电机的内部结构模拟

大型水轮发电机结构复杂，价格极其昂贵，不可能进行内部短路试验以检查其保护的计算、整定、校验的正确性以及保护装置的动作的正确性。

电力系统动态模拟技术是基于相似原理的物理模拟试验。除一般试验结果与数字仿真一致外，还能在一些不容易数字化的结构、材料、参数等方面进行模拟。所以，二者能很好地相互配合、相互验证、相互补充。

由于同步发电机内部结构复杂、多样，一般的电力系统动态模拟机组模拟发电机时，仅模拟其外特性，不进行内部结构模拟。因此，即使进行一些内部短路试验，其结果只能是定性的现象模拟。

面对像三峡水力发电站一类的特大型电站的建设，其发电机容量巨大，价值很高且很重要，对继电保护的要求很高。为此，华中科技大学的电力系统动态模拟实验室针对三峡水力

发电站其中一种类型发电机的内部结构，专门研制了一台内部结构模拟发电机。在此基础上，进行了一系列的内部故障模拟实验。图 10－8 是该模拟发电机的外观，图 10－9 是该模拟发电机一变压器组的接线图。图中的电流测量同时配置有电磁式电流互感器与基于罗氏线圈的电子式互感器。前者供保护装置试验用，后者供较精确定量试验时用，此时将电磁式电流互感器在一次侧短接。此模拟发电机功率为 31kVA，功率模拟比为 25000/1。与原型机一样，定子绕组每相有五分支，每分支 36 匝，采取进五退四的绕组结构型式（见图 10－10）。除内部结构与原型相似外，其外特性也与原型相似。

(a)

(b)

图 10－8　6 号模拟发电机外观

（a）发电机总体视图；（b）背面短路抽头面板图

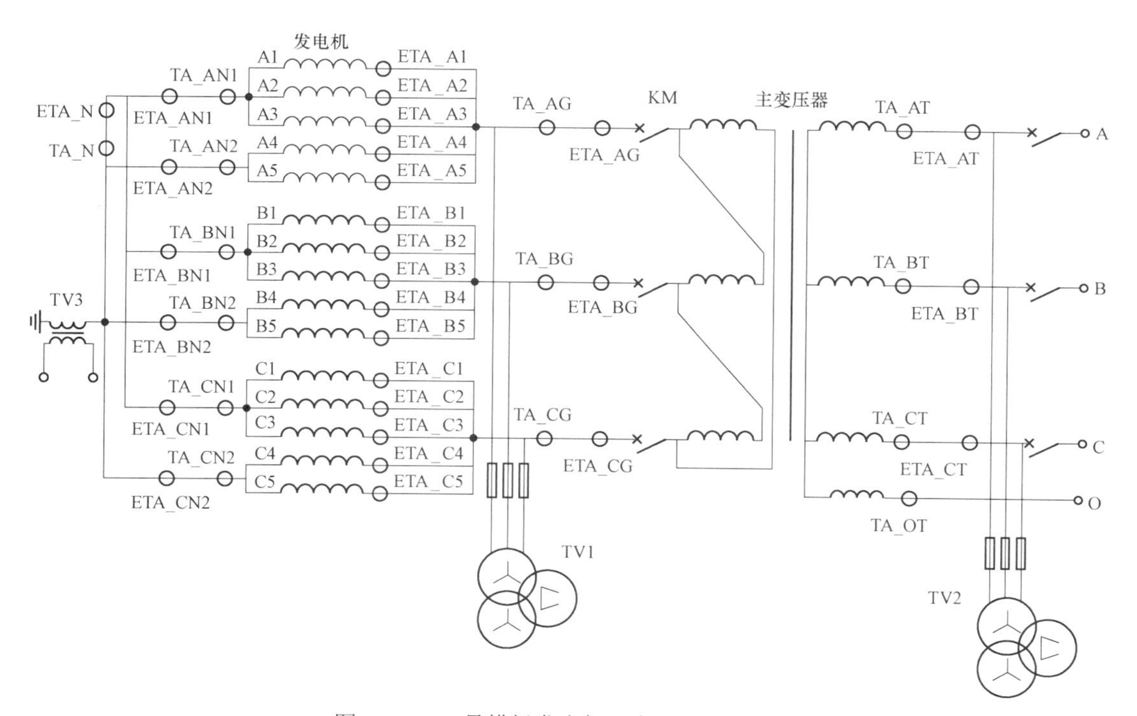

图 10－9　6 号模拟发电机一变压器组接线图

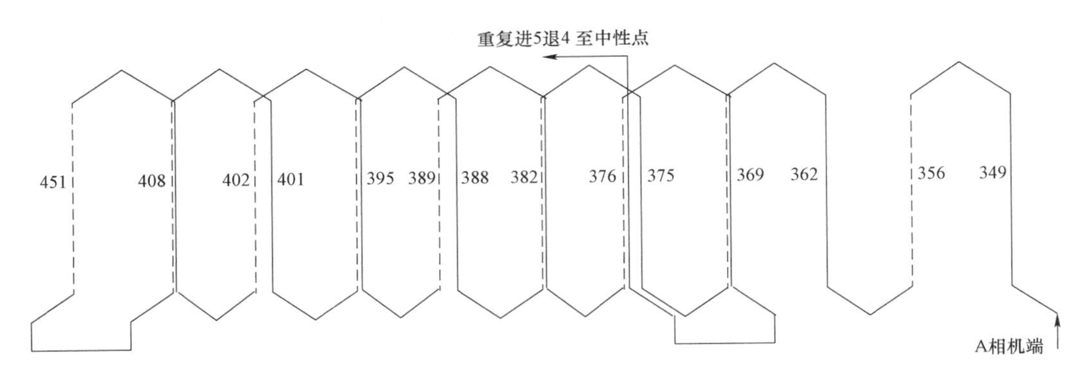

图 10－10　原型机定子 A1 分支部分绕组结构示意图

在物理模拟研究时发现，原型机的转速只有 75r/min。在用直流电动机模拟水轮机时不可能在如此低的转速下实现其动态特性模拟。考虑试验时经常有短路冲击，不希望采用变速齿轮。由于选定的原型发电机定子绕组结构是每 1/4 周重复一次，因此，可以采取如下近似方法。

将模型机的定子槽加深，由每槽两线棒改为每槽八线棒，将极对数由 40 对极设计为 10 对极。转速由 75r/min 设计为 300r/min。定子绕组在槽中串联绕行四次，以模拟原型机的一周。

在模型机制成后，按图 10－9 配备成 6 号模拟发电机—变压器组试验系统。

为了检验系统的正确性，在物理模型上做了小匝数匝间短路试验，并将试验结果与仿真计算结果对比校核，此时，将电磁式电流互感器全部退出，换以电子式互感器，短路点接触电阻由电压、电流测量值算出。反过来，在进行数模计算时，将此过渡电阻计入，将此计算结果与物模试验结果对比，图 10－11 是其中的一个结果。

在模拟机组上进行了数模和物模的校核试验时，进行对比的数模全部采用物模机组的实际结构参数，以便与物模实验结果进行对比。由图 10－11 可见，短路环电流实测值（标幺值）与短路环电流仿真值（标幺值）除非周期分量及谐波略有差别外，其余相差很小。

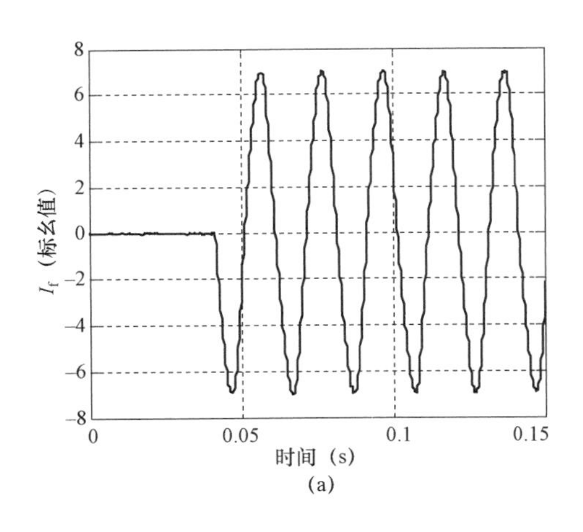

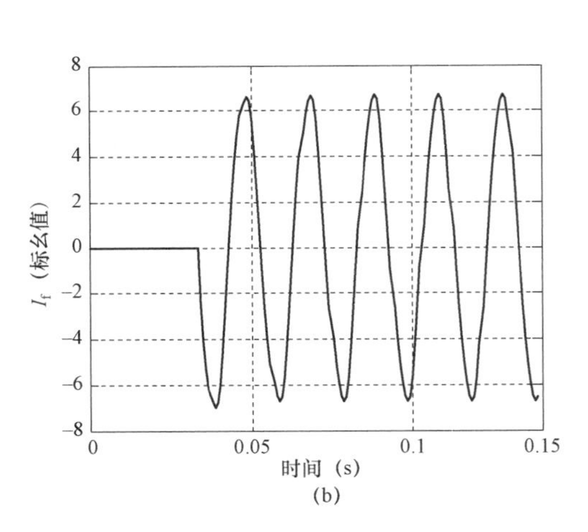

图 10－11　6 号模拟发电机内部匝间短路的试验/计算对比

（a）短路环电流标幺值（试验实测）；（b）短路环电流标幺值（仿真计算）

对比试验结果表明，所用数模的建模及其方程简化方法是合适的。反过来，物理模型的建立也是成功的。对其他结构的发电机，只要提供有关结构及电气数据，即可用上述数模程序对各种内部故障进行计算。当需要进行发电机内部故障有关机理研究，或对新型保护进行考核时，可以利用所建物模进行各种试验研究和考核。

本章参考文献

[1] KINITSKY V A. Relay scheme protects generator against all internal faults [J]. Electrical World, vol.154, no.14, Oct., 1960: 44 – 55.

[2] KINITSKY V A. Calculation of internal fault currents in synchronous machines [J]. IEEE Transactions PAS, Vol.84, No.5, May 1965.

[3] KINITSKY V A. Digital computer calculation of internal fault in a synchronous machine [J]. IEEE Transactions PAS, Vol.87, No.8, August 1968.

[4] 高景德，王祥珩. 交流电机的多回路理论 [J]. 电工技术学报，1988，(4)：61 – 62.

[5] 高景德，王祥珩，李发海. 交流电机及其系统的分析 [M]. 北京：清华大学出版社，1993.

[6] 张龙照. 同步电机定子绕组不对称状态的研究 [D]. 北京：清华大学，1989.

[7] 尹项根. 同步发电机定子绕组故障瞬变过程数字仿真及其微机保护新原理的研究 [D]. 武汉：华中理工大学，1989.

[8] 邰能灵. 大型水轮发电机继电保护新原理及小波分析应用的研究 [D]. 武汉：华中理工大学，2000.

[9] 杨经超. 巨型水轮发电机故障暂态仿真及发变组保护研究 [D]. 武汉：华中科技大学，2004.

[10] 夏勇军. 大型水轮发电机故障暂态仿真及主保护优化的研究与应用 [D]. 武汉：华中科技大学，2006.

[11] 张侃君. 大型水轮发电机单元件零序横差保护分析 [D]. 武汉：华中科技大学，2008.

[12] 娄素华，陈德树，尹项根，等. 多分支大型水轮发电机内部故障主保护的灵敏度分析 [J]. 电力系统自动化，2001，(7)：36 – 39，66.

[13] 张侃君，尹项根，陈德树，等. 大型水轮发电机内部故障保护的动模实验研究 [J]. 电力系统自动化，2008，(6)：85 – 90.

第11章 大型电力变压器保护运行的一些特殊问题

多年的继电保护运行动作统计数据表明，变压器保护的正确动作率是最低的。虽然正确动作率不一定能正确地反映继电保护的运行水平的高低，但终究反映变压器保护本身的确存在一些问题，因此许多继电保护工作者在这方面进行了大量的研究。

变压器保护不正确动作的原因是多样的。

这里，讨论继电保护的运行时，并不讨论继电保护装置或保护系统本身。这方面，将由设备制造单位根据设备情况给出，设计、运行人员研究、分析其在运行中的基本性能和可能出现的问题。对这些，这里不作过多重复。下面仅对长时间困惑我们的一些特殊问题做一些探讨，特别是变压器保护面临的保护对象的特殊技术属性、正常和特殊的工况。

第7章已经详细讨论了变压器电流差动保护的特殊性。其主要特点是在差动判据中有两种未接入支路，即电力变压器的等值励磁支路和电磁型电流互感器的等值励磁支路。在暂态过程中这几种支路的电流可能达到很大的数值，从而导致保护误动作。

对Y－△接线、中性点接地的三相变压器，还存在一个特殊的未接入支路——零模支路。利用其在每一相的零模分量电流相等的特点，三相变压器的差动保护都设法首先滤除零模分量电流，然后构成差动回路。

电力变压器高低压侧的互感器型号不可能相同，其饱和特性各异。当变压器星形侧用两相电流差接入差动保护时，变压器高低压两侧的电流互感器的负载各不相同，各工况不一致。

对采用微机型的继电保护，变压器各支路的电流量值经数字化后分别送至计算机进行数字综合运算处理。各电流互感器之间不存在物理性联系。因此，不存在各电流互感器之间的相互影响。但电流互感器二次回路存在三相共用中性线时仍未完全避免联系，但不会引起大的影响。

中国电力系统的继电保护几乎都采用微机型，所以下面主要讨论这种情况。至于每一侧的三相电流互感器间的二次回路互联所引起影响，将另行讨论。

电力变压器保护面临的最大挑战主要是两个方面：一方面是电流互感器励磁支路电流构成的不平衡电流，另一方面是被保护的主变压器的励磁支路的励磁电流。在变压器空投时电流的暂态过程通常称为励磁涌流。前者，电流互感器励磁支路电流，在第7章进行了一些讨论。这里将着重讨论第二个方面，即励磁涌流。

电力变压器在电源电压投入或外部故障切除，出现电压突升时，励磁支路可能产生很大的励磁涌流。这一未接支路电流可能大大超过差动保护的启动电流。为了不让保护误动作，必须设法将保护闭锁。为此，必须非常清楚变压器励磁涌流的特性、产生的机理，对本变压器及周围电网的影响。

励磁涌流与电压的变化有密切的关系。变压器的电压（感应电势）和磁通的基本关系为

$$\mathrm{e}(t)=-N\frac{\mathrm{d}\varphi(t)}{\mathrm{d}t}$$

或

$$\varphi(t_2)=-\frac{1}{N}\int_{t_1}^{t_2}\mathrm{e}(t)\mathrm{d}t+\varphi(t_1) \tag{11-1}$$

如 $\mathrm{e}(t)=E_{\mathrm{m}}\cos(\omega t+\theta)$，则

$$\begin{aligned}\varphi(t_2)&=-\frac{E_{\mathrm{m}}}{N}\int_{t_1}^{t_2}\cos(\omega t+\theta)\mathrm{d}t+\varphi(t_1)\\&=-\frac{E_{\mathrm{m}}}{N}\sin(\omega t+\theta)\Big|_{t_1}^{t_2}+\varphi(t_1)\end{aligned} \tag{11-2}$$

式中　E_{m}——变压器合闸时电势；

　　　N——变压器一次绕组匝数。

这一关系，与磁介质的特性无关。

下面将在此基础上讨论变压器在运行中的几个特殊问题。

11.1 剩　磁　问　题

下面讨论的几个问题都牵涉剩磁，有必要对剩磁问题先作一些比较深入的研究。

电力变压器是借助电磁能量的传变的重要设备。传变的介质主要是铁磁物质，通常是硅钢片。不同铁磁物质的物理属性有所不同，但都存在饱和问题、磁滞问题，包括剩磁问题。对此，物理学家们对其基本属性已研究得相当详细，但多限于定性的理论分析。在电力变压器设计、制造、运行的各个过程中，对其参数、性能与磁的特性的关系的研究已非常彻透，但没有满意地解决运行变压器剩磁的测量、定量问题。剩磁的大小、方向将影响其后合闸投入电网时的暂态过程，包括励磁涌流的大小、谐波等影响波形状态的各种因素。这将影响变压器的保护与控制性能的优劣。因此，对剩磁问题作更进一步的研究是必要的。

由于电力变压器的铁芯是由硅钢片构成的闭合磁路，在断电状态下，不能用仪器直接测量其磁通，而又需要得到此时的剩磁。现有的方法只有两条途径，即从“过去”或“其后”的信息推算。

如前所述，电动势与磁通的变化有密切的关系。如果此前的“过去”信息可以得到，则可以从其变化过程，从带电状态到断电状态的变化过程，推算出“现在”的剩磁。

由此前的“过去”信息推算出“现在”的剩磁，有过不同的尝试。最简单的办法是用此前断电瞬间对应的磁通作为当前的剩磁。问题是没有考虑磁滞回线的影响。进一步的办法是

用此前断电瞬间对应的磁通并考虑磁滞回线的影响，根据磁滞回线，将励磁电流下降至零时对应的磁通作为当前的剩磁。这种方法存在的问题是没有考虑磁后效的磁通后续下降。还有一种方法是对此前断电前/后的电压作定积分，以求得最后的磁通作为剩磁。这种方法的问题是将断电后的测量得的电压作为变压器内电势。而由于绕组电容/电感的存在，即使此时电流为零，即内电势已消失，仍会产生与磁通无关的暂态电压。对此电压积分将得出虚假的磁通成分。

另一条途径是利用“其后”的信息推算。即利用其后的空合时得到的励磁涌流的最大峰值、已知的磁化特性（如 $B-H$ 曲线、合闸时电压的初相角等数据），反推合闸时的剩磁近似值。这种方法的问题是变压器制成后，由于不能直接测量磁通，也就不能直接测量其 $B-H$ 曲线。能得到的只有硅钢片的 $B-H$ 曲线。此外，能得到的仅是其空载伏安特性。由于变压器的结构、加工工艺的影响，变压器整体的 $B-H$ 特性与硅钢片的 $B-H$ 可能有一定的差别。

作者对华中科技大学动模实验室的 6 号模拟变压器测得的多个电压下的磁滞回线，取其峰值时的磁通与电流。由此形成一条“峰值磁化曲线”。由于是峰值数据，磁通与电流是单值相关，不像磁滞回线的其他部分，存在多值问题。

变压器空投后，其励磁涌流第一峰值最大。利用此峰值，通过“峰值磁化曲线”，即可查出峰值时对应的最大磁通。当电源为无穷大系统时，若忽略漏抗，则磁通为正弦，由峰值出现的时刻，可计算出合闸时磁通的初相角。扣除与电源电压对应的稳态交变分量瞬时值及与合闸角对应的非周期分量初值，即可得到此前的较真实的剩磁。但当电源不是无穷大系统，又不能忽略漏抗时，则比较困难。

11.1.1　剩磁的产生和时变问题

在稳态运行情况下，铁芯按相应的磁滞回线运转。变压器在运行中突然断电时，除绕组及其引线的电感/电容间可能产生的部分与铁芯无关的振荡电流外，铁芯的磁化电流将由断电时磁滞回线对应断电点的数值降至零。但其磁通量将自断电前磁滞回线的断电点按局部磁滞回线降至与电流为零相应的位置，形成剩磁。可见，剩磁的大小和方向，与断电时局部磁滞回线的断电点的位置，亦即该相电压的相位，密切相关。图 11－1 所示为变压器在工频状态下的磁滞回线及磁通的时变曲线。

从图 11－1 可见，按一般的解释，其在 b 段时断电，电流从断电时刻的瞬时值下降到零。此时的磁通，即前面所指的初始剩磁 B_r，将是正的最大剩磁。其在 e 段时断电，剩磁将是负的最大剩磁。在其余的 c、d、f、g 段时断电，其剩磁将小一些。

从剩磁的角度看，能得到最大剩磁的开关开断时刻只能在 b 段或 e 段，在时间上只占一个周期 20ms 的很小的一部分。

磁滞回线的形态与频率的高低有关。当频率升高时，其剩磁点 B_r' 将较频率低时（例如 50Hz）的 B_r 高。即电流从 b 段快速下降至零时，磁通即降至 B_r'。若电流降至零后不再变化，即频率变为零。磁通由 B_r' 随即变为 B_r。其后，铁芯中的磁畴在短时间内继续快速运动进行平衡调整，以达到稳定的静态平衡。此时的磁通状态就称为“稳态剩磁” B_{rw}。相应将 B_r 称为

“初始剩磁”。

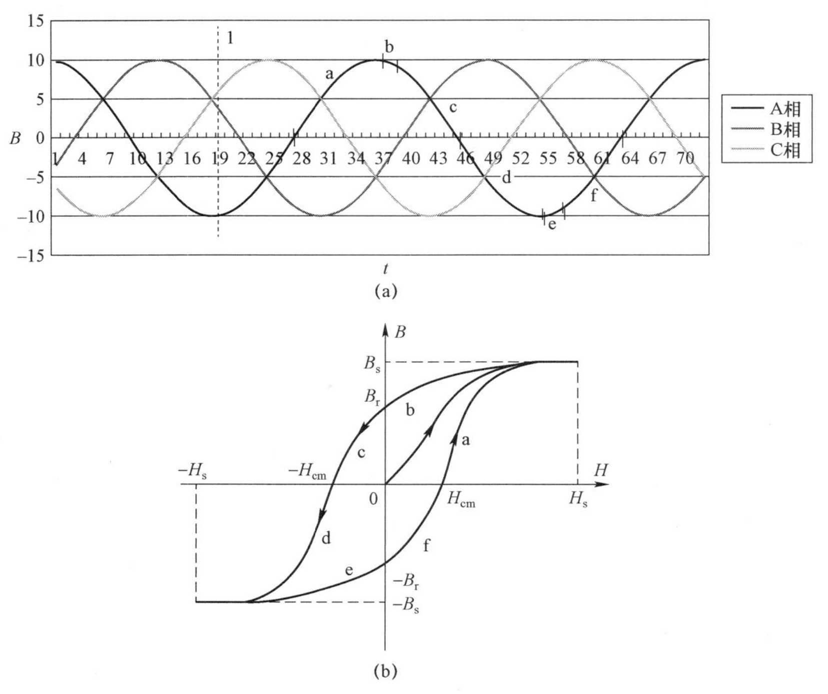

图 11－1　变压器在稳定状态下的磁滞回线与磁通的时间对应

（a）三相磁通波形图；（b）磁滞回线图

下面的问题是剩磁在断电并且过渡到稳态剩磁 B_{rw} 后是否还继续有变化？如果有变化，如何变化？从初态剩磁过渡到稳态剩磁，时间有多长？为此，进行了如下验证。

实验验证方法接线如图 11－2 所示。JQF 处于合态，VQF 处于分态。变压器低压侧三角环路断开。对 6 号变压器消磁，然后，逐步递升加至额定交流电压 U_a，稳定一段时间后，控制 JQF 于 A 相电压 180° 时分闸，此时磁通为负最大。经 10ms、30ms、50ms…后，控制 VQF 于电压 0° 合闸，试验结果及录波号记录于表 11－1。

表 11－1　　各种时间间隔后对变压器空投合闸时的励磁电流峰值

合闸间隔	录波号	励磁涌流峰值（A）
10ms	2014.01.03.10.42.09	8.582
30ms	2014.01.03.10.48.28	8.866
50ms	2014.01.03.10.54.25	8.546
70ms	2014.01.03.10.57.25	8.795
90ms	2014.01.03.10.59.11	8.830
110ms	2014.01.03.10.59.11	8.901
130ms	2014.01.03.11.02.24	8.759
150ms	2014.01.03.11.06.24	8.830

续表

合闸间隔	录波号	励磁涌流峰值（A）
250ms	2014.01.03.11.08.18	8.582
1250ms	2014.01.03.11.11.07	8.369
2250ms	2014.01.03.11.26.38	8.972
2250ms	2014.01.03.11.16.57	7.979
3250ms	2014.01.03.11.21.44	9.007
4250ms	2014.01.03.11.30.08 2014.01.03.11.30.12	9.114
5250ms	2014.01.03.15.09.39	8.830
1min	2014.01.03.15.24.01	8.440
2min	2014.01.03.15.26.37	9.788
10min	2014.01.03.15.50.23	9.003

从表 11－1 所示的试验结果可见，只要分、合闸角相同，涌流情况基本相同或相近，与分/合闸时间间隔长、短关系不大。

为了进一步回答上述问题，作者进行了一次 180°分闸，接着 0°合闸的试验，记下录波数据。然后重复上述分闸操作，但不马上合闸，保持变压器在断电状态。两天后，即约 40h 后，进行 0°合闸。将此次录波数据与上次录波数据比较。其结果是：涌流峰值基本相同。

后来，进行了三次停电时间更长的对比试验，在同样的条件下切除变压器，产生高剩磁，第一次在断电 10ms 后合闸，第二次经 40h 后合闸，合闸条件相同。合闸前的停电期间，变压器不进行任何操作和运行，保持停运状态。两次所得励磁涌流基本相同。

最后再做一次试验，同样操作，但是经过将近 2 个月，试验结果相同。

由此得出结论：剩磁磁通达到稳态后，没有外力作用时，长时间保持不变。

从对样机的初步测试可知，剩磁从初态过渡到稳态的时间一般为 10～20ms，不会超过 20ms。

11.1.2　电力变压器稳态剩磁的测量问题——模拟剩磁

电力变压器空载合闸时的暂态电流，除与合闸时电压大小及其初相角密切相关外，还与当时的剩磁大小及极性密切相关。

一台等待合闸的电力变压器，其剩磁不能直接测量，容易得到的是在已知电压下，在某初相角时合闸的录波图。特殊情况下，也可能得到此前分闸时的录波图。

如果能得到此前分闸时的录波图，通常，会考虑通过电压积分得到相应的磁通。从分闸瞬间积分到分闸后电压为零时止，以求得当时的剩磁。

对交变的电磁回路，通常采用对感应电势积分的方法得到磁通，即

而
$$u(t) = -L\frac{\mathrm{d}i}{\mathrm{d}t} + e(t)$$
$$\varphi(t_2) = k\int_{t_1}^{t_2} e(t)\mathrm{d}t + \varphi(t_1) \qquad (11-3)$$

变压器空载时电流很小，漏抗上的电压降可以忽略，通常用测量电压代替电势。变压器有载时电流的影响就不能忽略。变压器在稳定断电状态下，电压、电流为零，$e(t)=0$，磁通不再变化。此前电流趋于零时得到的磁通就是其剩磁。因此要求变压器开关内侧装有电压互感器。

开关断开后，变压器自身的分布电容、电感使内部的电流、电势中有一部分暂态过程无法测量。只能对开关此前断电前后的电压数据进行积分，求其剩磁，由此产生的误差无法计算。所以，电压积分方法对求稳态剩磁不是最好方法。只在试验研究时，上述要求近似满足，可以作为对比之用。

所以，最好能对剩磁进行测量。在物理试验时测量静态磁通，一般采用霍尔效应片，利用其输出电势与垂直穿过的磁通量成正比的效应，由其输出电势测量静态磁通。这种方法要求被测磁通垂直穿过霍尔效应片。对电力变压器，其磁路是不可能被破坏以便插入霍尔效应片。所以，这种方法对求稳态剩磁也不适用。

为了便于进行剩磁研究，我们提出和采用过一种间接法，以找出与励磁涌流第一峰值电流对应的原有剩磁。这种办法在电力系统动态模拟实验室比较容易实现。

测定剩磁时，按图 11－2 接线，试验步骤如下：

（1）空合时，先调整好合闸角在 A 相电压 180°，以取得最大的励磁涌流 i_{max}（180°）。

（2）在不同的直流助磁电流下合闸，记取相应的 i_{max}（180°），做出“涌流峰值——直流助磁”关系曲线。在调整直流助磁电流之前，要先进行消磁，以使所得结果符合峰值励磁电流的条件。增大加入的直流电流时，保证单调地增加至目标值。

（3）取不同相位角重复上述试验，得出如图 11－3 所示的不同合闸角情况下的涌流峰值 i_{peak}—i_{dc} 曲线族。

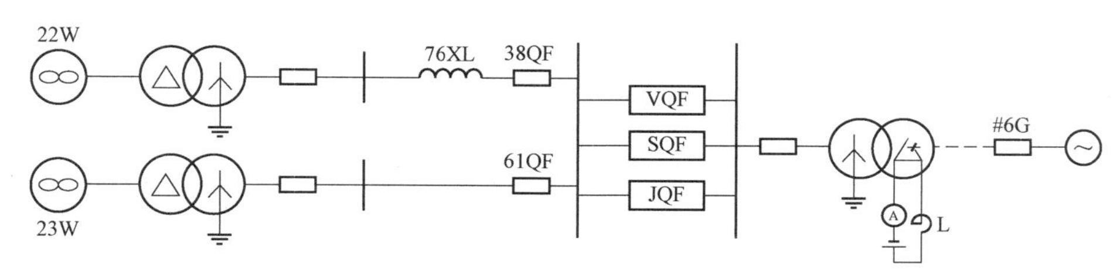

图 11－2　稳定直流助磁试验接线图

当空载合闸角度已知，同时励磁涌流峰值也已知时，由图 11－3 曲线上与此峰值相应的点，就能得出此时对应的直流磁化力。由直流磁化力，再通过变压器的峰值磁化曲线（见图 11－17），就可以得出相应的磁通。这一磁通就可作为相对应的上述空投前的剩磁。

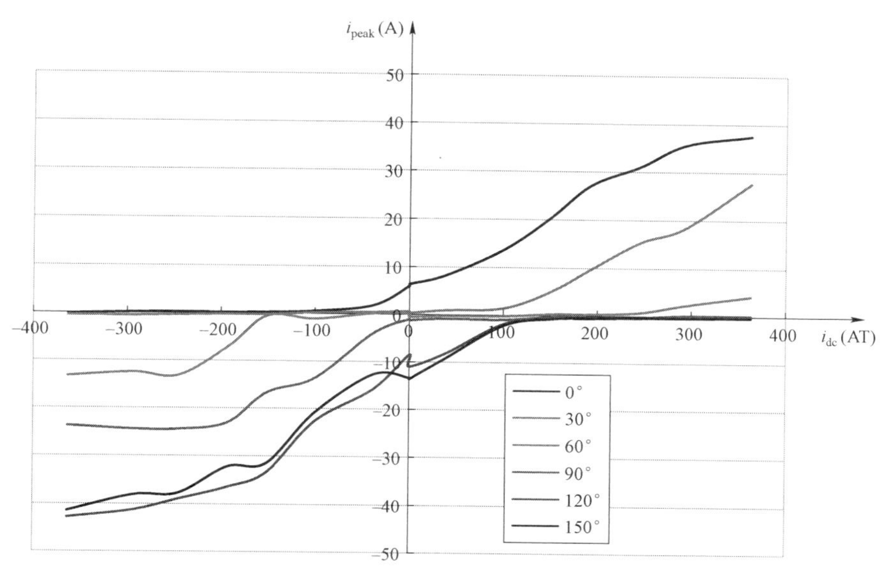

图 11－3　830V 电压 0°～150°时合闸，$i_{peak}=f(i_{dc})|_{\theta}$

（横坐标为直流助磁 i_{dc}，安－匝；纵坐标为涌流峰值 i_{peak}，A；θ—合闸角）

上述方法是借助直流助磁、峰值磁化曲线，利用合闸时的最大励磁涌流作为中间媒介，可以间接得到与此最大励磁涌流相应的合闸前的剩磁值。从而部分地解决剩磁的测量问题。

改变多个不同的合闸角重做上述直流助磁试验，则可以得到一系列与该合闸角相应的曲线 $i_{peak}=f(i_{dc})|_{\theta}$。通过 i_{dc} 与 B 的关系，进一步就可以得到 $B-i_{peak}-\theta$ 的曲线族或三维图像。

利用该曲线族或三维图像，就可以由合闸角 θ 及涌流最大峰值 i_{max} 找到在该电压下合闸时相应的剩磁值 B。下面，通过试验例对此加以说明。

【试验例 1】求取直流助磁时的励磁涌流

进行多种直流助磁情况下的励磁涌流试验。图 11－4 为其中的一次直流助磁时的励磁涌流录波图。线电压为 820V，合闸角为 0°。直流助磁电流为 151mA 或 21.7AT。后来发现此录波图与曾经有的一次（控角空投试验）正常分/合闸时的励磁涌流的录波图（见图 11－5）极为相近。

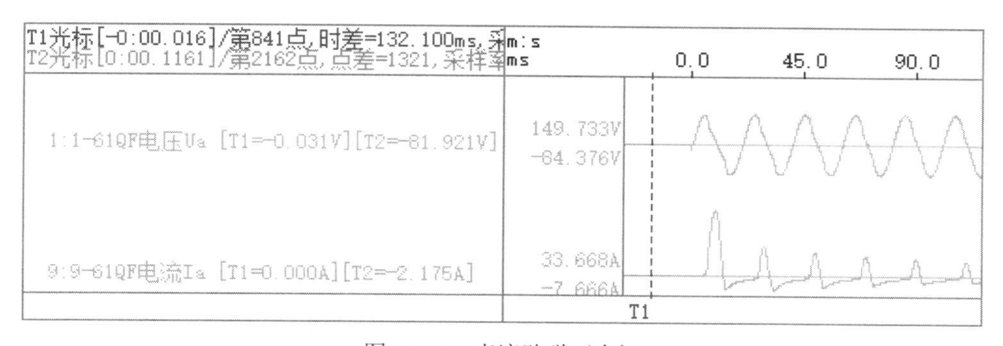

图 11－4　直流助磁下合闸

由图 11－4 的录波，可得此时的 A 相最大峰值 $i_{a.max}$ 为 33.668A。

由后面的图 11－18 的峰值磁化曲线，查得 6 号变压器的直流助磁为 21.7AT 时，对应的剩磁磁通为 6264Gs。

【**试验例 2**】控角空投试验

试验时线电压为 820V，180° 分闸后 0° 合闸的励磁涌流录波见图 11－5。

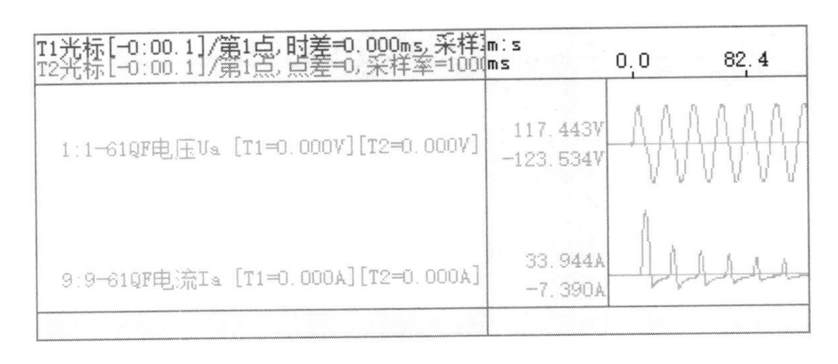

图 11－5　180° 分闸后 0° 合闸的励磁涌流录波图

此次试验与试验一同为 0° 合闸。但此次未加直流助磁。试验前的分闸过程是按最大剩磁条件下进行的。此时的剩磁为分闸时留下的剩磁。

按录波图，$i_{a.max}=33.944A$，与【试验例 1】中的结果 $i_{a.max}=33.668A$ 非常接近。

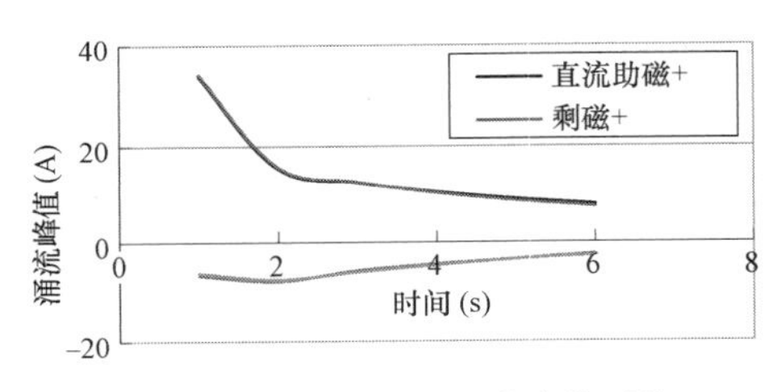

图 11－6　两次试验涌流峰值对比

图 11－6 为两次试验结果的各涌流峰值在同一图上进行的对比。从图 11－6 可见：两次试验结果很相近。说明在短时间内（100～200ms）剩磁对涌流的作用衰减很小；变压器空投产生的剩磁的大小，可以通过直流助磁试验间接对比得出。所以，此次空合试验时，合闸前的剩磁磁通可以定为与【试验例 1】相同的 6264Gs。

根据 6 号变压器的工频磁滞特性，其一般定义下的“剩磁”即在磁滞回线上磁化电流为零时的磁通（即“初始剩磁”）。电压为 830V 时，约为 11000Gs。

但通过上述直流模拟的剩磁测量，实际剩磁为 6264Gs。可见，运行变压器的可能最大剩磁，远低于初始剩磁值。实际上有两方面的因素导致实际剩磁的减小。

（1）剩磁存在时变特性。切断励磁电流后，磁通将从“初始剩磁”逐渐减小、过渡到“稳态剩磁”。

（2）在一些开断情况下，仔细观察开关断开时的录波图，不难发现，电流不是由高值下降到零就结束，而是由于开关断点处在开断时的过电压，引起电弧重燃，从而产生反向电流。当此反方向电流值偏向矫顽磁力时，可使剩磁磁通显著降低。但如果不出现反向电流，剩磁将趋向于 6264Gs。

综上所述，测量变压器空合前的剩磁，其步骤可归结为：

（1）测 $i_{peak1}=f(u、\theta)$，u 可取额定电压，测前先消磁。

（2）如图 11－3 所示，由 $i_{peak1}=f(i_{dc})$ 曲线查出与此 i_{peak1} 对应的等值直流助磁电流 i_{dc}。

（3）由峰值磁化曲线 $B_{max}=f(i_{\mu max})$，令 $i_{\mu max}=i_{dc}$，查出对应的剩磁磁通。

为此，需要准备好如图 11－3 所示的 $i_{peak1}=f(i_{dc})$ 曲线。

11.1.3　运行变压器的可能最大剩磁问题

对一台在应用中的电力变压器，最大剩磁基本上用的是估计值。当工作电压等于通常定义下的饱和电压时，其最大的稳态剩磁 $B_{rw.max}$ 与相应的饱和磁通 B_s 之比可称为最大剩磁系数 $k_{rw.max}$。不同的文献对此系数所用的估计值差别很大，0.5～0.9 倍的估计都有。但都缺乏依据说明。此外，实际上，往往是将工频磁滞回线在磁化电流为零时的磁通，即初始剩磁 B_r，当作是稳定剩磁 B_{rw}，忽略了其间还存在一个称为“磁后效”或“磁粘滞”的平衡过程。这个平衡过程将使这二者产生差异。

通常将初始剩磁 B_r 与相应的饱和磁通 B_s 之比称为剩磁系数 k_r。但以后这里将其改称为“初始剩磁系数 k_r”。如前所述，由动态模拟实验室的 6 号变压器额定电压下的磁滞特性曲线，可得其 k_r 约为 0.78。

令稳态剩磁 B_{rw} 与初始剩磁 B_r 之比为平衡系数 k_p，可得稳态剩磁系数 k_{rw} 为：

$$k_{rw}=k_r k_p$$

$$B_{rw}=k_{rw}B_s=k_r k_p B_s$$

下面，将通过试验，以 6 号变压器为例，测量其最大剩磁系数 $k_{rw.max}$。

（1）测 $i_{peak1}=f(u、\theta)$，图 11－5 是变压器在 180° 分闸后 0° 合闸的录波图，此时的合闸前剩磁接近最大值。按录波图，涌流峰值 $i_{a.max}=33.944A$。

（2）由 $i_{peak1}=f(i_{dc})$，查峰值为 33.944A 时的等值直流助磁，由图 11－7 及表 11－2 的直流助磁下涌流峰值关系，根据 i_{peak} 可查出对应的 i_{dc}，约等于 200mA，即 29AT。

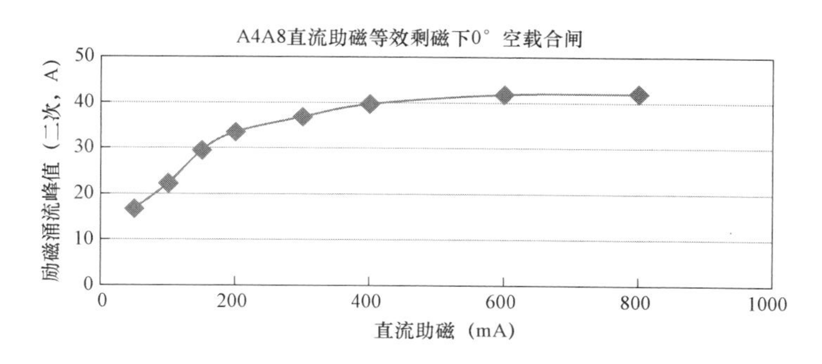

图 11－7　$i_{peak1}=f(i_{dc})$ 直流助磁—涌流峰值关系

表 11-2　　直流助磁——涌流峰值关系

A4A8 直流助磁等效剩磁下 0°空载合闸，合闸后 $U=810\sim820$V				
助磁电流（mA）	0°合闸时刻（ms）	录波号	涌流峰值 I_{peak1}（A）	备注
50	0.4	20161201 102335	16.7×10	测 6 号高压侧电压、电流。电压通道：5～8；电流通道：13～16；TA 变比：50:5
100	0.6	20161201 102801	22.2	
150	−0.2	20161201 112750	29.386	
200	−0.2	20161201 113246	33.426	
300	0.4	20161201 113634	36.844	
400	0	20161201 114521	39.711	
600	−0.2	20161201 114918	41.851	
800	1	20161201 115421	42.059	

（3）由峰值磁化曲线的励磁电流查对应的剩磁磁通。按峰值磁化曲线（见图 11-8），29AT 对应的稳态磁通 B_{rw} 为 7503Gs，即此次合闸前的剩磁为 7503Gs，这也就是其可能的最高剩磁。

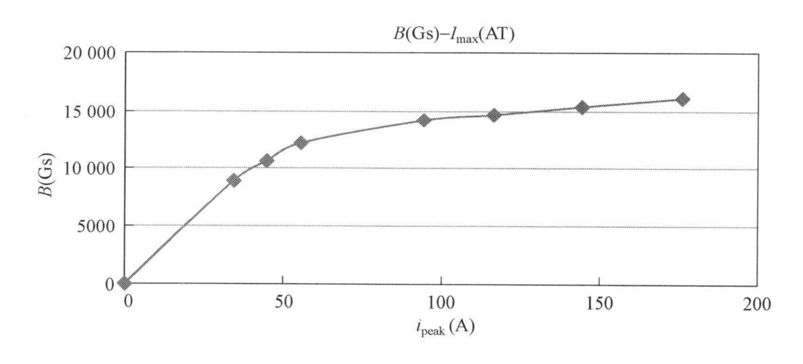

图 11-8　变压器的峰值磁化曲线 $B=f(i_{peak1})$

查此变压器在 830V 时的额定峰值磁通为 14200Gs，初始剩磁约为 11000Gs。可得其剩磁平衡系数 k_p 约为 0.682，总的剩磁系数 B_{rw} 约为 0.53。

11.1.4　关于稳态剩磁的初步结论

剩磁的测量对评估变压器的暂态过程（包括励磁涌流的大小及谐波分析）是很重要的，此处提出的用空投后的数据，通过“模拟剩磁—涌流”曲线反求剩磁的方法是可行的，通常用对电压积分得到磁通量的方法求取电力变压器的稳态剩磁，这种方法很难适用的。

切除变压器后，由初始剩磁到稳态剩磁的变化过程所感应的电势并不一定就是被测电压，对此进行积分，求取剩磁，很难得到应有的结果。

稳态剩磁 B_{rw} 并不等于开关断开前对应的磁通。当励磁电流从电源开断时的最大值下降至零后，磁通将按暂态磁滞回线由当时值下降或变化至与磁通轴的交点（这里称之为“初始剩磁 B_r”），经短时间让磁畴调整至新的平衡态，趋于稳态值（在这里称之为“稳态剩磁 B_{rw}”）。此时有 $B_{rw} \leqslant B_r$。

在没有大的外力（磁化力、高温、强力振动等）作用下，稳态剩磁长时间保持不变。

开关开断时，有时由于端口出现过电压引起燃弧，出现短暂的振荡电流。此时电流不马上到零，并有反向电流出现，剩磁将有不同程度的下降，甚至变号。

11.2　变压器励磁涌流的二次谐波比问题

人们对励磁涌流的产生及其基本特性早已进行了大量的研究，但由于其磁化特性及磁滞特性等的强非线性的复杂性，在定量分析方面尚不够满意。例如，差动保护闭锁用的二次谐波比的整定值的处理方法有待于进一步探讨。

11.2.1　问题的提出

变压器的励磁涌流属于差动保护中的“未测支路”电流。但它不是由短路产生的，必须要与同是未测支路电流的短路电流区别开来，避免误动。二者主要差别在于前者是在非线性电路下产生的，后者主要是在线性电路下产生的。一直以来，构成变压器差动保护的技术、原理、分析方法都是围绕这个差别进行的。

自 20 世纪 40 年代以来，变压器的差动保护一直利用上述二者波形中的谐波，特别是二次谐波含量的差别来区分是励磁涌流还是短路电流。应该说，应用还是很成功的。但遗憾的是，在运行中还是偶有出现励磁涌流时因二次谐波比低而误动的情况。对这个问题，许多年来，理论分析、仿真动态模拟试验进行过很多研究，但遗憾的是，对此种现象产生的机理、条件等总不够清楚、明白、透彻。主要是铁芯励磁时的强非线性，包括饱和特性、磁滞特性、剩磁以及外部的诸多状态需要进行定量研究。这导致很难得出一个恰当的、明确的二次谐波比整定值和充分可靠的技术方案。现行唯一的依据就是基于经验的，统一规定的定值范围为 0.15～0.2。但是，前面提到，一些偶然的误动事件，如下面的几个实例，反映出当时的谐波比低于 0.15。有时甚至达 0.07 以下。在众多的影响因素中，是哪一些因素会导致出现这样特殊的状态？能利用这些因素避免误动吗？

下面是作者至今收集到的多个现场变压器空投时因低谐波比误动的录波中的两个。

【实例 1】某变电站的 110kV 三相电力变压器，容量为 31.5MVA，三柱式铁芯。中性点直接接地。2km 外为一大容量（10 倍以上）变电站。某次空投时的录波图见图 11－9。

从录波图可见，C 相涌流波形接近正弦，二次谐波含量远低于基波的 15%。C、A 两相电流差，即 C 相差流 IDC 的二次谐波含量同样远低于基波的 15%。合闸时，C 相电压正好过零，合闸角为 270°，其对应磁通为负最大。所以，C 相涌流峰值最大。从录波图看，波形接近正弦，二次谐波含量最低处低于基波的 15%。可以判定，C 相在图 11－1 上的 e 区合闸。

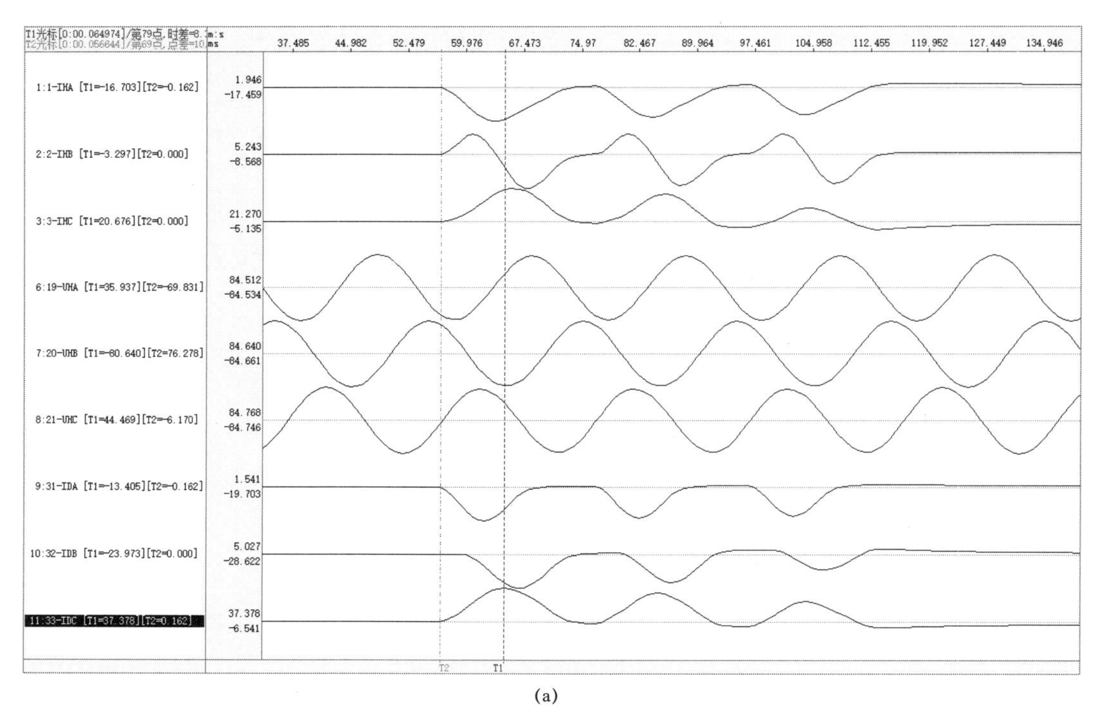

(a)

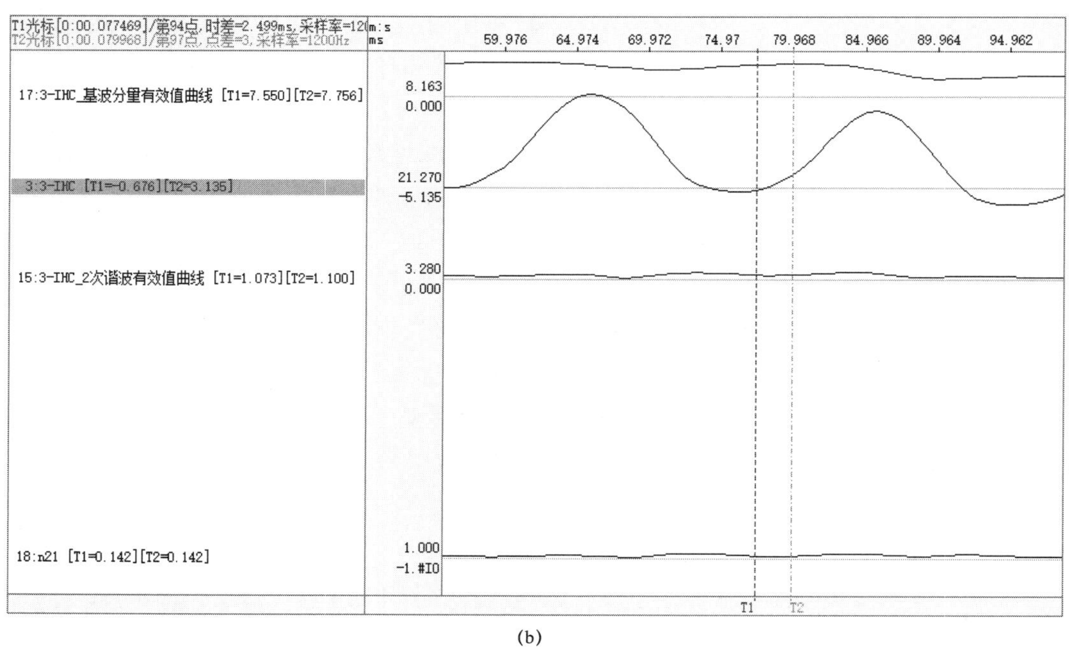

(b)

图 11－9　某变电站 110kV 三相变压器空投时的录波图和 C 相电流二次谐波分析图

（a）三相变压器空投时的录波图；（b）C 相电流二次谐波分析图

【实例 2】 某变电站 220kV 三相电力变压器，容量为 180MVA，五柱式铁芯。中性点直接接地。某次空投时的录波图见图 11－10。与【实例 1】一样，高压侧 B 相电流 I_{HB} 及差流 I_{DB} 的二次谐波比都很低。合闸时，B 相电压也在过零时刻。其状况与上例一样。

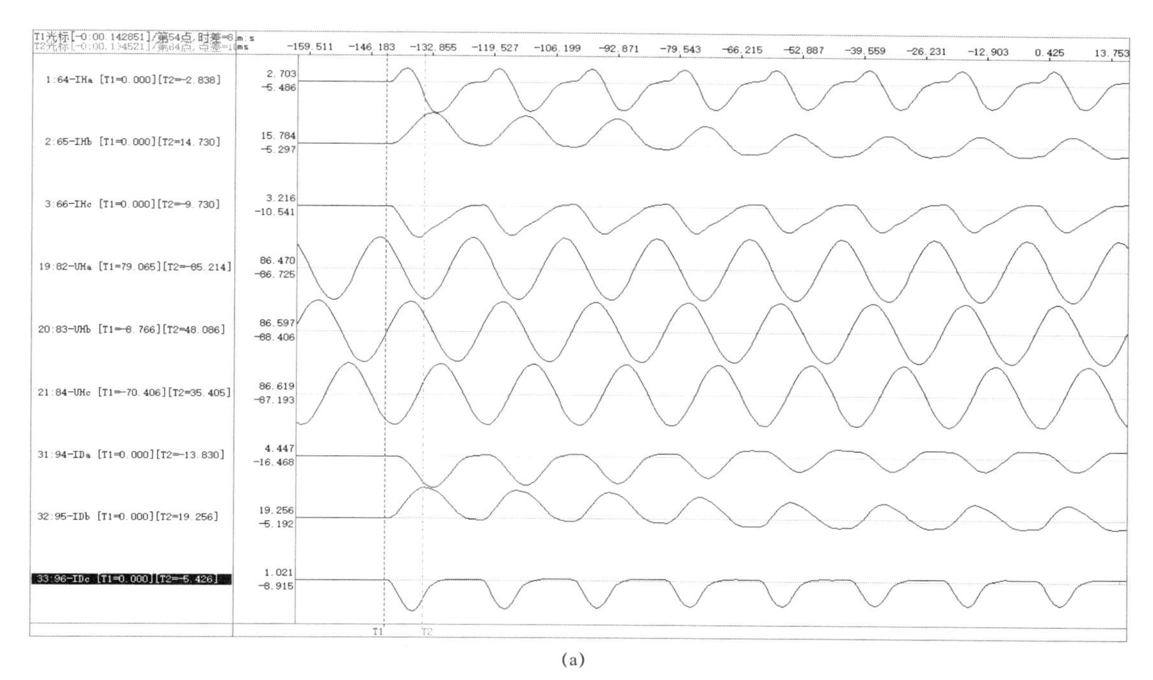

(a)

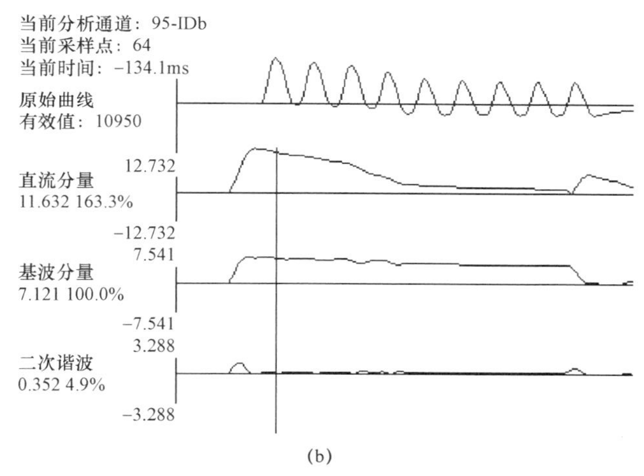

(b)

图 11－10　某变电站 220kV 三相变压器空投时的录波图和 B 相电流二次谐波分析图

（a）变电站 220kV 三相变压器空投时的录波图；（b）B 相电流二次谐波分析图

从以上两个实例可以看出，在变压器空投时，在某种条件下，变压器差动保护的某些相的差流的二次谐波比可能低于 0.1。

由于录波图给出的信息尚不够充分，还不能清楚地知道合闸时的其他有关条件，如此前断电时的情况、电源及周围网络状态、TA 二次回路状态等。对于这种特例的产生机理尚需进一步研究。

考虑到用模拟磁滞特性的强非线性的数学方法在定量研究时尚不够理想，下面主要用原型现场数据和物理模拟方法进行研究。希望能用物理模拟方法再现现场的相似现象，必要时也可采用数字仿真和简化的数学方法去探索一些最基本的规律。

11.2.2 影响涌流特性的诸多因素

励磁涌流的二次谐波比是一个定量的问题，与其相关的多种因素都将对其产生影响，但程度各不相同，磁化（饱和）特性、剩磁状态以及磁通非周期分量衰减、分/合闸角影响更大。

影响涌流特性的四大类因素主要有：

（1）变压器本身的结构、特性、状态：① 磁化（饱和）特性；② 磁滞特性；③ 剩磁状态以及磁通非周期分量衰减；④ 绕组结构，如星/角或星/星等；⑤ 铁芯结构，如单相式、三相式（三单相组合式、三相三柱式、三相五柱式）等。

（2）电源状态：① 电压高/低；② 分/合闸角；③ 电源阻抗；④ 开关及电网结构，比如附近是否有运行的变压器、发电机、长距离输电线等。

（3）信息传变：① 主 TA 传变——饱和、直流衰减时间常数变化；② 保护入口传变——包括小型互感器、数字滤波。

（4）数据窗口所在时刻，即时变因素。

影响涌流特性的四大类因素中，磁化（饱和）特性和电源状态是主要的，其中，电源状态容易设定、改变，便于研究其对谐波比的定量的影响，磁化（饱和）特性属于结构，不便于在定量的影响研究中任意改变。在物理模拟研究时，其特性可测，但磁特性等结构属性在物模试验时不易改变。

有一个明显的结构问题，就是三相变压器的星/角或星/星接线。星/星接线在空投时，二次侧开路，基本上都处于单相运行。空投时，差流中只有励磁电流。星/角接线在空投时，二次侧对外是开路，但内部存在一个环路。差动范围多了一个未测支路，那就是零模支路。差动保护都需要先去掉零模分量后，再构成差动回路。但其相电流仍含有零模分量。由于励磁涌流中基波与高次谐波的频率差别大，在同一电抗值时高频分量的阻抗值大很多，致使零模中的谐波比会降低。

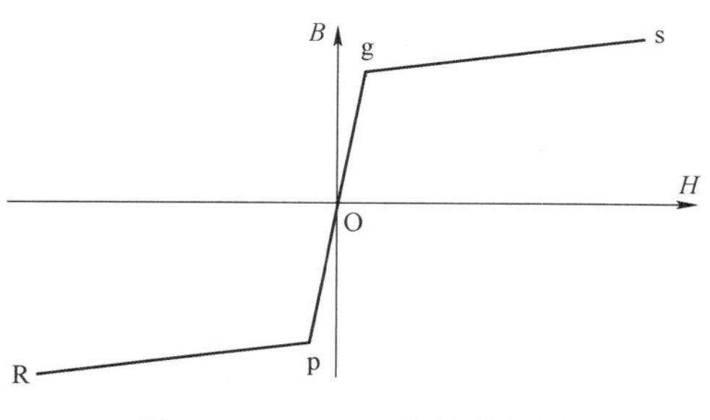

图 11－11　$B-H$ 曲线简化图

影响励磁涌流的各种因素中，最基本的是其磁化特性的强非线性。

描述磁化特性的最简单模式是（每极性）双折线式，如图 11－11 所示。图中，$B-H$ 曲线由 R－p 段、p－g 段和 g－s 段三个线性段构成。当磁通在 p－g 段内变化时，其与电流的关系是线性的。同样，在 g－s 段内变化时，其关系也是线性的。变压器空载合闸时，其暂态磁通一般由三部分构成，即剩磁、非周期分量磁通和周期分量磁通。当总磁通的变化范围不超出 p－g 段时，其对应的电流将基本符合线性变化的关系，但电流很小。此时，磁通的周期分量为正弦工频，对应的励磁电流也为正弦工频量，没有谐波分量。

在磁通的变化范围中，若变化同时跨越 p－g 段和 g－s 段，磁通与电流已不是线性关系。此时，即使磁通为工频正弦量，其对应的电流将含有大量谐波分量。

实际变压器的磁通与励磁电流的瞬时值的关系并不由磁化特性简单地决定，更不是如上

述二折线式磁化曲线那么简单，而是由复杂的磁滞特性决定。当我们不满足于一般性的结论，例如"二次谐波比高于 0.15 时闭锁保护，低于 0.15 时开放保护"，需要论证这类规定适用的例外条件和寻找避免误动的技术措施时，应尽可能进行定量的探索。

区分励磁涌流与短路电流最主要是利用其波形差别。如果磁通就在接近线性段变化，即时考虑磁滞特性，电流也很接近正弦形，其失真度比较小，也就是谐波比很低。

当磁通超出饱和点时，要求考虑磁滞的影响。

图 11－12 是变压器在正常运行时的磁滞回线分区，这里将磁滞回线分为六段：a 段励磁电流正向增加至最大，磁通零起正向增加至最大；b 段励磁电流从最大值下降至零，磁通从最大下降至正向初始剩磁点；c 段励磁电流从零往负向增加，直至磁通从正向初始剩磁点下降至零；d 段励磁电流负向增加至负最大，磁通从零往负向增加至最低；e 段励磁电流从负向最大，正向增加至零，磁通从负向最大减至负向初始剩磁点；f 段励磁电流从零正向增加，直至磁通从负向初始剩磁点增加至零。

如果录波图有励磁电流，可以从变压器切除前的励磁电流状态按局部磁滞回线得到初始剩磁状态，再适当考虑磁后效影响，得到适当的稳态剩磁。

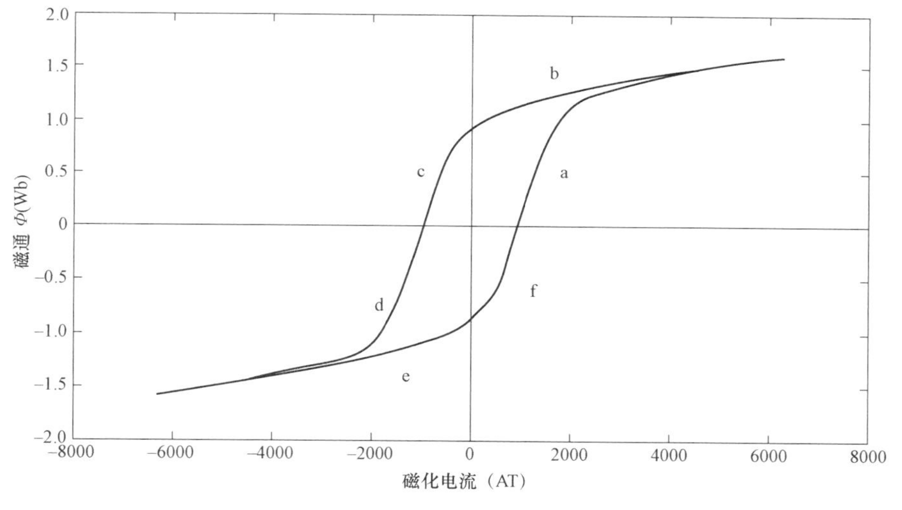

图 11－12　变压器磁滞回线分区

对一种具体的保护原理来说，要研究的主要问题是，会误动以及会拒动的情况。这些情况在实际运行中出现的可能性及概率等。

但对二次谐波制动的差动保护原理来说，主要问题是差动电流的构成、动作值的选取、二次谐波比采用多大。在这些问题已经确定的情况下，需要知道什么情况会误动，什么情况会拒动。

上述问题的解决，不仅仅是简单地定性，因为它还与量值，即与电流动作值、谐波比大小有关，要求在此基础上找出会出现问题的状态范围。

为了满足上述要求，最好能利用现场运行数据和动态物理模拟试验相结合的方法进行探索。最好的结果是在动态物理模拟试验时能基本上再现现场出现的引起误动的过程。

从上面两个实例可知，合闸时，电压扰动很小。可以推测，当时电源阻抗很小。低谐波比状态的出现，很可能与下面两个因素密切相关：① 高剩磁；② 某一相在电压过零前后的时刻合闸，而且其暂态磁通的非周期分量的方向与剩磁方向相同。

问题是，符合此条件的情况，是否都出现低谐波比。

11.2.3 数字仿真研究

由于变压器铁芯具有非常复杂的非线性特性，包括伏安特性、磁滞特性、局部磁滞特性，建立真实的数学模型非常复杂。一般的数学模型都采用简化的方法。这在定性分析时是有一些作用的。但作定量分析研究时，其误差过大，很难满足要求。

随着仿真技术的发展，其功能逐渐强大，图 11－13 是在 PSCAD 的基础上得到的结果。仿真的目的是研究能否通过仿真出现与上面实例相似的低谐波比的情况，以找出致使产生低谐波比的主要因素。

按要求，仿真时三相中的一相的电压合闸角控制在 0° 附近，这容易实现。最困难的是剩磁控制。变压器开关跳闸后，其稳态剩磁将保留相当长时间。但此仿真软件的仿真结果显示，剩磁衰减很快，其稳态剩磁接近零，与实际出入很大。

可用的办法是采取跳闸角控制及快速合闸技术相结合以取得高剩磁。为此，在仿真时，令开关在断开，经 10ms 合闸，此时，仿真的磁通衰减不太大。由此得到的仿真结果，其最低谐波比（图 11－4 中最下面的 y 线）为 0.078，低于 0.15 的时间约 0.03s，足够保护误动。此试验时的合闸角在 0° 前，但很接近 0°。此时剩磁约为额定峰值的 0.6 倍，与上面剩磁研究的结果比较接近。

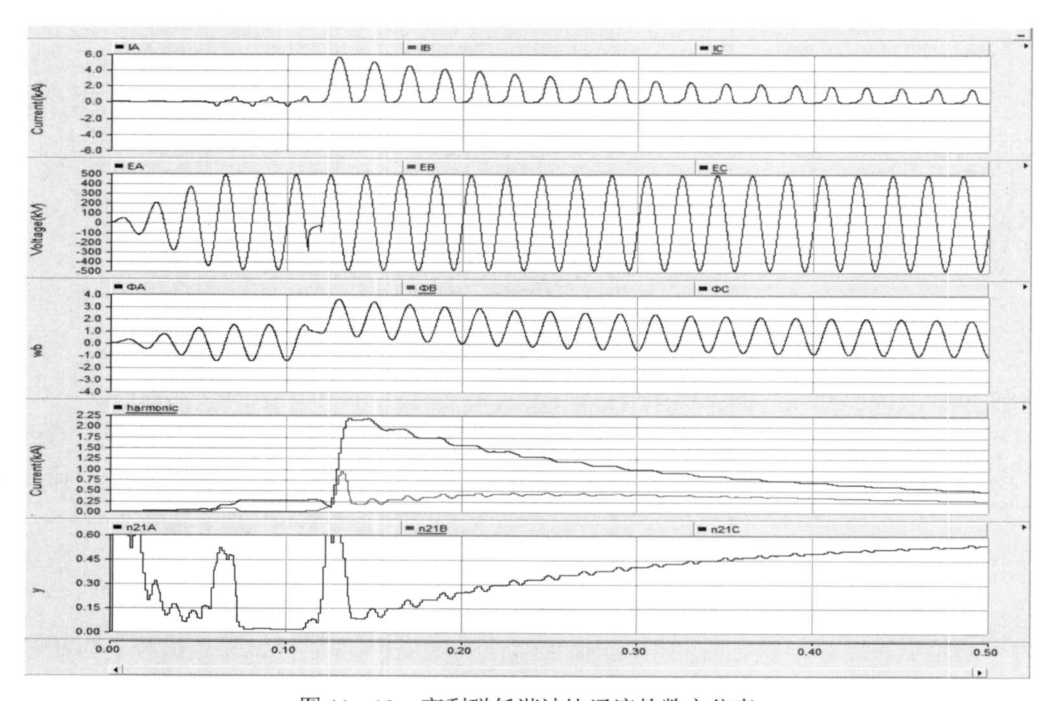

图 11－13　高剩磁低谐波比涌流的数字仿真

为了对比，图 11－14 给出了一个低剩磁的仿真试验的结果。其他条件与上面相同，仅剩磁约为额定峰值的 0.1 倍。此仿真结果所得的二次谐波比都在 0.2 以上。

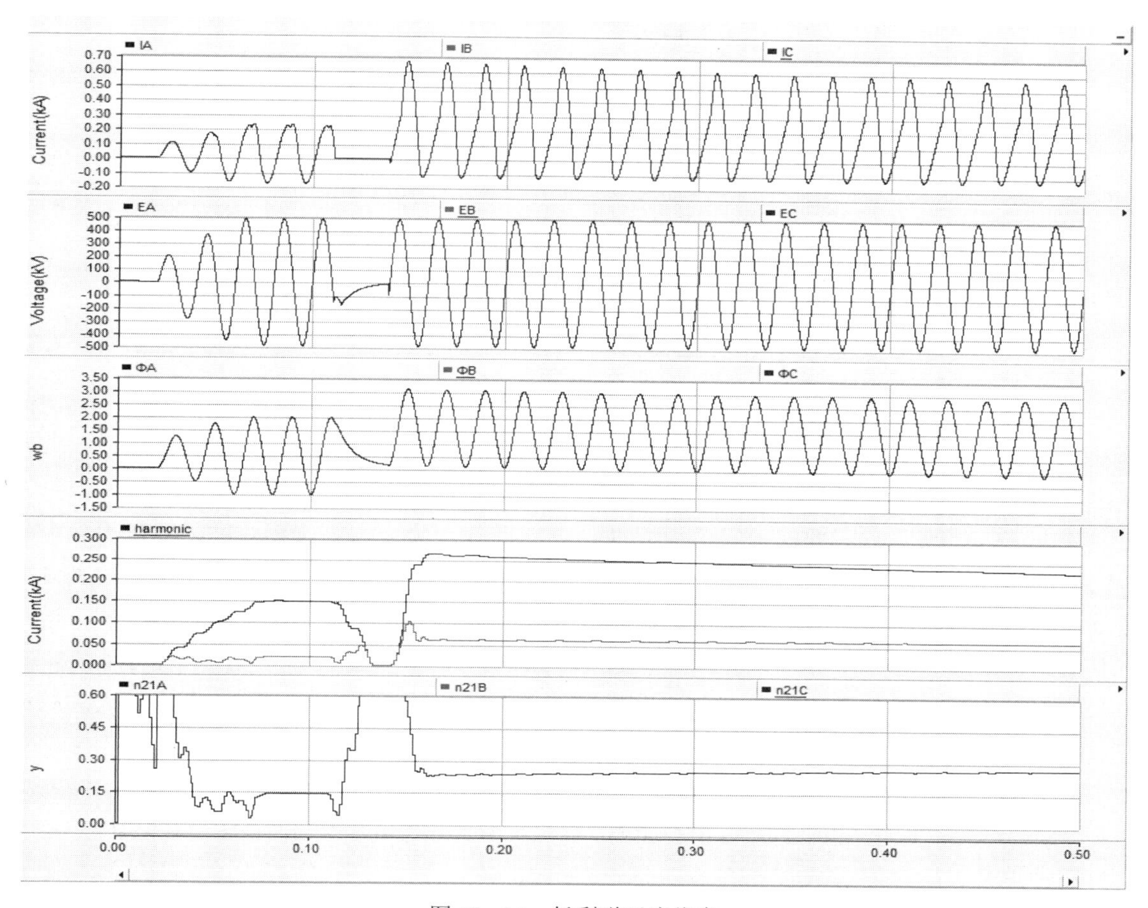

图 11－14　低剩磁涌流仿真

表 11－3 是利用上述仿真方法研究各种因素对涌流性能的影响的结果。用以对比的基准工况是 180° 分闸，0° 合闸。

表 11－3　　**影响二次谐波比的仿真研究**

序号	工况	铁耗（标幺值）	（相）电压（kV）	跳闸命令时刻（s）	合闸命令时刻（s）	饱和磁通（Wb）	合闸时剩磁（Wb）	剩磁系数	保护失闭时长（ms，$n_{2-1}<0.15$）	最低二次谐波比 n_{2-1}
1	基准	0.1	460	0.1312	0.1467	1.148	0.8368	0.73	10	0.102
2	晚合 1ms	0.1	460	0.1312	0.1477	1.148	0.812	0.707	7	0.135
3	早合 1ms	0.1	460	0.1312	0.1457	1.148	0.8	0.697	10	0.104
4	晚跳 1ms	0.1	460	0.1322	0.1467	1.148	0.832	0.725	11	0.102
5	早跳 1ms	0.1	460	0.1302	0.1467	1.148	0.78	0.68	10	0.117

续表

序号	工况	铁耗（标幺值）	（相）电压（kV）	跳闸命令时刻（s）	合闸命令时刻（s）	饱和磁通（Wb）	合闸时剩磁（Wb）	剩磁系数	保护失闭时长（ms，n_{2-1}<0.15）	最低二次谐波比 n_{2-1}
6	加电压	0.1	465	0.1312	0.1467	1.148	0.83	0.723	18.6	0.101
7	减电压	0.1	440	0.1312	0.1467	1.148	0.839	0.731	10	0.106
8	减电压	0.1	400	0.1312	0.1467	1.148	0.851	0.74	10	0.117
9	晚合 20ms	0.1	460	0.1312	0.1667	1.148	0.534	0.465	0	0.2
10	减铁耗	0.01	460	0.1312	0.1467	1.148	0.193	0.168	0	0.328
11	减铁耗	0.06	460	0.1312	0.1467	1.148	0.642	0.56	0	0.167

首先选出一个低谐波比的情况作为基准。其在仿真时采用的有关参数见表 11－3。采用的基准电压接近 6 号变压器的饱和电压 456.3V。后面的其他工况只改变一种参数，以观察其对剩磁及谐波比的影响。

从表 11－3 可见，影响谐波比最主要的是剩磁系数，此处的剩磁系数的基数以饱和电压时的峰值磁通为基准。当剩磁系数低于 0.6 时，二次谐波比将不会低于 0.15。这里的剩磁系数是指电压过零合闸时变压器原有的剩磁相对于额定电压下的磁通瞬时值峰值的比值。

由此，有必要找出影响剩磁系数的主要因素。从表 11－3 的工况 9 可见，合闸延后 20ms，合闸初相角不变，但剩磁下降较大。这一现象与后面研究结果不一致。剩磁下降较大的结论与实际不符，可能是所用软件得出的剩磁是仅由电压积分产生，未计及铁磁材质的特性。

从工况 10 和工况 11 可见，当铁耗减小时，意味着与电抗串联的电阻减小，合闸后励磁涌流的非周期分量衰减变慢。由于直流分量的加大，导致波形失真加重，影响谐波比上升至 0.15 以上。

反过来说，铁耗增大，较会容易出现低二次谐波比。就是说，铁耗也会是影响剩磁和谐波比的不可忽视的因数之一。

11.2.4 动态模拟试验研究

11.2.4.1 动模试验的目的与要求

动模试验主要是检验上述理论分析和仿真分析是否正确，在动模上能否再现低谐波比的情况。

为达到上述目的，动模试验要满足以下要求：

（1）合闸角要稳定、准确可控。除合闸角控制器外，还要求模拟开关的合闸时间稳定、准确。为此，要采用直流操作电源独立的快速直流操作开关。

（2）跳闸角也要稳定、准确可控，以便取得要求的剩磁状态。

（3）试验变压器要有相应的峰值磁化曲线，由此确定其饱和电压，并选定合适的额定电压和试验电压。

（4）与被测试的变压器相比，容量足够大、内阻足够小的电源，以便配置合适的系统阻抗。

（5）跳闸—合闸之间的时间间隔可控，可短至毫秒级。为此，跳闸—合闸由两个并联开关组成，并分别独立控制。

为解决上述问题，首先需解决剩磁的测量、初值及其时变特性等问题。这方面在前面已有比较详细的讨论。

11.2.4.2　试验方法

图 11－15 是按上述要求，在动态模拟实验室 6 号和 2 号变压器上进行试验时的接线图。图中动断开关 JQF 为受控跳闸开关，动合开关 VQF 为受控合闸开关，SQF 为备用开关。W23 为 100kVA 无穷大变压器。X66 为 78km 模拟线路，必要时可以更换至其他参数线路。除变压器硅钢片材质和铁芯结构外，其他如匝比等参量可根据需要设定。正常时，6 号变压器主开关闭合，即 JQF 开关闭合，VQF 开关断开，SQF 开关备用。试验时控制 JQF 按预定电压角度断开，变压器断电，并得到相应的剩磁。然后经给定的时间间隔，控制 VQF 按预定电压角度合闸，实现试验要求。当研究单相变压器特性时，令三相变压器的角接线回路断开。

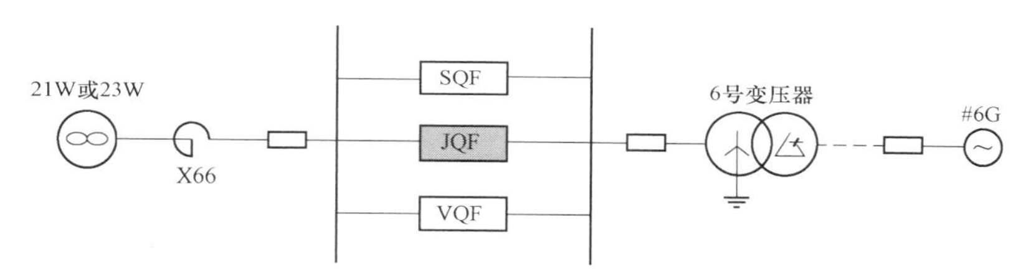

图 11－15　励磁涌流动模试验接线图

11.2.4.3　峰值磁化曲线测定及饱和电压的确定

由于剩磁定量的要求，需要有反映磁通瞬时值的被试变压器的峰值磁化曲线。为此，用阴极记忆示波器测得被试变压器在不同电压下的磁滞回线如图 11－16 所示，其峰值磁化曲线如图 11－17 所示，表 11－4 为由图 11－16 得到的峰值磁化曲线数据。此外，同时得到一般定义下的“初始剩磁系数” U_{B-r}/U_{B-max}。

表 11－4　　不同电压情况下的峰值磁化曲线数据

E（V）（位置）	U_{I-max}（V）（a，d）	U_{B-max}（V）（a，d）	U_{I-c}（V）（c，f）	U_{B-r}（V）（b，e）	$\frac{U_{B-r}}{U_{B-max}}$
500	0.87	0.148	0.68	0.12	0.8108
600	1.13	0.176	0.75	0.144	0.8182
700	1.4	0.202	0.81	0.164	0.8119
800	2.38	0.236	0.9	0.184	0.7797
840	2.94	0.244	0.96	0.192	0.7869
880	3.64	0.256	0.98	0.196	0.7656
920	4.44	0.268	1	0.202	0.7537

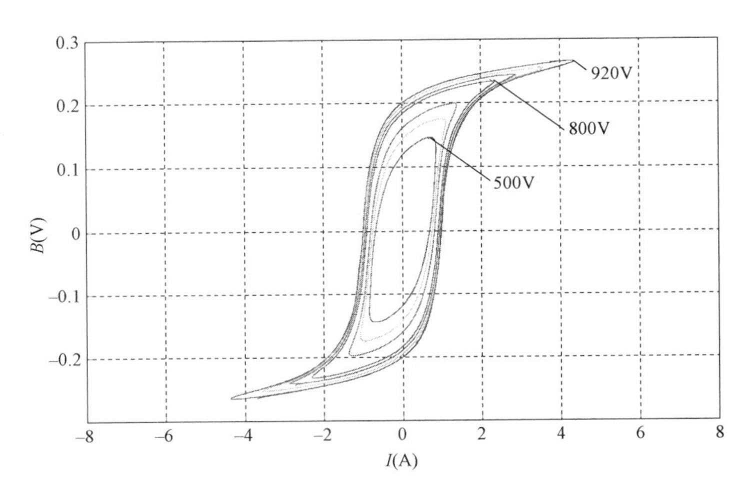

图 11－16　6 号变压器 a1－a9 绕组抽头时的磁滞回线族

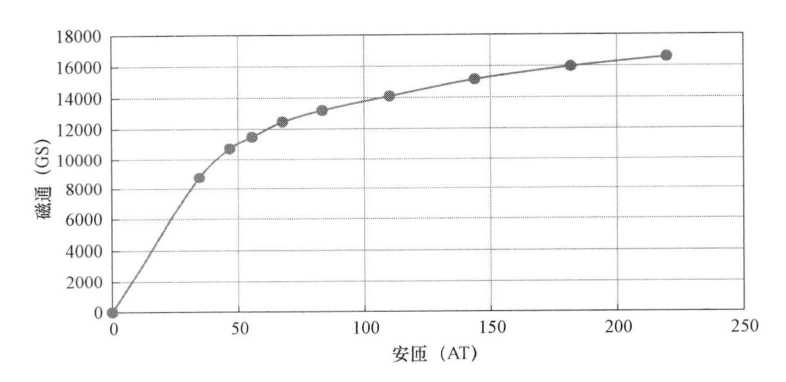

图 11－17　6 号变压器 a1－a9 绕组抽头时的峰值磁化曲线

由此磁化曲线，并根据规定的饱和电压定义得出 6 号变压器的饱和电压为 3.169V/T，饱和时的磁化电流安匝为 66.16AT。

相应的相饱和电压及磁化电流为

$$u_{\phi}=3.169\times144=456.3\text{V}$$

$$I_{\mu}=66.16/144=0.46\text{A}$$

试验的主要目的是要找到在什么样的以饱和电压为基数的相对电压条件下能够出现低谐波比的励磁涌流，用以印证有关这一问题的理论分析。

11.2.4.4　低谐波比涌流的动态模拟试验尝试

在上述工作准备的基础上，可以较为有效地进行高饱和度的空投试验。图 11－18 为在动模上一次低谐波比涌流试验的 A 相电流的二次谐波分析图，其整个过程中的二次谐波比最低值为 0.204A。改变各种工况，可以得到相应的二次谐波比。

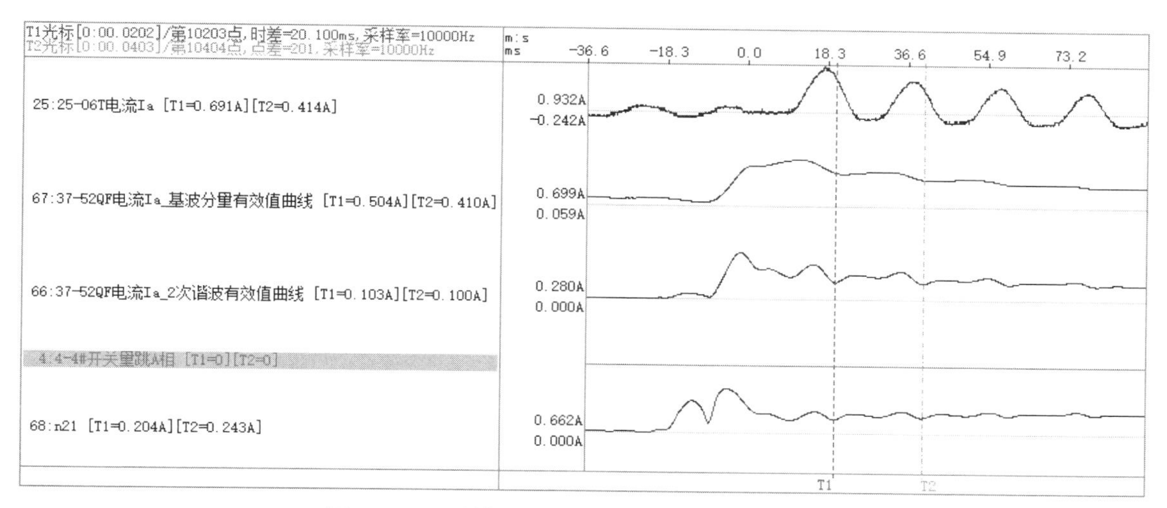

图 11－18 动模涌流试验 A 相电流二次谐波分析

在动模试验时，采用了与数字仿真时相同的措施，即 180° 分闸，10ms 后，0° 合闸。尽管改变各种电源结构、电压大小，其二次谐波比很难低于 0.15。由于依靠控制分闸角取得高剩磁，剩磁系数很难高于 0.75，为了理论上的探索，在试验中另加入附加绕组，通入直流电流以模拟高剩磁。尽管如此，其二次谐波比仍很难低于 0.15。

仅在很特殊的情况下，即经过 300～400km 模拟输电线路，对 45kVA 的 6 号模拟变压器及两负荷变压器空投时，出现约 30ms 时长、谐波比低于 0.15 的情况。此时，变压器端部电压有较大波动。而一般现场低谐波比误动的录波数据表明，空投时电压波动很小，表明其电源阻抗不大。

但由此可以看出，引起低二次谐波比不仅仅只有一种原因。由磁通饱和特性引起低二次谐波比的，这里称为 A 类因素。由于高系统阻抗比而引起低二次谐波比的，这里称为 B 类因素。至于由铁损引起谐波比下降，可能与磁滞特性有关。

对于 B 类因素，可以从基本物理特性理解，同一电感值，二次谐波阻抗大一倍。相应的压降也大一倍。这将导致二次谐波比降低。

对于 A 类因素，因现有动模试验条件，不能改变变压器内部基本特性以引起低谐波比的出现。

11.2.4.5 *B—H* 特性对二次谐波比影响的简化分析

下面用数学模型方法对不同内部特性做一些简化的分析研究。

从图 11－17 可见，6 号模拟变压器的 *B—H* 曲线，其饱和前后的过渡比较缓慢。而有一些硅钢片的 *B—H* 曲线，其饱和前后的过渡比较陡。由于所用物理模拟设备尚不具备不同 *B—H* 曲线的对比条件。下面则在较简单的数学模型上作一些对比分析。

假定电源阻抗相对很小，可以忽略。变压器磁通在合闸后为正弦特性。忽略铁芯的磁滞特性，仅考虑其 *B—H* 磁化特性。用不同的折线代表不同的硅钢片磁化特性。

除考虑磁通为正弦特性外，还外加不同的剩磁。主要观察不同硅钢片磁化特性在不同剩磁情况下励磁涌流二次谐波比的情况。

分析方法是在 Excel 软件上按上述要求构造出相应的有剩磁并按正弦变化的磁通，然后按不同的磁化特性产生出相应的磁化电流。再取出其基波分量和二次谐波分量，从而得出二次谐波比。其方法如下。

首先，用折线代表 $B—H$ 曲线，将磁通在该 $B—H$ 曲线上影射出励磁电流，然后对该电流算出其基波分量及二次谐波分量，并得出二次谐波比。

（1）对二折线，令拐点为饱和点。参数为（B_{r1}, i_{r1}），第一线段斜率为 k_1，则：

$$k_1=\frac{B_{r1}-0}{i_{r1}-0},\quad i_1=\frac{B_1}{k_1}$$

第二线段斜率为 k_2，则：

$$k_2=\frac{B_2-B_{r1}}{i_2-i_{r1}},\quad i_2=i_{r1}+\frac{B_2-B_{r1}}{k_2}$$

（2）对三折线，令第一拐点为饱和点。第一拐点参数为（B_{r1}，i_{r1}），第二拐点参数为（B_{r2}，i_{r2}），第一线段斜率为 k_1，则：

$$k_1=\frac{B_{r1}-0}{i_{r1}-0},\quad i_1=\frac{B_1}{k_1}$$

第二线段斜率为 k_2，则：

$$k_2=\frac{B_{r2}-B_{r1}}{i_{r2}-i_{r1}},\quad i_2=i_{r1}+\frac{B_2-B_{r1}}{k_2}$$

第三线段斜率为 k_3，则：

$$k_3=\frac{B_3-B_{r2}}{i_3-i_{r2}},\quad i_3=i_{r2}+\frac{B_3-B_{r2}}{k_3}$$

下面为用上述方法做出的算例。

对二折线，令第一线段

$$k_1=2.5$$

$$i_1=\frac{B_1}{k_1}=\frac{B_1}{2.5}$$

令第二线段

$$k_2=0.05,\quad B_{r1}=1,\quad i_{r1}=0.4$$

$$i_2=0.4+\frac{B_2-1}{0.05}$$

根据前面对剩磁的研究，6 号变压器在磁通峰值状态下被切除以后，其稳态剩磁的相对值为 0.5～0.65。其 $B—H$ 曲线拐弯较缓，接近三折线。所以，其涌流的二次谐波比不可能很低。

图 11－19 是某变电站变压器空投时的录波图。由 C 相电流间断角处变化的突然性，与间

断区内电流接近为零，可见，此变压器铁芯的 $B—H$ 特性曲线与二折线很接近。又按前面的方法分析，图中，C 相电流间断角宽约 6.4ms，相当于工频的 115°。当涌流峰值下降比较小，可以忽略时，电流突变点约为过零后 32°。当假定稳态峰值磁通等于拐点磁通时，可以估计偏磁系数约为 $\eta = 1 - \sin 32^\circ = 0.466$，也就是剩磁系数小于 0.5。因此，其二次谐波比将高于 0.15。根据故障录波器对录波图波形的分析，其二次谐波比为 0.15～0.2。

上面是现场实例与理论分析的对比，再观察数字仿真，图 11－13 作高剩磁低谐波比涌流的数字仿真时，软件内附的 $B—H$ 曲线如图 11－20 所示，此曲线比较接近二折线。这将导致其二次谐波比低，与上面基本理论分析相符。

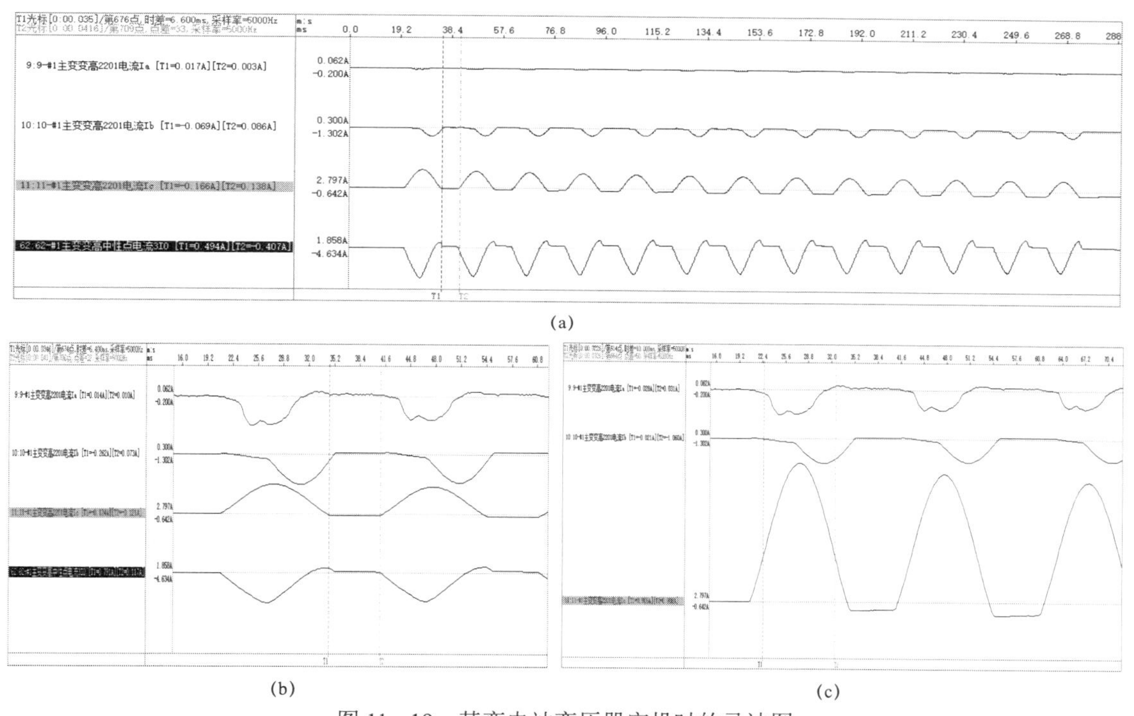

(a)

(b)　　(c)

图 11－19　某变电站变压器空投时的录波图

(a) 全过程；(b) 放大前两周期；(c) 放大 i_c

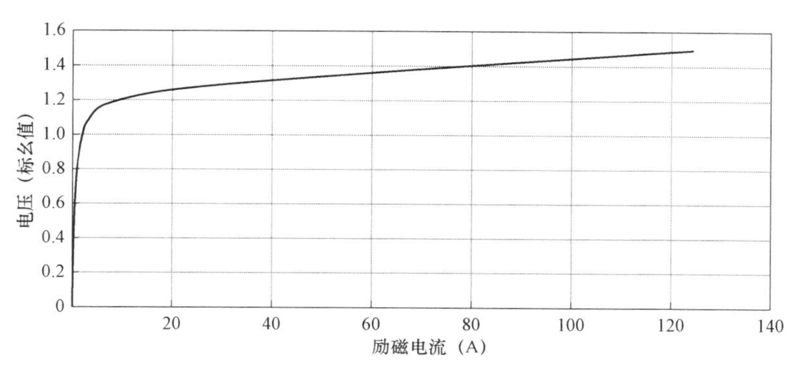

图 11－20　试验变压器伏安特性曲线

11.2.4.6 关于涌流的二次谐波比问题的小结

励磁涌流的二次谐波比与很多因素有关。除合闸角和剩磁因素外，主要是：铁芯的材质—磁化特性、损耗，电源的电压、等值阻抗等。但由于缺乏出现二次谐波比低的运行电力变压器的详细参数，对出现低二次谐波比的运行变压器，尚不可能作出明确的解析。用简单的仿真方法，尚得不到较长时间低于 0.15 的低二次谐波比。

11.2.4.7 关于二次谐波比低的对策

新变压器第一次投入运行，或者运行变压器大修后投入运行时都要求做若干次合闸试验。第一次合闸时，因按规定预先消磁，剩磁接近零值，不可能出现低二次谐波比涌流。其后的多次合闸，因其前面的分闸操作产生的剩磁，可能发生由于励磁涌流的二次谐波比低，引起变压器保护误判为内部有短路故障，使开关误跳闸。为防止扩大事故，在合闸前，必须对变压器做详细检查，确定变压器无问题后才允许第二次合闸。这对运行人员来说，是一个很大的压力。

对多数运行变压器，从未出现过因二次谐波比低而引起变压器差动保护误跳闸。这些变压器应该是属于不具备二次谐波比低的条件，因而不需要任何改进措施。

对有些变压器，出现过因二次谐波比低而引起变压器差动保护误跳闸。对这些变压器，需要考虑采取适当的对策。

对新投运的变压器，最好在工程设计时就将对策考虑在内。

对策一：解决上述问题最彻底的办法是，开关空载合闸时，不出现励磁涌流或只出现不足以使差动保护启动的励磁涌流，也就是采用涌流抑制技术。

对策二：改进/加强“涌流/短路电流”的识别技术。

对策三：采取多相同时出现低谐波比低时才开放保护的技术。这是当前较容易实现的技术。

实现对策二，在技术上应该不太困难。例如，加入电压判别。当空投时，母线电压突变量足够小（例如，额定电压的 5%），则限时不开放差动保护。当系统容量比足够大时，进行变压器空投，母线电压波动很小，可以保证差动保护不误动。内部短路时，即使是高压侧绕组 1%的匝间短路，其电压下降也会超过 10%。但不管怎样，加入电压判别，总在一定程度上降低了差动保护对内部故障时的可靠性。这是多年来不愿意在电流差动保护加入电压量的原因。但可以考虑采用投运后，将电压突变量的启动措施自动退出。

11.3 和应涌流问题

在进一步讨论和应涌流问题之前，有必要先明确一些物理概念。

一台变压器空投时，将产生励磁涌流。为了与“和应涌流”区别，这里将空投变压器的励磁涌流称为“初始涌流”。

这一称为“初始涌流”的电流是由相应的电源提供的。也就是说，在电源网络内部，将有与初始涌流相应的电流流动。总的流动方向是从电源流向空投变压器。如将“初始涌流”

作为故障分量源时，此时，除电源支路外，同网的无源支路，也会流过由“初始涌流”分配来的很少一部分。初始涌流中的各种谐波成分，包括直流分量都有同样的属性。

在电源网络中，除经输电线路来的电源外，还有接于其上的其他有源支路和经变压器接入的负荷支路。除电源支路外，网络内所有变压器的等值励磁支路也属于初始涌流的流动通道。但其阻抗值远大于电源支路。所以，初始涌流中的交变分量流入运行变压器的等值励磁支路方面只占很小比例，可以忽略。

但是，对直流分量，情况不太一样。对恒定直流，各支路稳态直流电流由各并联支路电阻反比分配。但对有衰减过程的直流分量，其分配则与各支路的衰减时间常数有关。衰减时间常数短，则衰减快，很快达到稳态。反之，则衰减慢。

下面，将讨论如何进一步理解和应涌流的产生机理。

变压器的导磁回路主要由冷轧硅钢片构成。其磁化特性主要由 $B—H$ 曲线及磁滞特性反映。这两种特性呈强非线性特性。用严格的数学式表达这两种特性将会非常复杂和困难。一般的研究只有将其 $B—H$ 曲线简化成折线形式分段线性化。至于磁滞特性的简化则主要用磁畴理论的研究成果表达，用于仿真研究。

从工程学的角度出发，对和应涌流的研究主要着眼于对其基本特性的掌控，细节部分可以近似处理。

对包含电感元件的线性电路，基本的分析方法是列出其相应的微分方程，通过拉氏变换求解。当工作点不越出相应的线性段时，就用与该第一段相应的电感值 L_1 进行计算。当工作点越出此线性段时，就改用后一段相应的电感值 L_2 进行计算。

已有的很多研究分析，总想对这种复杂的非线性系统找出全过程的数学解。进而找出其完整的物理过程。这些努力虽然取得一定的结果，但对一些现象和结论的解释尚不满意，有待进一步讨论。

在现场的运行记录中，可以观测到出现和应涌流时的一些基本现象和问题。

（1）和应涌流在空投开关开始空投时和应涌流没有或者很小，然后逐渐增大，达到最大值以后，再以更慢得多的速度衰减，其上升和下降的速度，或时间常数受哪些参数决定的？此时，空投变压器的初始励磁涌流的衰减变慢，此现象受哪些参数影响？

（2）为什么常常在和应涌流达到最大值后才出现差动保护误动？

（3）为什么在一台变压器空投时，会使附近发电机—变压器组的发电机差动保护误动？据说是和应涌流所致？

（4）有分析认为，和应涌流是由两台变压器的公共电源的阻抗中的电阻分量引起的，电阻愈大，和应涌流愈大。与其他因素无关吗？

（5）和应涌流与两台变压器之间的容量比例、参数比较有关系吗？

（6）三相变压器中性点接地情况对和应涌流起何种影响？

（7）铁芯的非线性特性影响和应涌流的机理如何？

下面将先从纯线性参数的假设的基础上对上述问题进行初步研究，然后考虑非线性特性的影响。

11.3.1 线性电路化的变压器空投时的暂态过程

在研究含非线性元件的和应涌流问题之前，有必要先研究完全线性的同样电路里，一条支路空投时，网络中其他支路的暂态响应。这一暂态响应的基本属性和相关现象、规律以及相关参数的影响等对含非线性电感元件时的现象、影响等的研究将有很好的启发性、参考性。此后的工作是研究将线性电感改为非线性铁磁元件时，会引起何种变化。

图 11－21 中所有元件都是常数，相应的微分方程的变量全部直接用电流、电压量。可列出各支路的微分方程如下：

$$
\begin{aligned}
U_s &= R_s i_s + L_s \frac{di_s}{dt} + U_B \\
U_B &= R_y i_y + L_y \frac{di_y}{dt} \\
U_B &= R_t i_t + L_t \frac{di_t}{dt}
\end{aligned}
\tag{11-4}
$$

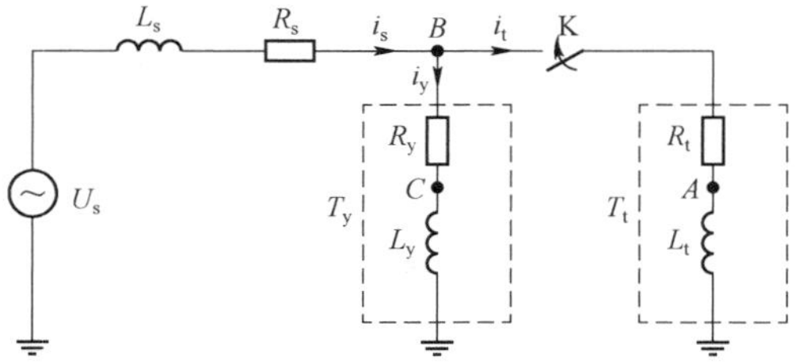

变压器并联

图 11－21　和应涌流分析简化电路图

上述线性微分方程组可以通过拉氏变换求解。参考文献［26］得出了该线性微分方程组的解如下：

$$i_y(t) = I_{ya}\sin(\omega t + \theta + \beta_t - \alpha_y - \alpha_t) + I_{yd1}e^{-b_1 t} + I_{yd2}e^{-b_2 t}$$

$$I_{ya} = \frac{\sqrt{r_t^2 + (\omega L_t)^2}}{A\sqrt{(b_1^2 + \omega^2)(b_2^2 + \omega^2)}}U_m$$

$$I_{yd1} = \frac{1}{A(b_1 - b_2)}\left\{\frac{r_t - b_1 L_t}{\sqrt{b_1^2 + \omega^2}}U_m \sin(\theta - \alpha_t) - [(L_s + L_y)i_y(0_-) + L_s i_t(0_-)]\right.$$

$$\left.(r_t - b_1 L_t) - [L_y i_y(0_-) - L_t i_t(0_-)](r_s - b_1 L_s)\right\}$$

$$I_{yd2} = \frac{1}{A(b_1 - b_2)}\left\{-\frac{r_t - b_2 L_t}{\sqrt{b_2^2 + \omega^2}}U_m \sin(\theta - \alpha_t) + [(L_s + L_y)i_y(0_-) + L_s i_t(0_-)]\right.$$

$$\left.(r_t - b_2 L_t) + [L_y i_y(0_-) - L_t i_t(0_-)](r_s - b_2 L_s)\right\}$$

$$i_t(t) = I_{ta}\sin(\omega t + \theta + \beta_2 - \alpha_1 - \alpha_2) + I_{td1}e^{-b_1 t} + I_{td2}e^{-b_2 t} \tag{11-5}$$

$$I_{\mathrm{ta}}=\frac{\sqrt{r_{\mathrm{y}}^{2}+(\omega L_{\mathrm{y}})^{2}}}{A\sqrt{(b_{1}^{2}+\omega^{2})(b_{2}^{2}+\omega^{2})}}U_{\mathrm{m}} \tag{11-6}$$

$$I_{\mathrm{td1}}=\frac{1}{A(b_{1}-b_{2})}\left\{\frac{r_{\mathrm{y}}-b_{1}L_{\mathrm{y}}}{\sqrt{b_{1}^{2}+\omega^{2}}}U_{\mathrm{m}}\sin(\theta-\alpha_{\mathrm{t}})-[(L_{\mathrm{s}}+L_{\mathrm{y}})i_{\mathrm{y}}(0_{-})+L_{\mathrm{s}}i_{\mathrm{t}}(0_{-})]\right. \tag{11-7}$$
$$\left.(r_{\mathrm{y}}-b_{1}L_{\mathrm{y}})-[L_{\mathrm{y}}i_{\mathrm{y}}(0_{-})-L_{\mathrm{t}}i_{\mathrm{t}}(0_{-})](r_{\mathrm{s}}+r_{\mathrm{y}}-b_{1}L_{\mathrm{s}})\right\}$$

$$I_{\mathrm{td2}}=\frac{1}{A(b_{1}-b_{2})}\left\{-\frac{r_{\mathrm{t}}-b_{2}L_{\mathrm{t}}}{\sqrt{b_{2}^{2}+\omega^{2}}}U_{\mathrm{m}}\sin(\theta-\alpha_{\mathrm{t}})+[(L_{\mathrm{s}}+L_{\mathrm{y}})i_{\mathrm{y}}(0_{-})+L_{\mathrm{s}}i_{\mathrm{t}}(0_{-})]\right. \tag{11-8}$$
$$\left.(r_{\mathrm{t}}-b_{2}L_{\mathrm{t}})+[L_{\mathrm{y}}i_{\mathrm{y}}(0_{-})-L_{\mathrm{t}}i_{\mathrm{t}}(0_{-})][r_{\mathrm{s}}+r_{\mathrm{y}}-b_{1}(L_{\mathrm{s}}+L_{\mathrm{y}})]\right\}$$

这里，下标 y 表示运行变压器，下标 t 表示空投变压器，下标 s 表示电源，下标 a 表示交变分量，指数部分表示衰减直流分量。下面为简化公式书写，用 A、B、C、b_1、b_2、β_y、β_t、α_1、α_2 代表相应整体公式如下：

令 $A=L_{\mathrm{s}}L_{\mathrm{t}}+L_{\mathrm{s}}L_{\mathrm{y}}+L_{\mathrm{t}}L_{\mathrm{y}}$

$B=R_{\mathrm{s}}L_{\mathrm{t}}+R_{\mathrm{s}}L_{\mathrm{y}}+R_{\mathrm{t}}L_{\mathrm{s}}+R_{\mathrm{t}}L_{\mathrm{y}}+R_{\mathrm{y}}L_{\mathrm{s}}+R_{\mathrm{y}}L_{\mathrm{t}}$

$C=R_{\mathrm{s}}R_{\mathrm{t}}+R_{\mathrm{s}}R_{\mathrm{y}}+R_{\mathrm{t}}R_{\mathrm{y}}$

$$b_{1}=\frac{B}{2A}-\sqrt{\left(\frac{B}{2A}\right)^{2}-\frac{C}{A}}$$

$$b_{2}=\frac{B}{2A}+\sqrt{\left(\frac{B}{2A}\right)^{2}-\frac{C}{A}}$$

$$\beta_{\mathrm{y}}=\arctan\frac{\omega L_{\mathrm{y}}}{r_{\mathrm{y}}}$$

$$\beta_{\mathrm{t}}=\arctan\frac{\omega L_{\mathrm{t}}}{r_{\mathrm{t}}}$$

$$\alpha_{1}=\arctan\frac{\omega}{b_{1}}$$

$$\alpha_{2}=\arctan\frac{\omega}{b_{2}}$$

$$i_{\mathrm{t}}(0_{-})=0$$

$$i_{\mathrm{y}}(0_{-})=I_{\mathrm{y0n}}\sin\left(\alpha_{\mathrm{he}}-\frac{\pi}{2}\right)$$

代入式（11－8），便可得出其解。这里仅需要知道电路的基本参数、工作电压、空投时的合闸角等。

下面的计算实例针对电力系统动态模拟试验室中的模拟变压器的实际参数进行。空投变压器为 6 号变压器，运行变压器为 2 号变压器。无穷大电源经 300km 线路接入。有关参数为：

电源相电压 $U_m=461V$，$R_s=2.7\Omega$，$R_y=2\Omega$，$R_t=1\Omega$；$L_s=0.05H$，$L_y=\frac{2130}{314}=6.783H$，$L_t=\frac{1007}{314}=3.207H$。

6 号变压器饱和点：饱和电压为 460V（$U=3.169V/T$，145 匝），临界饱和时磁化力为 66.16AT。145 匝时，感抗为 1007Ω。

2 号变压器饱和点：饱和电压为 480V（$U=2.504V/T$，192 匝），临界饱和时磁化力为 47.56AT。192 匝时，感抗为 1941Ω。

合闸角取 A 相 0°。

按上述参数，其计算结果如下，计算时设 2 号变压器空载。

$$b_1=0.32，\ b_2=1.558，\ T_1=\frac{-1}{b_1}=-3.13，\ T_2=-0.642$$

$$i_t(t)=0.631\sin(\omega t-1.58)+0.386e^{-b_1t}+0.52e^{-b_2t}$$
$$i_s(t)=0.958\sin(\omega t-1.58)+0.165e^{-b_1t}+0.734e^{-b_2t}$$
$$i_y(t)=0.327\sin(\omega t-1.58)-0.221e^{-b_1t}+0.214e^{-b_2t}$$

由此可见，上述电路中，当空投支路合闸时，各支路都将引起暂态响应。除稳态交流分量外，有两个衰减直流分量。其特点是对空投支路，两个衰减直流分量初值相加［见图 11－22（a）］；对运行支路，二者初值相减［见图 11－22（b）］，即正、负号相反。就是说，两衰减直流分量相减。两台变压器的非周期分量正、负号相反。这说明由非周期分量电流产生的附加磁通引起变压器铁芯饱和将会使两台变压器相差半个周期，一台变压器正半周饱和时，另一台变压器就在负半周饱和。由此造成在叠加交流分量时，前者正半周有涌流，后者负半周有涌流。在没有涌流的半周仍有稳态电流分量。两台变压器相差半个周期出现饱和的物理现象很好理解，因为直流分量是从运行变压器流向空投变压器，一个进，一个出，极性相反。

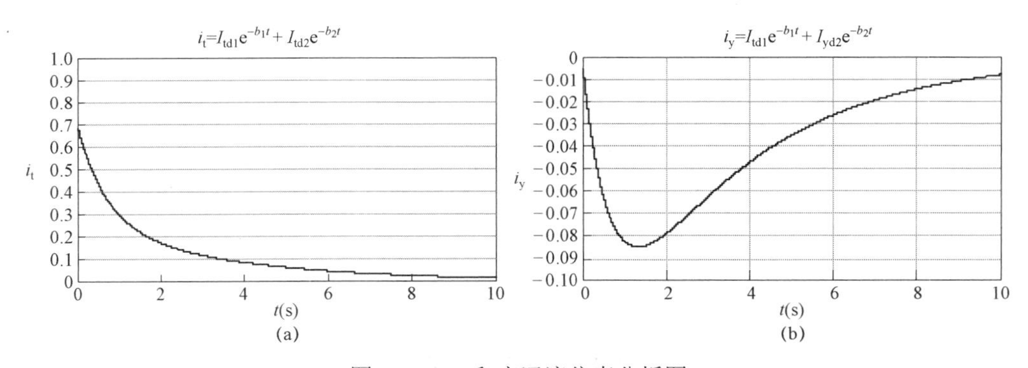

图 11－22　和应涌流仿真分析图

（a）空投变压器的非周期分量；（b）运行变压器的非周期分量

由于非周期分量由两部分组成，运行变压器的和应涌流的非周期分量的模值从极小量开始，然后逐渐增大，经 1s 左右，达到最大值后，逐渐减小。而空投变压器在初始段从最大值快速减小，但随后减小变得缓慢。虽然上述是单相的基于线性电路的分析，但也可以得出和

应涌流的一些最基本的特性。

图 11－23 是假定运行变压器铁芯不会饱和的情况下，和应涌流的计算结果。很清楚，最初时刻，运行变压器流过的是正常励磁电流，非周期分量很小。但其后，非周期分量逐渐加大，使周期分量偏向一侧。到 1s 前后，其瞬时值远超过铁芯的饱和值。由于其非线性特性，励磁电流向一侧增大，形成励磁涌流。因是在响应状态下，由“初始涌流”的直流分量的流入，引起运行变压器自身饱和而产生的涌流，故被称为“和应涌流”。

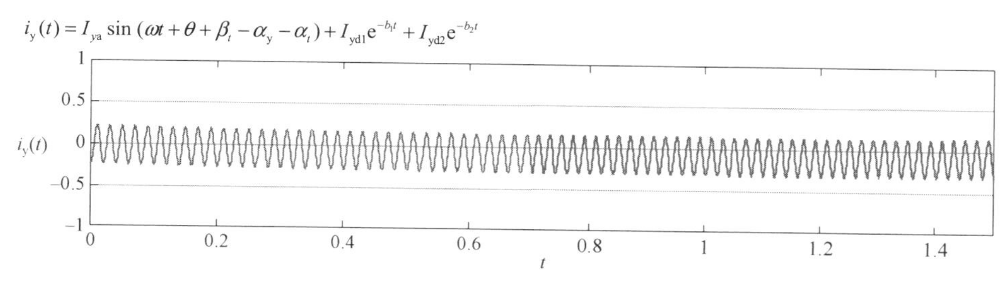

图 11－23　运行变压器和应涌流计算全过程图

11.3.2　和应涌流的动态模拟试验

上面是在线性化的基础上对和应涌流的特性进行初步分析。但实际电力系统中运行的变压器是三相的。其伏安特性是非线性的，励磁容易饱和，并存在磁滞问题。直接用数学方法进行分析非常复杂。一种可行的方法是利用数字仿真。另一种是通过物理模拟进行试验。前者在仿真时易于改变参数，后者的磁滞性能更真实一些，其剩磁情况也更真实，但剩磁衰减特性不易改变。前者剩磁衰减虽然可以控制，但不易选择实际参数。最好是两种方法互相配合，互相印证。

电力系统动态模拟实验室具有能较好地满足和应涌流试验的设备条件。其 2 号、10 号变压器容量相同、伏安特性基本一致。6 号变压器容量是其一倍，可以进行容量比不同情况下的和应涌流试验。实验室具有较精确的合闸角和分闸角控制设备。可以接入不同长度的输电线路以改变电源参数。因此，可以在充分利用其有利条件的情况下进行了一系列的和应涌流试验。

基本的试验接线图见图 11－24，其变压器及其接线、电源线路都可以改变。JQF 为合闸角、跳闸角可控开关。其电流测量同时装设了电磁式电流互感器和特殊设计的罗氏式电子互感器。后者的阶跃衰减时间常数达 1s，能较好地满足慢衰减过程的测量要求。其二次电流测量值的衰减过程比较接近一次侧。而电磁式 TA 的二次电流测量值的衰减过程比较接近实际电力系统中采用电磁式 TA 时的情况。

下面为图 11－25 有关的主要参数。

2 号变压器：容量为 15kVA，星形侧 192 匝，每匝饱和电压 $U_{b1}=2.504\text{V/T}$，饱和安匝为 47.56AT，饱和电压 $U_b=481/833\text{V}$，$I_n=10.8\text{A}$。临界饱和时，励磁电流 $I_b=0.2383\text{A}$，励磁支路阻抗 $Z_b=2018\Omega$，$n_{TA2}=20/5$。

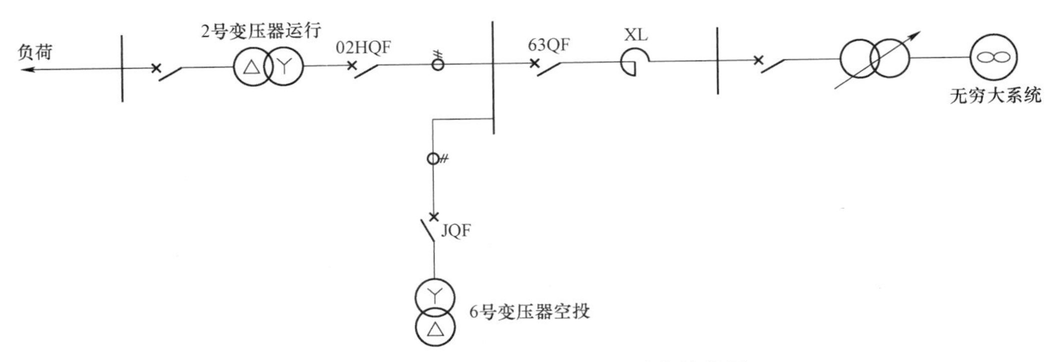

图 11－24　和应涌流动模试验基本接线图

6 号变压器：容量为 45kVA，星形侧 145 匝，每匝饱和电压 $U_{b1}=3.169\text{V/T}$，饱和安匝为 66.16AT，饱和电压 $U_b=459.5/\text{V}$，$I_n=22.4\text{A}$。励磁电流 $I_{\mu 0}\approx 0.2\text{A}$。临界饱和时，励磁电流 $I_b=0.456\text{A}$，$Z_b=1007\Omega$，高压侧电流互感器变流比 $n_{TA6}=50/5$。

线路 XL：25km：1.6Ω；94km：5.32Ω；306km：17.5Ω；400km：23Ω；无穷大电源阻抗：3Ω。

为了研究各种工况、参数变化对和应涌流的影响，特设置一个基本工况作为参照之用。

基本工况的试验接线如图 11－24 所示。线路 XL 为 25km。以 A 相电压相角为参考，合闸角为 0°（非周期分量最大），分闸角为 180°（剩磁最大），其参照用的基本录波图如图 11－25 所示。

图中录波通道 7 为运行变压器 2 号端部电压，通道 9～12 为 2 号运行变压器的端部电流——和应涌流，通道 13～16 为空投 6 号变压器的端部励磁涌流，通道 17～19 为空投变压器 6 号变压器的端部电压。两台变压器所用电磁式电流互感器变比分别为：6 号变压器 $n_T=50/5$，2 号变压器 $n_T=20/5$。

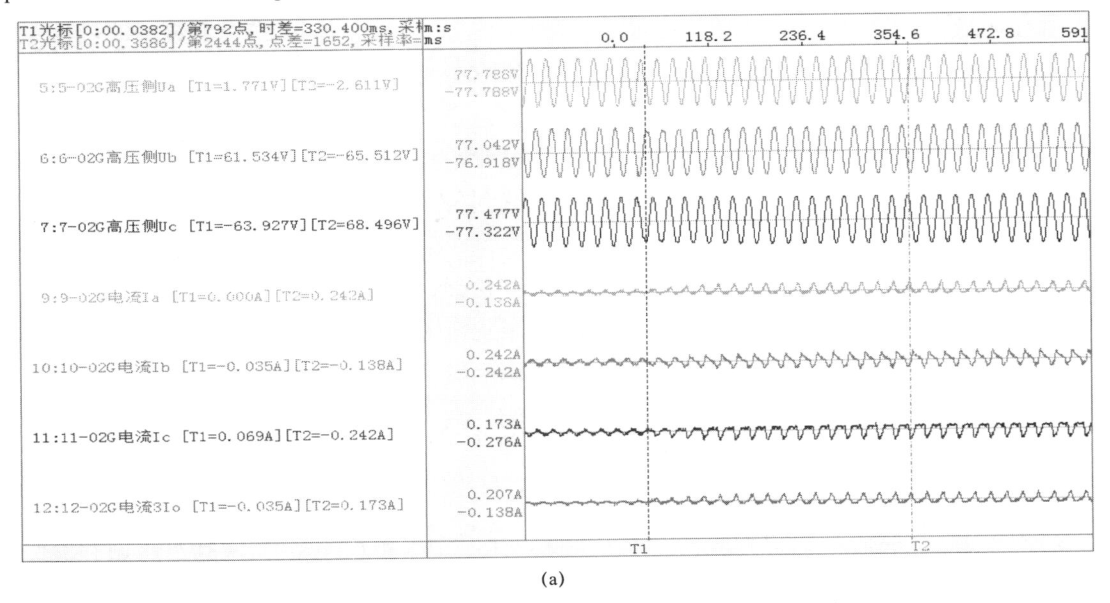

(a)

图 11－25　6 号变压器空投时电磁式电流互感器录波图（2 号录波器）（一）

（a）运行中的 2 号变压器和应涌流录波图

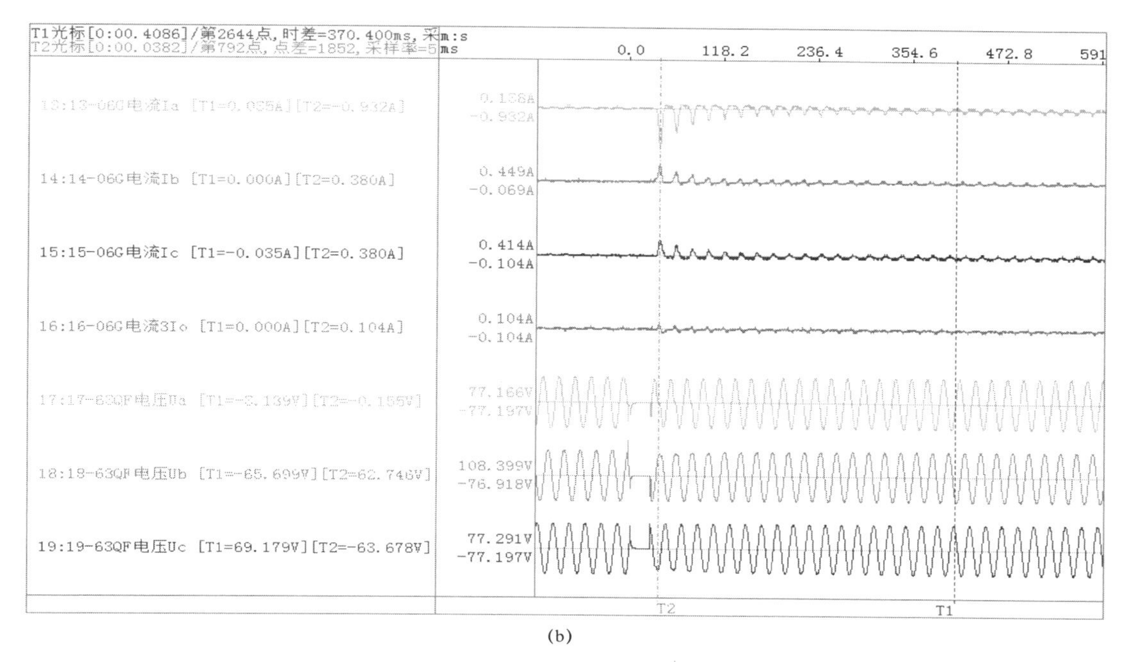

(b)

图 11－25　6 号变压器空投时电磁式电流互感器录波图（2 号录波器）（二）

（b）空投 6 号变压器励磁涌流录波图

从图 11－25 可见，运行变压器和应涌流最大值为 0.242×4＝0.968A，在约 0.2s 以后出现。而空投变压器涌流最大值为 0.932×10＝9.32A，在第一峰值，为直流分量最大时刻。图中电流为电磁式电流互感器所测。

11.3.3　影响和应涌流的因素

主要通过动模试验对各种影响因素进行研究，必要时加上前述的线性化数学分析。

主要影响因素有：电源阻抗；运行电压/饱和电压之比；空投变压器/运行变压器容量比；同容量情况下，不同饱和电压比；中性点接地方式；运行变压器负载；运行变压器低压侧接运行发电机；运行变压器低压侧接运行发电机，其机端电流互感器饱和。

11.3.3.1　电源阻抗变化的影响

有研究认为，和应涌流基本上取决于电源支路的电阻。作者认为，其电感分量应该也起作用。实际电力系统的电源支路是电阻、电感二者都有的阻抗，应该考虑阻抗大小变化的影响。

在进行对比试验时，同样的分、合闸条件下，在电源支路，除基本工况接入 25km 线路外，还试验了 94km、400km 情况。三种情况中，94km 时，和应涌流的峰—峰差最大（见图 11－26）。400km 时，和应涌流的峰—峰差又变小。这说明，并不是电阻增加就会促使和应涌流增加。电抗增加将使空投变压器的涌流减小，反而会引起和应涌流减小。此外，电源支路的电抗/电阻比值的不同，也会对和应涌流产生影响。

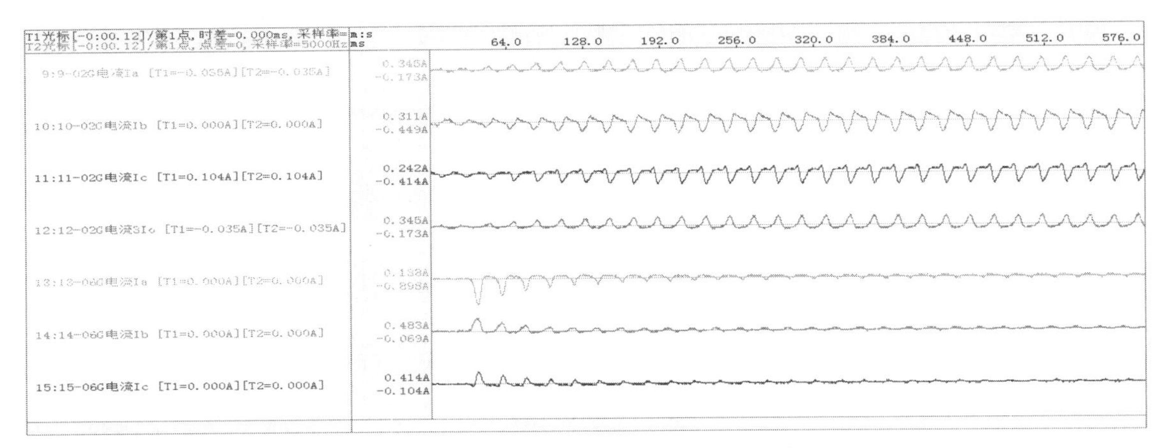

图 11－26 接入 94km 线路时的和应涌流

表 11－5 是不同情况下的和应涌流峰—峰差——最高峰值与第一峰值之比。试验结果反映出，不是阻抗增加就一定简单地促使和应涌流增加或减小。这里仅用峰—峰差作和应涌流对比，是因为系统阻抗情况不同，不宜简单地用电流大小对和应涌流作比较。

表 11－5　　不同情况下的和应涌流峰－峰差

外接线路长（km）	2.5	94	400
电源总阻抗（Ω）	4.6	8.3	25.4
和应涌流峰－峰差（A）	1.25	1.93	1.8

11.3.3.2　运行电压/饱和电压之比的影响

变压器的铁芯和绕组确定以后，其伏安特性即已决定。按照通常的定义可以找出其相应的饱和电压值。因为额定电压绝缘情况相关，饱和电压与规定多高电压作为额定电压无直接关系。按规定，饱和点的定义为，若伏安特性上某点的电流、电压$(I_1、U_1)$符合：在点$U_2=(U_1+0.1U_1)$处的电流$I_2=I_1+0.5I_1$，则点$(I_1、U_1)$称为饱和点，其电压称为饱和电压，即饱和电压$U_b=U_1$。按此规定，在选定的绕组参数下，2 号变压器的饱和电压为 481V，6 号变压器为 459.5V。

令额定电压与饱和电压之比为：

$$n_{ub}=U_m/U_b$$

则当电压U_m为 800V 时，对 2 号变压器和 6 号变压器有：

$$n_{ub2}=(800/1.732\,1)/481=0.96$$

$$n_{ub6}=(800/1.732\,1)/459.5=1.006$$

当电压为 930V 时，对 2 号变压器和 6 号变压器有：

$$n_{ub2}=(930/1.732\,1)/481=1.1175$$

$$n_{ub6} = (930/1.7321)/459.5 = 1.1685$$

图 11－27 和图 11－28 所示是将电压由 800V 改为 930V 后的试验结果。

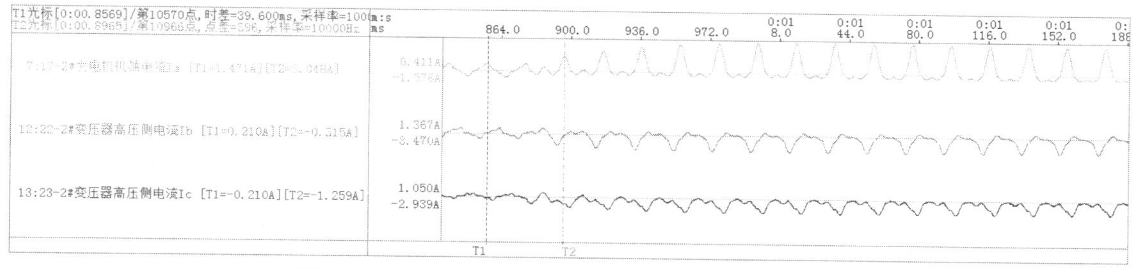

图 11－27　电压为 930V 时，2 号变压器的励磁涌流

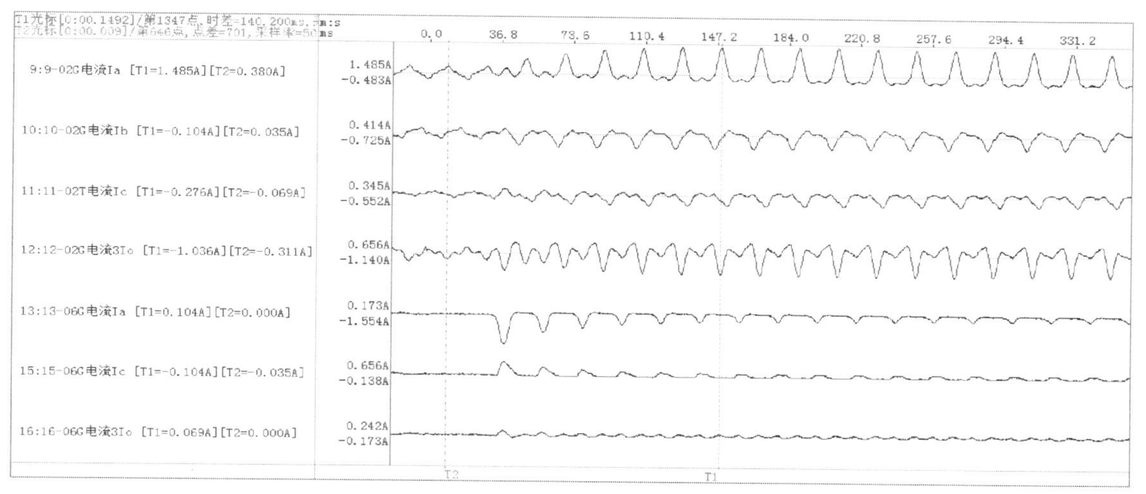

图 11－28　电压为 930V 时，6 号变压器励磁涌流

2 号录波器记录的和应涌流 I_a 最大值为 1.485×4＝5.94A，而 800V（见图 11－26）时为 0.242×4＝0.968A。相差近 6 倍。显然，电压超过饱和点后，和应涌流急剧增加。

此外，在较大的和应涌流录波图上还可以清楚地看出，和应涌流的交变分量由两部分组成。一个是高的尖峰值部分，属于和应涌流；另一个是很低的尖峰值部分，属于分配过来的初始涌流。二者相差 180°。前者是由于直流偏磁使原有的磁通偏向一侧，引起饱和而形成涌流。后者则由于空投变压器投入引起的暂态过程中的初始涌流流经（分配至）运行变压器而形成的。当电压不高时，由于和应涌流很小不易觉察。

11.3.3.3　空投变压器/运行变压器容量比

前面的研究是在 2 号变压器为运行变压器，6 号变压器为空投变压器的工况下进行的。二者容量相差一倍，是“投大运小”。令容量比 $n_p = S_t / S_y$，则为 31/15＝2.07。为了研究不同容量比对和应涌流的影响，下面试验了两种工况，一种是“投小运大”，另一种是同容量。

图 11－29 是“投小运大”情况。由图 11－29 可见，6 号变压器的和应涌流很小。原因是 6 号变压器容量大，额定空载励磁电流大。2 号变压器容量小，额定空载励磁电流小，产生的

暂态直流分量也小，不足以使6号变压器很大饱和。

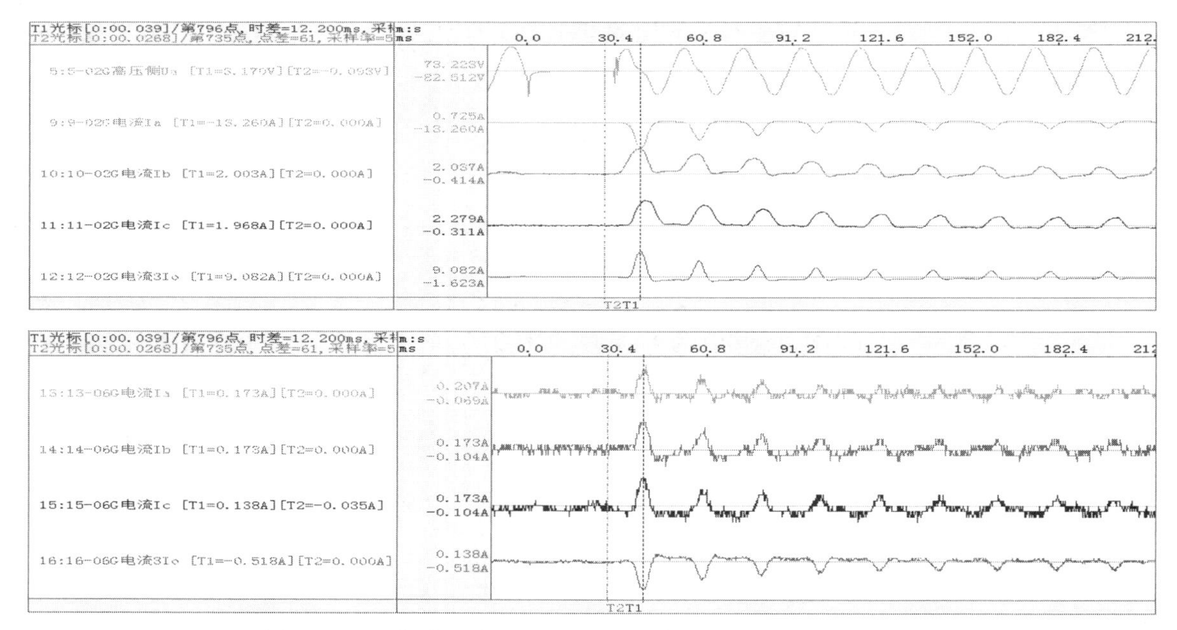

图11－29 “投小运大”——运行6号变压器时空投2号变压器

图11－30是“投10号运2号”工况。两台变压器容量相同，都是15kVA。两台变压器的饱和电压及伏安特性基本一致。

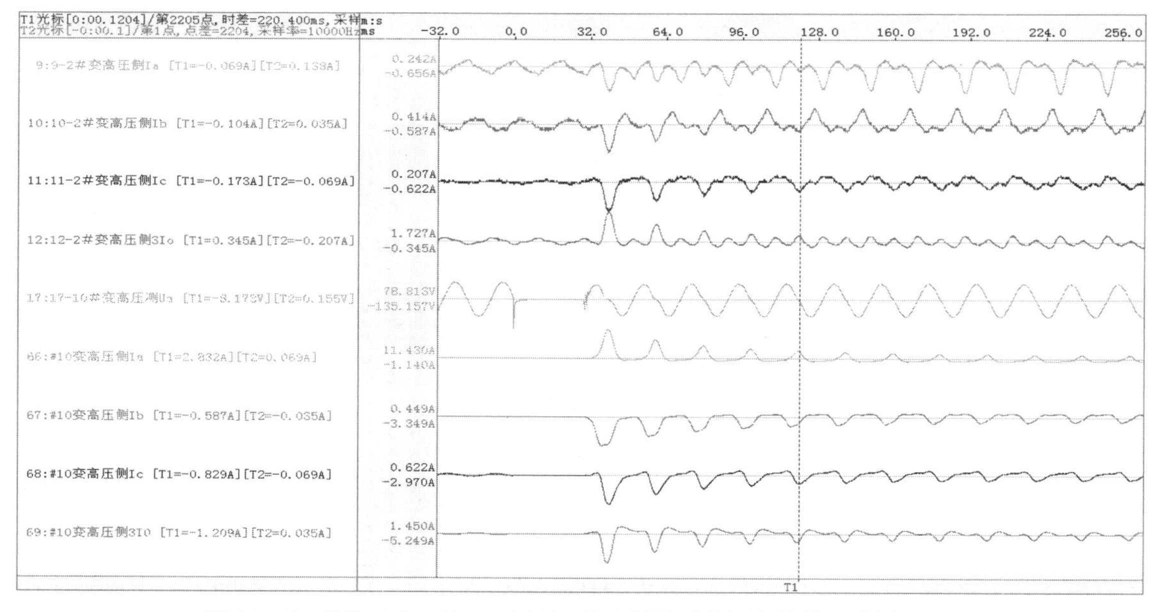

图11－30 “投10运2”——运行2号变压器时投同容量的10号变压器

当空投变压器和运行变压器容量相同时，从图11－31可以清楚地看出和应涌流现象。空投变压器的励磁涌流最大值为11.43A，而和应涌流最大值为0.656A。比“投小运大”时明显

得多。源于电压源的和应涌流与源于电流源的由空投变压器交变分量流过来的初始涌流交替出现的现象也非常明显。

还可以观察到一个有趣的现象。空投初时，和应涌流本应很小。但在第一周波出现较大的零模电流。这是源于电流源的由空投变压器初始涌流中交变分量的零模流入运行变压器。即初始涌流中，零模较大。自外面输入电量时，运行变压器的零模阻抗因 Y/Δ 接线，其值很小，而其他分量遇到的是很高的变压器的励磁阻抗。

综上所述，容量比对和应涌流有较大的影响。

11.3.3.4　同容量下不同饱和电压比

下面的试验说明，即使两变压器容量相同，其他参数也会产生影响。

变压器的铁芯确定后，绕组每匝的饱和电压也跟着固定。

10 号变压器高压绕组的每匝饱和电压为：

$$481\times2/96=10.02\text{V/匝}$$

10 号变压器高压绕组匝数由 2×96 改为 2×106 后，饱和电压变为：

$$U_\text{b}=10.02\times106\div2=531.06\text{V}$$

当外加电压为 800V 时，电压水平较低，和应涌流分量最大峰值为 0.449A。而容量相同，且饱和电压相同的图 11－31 中的最大和应涌流为 0.656A。可见，运行变压器饱和电压相对较高时和应涌流减小。

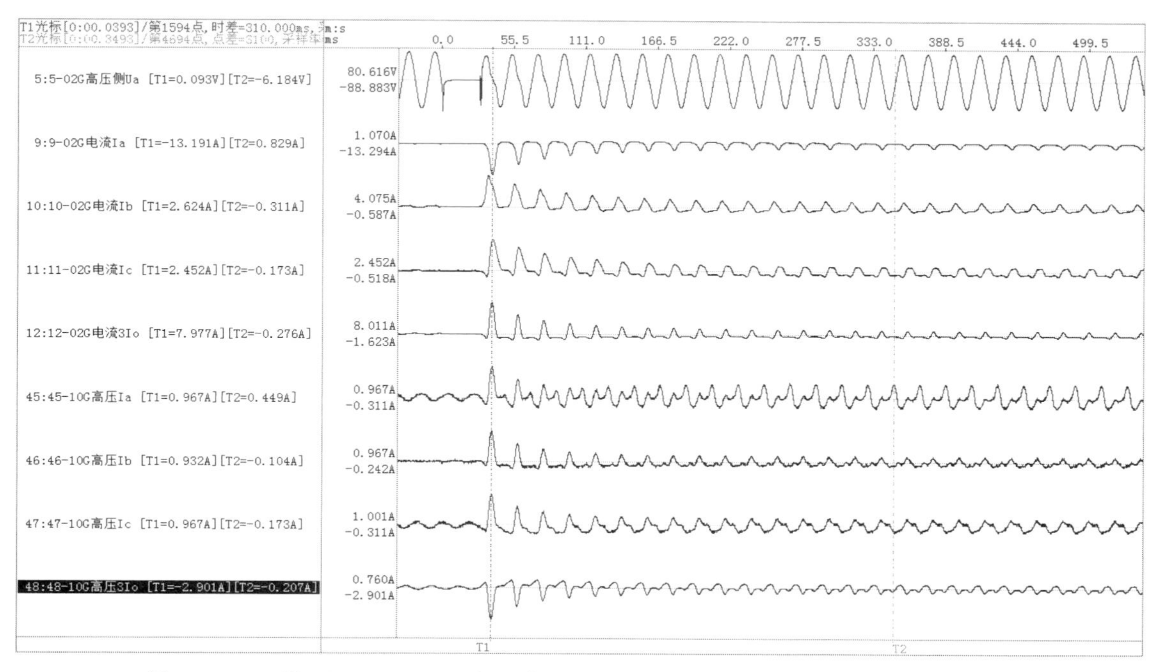

图 11－31　“投 2 运 10”——运行匝数不同的 10 号变压器，空投同容量 2 号变压器

11.3.3.5 中性点接地方式

曾经有一种看法，认为和应涌流主要由于变压器中心点接地引起。虽然持这种观点的不是很多，但还是有某种影响，有必要作一些探究。图 11－32 为 2 号变压器中性点不接地时录波图。按理，不应出现零模分量。但图中的 I_0 通道出现涌流。对比 5 号电子互感器录波（见图 11－33），其 $3I_0$ 通道不出现涌流。可见，由于电磁式电流互感器的直流偏磁，三相不一致，饱和程度不同，导致产生不平衡电流。图 11－32 的 $3I_0$ 主要来源于电流互感器铁芯的不平衡，并不是一次侧的和应涌流中存在零模分量。

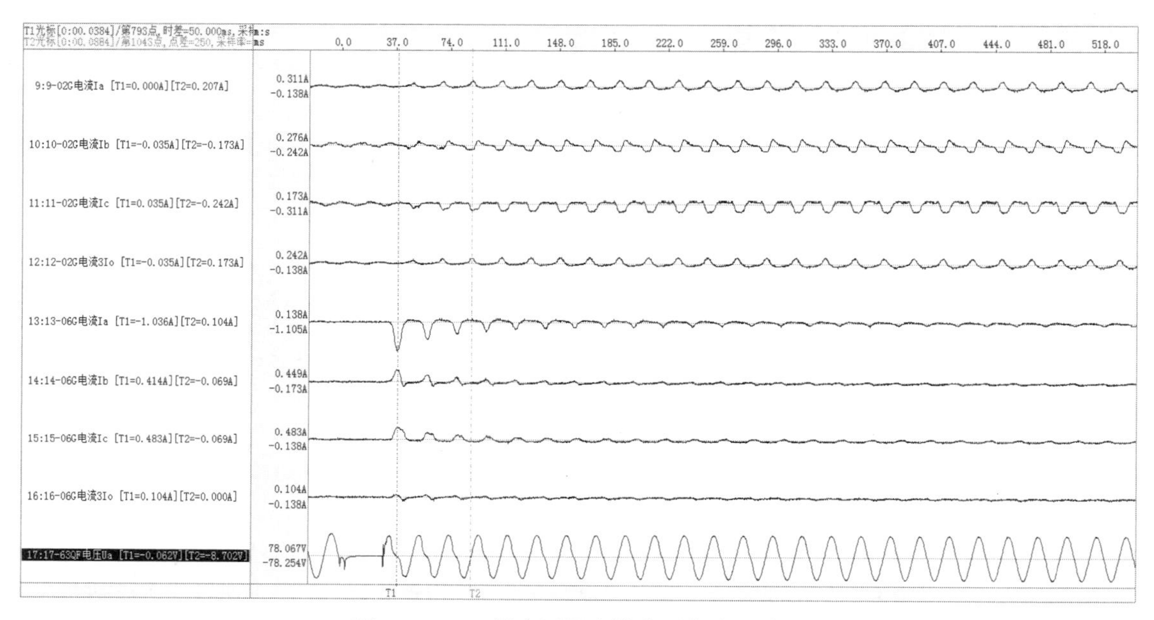

图 11－32　2 号变压器中性点不接地录波图

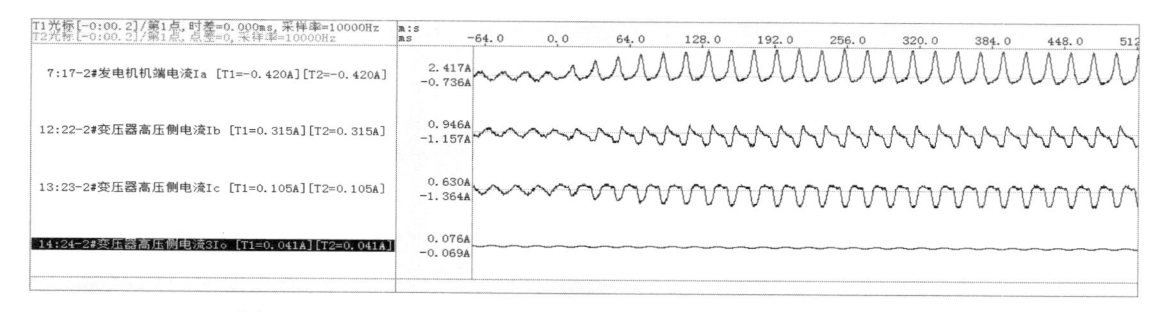

图 11－33　2 号变压器中性点不接地录波图（采用电子式互感器）

图 11－33 中电流读数已放大 1.8 倍。

前面的分析（图 11－29 电压 930V）已经说明，两台变压器中性点都接地状态下进行空投时，运行变压器中性点流过的暂态电流属于零模。与相电流一样，其一部分属于直流偏磁引起的和应涌流，另一部分是由空投变压器励磁涌流分配过来的初始涌流，还有就是电流互感器励磁的不平衡引起的零模。

11.3.3.6　运行变压器带无源负荷的影响

前面主要分析了运行变压器空载运行情况。下面分析带负荷情况：① 无源情况；② 有源情况，即有同步发电机情况。

观测运行变压器在带负荷情况下的和应涌流，主要是观测变压器差动保护的差流。图 11－34 是 2 号变压器带有功负载情况下 6 号变压器空投时的录波图。通道 73 和通道 74 是经过变比调节后还原归算至高压侧的电流。通道 72 是差流。其和应涌流性质很明显，峰值也比较高，此图差流已归算至高压侧，且为两相电流差。

对差动保护来说，负荷电流属穿越性电流，对和应涌流影响不大。

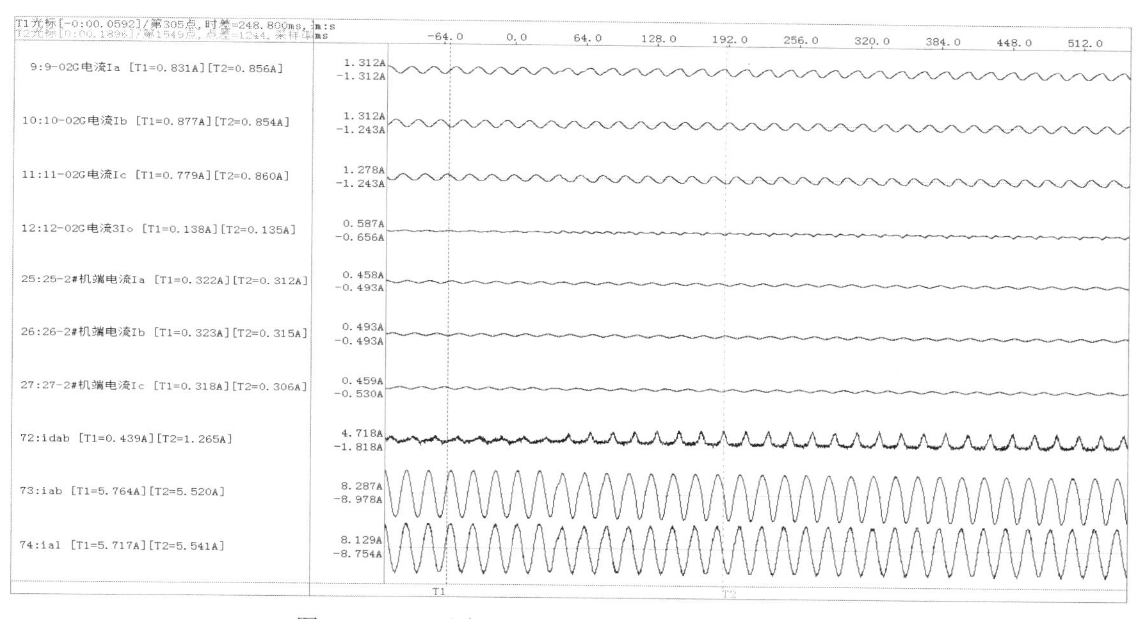

图 11－34　2 号变压器带有功负载时 6 号变压器空投

11.3.3.7　运行变压器带有电源负荷时的和应涌流

电力系统中多次发生过变压器空投时，引起附近同步发电机差动保护误跳闸，被认为是和应涌流引起的。下面的研究表明，这是一种误会。励磁涌流只在变压器的励磁支路存在。此时涌流在其差动保护区内，可能引起差动保护误动。而发电机差动保护区内不存在并联的励磁支路，因而并不存在与变压器类似的和应涌流。当相邻 6 号变压器空投时（见图 11－35），2 号发电机仅充当空投 6 号变压器时产生励磁涌流的另一个电源。流过发电机的暂态电流也就是空投 6 号变压器时励磁涌流的一部分，即初始涌流的一部分。

图 11－36 为 2 号运行变压器低压侧接发电机时 6 号变压器空投时的录波图。发电机机端电流受变压器绕组接线影响，其相电流实为变压器高压侧两相电流之差。但仍可看出，在叠加负荷电流情况下，含有很大的衰减直流分量。当其差动保护两侧电流互感器饱和特性不完全一致时，将会出现较大的差流或可引起保护误动。

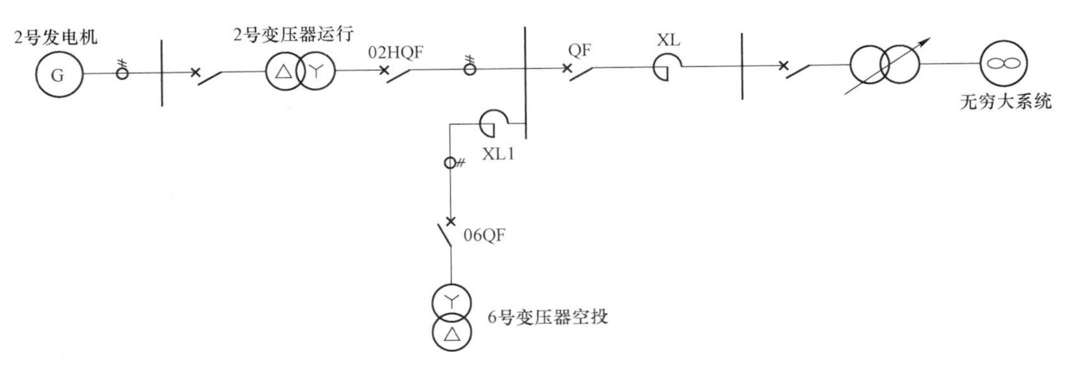

图 11－35　有源负载变压器运行情况下空投另一台变压器接线图

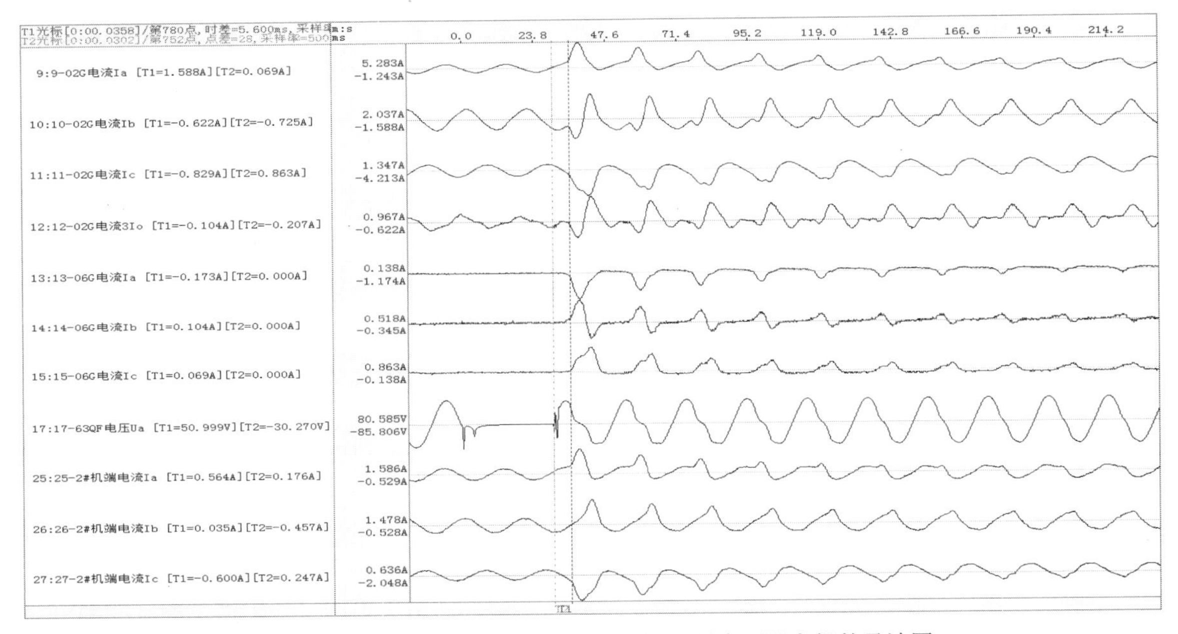

图 11－36　2 号运行变压器有源负荷时，6 号变压器空投的录波图

11.3.3.8　一次发电机差动保护误动事件的分析

图 11－37 是某电站 1 号变压器空投时 2 号变压器保护误动时的录波图，明显属于励磁涌流。根据图 11－23 对励磁涌流的分析，明显表明附近有变压器产生和应涌流。

但空投变压器涌流的非周期分量有一点特殊。B、C 相非周期分量较大。第 6～7 周期附近非周期分量变号。其一次侧电流的非周期分量不会变号，是其二次回路时间常数所致？

图 11－38 是此时 2 号运行发电机－变压器组的高压侧的录波图。图中 i_{ab}、i_{da} 等由基本电量生成。所得差流为很小的近似正弦量，未见和应涌流出现。可见，流进发电机的暂态电流就是空投变压器空投时引起的暂态分量，即初始涌流，经过 2 号变压器流入发电机支路，并与负荷电流叠加的部分。由于变压器励磁支路的参数远大于发电机支路，其分流可以忽略。

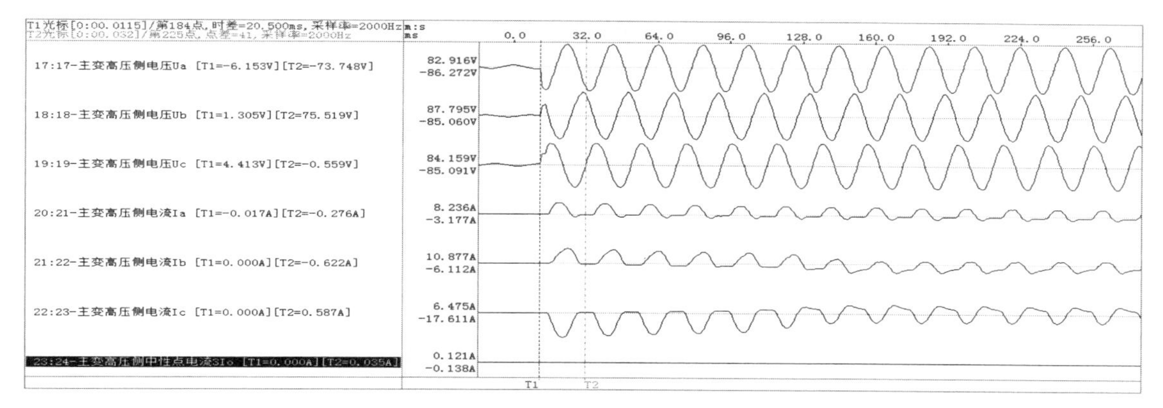

图 11－37　某电站 1 号变压器空投时的录波图

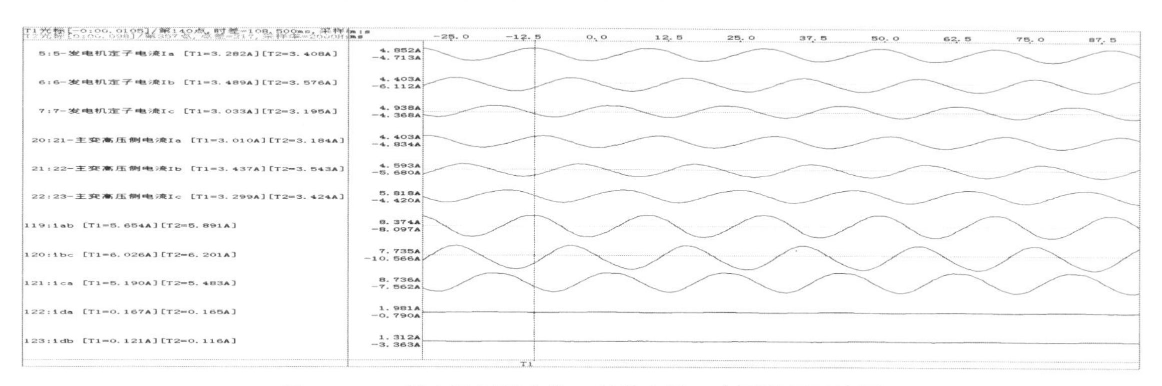

图 11－38　某电站运行中的 2 号发电机—变压器组录波图

图 11－39 是 2 号发电机端部电流录波图，图 11－40 是 2 号发电机保护动作的录波图。可以看出 B、C 相有明显的直流偏移。其中 B 相在两时标线处，交流电流的峰—峰差为 10.176A。峰值为 5.088A。直流偏移量为 1.162A。占峰值的 22.8%。但这仅仅是电流互感器的二次值，不是一次值。由于铁磁式电流互感器不能准确地传变直流分量，这里的数据主要是供定性分析参考。

分析可见，发电机差动保护的误动主要是直流分量引起 2 号发电机首末端电流互感器饱和。由于二者的直流分量下降的情况不一致，二者退出饱和时间不完全相同，负荷电流也较大，使不平衡电流过大而引起保护误动。

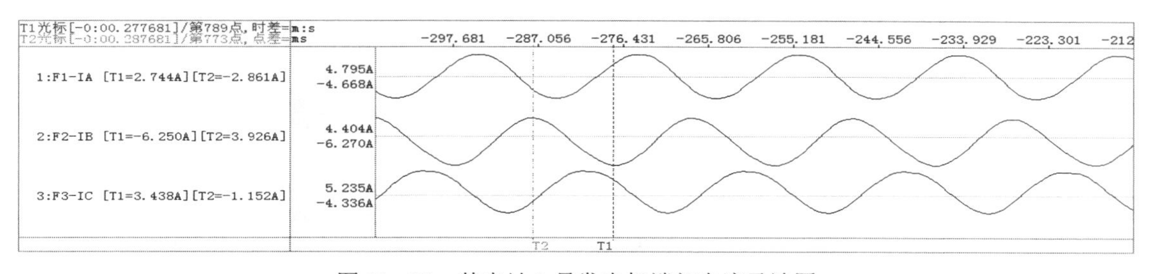

图 11－39　某电站 2 号发电机端部电流录波图

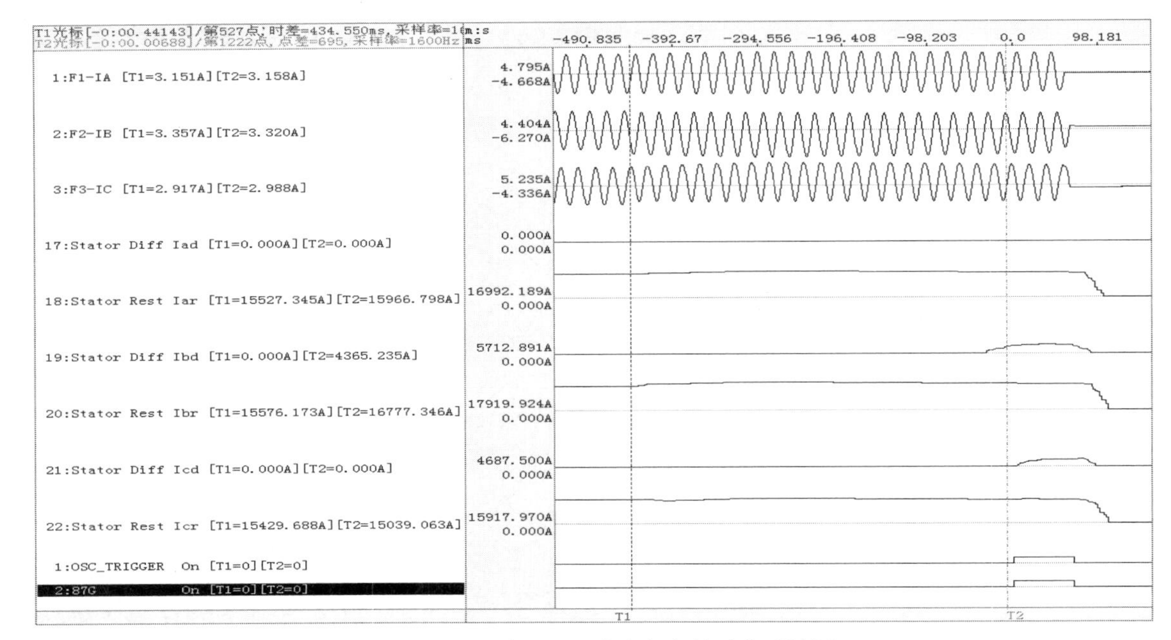

图 11－40　某电站 2 号发电机保护动作录波图

总之，此次误动，并非和应涌流引起。误动是由空投变压器的励磁涌流中的非周期分量流入两电源支路之一，即 2 号发电机—变压器组，使其电流互感器饱和，由于首末端电流互感器退出饱和时间不完全相同而引起误动。

11.3.4　关于和应涌流问题的小结

电力变压器空投时，可能产生很高的励磁涌流（初始涌流）。其强大的暂态冲击必将引起周边电气设备的暂态响应。对发电机和输电线路都可能流过初始涌流，对附近的运行变压器将产生和应涌流。此种涌流都曾引起过多次继电保护误动作。

运行变压器的和应涌流是由于空投变压器的初始涌流的直流分量使运行变压器铁芯饱和，在加于绕组的电压在此饱和铁芯的作用下产生自身的励磁涌流。这种涌流就被称为“和应涌流”。其交变分量与一般励磁涌流相似，但其非周期分量有很大差别，有一个上升和下降过程。其时间常数较一般励磁涌流长。

向空投变压器的励磁涌流提供直流分量的是两种支路：电源支路和运行变压器的励磁支路。由于两种支路的衰减时间常数不同，衰减较快的电源支路电流先趋于稳态值。其后，暂态直流分量余下部分流动的主要是运行变压器和空投变压器的励磁回路。其时间常数更长。这导致两者衰减都变慢。

和应涌流与初始涌流的峰值存在 180° 的相位差。

励磁涌流引起保护误动的对策应针对不同的情况：是和应涌流，抑或是初始涌流引起保护误动。由此，已有提出各种不同的方案。其性能优劣，有待考验。

11.4 励磁涌流的抑制

11.4.1 励磁涌流危害

励磁涌流不仅峰值大，且含有较大的谐波分量，对电力系统的危害有：

（1）励磁涌流与内部短路电流同属变压器差动保护区内未测支路出现的大电流，可能导致保护误动，使变压器的投运失败。

（2）励磁涌流可导致附近的运行变压器产生和应涌流，使其差动保护误动，导致大面积停电。

（3）空投变压器附近有直流输电换流站时，其励磁涌流有可能导致其换相失败和双极闭锁，使输电线路误断电，造成极大的负荷冲击。

（4）励磁涌流过大时，可能导致变压器、断路器等电气设备受到隐性内伤。

（5）励磁涌流中的直流分量导致电流互感器不同程度的饱和，降低测量精度，甚至使保护误动作。

（6）励磁涌流的暂态过程中，有大量谐波，将影响电能质量和造成污染。

11.4.2 励磁涌流影响的对策

针对变压器的励磁涌流问题，主要有两方面的研究：一是基于励磁涌流或和应涌流的识别，以防保护误动；二是抑制励磁涌流发生的技术研究。

11.4.2.1 涌流识别及其对保护的闭锁

励磁涌流识别原理有多种：基于变压器电流量的励磁涌流判据（如二次谐波制动原理、间断角原理和波形对称原理等）、基于变压器电压量的涌流识别判据（如电压谐波制动原理等）、基于变压器电流量和电压量综合判别的励磁涌流判据（如磁通特性原理、由差流构成的阻抗原理和差动功率原理等）。由于电压互感器安装地点的多样性和不确定性，不方便使用，实用上较常使用的是基于电流量的涌流识别判据。

基于电流量的三种涌流识别方案的基本原理与特点都是寻找涌流与短路电流在波形特征上的主要区别。

二次谐波制动判据是采用三相差动电流中二次谐波与基波的比值作为励磁涌流闭锁判据，即 $\frac{I_{d2}}{I_{d1}} \geqslant K_{b2}$，其中，$I_{d1}$ 和 I_{d2} 分别为差动电流中的基波与二次谐波分量，K_{b2} 为二次谐波制动系数整定值。二次谐波制动方法存在的主要问题是变压器空投时二次谐波比偶有低于规定的最低整定值（0.15），从而导致误动。

间断角涌流识别方法在电力系统中也有较多的应用。此种方法主要面临非周期分量经电流互感器传变引起的间断角变形问题。非周期分量经电流互感器传变，使衰减加快，导致励磁涌流的间断角区域产生反向电流从而使间断角减小，引起保护误动；电流互感器饱和使内部故障时差流的间断角增大，也可能导致保护拒动或延时跳闸。

波形对称原理是利用差电流导数（减小非周期分量影响）的半波前/后的对称性比较，根据比较的结果去判断是否涌流。定义对称的公式有多种，其中之一如下：

$$\left|\frac{i_i + i_{i+180}}{i_i - i_{i+180}}\right| \leqslant K_{sym} \tag{11-9}$$

当波形比较对称时，此式满足，开放保护，反之，闭锁保护。此处i_i为差电流导数在时刻i的瞬时值；i_{i+180}为半波前的数值；K_{sym}为比较阈值。连续判断半周期内的点是否满足对称定义式。内部故障时，电流半个周期的点均能满足对称式。励磁涌流时，至少有 1/4 周期以上点不满足对称式。K_{sym}取值受到多种因素的影响：过小时，涌流识别灵敏度不足；过大时，可能在大分布电容的电缆线路故障时拒动。波形对称涌流判据是基于对涌流导数波宽与间断角的分析，但不受直流分量偏移情况的影响，是间断角涌流判据的推广，且较间断角涌流判据更易实现。具体实现时也可以有不同的形式，但其实质基本相同。

这里所述只是一些基本概念，已有较多的讨论，这里不重复。

闭锁方法是防止在变压器空投时励磁涌流引起保护误动的有效方法。但励磁涌流尚有其他对电力系统的不良影响。更彻底的办法是让变压器空投时不产生励磁涌流，或控制其涌流的大小到没有不良影响的程度。

11.4.2.2 励磁涌流抑制技术

抑制励磁涌流的方法有预投高内阻电源（预充磁）、变压器低压侧并联电容器、中性点侧每相短时串电阻和选相角控制断路器技术等。

预投高内阻电源方法可以在开关主触头两侧经辅助触头及一高阻抗旁路。开关合闸前，先由旁路回路向变压器送电。由于有高阻抗，励磁涌流电流很小。建立电压后再合上主触头即可。由于价格原因，这种方法在高压/超高压电网很难推广。电压很低的电网，开关价格较低，必要时也有采用。

低压侧并联电容器可在变压器空载合闸瞬间产生与高压侧励磁电流极性相反的电流，削弱励磁涌流峰值。且在任意合闸角时均能起到抑制涌流的作用，但电容值的大小的确定需根据变压器的励磁特性精确补偿。

在 Y 接绕组中性点侧串接电阻，又称内插电阻法。在变压器三相绕组的中性点侧每相短时间串接电阻削弱励磁涌流。中性点侧接电阻抑制涌流的技术，需要设置旁路断路器，增加大量的维修工作，其本质是通过直接降低一次侧电流实现减小涌流作用。类似解决方案还有串 PWM 控制器以起阻尼电阻的作用；串 DVR 动态电压恢复装置，正常运行时 DVR 相当于短路，出现过电流时 DVR 相当于高阻抗；串高温超导体，流过的电流小于超导临界值时超导体相当于短路，超过临界值时磁阻变大，避免铁芯饱和。此外还有变压器绕组 Zigzag 接法，通过改变变压器结构增加等效电感降低空载合闸过程中变压器铁芯的饱和程度，从而达到减小变压器励磁涌流的目的等，但都费用高、实用性不足。

选相位控制断路器技术是指通过控制断路器的合闸角，使变压器空载合闸后铁芯内磁通的非周期分量尽可能小，从而避免饱和。此方案操作简单、成本低，可从涌流产生机理上抑制涌流，难点在于开关合闸时长的不稳定，以及最优合闸角不易确定。已有较好的抑制方案，

使三相涌流中最大相的峰值低于变压器额定电流的一半，但有待应用推广。

11.4.3　按电压相位控制断路器技术的涌流抑制新方法

选相位控制断路器的概念最早于 20 世纪 70 年代被提出，随着断路器制造工艺与测控技术的提高而日益成为智能化电器的研究热点。早期主要应用于常规领域，即参考信号（电压）具有周期性特性时的应用，尤其是选相投切电容器组抑制过电压。然而变压器空载合闸涌流与电容器投入的过电压不同：电容器分闸后的残压基本等于分闸瞬间电压，即使有些许电压降落，控制合闸角与分闸角相同即可有效抑制电容器投入时的过电压；变压器分闸后铁芯剩磁不等于分闸瞬间磁通，且具体变化规律很难掌握，难以定量分析。合闸暂态过程具有非周期性与不对称，合闸角的确定难以有效预测与控制。

现有基于选相位控制断路器抑制涌流的研究，基本上都基于对变压器剩磁特性的简单化认识。早期采取与此前的分闸角相同的合闸角来控制，由于未考虑剩磁的衰减，实际上难以取得理想的涌流抑制效果。

一般的选相位控制断路器的实际效果不尽如人意，还有另一个原因，即开关的合闸时长不容易保持恒定，使得实际的合闸角与其设定值偏离较大。

对选相位控制断路器抑制涌流的理想要求是合闸涌流的最大峰值应小于某一定值，即：

$$i_{\mathrm{peak.max}} \leqslant k_{\mathrm{p}} I_{\mathrm{n}} \tag{11-10}$$

式中　I_{n}——变压器额定电流；

k_{p}——应考虑变压器及其周边设备的保护不会由于涌流而误动。

对按相位控制断路器抑制涌流的第二个要求是对开关合闸动作时间的离散容许值，即：

$$\Delta t_{\mathrm{h}} = t_{\mathrm{h}} - t_{\mathrm{h.set}} \tag{11-11}$$

式中　t_{h}——开关合闸实际动作时间；

$t_{\mathrm{h.set}}$——开关合闸设定动作时间。

要求抑制设备具有满足 Δt_{h} 要求的能力，Δt_{h} 应是运行开关实际能满足的离散最大值。

已有一些工作针对上述问题进行进一步研究，并取得较好的效果。但尚待实践考验。

11.5　特高压变压器的差动保护

11.5.1　特高压变压器的特殊结构

由于特高压变压器的容量特别巨大，特高压变压器的体积及重量必然超常的大。因此，实用的特高压变压器的调压及其电压补偿部分采取分体形式。如图 11－41 所示，变压器每相由三个铁芯及其线圈组成，即主变压器、调压变压器和补偿变压器。

为了清楚分析这一复杂系统的电磁关系，在图 11－42 中给出特高压变压器单相接线图。图中，铁芯 1 构成主变压器，铁芯 2 构成调压变压器。两变压器的容量比约为 10:1。各个 N 值为相应绕组的匝数。依此，可得出有关电磁方程如下。

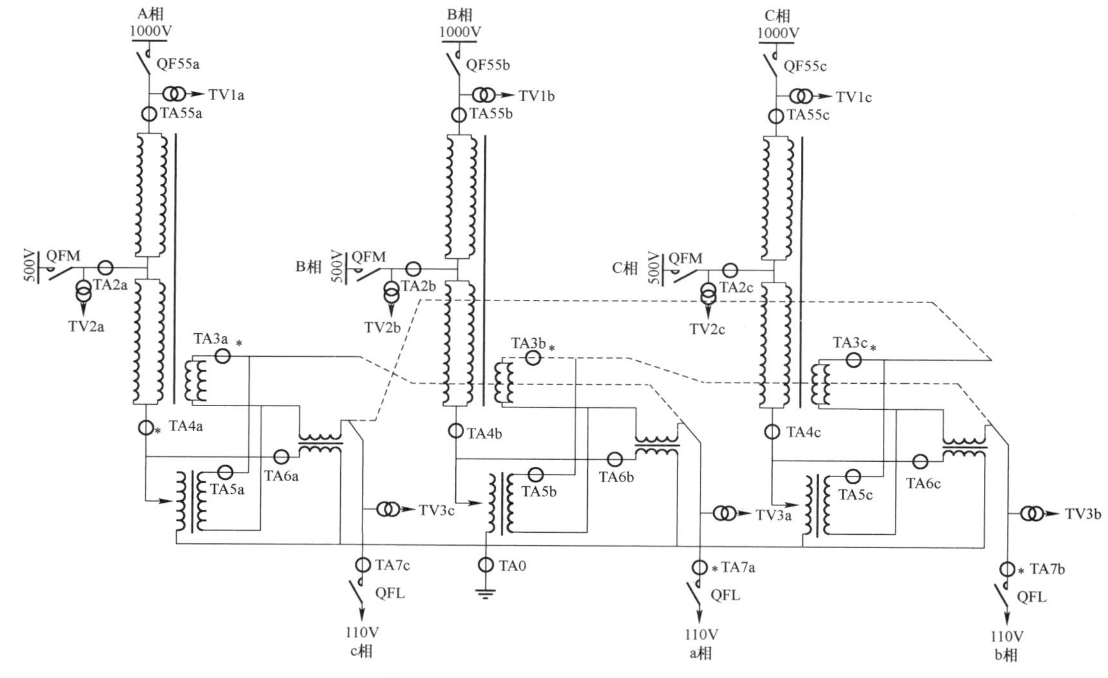

图 11－41　特高压变压器接线图

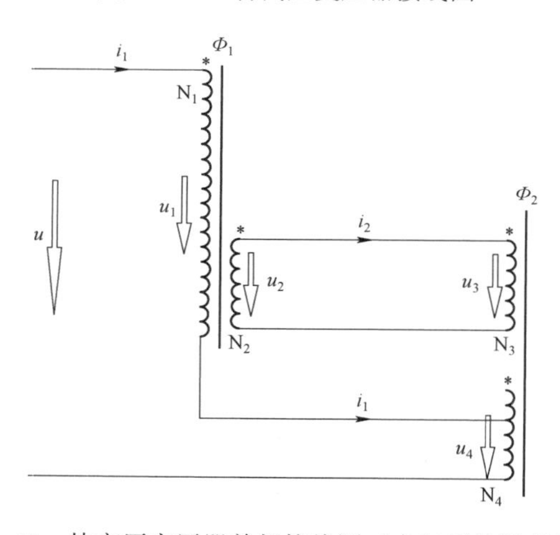

图 11－42　特高压变压器单相接线图（未包括补偿变压器）

特高压变压器的电磁方程为：

$$u_1(t)=L_1\frac{\mathrm{d}i_1}{\mathrm{d}t}+N_1\frac{\mathrm{d}\phi_1}{\mathrm{d}t} \tag{11-12}$$

$$u_2(t)=-L_2\frac{\mathrm{d}i_2}{\mathrm{d}t}+N_2\frac{\mathrm{d}\phi_1}{\mathrm{d}t} \tag{11-13}$$

$$u_3(t)=u_2(t)=L_3\frac{\mathrm{d}i_2}{\mathrm{d}t}+N_3\frac{\mathrm{d}\phi_2}{\mathrm{d}t} \tag{11-14}$$

$$u_4(t)=L_{4(N)}\frac{\mathrm{d}i_1}{\mathrm{d}t}+N_4\frac{\mathrm{d}\phi_2}{\mathrm{d}t} \tag{11-15}$$

式中，各 N 值为相应线圈的匝数；各 L 值为相应线圈的漏电感；ϕ_1 和 ϕ_2 为相应铁芯的磁通；L_4 为与调压抽头 N_4 有关的数，在运行中可能被改变，可以写成 $L_{4(N)}$。

解式（11－12）～式（11－15），可得：

$$u_4(t)=\left(L_{4(N)}-\frac{N_4}{N_3}\cdot\frac{N_2}{N_1}L_1\right)\frac{\mathrm{d}i_1}{\mathrm{d}t}-\frac{N_4}{N_3}(L_3+L_2)\frac{\mathrm{d}i_2}{\mathrm{d}t}+\frac{N_4}{N_3}\cdot\frac{N_2}{N_1}u_1(t) \tag{11-16}$$

$$\begin{aligned}u(t)&=u_1(t)+u_4(t)\\&=\left(L_{4(N)}-\frac{N_4}{N_3}\cdot\frac{N_2}{N_1}\cdot L_1\right)\frac{\mathrm{d}i_1}{\mathrm{d}t}-\frac{N_4}{N_3}(L_3+L_2)\frac{\mathrm{d}i_2}{\mathrm{d}t}+\left(1+\frac{N_4}{N_3}\cdot\frac{N_2}{N_1}\right)u_1(t)\end{aligned} \tag{11-17}$$

当 $N_4=0$ 时，$u_4(t)=0$，$u(t)=u_1(t)$。此时可得调压变压器的方程为：

$$\begin{aligned}u_2(t)&=\frac{N_2}{N_1}u_1(t)-\frac{N_2}{N_1}L_1\frac{\mathrm{d}i_1}{\mathrm{d}t}-L_2\frac{\mathrm{d}i_2}{\mathrm{d}t}\\&=L_3\frac{\mathrm{d}i_2}{\mathrm{d}t}+N_3\frac{\mathrm{d}\phi_2}{\mathrm{d}t}\end{aligned} \tag{11-18}$$

$$u_1(t)=L_1\frac{\mathrm{d}i_1}{\mathrm{d}t}+\frac{N_1}{N_2}\left[(L_2+L_3)\frac{\mathrm{d}i_2}{\mathrm{d}t}+N_3\frac{\mathrm{d}\phi_2}{\mathrm{d}t}\right] \tag{11-19}$$

或

$$N_2\frac{\mathrm{d}\phi_1}{\mathrm{d}t}=(L_2+L_3)\frac{\mathrm{d}i_2}{\mathrm{d}t}+N_3\frac{\mathrm{d}\phi_2}{\mathrm{d}t} \tag{11-20}$$

在理想的极端情况下，$L_2=L_3=0$，有：

$$N_2\frac{\mathrm{d}\phi_1}{\mathrm{d}t}=N_3\frac{\mathrm{d}\phi_2}{\mathrm{d}t} \tag{11-21}$$

表示在标幺值意义下，两个铁芯处于并联状态。

11.5.2　特高压变压器主保护配置方案

根据图 11－41 的特高压变压器接线图，从可能取得最高灵敏度出发，对电流互感器可作如下配置：

（1）高压绕组差动，由 TA55、TA2、TA4 组成。

（2）主变压器单（分）相差动，由 TA55、TA2、TA3 组成。

（3）调压变压器单（分）相差动，由 TA4、TA5、TA6 组成。

（4）补偿变压器差动，对 A 相，由 TA6a、TA3c、TA5c、TA7c 组成，余类推。

（5）高压绕组零序差动，由 TA55a、TA55b、TA55c、TA3a、TA3b、TA3c、TA0 组成。

（6）三相整组差动，由 TA55a、TA55b、TA55c、TA3a、TA3b、TA3c、TA7a、TA7b、TA7c 组成。

当配备更多一点的电流互感器时，还可以配置低压绕组差动，相间连接线短线差动等。

当高压绕组发生接地短路故障时，由（1）（2）（5）（6）负责保护；当高压绕组发生匝间短路故障时，由（2）（6）负责保护；当高压绕组发生相间短路故障时，由（1）（2）（6）负责保护；当低压绕组发生相间短路故障时，由（4）（6）负责保护；当调压变高压绕组发生匝间短路故障时，由（3）（6）负责保护，但（6）的灵敏度可能较低；当调压变低压绕组发生匝间短路故障时，由（3）（6）负责保护，但（6）的灵敏度可能较低；当调压变低压绕组发生接地短路故障时，由（3）（5）（6）负责保护，但（6）的灵敏度可能较低；当补偿变并联绕组发生匝间短路故障时，由（4）（6）负责保护，但（6）的灵敏度可能较低；当补偿变串联绕组发生匝间短路故障时，由（4）（6）负责保护，但（6）的灵敏度可能较低。

变压器空投时，对其产生的励磁涌流，保护（1）（5）不会反应，不可能误动。所以，不需要二次谐波闭锁。其他几种，仍存在二次谐波比低的问题。

本章参考文献

［1］北京大学物理系《铁磁学》编写组. 铁磁学［M］. 北京：科学出版社，1976.

［2］戚卫国. 电流互感器的电磁动态过程及其模拟计算［J］. 电力系统自动化，1985，04：25－32+40.

［3］符杨，蓝之达，陈珩. 电流互感器暂态时域仿真［J］. 电力系统自动化，1995，03：25－31.

［4］宛德福，马兴. 磁性物理学［M］. 成都：电子科技大学出版社，1994.

［5］李艳艳，刘建飞，郑涛，李海宇. 基于模糊识别的励磁涌流二次谐波改进原理［J］. 电力系统自动化，2008，13：62－66.

［6］YAMADA H，HIRAKI E，TANAKA T. A novel method of suppressing the inrush current of transformers using a series-connected voltage-source PWM converter，［J］International Conference on Power Electronics and Drives Systems，2005，vol.1：280，285，16－18 Jan. 2006.

［7］Yin Zhongdong，Zhou Lixia. A novel harmonics injecting approach on over saturation suppression of DVR series injection transformer［C］. The 7th International Power Engineering Conference，2005.

［8］SHIMIZU H，MUTSUURA K，YOKOMIZU Y，MATSUMURA T. Inrush-current-limiting with high Tc Superconductor，［J］. IEEE Transactions on Applied Superconductivity，vol.15，no.2：pp.2071，2073，June 2005.

［9］谢达伟，洪乃刚，傅鹏. 一种变压器空载合闸励磁涌流抑制技术的研究［J］. 电气应用，2007，03：34－38+28.

［10］段雄英，廖敏夫，丁富华，邹积岩. 相控开关在电网中的应用及关键技术分析［J］. 高压电器，2007，02：113－117.

［11］陈丽，姜国涛. 几种变压器励磁涌流抑制方法的性能分析［J］. 变压器，2010，06：37－41.

［12］邢运民，罗建，周建平，等. 变压器铁心剩磁估量［J］. 电网技术，2011，35 （02）：169－172.

［13］李钷，乌云高娃，刘涤尘，等. Preisach 模型剩磁计算与抑制励磁涌流合闸角控制规律［J］. 电力系统自动化，2006，（19）：37－41.

［14］李伟，黄金，方春恩，等. 基于相控开关技术的空载变压器励磁涌流抑制研究［J］. 高压电器，2010，46（05）：9－13.

［15］杜永苹. 磁性材料磁特性参数的测量研究［D］. 西安：西安理工大学，2010.

［16］TAYLOR D I，FISCHER N，LAW J D，JOHNSON B K. Using LabVIEW to measure transformer residual flux for inrush current reduction［C］. North American Power Symposium (NAPS)，2009，vol.，no.，pp.1，6，4－6 Oct. 2009.

［17］BRONZEADO H，YACAMINI R. Phenomenon of sympathetic interaction between transformers caused by inrush transients［J］. IEE Proceedings-Science，Measurement and Technology，1996.

［18］BRONZEADO H S，BROGAN P B，YACAMINI R. Harmonic analysis of transient currents during sympathetic interaction［J］. IEEE Transactions on Power Systems，1996，Nov.

［19］黄金，方春恩，李天辉，等. 计及剩磁的变压器励磁涌流的仿真研究［J］. 变压器，2009，46（11）：40－43.

［20］ 毕大强，孙叶，李德佳，等. 和应涌流导致差动保护误动原因分析［J］. 电力系统自动化，2007，（22）：36－40.

［21］ 毕大强，孙叶，王祥珩，等. 非饱和区等效瞬时电感在判别变压器和应涌流中的应用研究［J］. 电力设备，2008，（04）：21－24.

［22］ 谷君，郑涛，肖仕武，等. 基于时差法的 Y/△ 接线变压器和应涌流鉴别新方法［J］. 中国电机工程学报，2007，（13）：6－11.

［23］ 张雪松，何奔腾. 变压器和应涌流对继电保护影响的分析［J］. 中国电机工程学报，2006，（14）：12－17. DOI：10.13334/j.0258－8013.pcsee.2006.14.003.

［24］ 袁宇波，陆于平，许扬，等. 切除外部故障时电流互感器局部暂态饱和对变压器差动保护的影响及对策［J］. 中国电机工程学报，2005，（10）：12－17.

［25］ 林湘宁，刘沛. 变压器外部故障切除后差动保护误动的机理分析［J］. 电力系统自动化，2003，（19）：57－60.

［26］ 毕大强，王祥珩，李德佳，等. 变压器和应涌流的理论探讨［J］. 电力系统自动化，2005，（6）：1－8.

索　引

Z